항공보안론

유문기 · 김정석

도서출판 진 영 사

항공보안론

유문기 · 김정석

2014년 07월 21일 초판 인쇄
2014년 07월 25일 초판 발행
2019년 08월 19일 개정판 3쇄 인쇄
2019년 08월 21일 개정판 3쇄 발행

발행인 박 진 영
발행처 도서출판 진영사
인천광역시 부평구 갈산동 185번지 풍진빌딩 303호
전화 : 032)505-4207
팩스 : 032)505-4206
E-mail : 0183734207@hanmail.net
등록 : 122-91-77317

ISBN 978-89-6541-177-2 93550
값 20,000원

머 리 말

오늘날 국제관계는 항공교통의 발달에 힘입어 국제교역과 국제관광이 크게 늘어나면서 지구촌이라는 말이 나올 정도로 세계가 한 지붕 밑에 있는 것처럼 가까워지고 있다. 이와 같은 국제교류의 증대는 국제항공운송활동을 증가시켰으며, 항공교통은 고속성, 안전성, 쾌적성 및 장거리운항의 특성 등으로 시간가치를 중시하는 현대에서는 다른 교통수단과는 비교할 수 없을 정도의 상점을 지니고 있어 국제교류의 필수적인 교통수단으로 자리매김하게 되었다.

항공운송은 하늘을 교통통로로 사용하고 공중을 운항하여야 하는 특성으로 말미암아 다른 교통수단보다 훨씬 더 안전이 강조되어야 하지만, 이러한 특성이 범죄를 목적으로 하는 테러리스트들에게는 오히려 표적의 대상이 될 수 있다. 항공운송수단은 세계 각국의 사람들이 함께 이용할 뿐만 아니라 항공기사고는 세계적인 이목이 집중된다는 특성 때문에 국제테러리스트들의 공격대상이 되고 있는 것이 사실이다. 따라서 항공테러는 민간항공운송이 시작된 초기부터 항공기의 안전운항을 저해하는 가장 무서운 적이 되어 왔으며, 세계 각국에서는 항공테러 등 항공범죄를 예방하는데 총력을 기울이고 있다.

이 책은 국제테러리스트들의 공격대상이 되고 있는 항공운송을 보다 안전하고 질서 있게 유지하기 위하여 항공운송의 특성을 이해하고, 항공운송이 어떻게 이루어지는가를 학습하여 항공테러를 미리 막기 위한 보안활동을 이해할 수 있도록 만들어졌다. 또한 항공보안을 이해하기 쉽도록 교재의 앞부분에서는 항공운송의 구성과 특성, 항공테러와 항공보안의 개념과 특성, 항공보안법규, 공항의 시설구조와 운영시스템 및 보안시스템 등 항공운송의 기본적인 사항과 항공테러 및 항공보안 등 이론적인 부분에 대하여 설명하였고, 이론적인 내용을 이해한 후에는 공항에서 보안검색의 실제 업무에 적용되는 항공보안 검색장비의 종류와 특성 및 운영방법, 승객 및 휴대물품에 대한 보안검색방법, 항공사의 화물보안 및 기내보안시스템, 항공보안요원의 직무와 근무예절, 위해물품 식별 및 보안검색 실습에 관한 내용 등의 실무적인 내용을 본론 부분으로 편성하였으며, 끝부분에서는 항공기사고 또는 공항시설파괴 등 항공기운항과 관련된 비상사태가 발생했을 때에 효율적으로 대응할 수 있는 비상대비계획에 관한 내용을 설명하였다.

이 책은 저자가 공항운영전문기관인 한국공항공사에서 공항운영업무에 종사하였던 실무경험과 대학교에서의 강의경험을 통하여 체득한 이론적인 부분을 결합하여 저술하였기 때문에 조금만 관심을 가지고 읽는다면 항공보안에 관한 이론과 함께 실무현장에서 수행되고 있는 항공보안업무를 쉽게 이해할 것으로 본다. 또한 대학에서 한 학기 동안에 다룰 수 있도록 내용과 분량으로 구성하였으며 장절 편성은 강의순서를 고려하여 학생들이 이해가 쉽도록 편성하였다. 끝으로 이 책의 내용 중 미흡한 점에 대해서는 독자 여러분의 아낌없는 지도편달을 바랍니다.

2016년 2월

저자 씀

차 례

제 1 장 항공운송의 이해

제 2 장 항공테러와 대응전략

제 3 장 항공안전과 항공보안

제 4 장 항공보안법규

제 5 장 공항의 구조와 보안조직

제 6 장 공항보안 시스템

제 7 장 보안검색장비

제 8 장 승객 보안검색 시스템

제 9 장 항공사 보안 시스템

제 10 장 항공보안요원

제 11 장 위해물품식별 및 검색기법

제 12 장 비상사태 대비계획

제1장 항공운송의 이해

제1절 항공운송사업의 특성

1. 항공운송사업의 유형

항공운송사업은 넓은 의미에서는 우리가 흔히 말하는 항공사뿐만 아니라 항공기를 사용하여 사진촬영이나 화재진압 또는 인명구조 활동 및 교육훈련에 사용되는 항공기사용사업 등 모든 종류의 항공기관련 사업을 포함한다. 좁은 의미의 항공운송사업은 상업적인 운송을 목적으로 하는 항공사의 운송사업만을 그 대상으로 한다. 일반적으로 말하는 항공운송사업이란 항공기에 의하여 사람과 화물 및 우편물을 운송하고 그 대가를 받는 상업적 목적의 사업을 의미한다.

항공운송사업의 유형에 대하여 우리나라의 항공법에서는 [그림 1-1]에서 보는 바와 같이 운송형태 및 그 사업대상에 따라 9가지로 구분하고, 항공운송과 관련되는 사업으로는 사업의 업종 및 성격에 따라서 5가지로 구분하고 있다.

1) 항공운송사업

항공운송사업이란 타인의 수요에 맞추어 항공기를 사용하여 유상으로 여객 또는 화물을 운송하는 사업을 말하며, 우리나라의 항공법에서는 항공운송사업을 국내항공운송사업, 국제항공운송사업, 소형 항공운송사업, 항공기 사용사업, 항공기 취급업 및 항공기 정비업으로 구분하고 있으며, 국내항공운송사업과 국제항공운송사업은 정기운송 사업과 부정기운송 사업으로 나눌 수 있도록 하고 있다.

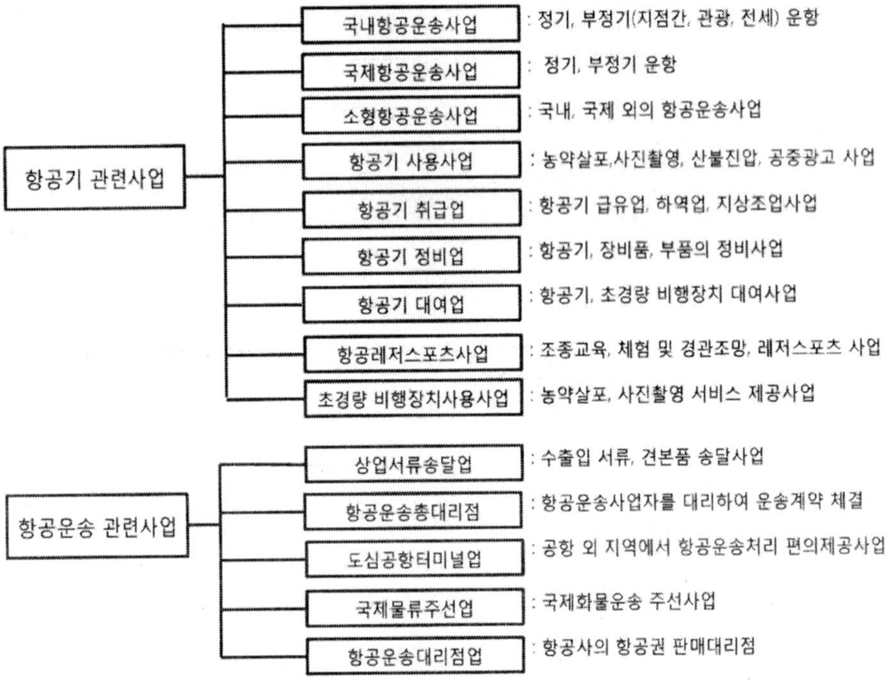

[그림 1-1] 항공운송사업의 종류

① 국내 항공운송사업

국내 항공운송사업이란 계기비행능력 및 자동위치확인능력을 보유한 승객좌석 20석 이상의 항공기 1대 이상을 보유하여 국내 정기편 또는 부정기편 운항을 하는 항공운송사업을 말한다. 정기편 운항이란 국내 공항과 국내 공항 사이에 일정한 노선을 정하고 정기적인 운항계획에 따라 항공기를 운항하는 것을 말하며, 부정기편 운항은 국내에서 이루어지는 정기편 운항 외의 항공기운항을 말한다. 정기편 운항은 항공사가 미리 운항스케줄을 정해 놓고 항공여객의 예약을 받아 운송하기 때문에 여객수가 많고 적음에 관계없이 정해진 스케줄에 따라 운항하여야 하는 공공성이 특히 요구되는 사업이다.

부정기편 운항은 한 지점과 다른 지점 사이에 노선을 정하여 운항하는 지점간 운송사업, 관광을 목적으로 한 지점을 이륙하여 중간에 착륙함이 없이 출발지점으로 되돌아오는 관광비행사업, 항공기를 독점하여 이용하려는 자와 항공사 사이에 운송계약에 따라 운항하는 전세운송사업으로 구분된다. 전세운송사업은 운항조건을 미리 공시하여 운항하는 public charter와 여행사 등이 스스로 항공수요를 확보한 상태에서 항공기를 임차형식으로 운항하는 private charter로 구분되고 있다.

② 국제 항공운송사업

국제 항공운송사업이란 계기비행능력 및 자동위치확인능력을 보유한 쌍발 이상의 항공기로서 승객좌석 20석 이상인 항공기 3대 이상을 보유하여 국제 정기편 및 부정기편 운항을 하는 항공운송사업을 말한다. 정기편 운항은 국내공항과 외국공항 사이 또는 외국공항과 외국공항 사이에 일정한 노선을 정하고 정기적인 운항계획에 따라 항공기를 운항하는 것을 말하며, 부정기편 운항은 국제 정기편운항 외의 항공기운항을 말한다.

③ 소형 항공운송사업

소형 항공운송사업이란 국내 항공운송사업 및 국제 항공운송사업 외의 항공운송사업을 말한다. 소형 항공운송사업은 승객좌석 10석 이상 19석 이하의 항공기를 보유한 경우와 승객좌석수가 9석 이하의 항공기를 보유한 경우로 나누어진다. 소형 항공운송사업을 경영하기 위해서는 항공기 1대당 운송용조종사 1명 이상과 정비사 자격이 있는 사람 1명 이상을 확보하여야 한다. 항공기는 자동위치확인능력과 계기비행능력을 보유한 항공기 1대 이상을 보유하여야 한다.

④ 항공기 사용사업

항공기 사용사업이란 항공운송사업 외의 사업으로서 타인의 수요에 맞추어 항공기를 사용하여 유상으로 비료 및 농약살포・씨앗뿌리기・산불 등 화재진압・건설자재 운반・비행훈련・사진촬영 등의 업무를 하는 사업을 말한다. 항공기 사용사업을 경영하기 위해서는 항공기 1대당 조종사 및 정비사 각 1명 이상의 기술인력을 보유하여야 하고, 자동위치측정능력을 보유한 항공기 1대 이상을 보유하여야 한다.

⑤ 항공기 취급업

항공기 취급업이란 항공기에 대한 급유(給油), 항공화물 또는 수하물(手荷物)의 하역(荷役), 그 밖에 항공기정비업을 제외한 지상조업(地上操業)을 하는 사업을 말한다. 이와 같은 항공기 취급업은 항공기 급유업, 항공기 하역업, 지상조업사업으로 구분하고 있다.

항공기 급유업은 공항 또는 비행장에서 항공기에 연료 및 윤활유를 주유하는 사업으로서 항공기에 급유하는 방식에 따라 지하배관시설인 hydrant를 이용하여 급유하는 방법과 유조차를 이용한 급유방법으로 나누어지고 있다.

항공기 하역업이란 공항 또는 비행장에서 항공수송을 의뢰한 화물이나 수하물을 출발하는 항공기에 싣거나 공항에 도착한 항공기로부터 화물이나 수하물을 내려서 정리하는 사업으로서 대부분의 항공사들은 이러한 하역업을 자회사나 계열회사에서 수행하도록 하고 있으나, 유럽의 일부 공항에서는 공항당국이 수행하기도 한다. 이러한 항공기 하역업을 경영하려면 화물의 하역에 필요한 턱카, 컨베이어카, 헬더로우더, 카고 컨베이어 등의 하역장비를 확보하여야 한다.

지상조업사업이란 공항 또는 비행장에서 항공기가 출발하거나 도착하는데 필요한 항공기의 출발준비업무, 도착항공기를 주기장까지 유도하는 업무, 항공기에 여객의 탑승 및 화물의 탑재를 하는 업무, 항공기가 계류장에 주기하고 있을 때의 동력지원, 항공기의 운항에 필요한 운항정보 지원, 승객 및 승무원의 출입국 관련 업무지원, 승객의 탑승과 하기 및 화물의 탑재 및 하기에 필요한 장비의 지원, 항공기의 외부 및 내부에 대한 청소업무 등을 수행하는 사업을 말한다.

⑥ 항공기 정비업

항공기 정비업이란 다른 사람의 수요에 맞추어 공항에서 항공기·장비품·부품의 정비 등을 하는 업무와 항공기·장비품·부품의 정비 등에 대한 기술관리 및 품질관리 등을 지원하는 업무를 하는 사업을 말한다. 항공기 정비업은 대부분의 항공사가 자가 정비형태를 취하고 있기 때문에 각 항공사들이 항공기 정비업의 등록기준을 갖추어 자기 항공기에 대한 정비를 자기 직원들이 직접 담당하는 형태를 취하고 있다.

⑦ 항공기 대여업

'항공기대여업'이란 다른 사람의 수요에 맞추어 유상으로 항공기, 경량항공기 또는 초경량비행장치를 대여하는 사업을 말한다. 여기서 경량항공기는 타면 조종형 비행기, 체중이동형 비행기 및 회전익 경량항공기를 말하고, 초경량비행장치는 동력비행장치, 인력항공기, 기구류 및 무인비행장치 등을 말한다.

⑧ 항공레저스포츠사업

'항공레저스포츠사업'이란 타인의 수요에 맞추어 유상으로 다음 하나에 해당하는 서비스를 제공하는 사업을 말한다. 여기서 '항공레저스포츠'란 취미・오락・체험・교육・경기 등을 목적으로 하는 활동을 말한다. 항공레저스포츠에는 공중에서 낙하하여 낙하산류를 이용하는 비행을 포함한다.

ⓐ 비행선, 경량항공기 또는 인력활공기, 기구류, 동력패러글라이더, 낙하산류 등 초경량비행장치를 사용하여 조종교육, 체험 및 경관조망을 목적으로 사람을 태워 비행하는 서비스

ⓑ 활공기, 비행선, 경량항공기, 초경량비행장치를 항공레저스포츠를 위하여 대여해주는 서비스

ⓒ 경량항공기 또는 초경량비행장치에 대한 정비, 수리 또는 개조 서비스

⑨ 초경량비행장치사용사업

'초경량비행장치사용사업'이란 다른 사람의 수요에 맞추어 무인비행장치를 사용하여 유상으로 비료 또는 농약 살포, 씨앗뿌리기, 사진촬영, 육상 및 해상 측량 또는 탐사, 산림 또는 공원 등의 관측 및 탐사, 조종교육 등의 업무를 하는 사업을 말한다.

2) 항공운송관련 사업

항공운송을 위해서는 앞에서 설명한 항공기운항에 필요한 직접적인 지원업무 외에 항공운송과 관련하여 수행되는 사업이 있다. 이와 같은 항공운송관련 사업으로는 상업서류 송달업, 항공운송총대리점, 항공운송대리점, 도심공항터미널업, 국제물류주선업이 있다.

① 상업서류 송달업

상업서류 송달업이란 타인의 수요에 맞추어 유상으로 우편법 제2조제2항 단서의 규정에 해당하는 수출입 등에 관한 서류와 그에 딸린 견본품을 항공기를 이용하여 송달하는 사업을 말한다. 상업서류 송달업은 지방항공청에 신고함으로써 영업이 가능하며, 상업서류송달업의 신고를 위해서는 사업계획서, 예상 사업수지계산서, 외국의 상업서류송달업체로서 50개 이상의 대리점 망을 가진 업체와의 계약서 또는 3개 대륙 6개국 이상에 해외지사를 설치한 증명서류를 제출하여야 한다.

② 항공운송 총대리점

항공운송 총대리점이란 항공운송사업을 경영하는 자, 즉 항공사를 위하여 유상으로 항공기에 의한 여객 또는 화물의 국제운송계약의 체결을 대리하는 사업을 말한다. 항공운송 총대리점은 항공사가 외국에서의 판매활동을 위하여 해당 국가 또는 해당 지역의 총판매대리점을 지정하여 판매영업 및 해당국가의 교섭창구역할을 하도록 지정한 대리점이다. 항공운송 총대리점은 지방항공청에 신고함으로써 영업이 가능하며, 항공운송 총대리점의 신고를 위해서는 사업계획서, 예상사업 수지계산서, 외국의 50개 이상 대리점망을 가진 항공운송사업자와의 계약서를 첨부하여야 한다.

③ 도심공항 터미널업

도심공항 터미널업이란 공항구역 외에서 항공여객 및 항공화물의 수송과 그 처리에 관한 편의를 제공하기 위하여 이에 필요한 시설을 설치·운영하는 사업을 말한다. 즉 도심공항 터미널업은 여객이나 화주가 공항까지 가는 불편을 해소하기 위하여 시내의 도심지역에 항공운송에 필요한 공항시설과 장비를 갖추어 항공기에 탑승할 승객과 항공기에 탑재할 항공화물에 관한 업무를 시내에 위치한 도심공항에서 수행할 수 있도록 함으로써 승객과 화주의 편의를 도모하는 한편, 공항의 혼잡을 피하기 위하여 도입한 제도이다. 도심공항 터미널사업은 지방항공청에 신고함으로써 영업이 가능하며, 도심공항 터미널업의 신고를 위해서는 사업계획서, 예상 사업수지계산서, 도심공항 터미널시설명세서, 공항과 도심공항터미널을 왕래하는 교통수단 확보에 관한 서류를 첨부하여야 한다.

④ 국제물류주선업

국제물류주선업이란 「물류정책기본법」에 따라 국토교통부장관에게 등록한 사업으로서 타인의 요구에 따라 자기의 명의와 계산으로 타인의 물류시설·장비 등을 이용하여 수출입화물의 물류를 주선하는 사업을 말한다. 국제물류주선업자는 자체 운송약관과 관세율표를 가지고 화물운송장을 이용하여 화물운송을 의뢰한 화주(貨主)와 운송약관을 체결한다. 이런 점에서 볼 때 항공사와 유사한 입장에 있으나, 항공기나 기타 운송수단을 가지고 있지 않으므로 집하(集荷)한 화물을 운송하기 위해서는 항공사가 발행하는 화물운송장에 의해 국제물류주선업자를 송하인(送荷人)으로 하여 항공사의 운송약관에 의해 운송계약을 체결하여야 하는 점이 항공사와 다르다. 국제물류주선업은 항공법에서 정하고 있는 사업은 아니나 항공운송과 밀접한 관련이 있기에 간략하게 설명한 것이다.

⑤ 항공운송대리점

항공운송대리점이란 항공사 또는 항공운송 총대리점을 위하여 유상으로 항공기에 의한 여객이나 화물의 운송계약체결을 대리하는 사업을 말한다. 즉, 항공사나 항공운송 총대리점을 대리하여 항공사의 운송약관, 운송규칙, 관세율표 및 항공기 스케줄에 의거하여 항공여객에 대한 항공기 좌석예약과 항공권 판매, 항공화물의 접수와 운송장 발행 및 이에 딸린 업무를 수행하고 그 대가로서 항공사나 항공운송 총대리점으로부터 정해진 수수료를 받는 사업을 말한다.

2. 항공운송사업의 특성

항공운송사업은 영리를 목적으로 하는 사업이지만 다른 산업과는 달리 국가의 경제적 목적 또는 방위산업 차원에서 국가차원의 육성산업으로 발전시키거나 공공교통기관으로서의 기능이 있어 수익성이 크게 높지 않으며, 여행업의 파생적 수요산업, 서비스의 차별화가 곤란한 산업, 제품의 생산과 판매의 동시성, 주로 여객운송에 치중하는 산업으로서의 특성을 지니고 있다.

1) 공공성이 강한 사업

항공운송사업 중에서 정기항공운송사업은 기상악화·천재지변 등 불가항력적인 사유가 있는 경우를 제외하고는 정부로부터 인가받은 운송계획대로 운송서비스를 제공하여야 하는 의무가 있다. 예컨대 수익성이 낮다고 판단되는 특정구간의 운송서비스를 제공하지 않거나 좌석이용률이 낮을 것으로 판단되는 특정계절이나 요일·날짜에 임의적으로 운송서비스제공을 중지하거나 변경할 수 없다. 따라서 정기항공운송사업자는 정부로부터 인가받은 운송계획에 대하여 인가된 내용대로 운송능력을 제공하는 동시에 계획된 날짜와 시간에 운항하여야 하는 정기성을 유지하여야 하는 공공성을 지니고 있다.

2) 거대 장치사업

항공사를 운영하기 위한 정기항공운송사업의 면허기준은 납입자본금 200억원 이상, 항공기 5대 이상을 보유하여야 하기 때문에 정기항공사를 경영하기 위해서는 초기 투자비만 하여도 수천억원이 소요될 뿐만 아니라 항공사를 운영하기 위해서는 조종사와 정비사 및 지상영업요원 등 많은 인력과 정비시설 및 운항지원장비를 필요로 하기 때문에 그 운영비도 막대하다. 또한 항공사는 규모의 경제가 작용하는 산업으로서 항공기보유대수가 일정수준 이상으로 유지되어야만 경제적 효율성을 유지할 수 있는 거대한 장치산업이다.

3) 낮은 생산탄력성

항공운송사업은 항공수요가 급격히 증가할 경우에도 항공기도입이 주문생산형태를 취하고 있기 때문에 늘어나는 항공수요충족을 위한 공급능력을 신속히 확보할 수 없는 특성이 있을 뿐만 아니라 수요의 증가나 감소에 맞추어 공급능력을 신속히 증가시키거나 축소할 수 없어 생산탄력성이 매우 낮은 사업이다. 예컨대 항공기 공급능력을 확보하기 위해서는 항공기 도입기간이 2~3년 소요될 뿐만 아니라 항공수요가 감소하는 상태가 발생하여도 보유한 항공기를 쉽게 처분할 수도 없기 때문에 항공기 공급능력을 축소하기도 쉽지 않아 생산능력을 조절할 수 있는 생산탄력성이 낮은 사업이다.

4) 파생적 수요사업

항공운송사업의 고객은 관광레저여행이나 비즈니스여행을 목적으로 하는 승객이다. 특히 우리나라와 같은 경우에는 국제관광객의 95% 정도가 국제항공여객이기 때문에 수요창출 측면에서 보면 항공운송사업은 관광산업인 여행업과 수직적 관계를 유지하고 있으므로 항공운송사업은 관광산업의 파생적 수요산업으로 볼 수 있다. 이처럼 항공운송사업이 가지는 수요창출의 특성 때문에 항공기의 좌석예약이나 항공권판매에 있어서 항공사의 대리점이 바로 여행업을 겸하고 있어 항공사와 여행사는 사업적으로 불가분의 관계에 있다. 따라서 관광산업인 여행사의 고객이 늘어나면 항공사의 고객도 늘어나고, 여행사의 고객이 줄어들면 항공사의 고객도 줄어드는 등 항공운송시장과 관광여행시장은 하나의 시장으로 형성되어 있으므로 항공사와 여행사는 수요시장에서 그 운명을 같이 한다고 볼 수 있다.

5) 상품차별화가 곤란한 사업

항공운송상품은 항공기좌석이나 서비스 측면에서 항공사마다 그 상품내용이 거의 비슷하여 경쟁항공사와 상품차별화가 곤란한 산업이다. 항공기의 객실이나 좌석은 항공기제작사인 미국의 보잉항공사나 프랑스의 에어버스사가 제작하는 항공기는 같은 기종일 경우에 같은 형태와 구조를 가진 항공기를 제작하기 때문에 항공기의 객실구조나 좌석의 품질이 크게 다르지 않아 이들 항공기를 구입한 항공사의 상품은 비슷할 수밖에 없다. 서비스 측면에서는 약간의 차별화를 할 수 있을지 몰라도 이러한 차별화된 서비스는 경쟁항공사가 곧바로 이를 받아들여 따라하기 때문에 상품의 서비스 수준도 거의 비슷하다고 보아야 할 것이다.

6) 상품의 소멸성

항공사의 운송상품은 형태가 있는 제품이 아니고 항공기의 좌석을 판매하는 서비스상품이기 때문에 상품이 생산과 동시에 판매되어야만 상품의 경제적 가치를 발휘할 수 있고, 판매되지 않은 상품은 재고로 보관하여 나중에 판매할 수 없는 즉시재로서의 특성이 있다. 따라서 항공사에서는 특정한 운송구간에서 특정한 날짜와 시간에 제공하는 항공기좌석을 제때에 판매하여야만 좌석판매효율을 높일 수 있기 때문에 정확한 수요예측에 의한 항공노선의 개발과 투입기종 및 운항횟수와 운항시간대를 결정하는 것이 경영활동의 최대 과제가 되는 것이다.

7) 장거리운송에 유리한 사업

항공운송사업은 다른 교통수단에 비하여 장거리수송이나 국제수송에 매우 유리한 특성이 있다. 항공기운항은 그 특성상 이륙과 착륙구간에서의 항공기가 상승하거나 하강을 할 때에 단위거리 당 연료가 많이 소모되고,순항구간에서의 연료소모는 매우 적을 뿐만 아니라 장거리운항일수록 지상 1만 미터 정도의 고공운항을 하기 때문에 공기저항이 적어 연료소모는 적고 속도는 빨라지는 특성이 있다.

또한 공항의 착륙료나 정류료 등의 사용료는 항공기가 공항을 사용한 횟수에 따라 부과되고, 항공기운항지원을 위한 지상업무도 장거리나 단거리에 관계없이 매 운항시마다 제공하기 때문에 이러한 지상비용은 장거리구간을 운항할수록 단위거리 당 운항비용이 적게 드는 특성이 있기 때문에 항공운송사업은 장거리운송에 유리한 사업이다.

제 2 절 항공운송사업의 발달과정

1. 항공기술의 발달

1) 하늘정복의 시도

인류문명의 발달과정을 보면 처음에는 도구를 만들어 땅을 정복하였고, 그 다음엔 배를 만들어 바다를 정복하였으며, 비행기를 만들어 하늘을 정복한 것은 맨 나중의 일로 지금으로부터 100여 년 전에 불과하다.

인류가 인간과 하늘의 연결을 처음으로 시도한 것은 지금으로부터 3천여년 전에 고대 중국에서 연(鳶 : kite)을 사용한 것이 최초의 시도라는 기록이 있으며, 연과 같이 끈에 속박되지 않고 새처럼 하늘을 날고 싶은 조인(鳥人)의 꿈은 15세기에 들어와서 이탈리아 출신의 예술가이며 과학자인 레오나르도 다빈치(1452~1519)가 새를 과학적으로 관찰하여 공중으로 뜨는 힘과 공기저항을 연구하여 나사(螺絲)의 원리를 이용한 헬리콥터 모형을 고안하였고, 새와 같이 날개를 퍼덕여서 날 수 있는 인공날개를 설계하고 모형을 만들어 날개치기를 실험한데서 비롯되었다고 한다.

레오나르도 다빈치의 인공날개치기는 결국 실패하였지만, 하늘을 날고 싶어 하는 사람들의 소망과 노력은 그 후에도 계속 이어져 1709년 브라질 출신의 구스마오 신부가 리스본에서 종이열기구로 하늘정복을 시도하여 열기구(熱器具)를 지상으로부터 3.6m까지 상승시키는데 성공하였다. 그 후 1783년에는 프랑스의 제지업자 몽골피에 형제가 종이와 천으로 만든 지름 10m의 열기구를 만들어 약 1,800M 상공까지 상승시켰으며, 이어 열기구를 개선하여 동물을 싣고 시험비행을 한 후에 사람을 태운 유인 열기구비행에 성공하였다. 유인열기구의 비행에 성공한 후에 프랑스의 앙리 지파르는 유선형의 기구에 증기기관을 장착하여 조종이 어느 정도 가능한 비행선을 만들었다.

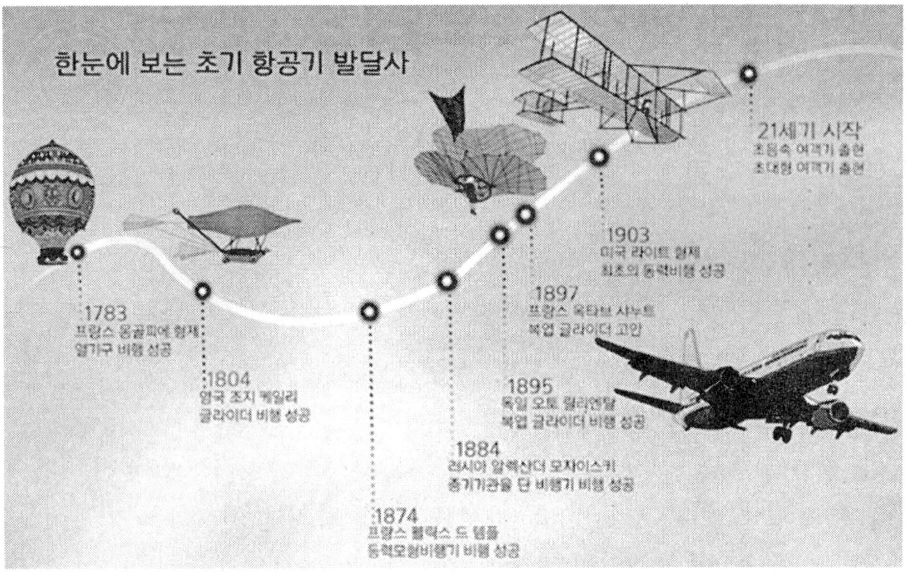

[그림 1-2] 항공기의 발달과정

현대의 항공기개발에 원동력이 된 것은 1903년 12월 17일 미국의 라이트형제가 키티호크의 바닷가 모래 언덕에서 3m의 고도로 12초 동안 36m를 사람이 탑승한 유인동력비행에 성공한데서 비롯되었다. 라이트형제는 자전거를 만드는 기술자답게 관찰력이 뛰어나고, 독서가이며 비행에 대한 열의가 대단하여 체계적이고 꾸준한 연구노력과 실험정신으로 공기역학적인 풍동실험에 성공하였기 때문에 가솔린기관에 의한 겹 날개 비행기를 만들어 비행에 성공하게 된 것이다. 이와 같은 라이트형제가 만든 비행기는 그 당시 미국에서는 실용성이 없을 것으로 보고 항공기개발에 관심을 가지지 않았기 때문에 라이트형제는 항공기개발에 관심이 많았던 프랑스로 건너가 1911년까지 유럽지역에서 판매되어 유럽 각국의 항공기 연구가들에게 항공기개발의욕을 고취시키는 계기가 되었다.

2) 전쟁이 발달시킨 항공기술

① 제1차 세계대전과 항공기개발

1914년 발발된 제1차 세계대전 초기에 사용되었던 비행기의 기체는 목재로 기본 틀을 만들고 그 위에 발동기를 장착한 형태였으며, 동체의 표피는 소가죽 등으로 씌웠고 날개의 면적이 넓은 겹 날개 형식이었다. 초기에는 주로 정찰목적의 비행기로 사용하다가 차츰 비행기의 구조와 성능개선으로 폭탄을 싣고 적군 진지에 폭탄을 투하하는 폭격기가 개발되었고, 그 후 비행기의 기동성과 조종성이 뛰어난 전투기가 개발되어 공중전에 사용되기 시작하였다.

[그림 1-3] 제1차 및 제2차 세계대전 비행기

② 제2차 세계대전과 항공기의 발달

제2차 세계대전(1939~1945) 중에는 폭격기가 대형화되면서 전술적・전략적으로 사용되어 전쟁무기로서의 그 비중이 매우 커지게 되었다. 특히 미국이 비행기를 이용한 전략공군을 유효하게 운용하여 B-29와 같은 고출력의 대형 폭격기를 개발하여 탄약고나 유류창고 등 전투요충지나 병력집결장소를 공격하였고, 적국의 중요시설을 폭격하여 전쟁도발국의 전의를 상실케 하였으며, C-46, C-54와 같은 대형 수송기를 개발하여 군수물자와 병력을 신속하게 수송함으로써 기동성을 확보하였다.

2. 민간항공운송의 발전

1) 민간항공운송의 태동

민간항공운송은 1918년 미국에서 우편물운송을 위한 정기항공노선이 최초로 개설되었고, 1925년에 여객운송을 위한 정기노선이 개설되었다. 그 후 1927년에 노스웨스트항공사가 설립되는 것을 기점으로 1930년에 트랜스월드항공사, 1934년에 아메리칸 에어라인 및 유나이티드 항공이 설립됨으로써 항공여객운송시장이 모습을 갖추기 시작하였다.

이와 같은 초기의 항공운송시장은 시장진입이 비교적 자유로워 미국의 항공운송시장에서는 항공사 간의 경쟁이 매우 심해져 우편물의 운송권을 확보하기 위하여 운송원가에도 못 미치는 가격으로 우편물을 운송하는 사례가 빈번해져 불공정거래가 성행하게 되었을 뿐만 아니라 그 여파로 소규모 항공사들이 이를 견디지 못하고 도산하는 사태가 벌어지기도 하였다. 미국정부에서는 이러한 항공운송시장의 무질서를 바로잡아 불공정거래를 막는 한편, 항공운송산업의 건전한 발전을 도모하기 위하여 민간항공운송사업에 대하여 정부가 규제를 할 수 있는 민간항공법을 1938년에 제정하여 민간항공사의 운송활동을 규제하기 시작하였다.

2) 민간항공운송의 발전

미국의 민간항공법은 그 당시 과당경쟁에 의한 항공사의 도산을 막고, 불공정거래로부터 항공운송시장의 질서를 확립하기 위하여 항공사의 진입규제와 불공정거래에 의한 운송활동을 규제할 수 있는 권한을 민간항공위원회에 부여하였다. 이 법에 따라 민간항공위원회는 항공기의 운항과 관련한 안전기준을 제정하는 권한과 항공운송업의 허가권한, 여객 및 화물운송에 대한 적정수준의 운임결정 권한을 지니게 되었고, 항공사간의 인수 및 합병과 연합 등에 대한 규제할 수 있는 권한과 외국의 항공시장에서 운송활동을 하는 미국 항공사들에 대하여 규제할 수 있는 권한은 물론 미국의 항공시장에 취항하는 외국항공사들에 대해서도 규제권한을 행사할 수 있도록 하였다.

세계의 민간항공운송은 1958년을 전후하여 개발된 제트엔진에 의하여 급속하게 발전하기 시작하였다. 이와 같은 제트엔진의 개발은 항공기의 엔진출력을 크게 강화시켜 항공기를 고속교통수단으로 변모 시켰으며, 강한 엔진출력으로 항공기의 대형화를 기할 수 있게 되어 대량수송에 의한 항공여행의 대중화에 크게 기여하였다. 제트항공기시대의 개막은 항공기술이 빠르게 발전하는 계기가 되어 1970년대 초부터는 400여 명을 탑승시킬 수 보잉747과 같은 대형 항공기가 출현하면서 항공운송사업은 비약적인 발전을 거듭하게 되었다.

그러나 1973년에 불어 닥친 석유파동에 의하여 국제유가의 상승으로 항공기 운항비용이 크게 증가하였고, 세계적인 경기침체로 이어져 외국여행을 하는 항공수요는 감소하였는데, 항공시장개방에 의하여 급속도로 증가된 항공수송의 공급능력은 그대로 있었기 때문에 공급과잉으로 국제항공운송시장의 경쟁이 심화됨에 따라 각국 항공사들이 낮은 항공운임경쟁과 인건비 상승에 의한 운항비용 증가로 새로운 국면을 맞이하게 되었다.

3) 규제완화와 경쟁의 심화

1970년대 초부터 미국의 보잉사에서 제작한 보잉747 점보시리즈, 록히드사의 L-1011, 더글러스사의 DC-10과 프랑스 에어버스사의 에어버스300 시리즈 등의 대형 항공기 출현으로 대량수송에 의한 공급능력의 확대와 기상악화로 인한 결항률을 크게 감소시켜 항공운송산업이 절정기를 맞았으나, 1973년에 이은 1978년의 석유파동에 의하여 항공여객수요의 성장세는 둔화되었는데 항공기의 공급능력은 오히려 늘어나게 되어 공급과잉에 의한 과당경쟁으로 항공운임이 수송원가에도 못 미치게 되었고, 마침내는 항공사들이 적자경영에 의하여 소형 항공사를 중심으로 도산과 흡수합병 등이 이루어졌고, 일부 항공사들은 통합경영의 형태로 전환되었다.

미국 정부는 항공운송시장의 질서를 확립하고 항공운송산업의 보호와 육성을 위한 새로운 정책이 필요하게 되었기 때문에 1978년에 항공운송산업 전반에 대한 규제완화조치를 취할 수 있는 '규제완화법'을 제정하였다.

규제완화법은 소형 항공사들이 대형 항공사들에 흡수통합 되는 현상으로 초대형 항공사가 탄생하게 되었다. 또한 규제완화정책은 각국의 영공개방을 의미하는 open sky 정책을 유도하면서 미국의 대규모 항공사들의 입지를 강화시킬 수 있는 정책으로 평가되었다. 이와 같은 미국의 초대형 항공사들의 등장에 위기의식을 느낀 유럽과 아시아지역의 항공사들은 이에 대응하기 위하여 새로운 항공운송시장의 형성을 의미하는 제휴형태의 경영을 하기에 이르렀다.

3. 한국의 항공운송사업

1) 항공운송사업의 태동

우리나라는 1914년 일본해군 중위가 용산에 있는 연병장에서 경비행기를 떴다 내린 것이 최초의 항공기운항이었고, 1922년에는 안창남이 서울과 인천에서 모국방문기념 비행을 한 것이 최초의 한국인 조종사에 의한 비행이었다. 한국인 조종사의 모국방문 기념비행을 바라본 국민들은 한국인의 자긍심을 드높이고 일제치하에서의 울분을 달래려는 마음에서 '떴다 보아라. 안창남', '하늘에는 안창남, 땅위에는 엄복동' 이라는 속요(俗謠)를 만들어 국민대중 사이에 한동안 유행하였다고 한다.

1927년 6월 1일에는 일본 항공법을 준용하여 제정한 '조선항공법'이 일제강점기에 제정·공포되어 항공운송사업의 허가와 항공기운항 및 정비, 비행시설의 설치 등에 관한 내용을 포함하여 항공운송사업을 할 수 있는 법적 근거를 마련하였으며, 이에 근거하여 1936년에는 우리나라 최초의 민간항공사인 조선항공공업사가 설립되어 DC-3 항공기 1대와 경비행기 10대로 서울-익산 항공노선을 정기적으로 운항하였고, 1947년에는 미국의 노스웨스트 항공사가 동경-서울 항공노선에 취항하였으며, 1948년에는 민간항공사인 대한국민항공사(KNA)가 설립되어 미국의 스티븐슨 항공기 3대로 서울-부산을 정기적으로 운항하기 시작한 후에 1954년에는 DC-4 항공기를 도입하여 서울-홍콩-타이페이 국제항공노선에 처음으로 취항하였고, 1958년에는 김포국제공항을 개항하여 여의도국제공항에서 운항하던 국제선과 국내선을 김포국제공항으로 이전하였다.

[그림 1-4] DC-4 및 DC-9 항공기

1962년에는 대한항공공사법을 제정하여 '대한항공공사'를 설립하여 경영난에 허덕이던 대한국민항공사를 인수하여 국영기업으로 운영하기 시작하였고, 1967년에는 제트여객기인 미국의 DC-9 항공기를 도입하여 운항하기도 하였으나, 대한항공공사의 경영난이 심각해져 국영기업형태로는 경영이 어렵게 되어 민간기업에 매각하여 민영화의 길을 걷게 되었다.

2) 항공운송사업의 정착

1969년 3월 경영난에 허덕이던 대한항공공사를 인수한 한진상사는 항공사의 명칭을 대한항공으로 변경한 후에 제트여객기를 도입하여 1972년에는 서울-도쿄-호놀룰루-로스앤젤레스의 미주노선에 취항하였고, 1973년에는 서울-앵커리지-파리 노선을 개설하여 유럽 항공운송시장으로 진출하여 대한항공이 세계 속의 항공사로 진출하는 계기를 마련하였다.

이와 같은 국적항공사의 발전과 항공수요의 증가에 따른 공항시설의 대규모화와 함께 공항운영의 효율성을 도모하기 위하여 공항운영을 전담하는 '국제공항관리공단'을 설립하여 1980년부터 정부가 운영하던 김포국제공항의 운영업무를 공기업이 운영하는 체제로 전환하였다. 그 후 김해국제공항과 제주국제공항을 공기업이 운영하도록 하였고, 1990년에는 대구공항과 광주공항 등 지방공항을 공기업으로 이관하여 우리나라의 모든 공항운영업무가 공기업형태로 변화하였다.

한편, 1988년부터는 제2민항으로 아시아나항공사가 출범하여 국내선운항을 개시한데 이어 국제선항공노선에 운항을 개시하면서 단일 국적항공사 체제에서 복수항공사 체제로 전환되어 항공운송업의 독점체제가 과점형태로 전환되기에 이르렀다. 2005년에는 저비용항공사로 분류되는 티웨이항공이 청주-제주를 운항한데 이어 제주항공, 진에어, 에어부산, 이스타 등의 저비용항공사가 탄생하였다.

3) 항공운송사업의 동향

① 항공수송현황

우리나라의 민간항공운송사업은 〈표 1-1〉과 같이 1970년을 기점으로 볼 때 지난 40여년간 성장을 거듭하였으나, 2000년 이후에는 세계경제의 침체에 영향을 받아 항공수요가 일시적으로 줄어드는 현상을 보이기도 하였으나, 2005년 이후에는 다시 꾸준한 성장세를 보이고 있다.

국내선 항공수요는 IMF사태와 경기침체로 2000년 이후 크게 감소하였을 뿐만 아니라 고속도로의 지속적인 신설 및 확장과 고속철도의 개통으로 항공수요가 도로교통과 철도교통으로 전가되어 국내항공운송업계는 하향세의 길로 접어들었으나, 2005년을 기점으로 다시 점진적인 상승세를 나타내기 시작하여 2012년에는 21,601천명을 넘어서게 되었다.

국제선 항공여객수송은 1989년부터 내국인의 국외여행이 완전 자유화되면서 국제항공여객수요가 크게 증가하여 1970년에 398천명에 불과하였으나, 2012년에는 47,703천명을 넘어서게 되었다.

〈표 1-1〉 항공수송수요 변화추이

(단위 : 천명)

연도	국내선	국제선	합 계
1970	917	398	1,315
1975	906	1,566	2,472
1980	1,481	2,922	4,403
1985	3,467	4,382	7,489
1990	11,064	9,626	20,690
1995	21,009	14,603	35,612
2000	22,515	19,452	41,967
2005	17,158	29,684	46,842
2010	20,216	40,061	60,277
2012	21,601	47,703	69,304

② 항공사 규모

우리나라 국적항공사 규모는 〈표 1-2〉에서 보는 바와 같이 대표적 국적항공사라고 볼 수 있는 대한항공과 아시아나항공의 기업규모는 기업의 자산상태를 가늠하게 하는 자본금, 항공기 보유대수, 항공노선 및 종업원 수에서 세계적인 항공사 수준으로 성장하였다. 또한 2005년부터 등장한 저비용항공사들이 항공기를 6대 이상 보유하고 있어 항공사로서의 기본적인 규모를 갖추고 있다고 보아야 할 것이다.

〈표 1-2〉 국적항공사 규모

구분	대한항공	아시아나	제주항공	에어부산	진에어	이스타	티웨이
자본금(억원)	3,668	8,921	1,100	500	270	289	207
항공기보유(대)	130	70	13	10	11	9	6
- 여객기	106	60	13	10	11	9	6
- 화물기	24	10					
항공노선							
- 국내선(개)	18	14개	3	3	2	3	1
- 국제선(개)	110	85개	11	6	6	3	3

주) 2013년 6월 기준

제 3 절 항공운송의 구성 시스템

1. 항공운송의 구성

항공기를 이용하여 여객과 화물을 출발지에서 목적지까지 운송하기 위해서는 항공운송의 핵심적인 역할을 하는 필수적인 요소가 있다. 항공운송의 구성요소에는 운송수단인 항공기, 운송기지인 공항, 항공기가 운항하는 통로인 항공로, 항공기를 조종하거나 지상에서 항공기의 운항을 지원하는 항공종사자 등 4가지 요소가 있다. 이들 요소들은 합리적이고 효율적으로 작용하여야 하며, 이 중에서 한 가지라도 문제가 발생하면 항공기안전운항을 보장할 수 없게 된다.

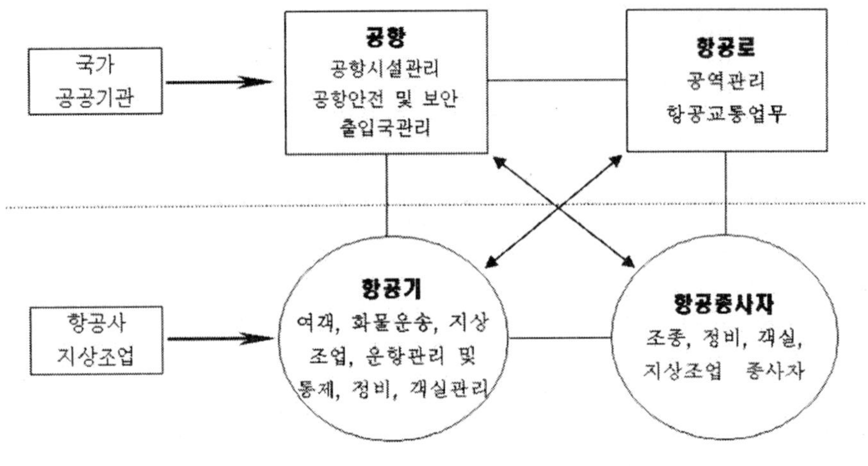

[그림 1-5] 항공운송의 구성체계

항공운송체계를 도식화하면 [그림 1-5]에서 보는 바와 같이 상단에 표시된 공항은 공항시설의 관리와 여객 및 화물의 출입국관리를 담당하고, 항공로 업무는 항공기가 공항에 도착하거나 공항을 출발하는데 필요한 항공교통업무와 공역관리업무이다. 하단에 표시된 항공기와 항공종사자에 관한 업무는 여객과 화물을 싣고 다니는 항공기의 운항을 위하여 항공기의 조종 및 정비, 운항관리 및 지상조업 등과 항공기 내의 객실관리 등으로서 이들 업무는 항공사 또는 지상조업체가 지원하는 업무이다.

2. 공항

공항이란 항공운송이 이루어지는 지상의 운송기지로서 항공기의 이륙과 착륙, 여객의 탑승과 하기, 화물의 탑재(搭載)와 하기(下機)가 이루어지는 장소로서 항공여행이나 화물운송의 출발지인 동시에 목적지이기도 하며, 때로는 중간 기착지로서의 역할도 한다.

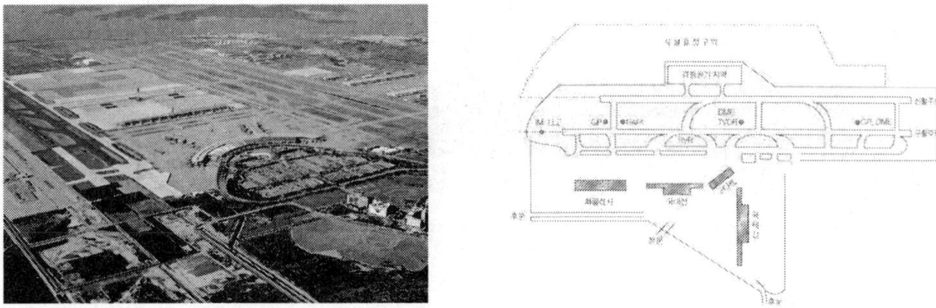

[그림 1-6] 인천공항 및 김포공항 시설배치도

공항에는 항공기운항에 필요한 시설들이 갖추어져 있는데, 항공기의 이륙과 착륙을 통제하고 지원하는 관제탑이 있고, 항공기의 이·착륙시설인 활주로, 유도로, 계류장 등이 있으며, 항공기의 안전운항을 지원하기 위한 항행안전시설로서 계기착륙시설, 초단파 전방향무선표지시설, 레이더시설 등과 불빛으로 항공기의 이착륙을 지원하는 항공등화시설 등이 있다. 또한 여객이 항공여행의 출발을 위하여 항공기를 탑승하거나 여행을 마치고 도착할 때에 이용하는 여객청사시설, 화물을 항공기에 탑재하기 위한 화물의 집하와 분류 및 포장 등을 위한 화물청사시설이 있다. 그 외에도 항공기의 급유와 정비 및 지상조업 등을 위한 지원시설 등이 설치되어 있다. 특히 공항의 국제선 여객청사에서는 항공사에서 수행하는 항공기 탑승을 위한 예약과 항공권 발권업무 및 체크인업무가 이루어질 뿐만 아니라 정부기관이 담당하는 세관업무·출입국심사·검역업무가 수행되는 장소로서 국가의 관문역할을 수행하고 있다.

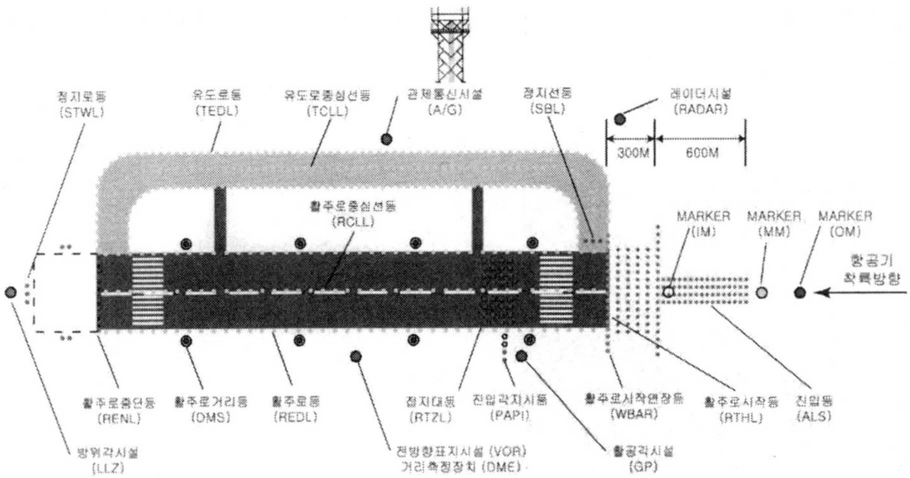

[그림 1-7] 공항의 에어 사이드 시설배치도

3. 공역 및 항공로

1) 공역과 비행정보구역

공역(空域)이란 넓은 의미에서는 지구 표면상의 특정한 공간을 의미하지만, 좁은 뜻으로는 항공기의 안전하고 효율적인 비행과 항공기의 수색 또는 구조에 필요한 정보제공을 위하여 자기나라 영토의 상공인 영공(領空)과 공해(公海)의 상공에 지정하여 고시된 비행정보구역을 의미한다. 공역은 사용용도에 따라 관제공역과 비 관제공역으로 구분되는데, 관제공역은 관제탑과 접근관제소 등 항공교통관제기관의 통제 아래에서 관제를 받는 공간이고, 비 관제공역은 항공교통관제기관의 통제를 받지 아니하고 항공기가 자율적으로 운항하는 공간을 의미하는데 우리나라에는 비 관제공역이 존재하지 아니한다. 공역은 흔히 비행정보구역이라고도 불리며 항공운송에서의 공역은 좁은 의미의 비행정보구역을 뜻한다.

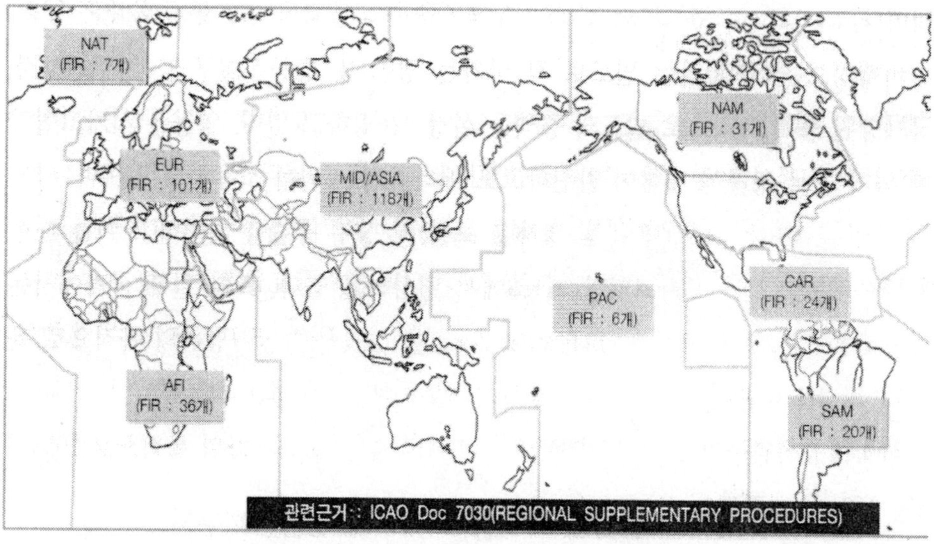

[그림 1-8] ICAO구분 8대 공역

국제민간항공기구에서는 전 세계의 공역을 8개의 큰 권역으로 나누고, 각 권역마다 지역별 항공회의를 통해 권역 내에 세부적인 비행정보구역으로 분할하여 각 비행정보구역에 대하여 국가별로 항공교통서비스를 제공할 수 있는 지역별관제센터에서 공역을 관리하도록 정하고 있다. 우리나라는 인천 비행정보구역 안에서 세부 공역들이 설정되어 있고, 모든 항공로는 항공교통서비스가 제공되는 비행정보구역 내의 관제공역 내에 지정되고 있다.

비행정보구역은 비행 중인 항공기에게 비행정보 및 경보업무 등 항공교통서비스가 제공되는 일정한 범위의 공역으로서 국가별 영토 및 항행지원능력을 감안하여 국제민간항공기구의 조정에 의하여 각 가맹국에 할당되어 비행정보 및 조난항공기에 대한 경보업무를 제공하기 위하여 담당하고 있는 영공 및 공해의 상공을 말한다. 비행정보구역은 한 나라의 영토 및 영해의 상공에 대하여는 주인으로서의 역할을 하고, 공해의 상공에 대하여는 관리인의 역할을 한다고 볼 수 있다. 우리나라의 비행정보구역은 항공교통관제소에서 관제하고 있다.

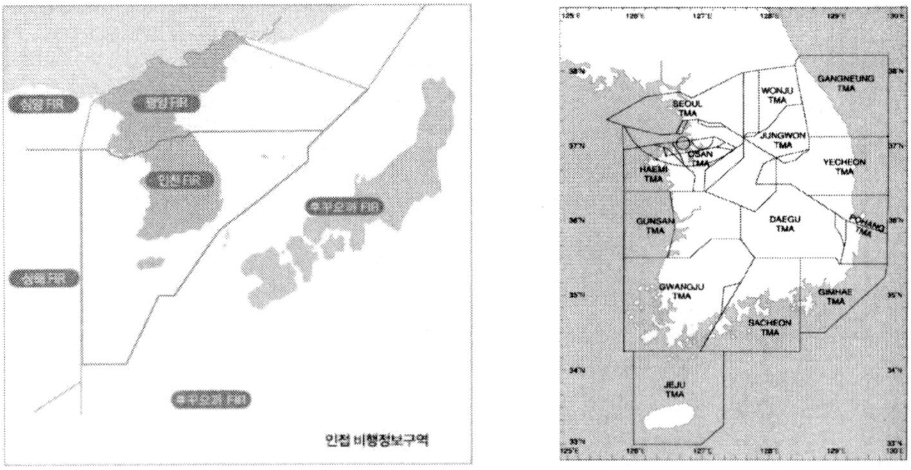

[그림 1-9] 인천 비행정보구역 및 접근관제구역

우리나라의 인천 비행정보구역은 중국의 심양 및 상해, 북한의 평양, 일본의 후쿠오카 비행정보구역과 인접하고 있다. 인천 비행정보구역은 공항에 이착륙하는 항공기의 항공교통관제의 원활화를 위하여 14개 접근관제구역으로 구분하여 운영하고 있다. 접근관제구역은 공항에 착륙하거나 공항에서 이륙하는 항공기에 대한 관제업무를 행하는 구역으로서 접근관제소에서 그 업무를 담당하고 있다.

2) 공역의 종류

우리나라의 항공법에서는 항공기의 안전하고 효율적인 비행과 항공기의 수색 또는 구조에 필요한 정보제공을 위한 비행정보구역을 관제공역, 비 관제공역, 통제공역, 주의공역으로 구분하여 국토교통부장관이 지정하여 공고하도록 정하고 있다.

첫째, 관제공역은 항공기의 비행순서, 이륙 또는 착륙할 시기 및 방법 등에 관하여 관제탑이나 접근관제소의 통제와 지시를 받아야 할 공역을 말하며, 관제공역에는 지정 항공로, 공항접근 관제구역, 공항진입 관제구역 및 특별관제구역 등으로 구분된다.

〈표 1-3〉 통제공역 및 주의공역

	구 분	개 소	통제·운영 기관
통제공역	비행금지구역	5	국방부
	비행제한구역	60	국방부
	초경량 비행장치 비행제한구역	1	국토교통부/국방부
주의공역	경계구역	20	국방부
	민간훈련구역	9	국토교통부
	군 작전구역	6	국방부
	위험구역	12	국방부
	합 계	167	

둘째, 비 관제공역은 관제공역 외의 공역으로서 운항하는 항공기에게 비행에 필요한 조언과 비행정보만 제공되고 항공교통관제기관의 통제 없이 자율적으로 운항하는 공간을 의미하고 있으나, 우리나라 공역에는 비 관제공역이 사실상 존재하지 않고 있다.

셋째, 통제공역은 중요 시설물이 있거나 공군 조종사들의 훈련비행을 위한 공역 등 항공기의 비행을 금지 또는 제한하는 공역을 의미하며, 비행금지공역, 비행제한공역, 위험공역 및 비행 주의공역 등으로 구분된다.

3) 항공로

항공로란 항공기가 비행할 수 있도록 정한 공역상의 비행통로를 말하며 흔히 항로(航路)라고 부른다. 공역을 관리하는 국가의 정부가 항공기의 항행에 적합하다고 지정한 지구의 표면상에 표시한 하늘공간의 항공기가 날아다닐 수 있는 하늘길을 말한다.

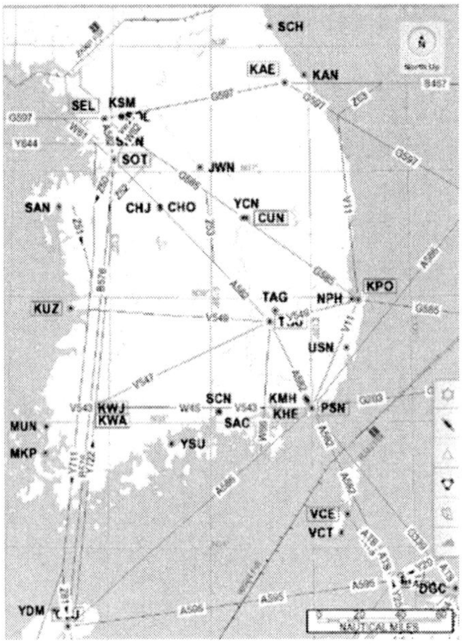

[그림 1-10] 우리나라 항공로

항공로는 항공기의 운항이 허용되는 공중통로로서 눈에 보이지는 않지만 지상의 도로와 마찬가지로 항공로마다 고유한 명칭이 있고, 지상의 고속도로에 해당하는 고고도(高高度) 항로와 일반도로에 해당하는 저고도(低高度)항로로 구분되며 항로를 통과하는 모든 항공기는 영공통과료를 해당 국가에 납부하여야 한다. 항공로는 공항과 공항 사이에 일정한 폭과 높이를 가지고 있어 사각형의 상자 모양을 한 터널처럼 구성된다.

4) 항공교통관제시스템

항공교통관제업무는 운항하는 항공기간의 분리와 항공교통의 질서 있는 흐름과 신속한 처리, 공항 내에서 항공기와 장애물간의 충돌방지 등 비행안전과 공항의 효율적인 운영을 위하여 항공기에게 조언과 정보제공 및 조난항공기의 탐색과 구조 활동을 지원하는데 그 목적이 있다.

항공교통관제시스템은 항공교통량이 집중되는 밀도, 항공교통관제의 복잡성, 공항지역의 기상상황, 관제가능범위 등을 고려하여 항공교통관제소, 접근관제소 및 관제탑 등 3개 부문으로 나누어 담당하고 있다.

첫째, 항공교통관제소는 항로관제업무를 수행하는 기구로서 관할 비행정보구역 내를 비행하는 항공기의 이동을 관제하는 책임을 지고 있다. 항공교통관제소는 자국의 영공은 물론 인접한 공해(公海)상의 공역을 포함하여 항공교통관제업무, 비행정보 업무, 긴급구조업무 등을 수행하고 있다. 항공교통관제소는 항로감시레이더를 이용하여 항공기간의 분리 상태와 항공기의 식별·목적지·비행계획항로·운항속도·비행고도 등을 감시하게 되며, 관제중인 항공기가 인접비행정보구역 또는 착륙할 공항으로 진입할 때에는 관제권한을 해당 항공교통관제소 또는 접근관제소에 이양하게 된다.

둘째, 접근관제소는 공항에 접근하는 항공기의 접근관제업무를 수행하는 기구로서 항공기운항이 많은 공항주변의 고밀도 항공교통을 감시하고, 항공기를 원활하게 소통시키는 역할을 한다. 접근관제소는 공역여건에 따라 다소 차이가 있을 수 있으나, 통상 공항으로부터 50N/M이내의 거리에서 17,000ft 이하의 고도로 비행하는 항공기의 관제에 대한 책임과 권한을 가진다. 접근관제소는 착륙할 항공기에 대하여는 항공기가 착륙할 공항으로부터 5N/M 이내로 접근하면 해당 공항의 관제탑에 항공관제를 이양하고, 공항을 이륙하는 항공기에 대하여는 공항을 이륙한 직후부터 관제탑으로부터 관제권한을 이양 받는다.

셋째, 관제탑은 공항에 착륙하려는 항공기와 공항을 이륙하는 항공기의 항공교통관제업무를 담당하는 기구로서 공항으로부터 5N/M 이내에 접근하는 항공기의 착륙관제와 공항을 이륙하는 항공기의 이륙관제를 담당한다. 관제탑은 공항으로 착륙하는 항공기와 공항으로부터 이륙하는 항공기뿐만 아니라 공항의 활주로, 유도로 및 계류장 지역을 이동하는 항공기까지를 관제하여야 하기 때문에 공항의 계류장지역이 잘 관찰될 수 있는 지역에 높이 100m 내외로 설치되는 것이 보통이다.

[그림 1-11] 항로관제 및 관제탑 관제장면

5) 항공노선

항공노선이란 항공사가 지상의 두 지점 사이를 정기 또는 부정기로 항공수송을 행하는 항공로를 말한다. 항공기의 운항은 일정한 높이 이하에서는 지정된 저고도 항공로에 따라 운항되어야 하며, 고공을 운항하는 경우에도 지정된 고고도 항공로에 따라 운항하여야 한다.

일반적으로 국내항공노선은 낮은 고도를 운항할 뿐만 아니라 제한공역이나 통제공역에 의한 운항금지 공역이 많기 때문에 지정된 항공노선에 따라 운항하여야 하는 제한이 엄격하게 적용된다. 국제항공노선은 당사국 정부 사이의 항공회담을 통하여 결정되지만 항공노선에 따라서는 영공을 통과하는 국가와도 협의를 하여야 하는 경우가 있다.

항공노선은 네트워크 형식으로 구성되는데 항공수요의 발생량에 따라 초기에는 선형 네트워크로 형성되다가 항공수요가 늘어나면서 격자형네트워크 또는 hub & spoke 네트워크로 발전하는 것이 보통이다.

첫째, 선형 네트워크는 출발공항과 도착공항을 논스톱으로 연결하거나 중간 기착지를 두어 선형(線形)으로 두 지점을 연결하는 형태로서 항공노선을 개설하는 초기에는 대부분 선형 네트워크 형식을 취하고 있다.

둘째, 격자형 네트워크는 흔히 사용되는 형식은 아니나 항공수요가 늘어나면서 항공기운용의 효율성을 높이기 위하여 채택하는 형식으로 주로 중거리나 단거리의 국내선 항공노선 형성에서 사용되는 형태이다.

셋째, hub & spoke 네트워크는 대형 거점공항을 중심으로 대형 항공기가 장거리노선에서 도착하는 시간대에 맞추어 주변의 작은 공항을 연결하는 항공기가 출발하도록 하여 거점도시 사이의 항공수송은 대형 항공기가 담당하고 소규모 도시를 연결하는 항공수송은 소형 항공기가 담당하도록 하여 수송효율을 높이기 위하여 도입된 형태이다.

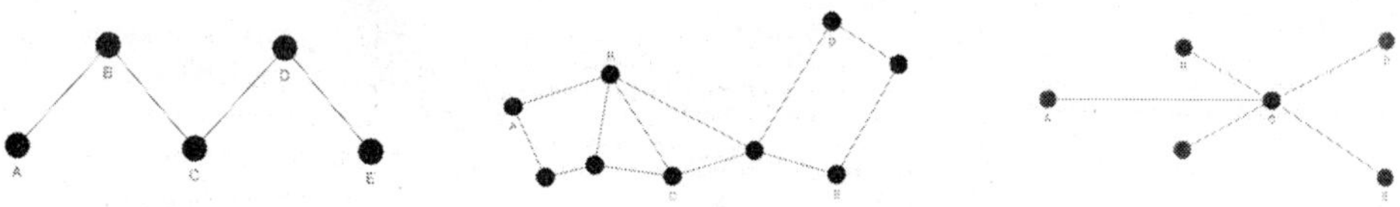

[그림 1-12] 항공노선도

4. 항공기

1) 항공기의 분류

항공기란 날개 등의 구조에 의해 공기양력을 받고, 엔진에서 분사되는 연소(燃燒)가스의 힘에 의하여 공기의 반작용을 받아 공중으로 부양하여 날아가는 기기(器機)를 일컫는다. 이와 같은 항공기의 종류에는 비행기, 헬리콥터라고 불리는 회전익 항공기, 유선형의 공기주머니 속에 수소나 헬륨가스 등의 기체를 넣어서 공기 중에 부양시킨 후에 추진기를 이용하여 앞으로 나아가는 비행선, 초경량비행장치, 활공기 및 무인 비행장치 등이 있다.

민간항공용 항공기는 운송용과 일반항공용 항공기로 구분되는데 운송용 항공기는 운송용도에 따라 여객기, 화물기, 여객·화물 겸용기, 커뮤터 항공기 등으로 구분되고, 운송목적에 따라 사업용, 자가용, 교육용 등으로 구분되고 있다.

2) 항공기의 외부구조

운송용 항공기의 외부구조는 [그림 1-13]에서 보는 바와 같이 항공기 기체의 중심선에 의한 동체길이, 날개 폭, 날개 길이, 꼬리 폭, 후퇴각, 바퀴 폭 및 바퀴 수, 방향타 등에 의하여 그 형체와 크기가 결정된다.

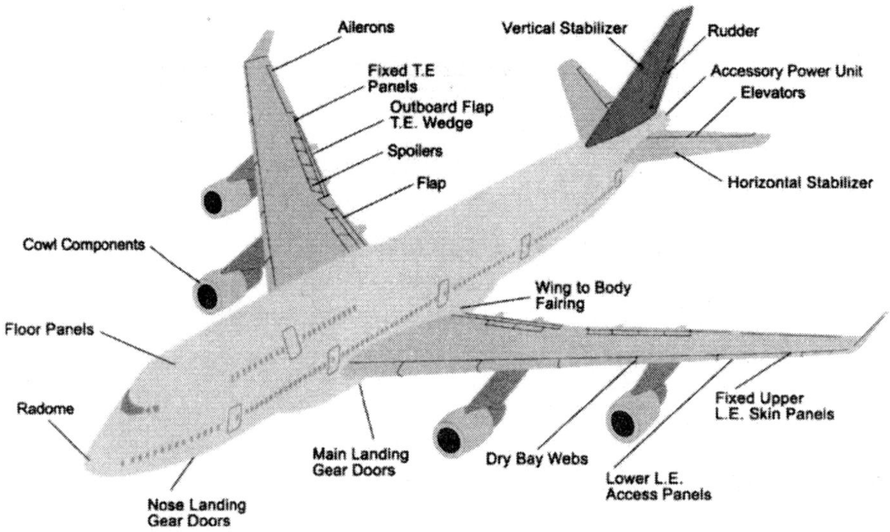

[그림 1-13] 항공기의 외부구조

운송용 항공기의 날개기능을 살펴보면 main wing은 항공기가 비행 중에 공기의 양력을 받아 상승하게 하는 역할을 하고, flap은 항공기가 이륙이나 착륙을 할 때에 위로 젖히거나 아래로 구부릴 수 있도록 하여 공기의 저항력을 높이어 양력을 증가시키는 역할을 할 수 있도록 설계된 보조날개이며, 날개의 양쪽 끝에 위로 구부러진 상태로 설계된 ail-er-on은 꼬리부분의 수직날개와 함께 항공기가 방향전환을 할 때에 사용되는 날개이다.

2) 항공기의 동체

여객운송용 항공기의 동체는 [그림 1-14]에서 보는 바와 같이 동체의 중간부분을 main deck라고 하며 승객용 좌석이 설치된 객실공간이고, 그 아래가 lower deck 로서 수하물과 화물을 탑재하는 공간이며, 보잉747-400과 같은 대형항공기는 upper deck인 2층 부분이 승객용 객실로 구성되어 있다.

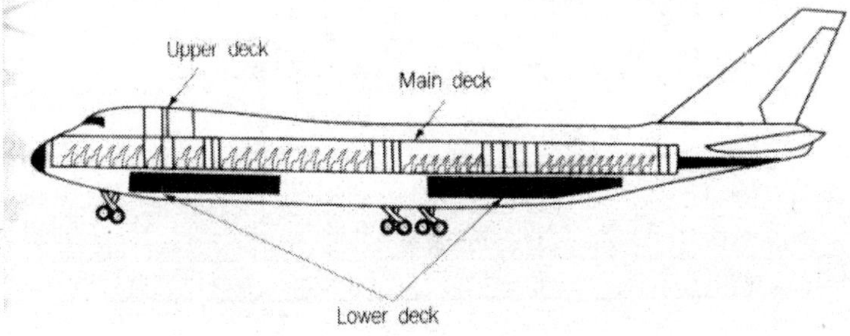

[그림 1-14] 운송용 항공기의 동체

3) 항공기의 객실구조

항공기의 객실은 항공사가 판매하는 실질적인 상품인 좌석이 설치된 공간으로서 객실에서 제공되는 서비스는 항공사의 전체적인 이미지에 영향을 미칠 뿐만 아니라 생산된 상품의 소비행위가 이루어지는 장소이다. 항공기좌석은 호텔의 객실처럼 상품의 생산과 소비가 동시에 이루어지는 특성을 지니고 있으며, 여객의 입장에서 보면 항공여행기간 중에 많은 시간을 보내게 되는 공간으로서 제공받는 객실서비스는 여행자의 고객만족에 미치는 영향이 크기 때문에 항공사의 입장에서는 매우 중요한 서비스업무 중의 하나이다.

객실은 항공기의 내부 공간 중에서 가장 넓을 뿐만 아니라 항공운송서비스의 핵심적인 공간이기도 하다. [그림 1-15]는 대형 항공기인 보잉747-400 항공기의 객실구조를 표시한 것인데 그림의 아래쪽부분은 주객실인 1층 부분을 표시한 것이고, 그림의 위쪽부분은 2층 객실을 표시한 것이다. 1층의 주 객실은 5개 구역으로 구분하여 항공기의 맨 앞쪽 구역에는 일등석을 설치하고, 그 다음 구역과 2층은 프레스티지 좌석을 설치하며, 그 뒤쪽은 이코노미 좌석을 배치하는 것이 보통이다.

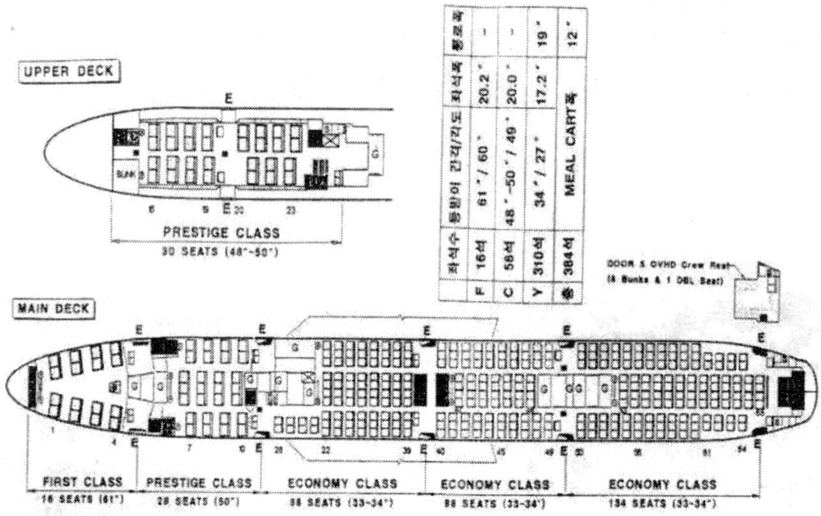

[그림 1-15] 보잉 747-400 항공기의 객실구조

5. 항공종사자

1) 항공종사자의 구분

항공종사자란 항공기의 운항과 관련된 업무를 수행할 수 있는 소정의 자격증명을 갖추고 있는 사람을 말한다. 즉 항공기의 운항과 관련된 업무에 종사할 수 있는 자격증명을 가진 자를 총칭하는 것이다. 국제민간항공기구의 시카고협약에서 국제항공운송에 종사하는 모든 항공기의 조종사 및 승무원은 항공기가 등록되어 있는 국가가 발급한 유효한 자격증명이나 면허를 소지하여야 한다고 규정하고 있다.

우리나라의 항공법에서도 항공업무에 종사하고자 하는 자는 국토교통부장관으로부터 항공종사자 자격증명을 받아야 한다고 규정하고 있으며, 자격증명의 종류를 운송용조종사, 사업용조종사, 자가용조종사, 항공사, 항공기관사, 항공교통관제사, 항공정비사, 항공공장정비사 및 운항관리사로 구분하고 있다. 또한 자격증명을 받은 자는 그가 받은 자격증명 외의 항공업무에 종사하여서는 안 된다고 규정하고 있다.

2) 운항승무원

운항승무원은 항공기의 운항을 직접 담당하는 항공종사자로서 기장, 부기장, 항공기관사로 구성되는 것이 보통이나 항공기의 기종에 따라 기장 1명만 탑승하는 경우 또는 항공기관사가 탑승하지 않는 경우도 있으며 최근에는 통신전자장비의 첨단화로 운항업무가 자동화 되면서 항공기관사의 역할이 줄어들거나 생략되어 최신 기종에는 항공기관사가 탑승하지 않는 경우가 많아지게 되었다.

항공종사자 중에서 운항승무원에 대하여는 항공기의 종류와 등급 및 형식과 조종사의 비행경력 등에 따라 자격기준이 엄격히 적용되고 있으며, 신체적 조건도 엄격하여 항공신체검사증명이 있어야 항공기에 승무할 수 있을 뿐만 아니라 사업용조종사와 운송용조종사 등은 12개월마다 신체검사를 받아야 한다.

운항승무원의 근무형태는 일정하지 않고 근무스케줄에 의하여 불규칙적으로 근무시간이 정해지기 때문에 항공법이나 해당 항공사의 운항규정 등으로 운항승무원의 근무에 필요한 여러 가지 조건과 근무시간 등을 정하고 있다. 운항승무원의 근무시간, 휴식시간 등에 대한 제한은 기본적으로 항공기의 착륙횟수와 비행시간 등을 고려하여 결정되며, 운항승무원의 근무시간은 승무시간과 비행근무시간으로 구분하여 일정한 제한과 한계가 정해지고 있다.

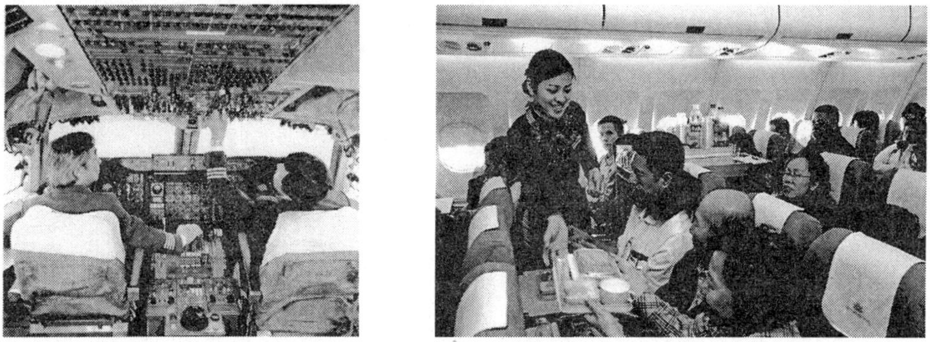

[그림 1-16] 운항승무원과 객실승무원

3) 객실승무원

객실승무원이란 항공기에 탑승하여 비상시 승객을 탈출시키는 등 안전업무를 수행하는 승무원을 말한다. 객실승무원에 대하여는 항공법에서 소정의 자격을 취득하도록 규정하고 있지는 않지만 운항중인 항공기의 기내에 탑승하여 승객이 안전하고 쾌적하게 여행을 할 수 있도록 각종 서비스제공업무를 수행하며, 항공기의 안전운항을 위하여 운항승무원 및 지상의 관련부서와 긴밀한 협조체계를 유지하는 역할을 담당할 뿐만 아니라 항공사의 서비스를 상징하는 대표적인 역할을 하는 승무원이다.

4) 항공정비사

항공기의 정비업무는 항공기운항에 필수적으로 따라야 하는 업무로서 항공기의 안전운항을 위한 정비업무를 담당하는 항공정비사는 항공법에 따라 국토교통부장관이 행하는 항공정비사 자격시험에 합격한 항공종사자를 말한다. 항공정비사는 정비 또는 개조한 항공기·장비품·부품에 대하여 당해 항공기·장비품·부품이 항공법에서 정하고 있는 감항능력을 가진 안전성 있는 기술수준에 적합하다는 확인을 행하는 자이다.

제2장 항공테러와 대응전략

제1절 항공테러의 개념과 특성

1. 테러의 개념

테러라는 말은 라틴어의 '커다란 공포'나 '죽음의 심리상태'를 뜻하는 'terrere'에서 유래된 것으로 미국 연방수사국의 정의에 의하면 '테러란 정치적·사회적 목적을 가진 자들이 추구하는 목적달성 또는 상징적인 효과를 얻고자 정부나 시민들을 협박하거나 강요하는 계획된 불법행위'로 규정하고 있으며, 우리나라의 '국가대테러활동지침(대통령훈령 47호)'에서도 미국 연방수사국의 정의를 그대로 적용하고 있다.

테러는 미리 계획된 고의적인 폭력불법행위로서 정치적으로 반대 입장을 취하는 사람이나 집단을 공격하기 위한 정치적 동기에서 유발된 테러, 테러집단이 주장하는 이념이나 사상에 대하여 국제사회의 이목을 집중하기 하기 위한 테러, 의견을 달리하는 조직이나 단체의 사람을 공격하기 위한 테러 등 테러집단의 목적달성을 위해서는 수단과 방법을 가리지 않고 행하는 것이 현대의 테러양상이다.

2. 테러의 특성 및 변화

테러조직은 역사적·정치적·이념적·사회적 환경에 따라 생성되었다가 상황변화에 따라 약화, 소멸, 진화, 새로운 테러조직의 출현 등 지속적으로 변화를 거듭하기 때문에 테러를 '시대의 거울'이라고 표현할 정도로 테러는 정치적·시대적 상황을 반영하는 특성을 지니고 있다. 항공운송분야의 최초 테러사건은 1931년에 페루의 혁명가들이 미국 팬암 항공사의 우편물수송 항공기를 납치하여 자기들의 혁명강령을 살포하고 항공기를 돌려준 사건이 있은 후 지금까지 크고 작은 테러 사건이 있었다.

첫째, 1960년대에는 월남전을 반대하는 운동이 확산되면서 극좌세력인 서독 적군파, 이탈리아 붉은 여단, 일본 적군파 등과 팔레스타인해방기구(PLO) 등의 테러조직 활동이 유럽과 중남미 지역으로 확산되었다. 이들 조직은 1990년대 초에 공산주의의 몰락으로 세계가 이념과 냉전의 소용돌이에서 벗어나 냉전종식과 경제성장에 의하여 사회주의나 무정부주의를 지향하던 극좌 테러조직은 붕괴되고 리비아를 중심으로 하는 아랍권의 정치적, 종교적 과격테러조직 활동이 증가하기 시작하였다.

둘째, 1990년대에는 1990년 8월에 이라크가 쿠웨이트를 침공하여 걸프전이 발생됨에 따라 팔레스타인해방기구를 비롯한 반미성향의 테러조직들이 이라크를 지지하면서 아랍권의 테러조직에 대한 사우디아라비아와 쿠웨이트 등 산유국으로부터 테러자금유입이 중단되어 아랍권의 테러조직이 약화되었다. 공산주의의 몰락으로 동서국가간의 이념대립이 종식되고 세계경제질서가 재편된 후에는 미국의 정책에 반대하는 빈 라덴 중심의 이슬람 과격테러 연합조직인 알카에다의 테러조직이 생성되었다.

셋째, 2000년대에 들어와서는 2001년 9월 11일 반미 테러조직인 알카에다 조직에 의하여 미국의 뉴욕과 워싱턴에서 발생한 9.11 테러와 같은 새로운 형태의 테러행위가 시작되었다. 9.11 테러는 항공기를 테러무기로 사용하여 자살폭탄테러를 감행한 사건으로서 국가를 초월한 테러집단이 한 국가를 상대로 치밀한 테러공격을 감행하는 가공할 테러행위였다. 이러한 테러를 감행한 알카에다 테러조직이 지향하는 목표는 이슬람을 분열시키고 모욕하는 서방국가들을 격퇴시키고, 이슬람 단일국가를 건설하는 것이기 때문에 앞으로 어떤 서방국가에 대해서도 공격을 감행할 우려가 크다고 보아야 할 것이다.

3. 항공테러의 발생이유

국제테러조직의 테러행위는 수단과 방법을 가리지 않고 발생하지만, 테러조직들이 항공운송분야에서의 항공기납치, 항공기의 공중폭파, 공항시설파괴와 같은 테러행위가 많이 발생하는 이유를 살펴보면 다음과 같이 정리될 수 있다.

1) 항공기납치

국제테러조직들이 테러의 공격목표로 항공기를 납치하는 것은 다음과 같은 이유라고 보아야 할 것이다.

첫째, 테러조직들의 입장에서 항공기납치는 공항시설이나 건물을 테러대상으로 하는데 소요되는 인력과 비용보다 훨씬 적게 드는데 비하여 고가의 항공기와 많은 인원이 탑승한 항공기를 납치할 경우에 그 피해규모가 커서 최대의 테러효과를 낼 수 있기 때문이다.

둘째, 국제선을 운항하는 항공기에는 세계의 여러 나라 국민들이 탑승하고 있기 때문에 이러한 항공기를 테러할 경우에 세계 각국의 국제적인 이목이 집중하게 되므로 테러리스트의 입장에서는 자기들의 주장을 세계 방방곡곡에 쉽게 알릴 수 있기 때문이다.

셋째, 항공기는 공중을 운항하기 때문에 항공기를 납치하여 장악할 경우에 지상에서 그 사실을 알게 되어도 테러범을 제압하거나 대처할 수 있도록 직접적인 도움을 줄 수 없기 때문에 테러범들은 납치한 항공기를 협상에 유리한 지역으로 이동시켜 자기들의 주장을 관철하는데 활용할 수 있기 때문이다.

넷째, 항공기를 납치할 경우에 테러범들은 항공기에 탑승한 많은 승객을 인질로 삼아 자기들이 목표한 국가나 정부에 대한 위협을 하기가 쉽고 협상을 유리하게 하거나 테러의 효과를 높일 수 있기 때문이다.

2) 공항시설 테러발생이유

공항시설은 사회간접자본시설이고 국가기간시설이며, 국가의 관문이자 그 나라의 대표적인 상징성을 지니고 있기 때문에 국제적인 이목이 집중되는 시설이다.

공항에는 고가의 첨단정밀장비가 설치되어 있어 공항시설도 테러범들의 공격목표의 대상이 되고 있다.

첫째, 공항은 국가교통망구성의 중요한 시설로서 관리되며 특히 수도권에 위치한 공항은 그 나라의 상징이자 관문역할을 하고 있기 때문에 테러범들이 이러한 공항시설에 테러를 가할 경우에 그 나라의 이미지에 큰 영향을 주기 때문에 테러범들의 공격대상이 되고 있다.

둘째, 국제공항은 세계 각국의 국민들이 모여드는 장소이기 때문에 이러한 공항에서 테러행위가 발생하면 언론보도의 대상이 되고 세계적인 이목이 집중되는 점을 테러조직들이 이용하기 위하여 공항을 테러대상으로 삼을 가능성이 높아진다.

셋째, 공항은 공공시설로서 항공보안을 위하여 별도로 출입이 제한되지 않는 일반대합실 등에는 누구나 쉽게 접근할 수 있기 때문에 테러조직들은 공항을 테러공격의 대상으로 삼고 있다.

넷째, 공항에는 최첨단정밀장비가 설치되어 있어 작은 규모의 테러공격에도 이들 장비들이 장애를 받아 공항의 정상적인 기능유지에 문제를 일으킬 수 있기 때문에 적은 비용과 인력으로 테러효과를 높일 수 있다고 보기 때문이다.

제 2 절　항공테러의 유형 및 사례

항공테러 및 항공범죄는 공중해적행위로서 항공운송사업의 역사와 함께 시작되었으며, 시대의 변화에 따라 그 유형이 달라지고 있다. 최근까지 일반적으로 많이 발생하는 항공테러 및 항공범죄의 유형을 살펴보면 항공기납치, 항공기폭파, 공항 및 항공시설공격, 항공기내의 불법행위 등으로 구분되어 진다. 항공운송이 시작된 초기에는 항공테러의 유형이 주로 항공기납치였으나, 최근에는 항공기폭파와 공항시설공격 등 테러조직들이 협상을 위한 테러가 아니라 자기들 조직의 위력을 과시하는 형태로 변화되고 있다

1. 항공기 납치

1) 항공기납치의 목적

항공기납치(Hi jacking)는 비행중인 항공기를 테러범이 납치하여 기내를 장악함으로써 항공기가 본래의 비행계획대로 정상적인 운항을 할 수 없는 상태를 말한다. 항공기납치는 탑승한 승객을 인질로 삼아 조종사를 협박하여 항공기가 정상적으로 운항하여야 할 항공노선을 벗어나 테러범이 요구하는 공항으로 이동하게 하는 방법과 테러범이 항공기의 조종실을 장악하여 조종사를 직접 협박하여 항공기를 테러범이 요구하는 공항으로 이동하게 하는 방법이 있다. 이와 같은 항공기납치사고는 항공테러의 가장 대표적인 유형으로 1960년대 후반부터 빈번하게 발생하였으며, 현재까지도 항공보안의 가장 큰 위협이 되고 있다.

항공기납치는 처음에는 주로 반정부혁명세력들이 항공기를 이용하여 자기들의 주장이나 행동강령을 일반국민에게 쉽게 전파하는 수단으로 사용하였고, 1940년대에는 동유럽의 공산권국가에서 서방의 자유국가로 탈출하여 정치적 망명을 하기 위한 수단으로 사용하였다. 1960년대 중반 이후에는 테러집단이나 게릴라들이 항공기납치를 통해 그들의 정치적 목적달성을 위한 수단 또는 구속되어 있는 자기들 소속의 테러범을 구출하기 위하여 승객인질과 구속된 테러범을 교환하기 위한 방법으로 항공기를 납치하는 사례가 늘어났다.

항공기납치사건은 1970년대 중반부터 점진적으로 줄어들었다. 이는 항공기납치가 국제사회에 커다란 도전과 충격이 됨에 따라 세계 각국은 자국 항공기에 대한 보안 시스템을 강화하는 등의 대책을 끊임없이 마련한 결과이다. 그러나 항공기 및 공항보안 시스템이 완벽할 수 없고 테러집단이 항공기를 납치하는 것이 자기들의 주장과 목적달성에 용이하다고 간주하기 때문에 항공기납치는 근절되지 않고 있다.

항공기는 이륙한 후에는 사실상 고립되어 있을 뿐만 아니라 승무원만 제압하면 승객 및 승무원을 인질로 할 수 있고, 항공기에 탑재되어 있는 통신시설로 세계 모든 지점과 통화가 가능하며, 세계의 이목을 집중시킬 수 있고, 테러범들의 은신처가 될 수 있는 장소까지 비행이 가능하기 때문이다.

2) 외국의 항공기납치사고 사례

민간항공운송의 시작과 함께 발생하였던 항공기납치사고의 역사적 사례 중 주요한 사건을 살펴보면 다음과 같다. 첫 번째 항공기납치사고는 1931년 12월 21일 남아메리카의 페루에서 발생하였다. 페루정부에 반기를 들고 저항하던 무장한 혁명분자들이 자기들의 행동강령을 공중 살포하기 위하여 미국 팬암항공사 소속의 우편물수송 항공기를 납치하여 자기들 혁명세력의 행동강령을 살포한 후에 항공기는 도심에서 멀리 떨어진 외곽의 활주로에 착륙시킨 후에 무장테러범들이 도주함으로써 인명피해는 없었다. 이때 우편물 항공기를 조종하였던 바이런 D. 리카드스 조종사는 30년 후인 1961년 8월 3일 콘티넨탈 항공기를 조종하던 중 두 번째 납치되는 비운을 겪게 되었다.

둘째, 1947년 7월 25일 루마니아군 장교 3명이 그 당시 공산국가인 루마니아를 탈출하기 위하여 루마니아 항공기를 납치하여 터키로 정치적 망명을 하는 사건이 발생하였다. 이 과정에서 승무원 한 명이 납치범이 쏜 총에 맞아 사망함으로써 항공기납치사고에 의하여 최초로 사람이 사망한 사고로 기록되고 있다.

셋째, 1948년 7월 16일 마카오를 출발해 홍콩을 향하던 케세이 퍼시픽항공사의 여객기가 무장한 중국인 4명에 의해 납치된 후 승무원과 납치범들 사이에 격투가 발생하였다. 이 과정에서 부기장이 살해되고 항공기는 바다로 추락하여 25명이 사망하여 이때까지의 최대 희생자가 발생한 납치사건으로 기록되었다.

넷째, 테러조직이 구속되어 있는 자기들 소속의 테러범을 구출하기 위하여 항공기를 납치한 사고로서 1967년 7월 22일 팔레스타인해방 기구 소속의 무장 게릴라 3명이 승객과 승무원 48명을 태우고 이탈리아 로마공항을 출발하여 이스라엘의 텔아비브공항으로 가려던 이스라엘의 엘 알 항공사 소속의 보잉707 항공기를 납치하여 알제리에 착륙하여 승객 및 승무원 인질과 구속되어 있는 팔레스타인 게릴라와 인질교환을 하였는데, 이 사고가 인질교환을 목적으로 항공기를 납치한 최초의 사건으로 기록되고 있다.

다섯째, 1971년 11월 24일 미국 워싱턴에서 포틀랜드를 거쳐 시애틀로 향하던 노스웨스트항공사 소속의 항공기가 포틀랜드에서 탑승한 납치범 쿠퍼에 의해 납치되었다. 쿠퍼는 서류가방에 장치한 폭발물을 이용해 항공기를 납치한 후 20달러 지폐로 20만달러와 민간용 낙하산 2개를 요구하여 시애틀공항에서 20만달러와 낙하산을 수령하고 승객과 여승무원 2명을 석방하고 항공기를 이륙시켜 멕시코로 갈 것을 요구하였다. 납치범 쿠퍼는 항공기가 비행 중 비상구를 통해 낙하산을 타고 사라졌고, 그 후 미국경찰의 광범위한 현장수색에도 불구하고 범인을 체포하지 못했으며 이 사건은 최초의 하이재킹으로 기록되었다.

여섯째, 1985년 11월 23일 지중해 상공에서 98명의 승객 및 승무원이 탑승한 이집트 항공사 소속의 보잉737항공기가 테러범들에게 납치되는 과정에서 테러범과 보안요원의 총격전으로 연료탱크가 손상되어 몰타의 루카비행장에 긴급 착륙하였다. 테러범들은 몰타 정부에 연료재공급을 요구하고, 이를 거절하자 인질 5명을 살해하였다. 계속적인 인질살해가 벌어지자 이집트정부가 특공대를 투입하여 인질구출작전을 감행하였으나, 치밀하지 못한 사전준비 · 정보의 부정확 · 대원들의 훈련부족 등으로 테러범을 완전하게 제압하는데 실패하여 탑승객 57명이 사망하고 테러범 1명을 생포하는 최악의 인질구출작전으로 기록되었다.

일곱째, 1993년 8월 15일 승객 128명과 승무원 7명이 탑승한 네덜란드 KLM항공사의 여객기가 폭탄을 소지한 이집트의 과격회교도에 의해 납치되었다. 납치범은 여객기를 미국 뉴욕으로 향하게 하여 이민법 위반으로 투옥되어 있는 이집트 성직자 세이크 오마르 아브델 라만의 석방을 요구하려고 하였으나, 연료재급유를 위해 독일의 뒤셀도프 공항에 착륙하였다. 납치범은 자기의 요구조건이 받아들여지지 않으면 항공기를 폭파하겠다고 위협하였으나, 독일의 테러특공대가 투입되어 납치범을 제압하여 인명피해 없이 종결되었다.

3) 우리나라의 항공기납치사고 사례

우리나라에서 첫 번째의 항공기납치사고가 발생한 것은 1936년 10월 정기항공편 운항을 시작한 이래 22년이 지난 1958년 2월 16일 승객 28명과 승무원 3명이 탑승한 대한국민항공사 소속 DC-3 창랑호가 부산수영비행장을 출발하여 서울로 향하던 중 평택상공에서 승객을 가장한 무장간첩 7명에 의해 납치되어 평양의 순안공항에 착륙한 납치사고이다. 이 납치사고는 북한이 국제적인 여론에 밀려 납치범을 제외한 승객과 승무원은 송환하였으나, 항공기는 반환하지 않았다.

두 번째의 항공기납치사고는 1969년 12월 11일 승객 47명과 승무원 4명을 태우고 강릉비행장을 출발하여 서울로 향하던 대한항공 소속 YS-11 항공기가 강릉비행장 이륙 11분 후에 승객을 가장한 북한의 고정간첩에 의해 납치되어 북한으로 납치되었다. 이 납치사고는 북한이 국제적인 여론에 밀려 승객 중 39명은 송환하였으나, 나머지 승객과 승무원 및 항공기는 끝내 돌려주지 않았다.

[그림 2-1] 납치 후 동체 착륙한 F-27항공기

세 번째의 항공기납치사고는 1971년 1월 23일 승객 65명과 승무원 4명을 태우고 속초공항을 출발하여 서울로 향하던 대한항공 소속 F-27 항공기가 속초비행장 이륙 20분 후에 승객을 가장한 남파간첩에 의해 납치되었으나, 기장과 보안관 및 스튜어디스의 기지로 납북을 모면하고 강원도 고성군의 해변에 동체착륙 하였다. 이 과정에서 납치범이 터트린 수류탄에 의해 승무원 1명이 사망하고 항공기 동체는 대파되었으나, 승객과 나머지 승무원은 무사하였다.

2. 항공기 공격 및 폭파

항공테러의 방법으로 1960년대 말에 최고조에 달했던 항공기납치사고는 국제사회의 항공기와 공항에 대한 보안활동의 강화와 대테러정책추진으로 점차 줄어들었으나, 항공기에 대한 무장공격과 항공기의 공중폭파에 의한 테러는 심각한 양상으로 변화되어 가고 있었다. 항공기에 대한 무장공격은 무차별적인 자동소총난사 또는 수류탄투척으로 희생과 피해가 매우 크게 나타났다. 항공기의 공중폭파는 승객을 가장하여 항공기내에 폭발물을 설치하거나, 운항중인 항공기를 미사일로 공격하여 폭파시키는 방법 또는 9. 11테러와 같이 테러범들이 항공기를 납치하여 지상의 건축물 등에 충돌함으로써 폭파시키는 방법 등으로 구분된다.

1) 무장공격

항공기에 대한 무장공격사건은 테러범들이 항공기에 탑승·하기하는 시간에 비교적 보안경계가 산만한 틈을 노리거나 특정 국가 또는 항공사를 대상으로 테러를 할 때 무차별적인 공격방법으로 사용되는 테러방법으로서 주요 무장공격사건은 다음과 같다.

첫째, 1968년 12월 26일 자동소총과 수류탄으로 무장한 팔레스타인 테러범 2명이 그리스공항에서 미국 뉴욕을 향해 출발하려던 이스라엘 엘 알 항공사 소속의 항공기를 사격과 수류탄 투척 등으로 무차별공격을 감행해 승객 1명이 사망하고 항공기는 심하게 파손되는 사건이 발생하였다. 이 사건은 테러범들이 그리스 경찰에 체포된 후 엘 알 항공기는 단순한 민간인 승객수송이 아니고 이스라엘 국방부의 감독하에 팬텀전투기 조종사훈련에 이용하고 있기 때문에 공격하였다고 주장하였다. 테러범들은 중형을 선고 받았으며, 이 사건은 민간 항공기에 대한 최초의 무장공격사건으로 기록되었다.

둘째, 1972년 5월 30일 에어 프랑스 항공편으로 이스라엘 텔아비브공항에 도착하여 입국수속을 받고 있던 승객들을 향해 3명의 일본 적군파 소속의 테러범들이 수류탄과 자동소총으로 무차별공격을 가해 28명이 사망하고 70여명이 부상당하는 사건이 발생하였다. 이 사건은 팔레스타인 테러범들의 신분이 세계 각국의 정보기관에 노출되자 일본 적군파를 이용한 것으로서 대리 테러의 전형적인 사례로 기록되면서 테러조직의 국제적 연결고리가 밝혀지는 계기가 되었다.

셋째, 1973년 12월 17일 이탈리아 로마의 레오나르드 다빈치공항에 도착한 아랍인 승객의 가방 속에서 세관원이 총기를 발견하자 다른 4명의 아랍 민족주의 청년기구 소속 테러범들이 자동소총을 꺼내들고 승객들을 무차별 공격을 감행한 사건이 발생했다. 경찰이 응사하자 테러범들은 인질 6명을 끌고 베이루트로 출발하기 위해 대기하고 있던 팬암 항공기에 수류탄을 던져 화재발생과 함께 승객 29

명이 사망하고 18명이 부상당하였다. 테러범들은 다시 출발대기 중이던 루프트한자 항공기를 납치하여 베이루트 공항 상공에 도착하였으나 레바논 정부의 착륙거부로 그리스 아테네공항에 도착하였다. 테러범들은 1973년 8월 5일 아테네공항 총기난사사건으로 체포된 테러범 2명의 석방을 요구하였으나 받아들여지지 않자 승객 1명을 사살하고 항공기를 이륙시켜 쿠웨이트공항에 강제 착륙시킨 후 안전출국을 보장받은 후 인질 12명을 석방시키고 1974년 3월 2일 이집트 카이로로 탈출하였다. 조사결과 테러범들은 중동평화회의 참가를 위해 카이로를 방문하는 미국 국무장관 헨리 키신저를 암살할 계획이었으며, 배후에는 리비아가 관여된 것으로 밝혀졌다. 헨리 키신저는 정보당국이 테러범의 모의정보를 사전에 입수하여 일정을 바꾸어 군비행장을 이용해 암살위기를 모면하였다.

항공기에 폭발물을 설치하여 항공기가 운항하는 도중에 폭파되도록 하는 방법은 테러범이 승객을 가장하여 공항에서의 보안검색을 피하여 타이머가 부착된 플라스틱 제품의 폭탄을 숨겨 항공기에 탑승하거나 수하물 속에 숨겨 항공기에 탑재한 후에 일정한 시간이 경과하면 자동적으로 폭발하도록 하는 방법이다. 최근에는 테러범들이 비교적 보안검색이 소홀할 수 있는 어린이의 장난감이나 가방 등에 타이머가 부착된 폭발물을 몰래 넣어 놓고 은밀히 빠져 나와 비행도중 공중에서 폭파되도록 하거나, 폭약을 휴대하고 승객으로 탑승하는 자살테러 폭파형태가 있다. 이와 같은 폭발물설치에 의한 항공테러의 주요사례를 살펴보면 다음과 같다.

첫째, 폭발물설치에 의한 최초의 항공기폭파사고는 1949년 5월 7일 필리핀항공사 소속의 DC-3 항공기에 보험금을 노린 필리핀 여자가 남편이 탑승한 항공기에 다이너마이트를 설치하도록 범죄자 2명을 고용해 다이너마이트를 기내에 설치하였으며, 항공기는 이륙하여 운항도중에 공중에서 폭발하여 항공기에 탑승하였던 탑승자 31명 전원이 사망한 사건으로 최초의 항공기 공중폭파사건으로 기록되었다.

둘째, 우리나라 항공기가 폭발물설치에 의하여 항공테러를 당한 사례로는 1987년 11월 29일 대한항공 소속의 KE858편 항공기가 승객 95명과 승무원 20명을 태우고 이라크의 바그다드를 출발하여 아랍에미리트의 아부다비공항에 기착한 후 서울로 향하던 중 방콕의 안다만해상에서 공중 폭파되어 추락한 항공기폭파 테러사고가 있었다. 이 테러사고는 일본인 부녀(父女)관광객으로 위장한 북한 공작원이 하치야 신이치와 하치야 마유미가 일본여권을 소지하고 바그다드공항에서 탑승하여 항공기객실선반에 타이머와 액체폭발물을 숨겨놓고 아부다비공항에서 하기한 후에 발생하였으나, 이들 테러범들이 바레인 공항에서 요르단항공을 탑승하기 직전에 체포됨으로써 그 전모가 밝혀진 사건이다. 이 폭파사건을 계기로 북한은 1988년 1월 20일 미국의 테러지원국 명단에 등재되어 서방국가로부터 경제제재와 함께 21년 동안 테러지원국이라는 불명예를 짊어지고 있었으나, 2008년 10월 북한의 핵문제를 해결하기 위하여 북한이 핵시설에 대한 조사를 수용하는 조건으로 테러지원국 명단에서 해제되었다.

[그림 2-2] KE858 항공기 폭파사고

셋째, 지금까지 발생한 폭발물설치에 의한 항공기공중폭파사고의 최대 사건으로 1988년 12월 21일 미국 팬암항공사 소속 보잉747 항공기가 영국 런던을 출발하여 미국 뉴욕으로 향하던 도중 영국의 로커비 상공에서 공중폭발하여 탑승자 259명이 사망하고 기체의 잔해에 의하여 마을주민 11명이 사망하여 모두 270명이 사망한 테러사고이다. 이 테러사건은 리비아의 테러조직원이 카세트녹음기에 플라스틱제품의 폭발물을 장착하여 비교적 보안검색이 허술한 몰타공항에서 뉴욕으로 위탁수하물로 탁송한 폭발물에 의하여 발생한 사건이다.

[그림 2-3] 로커비 상공에서 폭파된 항공기

3) 미사일 공격

미사일에 의한 항공기폭파테러는 운항중인 항공기를 지상의 지대공 미사일 또는 전투기의 공대공 미사일로 공격하여 항공기를 격추시키는 방법으로서 미사일에 의한 항공기폭파는 소규모 테러집단에서는 공격이 쉽지 않기 때문에 대부분 반정부군이나 국제정치적인 이유에 의하여 발생한다고 보아야 한다. 미사일공격에 의한 항공기테러의 주요사건을 살펴보면 다음과 같다.

첫째, 미사일공격에 의한 항공기테러사고는 1952년 4월 29일 에어프랑스항공사 소속 항공기가 승객 12명과 승무원 5명을 태우고 프랑스를 출발하여 독일의 베를린공항으로 비행하던 도중에 소련 전투기의 미사일공격을 받아 2명의 승객과 1명의 승무원이 부상한 상태에서 베를린공항에 비상착륙한 사건으로서 민간항공기에 대한 최초의 미사일공격사건으로 기록되었다.

둘째, 1975년 1월 13일 136명의 승객과 9명의 승무원이 탑승하고 프랑스 파리 오를리 공항을 이륙하여 캐나다 몬트리올을 향하려던 이스라엘 엘 알 항공사 소속의 여객기를 향해 2명의 테러범이 소련제 전차 미사일을 발사한 사건이 발생하였다. 테러범이 발사한 미사일은 엘 알 여객기를 빗나가 다른 항공기와 공항시설이 공격을 받았으며, 이 사건은 1973년 2월에 발생한 이스라엘 전투기의 리비아 민간항공기격추에 대한 보복을 위하여 리비아 지도자 가다피의 사주로 행해진 미사일공격으로 기록되고 있다.

셋째, 우리나라 항공기가 미사일공격을 받아 항공기가 폭파된 사례로는 1983년 8월 31일 대항항공 소속의 KE 007편 보잉747 항공기가 승객과 승무원 269명을 탑승시키고 미국 뉴욕의 케네디공항을 출발하여 앵커리지공항에 도착하여 항공유 급유와 기내식을 공급받고 서울로 향하여 운항하던 도중에 소련의 사할린상공에서 소련영공을 무단으로 침입하였다는 이유로 소련전투기가 발사한 미사일공격을 받고 공중 폭파되었다. 이 테러사건은 소련측이 자기네 영공을 고의적으로 침범하여 첩보활동을 하였다는 주장과는 달리 항로를 이탈한 원인은 밝혀내지 못했지만 국제민간항공기구의 조사에 의하여 민간항공기가 첩보활동을 위하여 소련영공을 고의적으로 침범하지 않았음이 밝혀졌다.

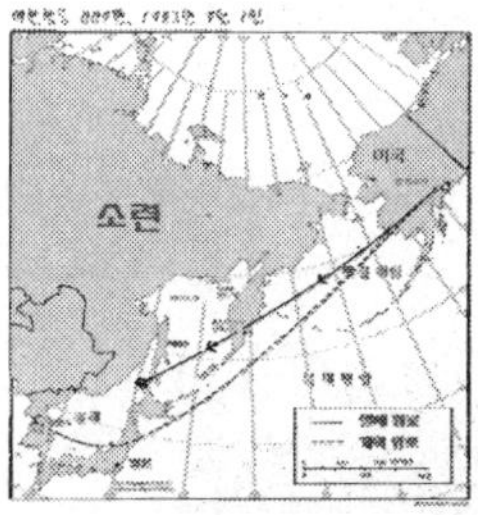

[그림 2-4] KE 007편 비행경로

4) 위성 위치정보신호 교란테러

항공기에 대한 새로운 테러방법은 항공기에 위치정보를 제공해 주는 위성위치정보신호를 교란시켜 항공기의 운항을 방해하는 새로운 수법의 항공테러가 2012년 4월 인천공항 및 김포공항 주변을 운항중인 항공기에 영향을 미치는 사건이 발생하였다.

이 테러사건은 북한의 대남전자테러공작으로 분석되었으며, 이 신호교란에 약 650여대의 항공기가 영향을 받았으나, 항공기들이 관성항법 시스템(INS) 및 전방향 무선표지시설(VOR)장비를 활용하여 이착륙하였기 때문에 큰 피해는 발생하지 않았다.

3. 항공기 자살테러

항공기를 무기로 사용한 테러는 항공테러의 가장 참혹한 형태로서 테러범들이 항공기를 납치하여 납치한 항공기를 지상의 건축물에 충돌시킴으로써 항공기의 탑승객은 물론 지상의 건축물에 상주하는 사람을 사망하게 할뿐만 아니라 항공기와 지상건축물에 엄청난 피해를 주는 대형 사고를 유발하는 새로운 형태의 자살테러행위이다.

[그림 2-5] 9 · 11테러사진

항공기를 무기로 사용한 자살테러의 가장 대표적인 사례는 2001년 9월 11일 오사마 빈 라덴의 알카에다 테러조직 소속의 테러범 19명이 미국의 아메리칸 항공사 소속의 항공기 2대와 유나이티드 항공사 소속의 항공기 2대를 거의 동시에 공중 납치하여 조종사를 살해하고 납치범들이 항공기를 조종하여 뉴욕의 세계무역센터 건물과 미국 국방성건물 등에 항공기를 충돌시켜 탑승객과 항공기는 물론지상의 건물에 엄청난 피해를 입힌 사고이다.

4. 공항 및 항행안전시설 공격

항공테러 중에서 자동소총, 수류탄, 폭발물 또는 미사일을 이용하여 공항시설이나 항공안전시설을 파괴함으로써 인명을 살상하고, 공항의 정상적인 운영과 항공기운항에 지장을 줌으로써 세계적인 이목을 집중시키기 위하여 공항시설이나 항행안전시설을 파괴한 테러사고의 대표적인 사례는 다음과 같다.

첫 번째의 공항시설테러공격 사례는 1972년 5월 30일 이스라엘 로드공항의 여객터미널에서 에어 프랑스 항공편으로 도착한 승객을 향하여 일본 적군파 소속의 테러리스트 3명이 자동소총을 난사하고 수류탄을 투척하는 테러공격으로 승객 등 28명이 사망하고 70여명이 부상하는 항공테러사고가 발생하였다. 이 테러사건은 그 당시 테러행위를 일삼던 극좌파의 일본 적군파가 자기들의 세력을 과시하기 위하여 저지른 만행으로서 이스라엘 보안요원의 즉각적인 대응으로 테러범 2명을 사살하고 1명을 생포함으로써 마무리가 되었다.

두 번째의 공항시설테러공격 사례는 1986년 9월 14일 우리나라의 김포공항 국제선 1청사로 들어가는 출입문 근처에 있던 쓰레기통에서 시한폭탄이 폭발하여 근처에 있던 여객 및 환송객 등 민간인 15명이 사망하고 32명이 부상당한 공항테러사고가 발생하였다. 이 폭발물테러사건은 범인이 체포되지 않았기 때문에 정확한 테러이유가 밝혀지지는 않았지만, 그 당시 우리나라 서울에서 '86 아시안게임이 개최되기 1주일 전에 발생한 공항테러사고였기 때문에 아시안게임 개최를 방해하기 위한 목적으로 저질러진 테러사고로 추정하고 있다.

[그림 2-6] 김포공항 폭탄테러현장

세 번째의 공항시설테러공격 사례는 2003년 3월 4일 필리핀 다바오국제공항 여객청사의 일반대합실에 방치되어 있던 가방이 폭발하여 주변에 있던 여객과 환송객 등 20명이 사망하고 146명이 부상을 당하는 공항테러사고가 발생하였다. 이 테러사건은 가방을 방치한 테러범을 체포하지 못하여 그 원인을 밝히지 못했지만, 정치적 또는 국가적으로 반정부세력이나 불만세력들이 불특정 다수인을 상대로 테러행위를 함으로써 사회혼란과 반정부세력이 있음을 과시하기 위한 테러행위라고 보아야 할 것이다.

5. 항공기내 불법행위

항공기에는 누구도 허가를 받지 않고 생화학무기를 포함한 무기, 도검류, 폭발물, 독극물, 인화성 물건을 휴대하거나 탑재할 수 없다. 이를 위반한 경우에는 2년 이상 5년 이하의 징역에 처하게 된다. 또한 항공기 내에서는 항공기의 안전을 해치는 행위, 인명이나 재산에 위해를 주는 행위, 항공기내의 질서를 어지럽히거나 규율을 위반하는 행위, 폭언·고성 등 소란행위, 흡연·음주·약물복용으로 다른 사람에게 피해를 주는 행위, 다른 사람에게 성적(性的) 수치심을 일으키는 행위, 조종실 출입을 기도하는 행위 등을 하여서는 안 된다. 이를 위반한 경우에는 3년 이하의 징역 또는 2천만원 이하의 벌금에 처하게 된다. 항공기의 기장은 운항중인 항공기의 안전을 해치고, 인명 및 재산에 위해를 주며 기내의 질서를 문란하게 하거나 기내의 규율에 위반하는 자에 대하여 탑승을 거부하거나, 그 행위를 저지시키기 위한 필요한 조치를 취할 수 있으며, 항공기 내에 있는 자는 기장의 요청이 있는 때에는 기장의 조치에 협조하여야 한다.

제 3 절 항공테러의 대응

1. 국제항공기구의 대응

항공테러에 대한 대응은 항공기를 탑승하는 승객에 대하여 공항에서 철저한 보안검색이 이루어지면 상당부분의 테러행위를 막을 수 있다고 보나, 이는 승객을 가장한 테러범에 의하여 행해지는 항공테러는 막을 수 있을 것이나 테러의 수법이 점점 다양해지고 새로운 수법에 의한 항공테러가 발생하고 있는 현실에서는 보다 종합적인 항공테러 대응책이 수립되어야 할 것이다.

우리 속담에 '한명의 도둑을 열사람이 지켜도 막기 어렵다'는 말이 있듯이 어찌보면 항공테러의 대응책도 아무리 완벽한 방안을 세우고 있다고 하여도 2001년 미국에서 발생한 9·11항공테러와 같이 예상하지 못하는 새로운 수법의 테러행위를 막기는 쉬운 일이 아닐 것이다. 결국 항공테러에 대한 대응책은 예상할 수 있는 테러행위에 대한 최선의 대응방안을 강구하고 이미 일어난 테러행위의 재발방지를 위한 것이라고 보아야 할 것이다. 이와 같은 항공테러에 대응하기 위해서 국제항공기구와 세계 각국은 최선의 테러방지대책을 세우고 있다.

1) 국제민간항공기구의 대응

국제민간항공기구에서는 항공테러방지를 위한 대응책을 꾸준히 마련하였으며, 특히 9·11 항공테러가 발생한 후에는 즉시 총회를 개최하여 민간항공테러 및 항공기를 파괴무기로 오용하는 것을 강력히 비난하는 선언문을 채택하고, 항공보안위원회를 개최하여 다음과 같은 항공테러대응책을 강구하였다.

첫째, 항공보안에 관한 내용을 규정한 국제민간항공조약 부속서 17을 보완하여 항공보안에 관한 감독규제능력을 강화하고, 모든 체약국에 대하여 3년 내에 새로운 보안규정에 의한 보안점검을 실시하기로 결정하였다.

둘째, 국제민간항공조약 부속서 17의 세부지침인 항공보안규정을 개정하여 새로운 테러에 대응할 수 있는 내용을 추가하였고, 각 체약국의 정부가 공항 및 항공보안프로그램을 점검할 수 있는 항공보안감사 프로그램을 수립하여 추진할 것을 결의하였다. 또한 체약국에 대하여 항공보안규정 준수실태에 대한 보안감사를 2008년까지 실시하도록 결의하였다.

셋째, 체약국은 항공보안대책의 시행을 최우선으로 하고 필요한 비용을 해당 정부 또는 항공관련기관 및 업체가 부담하여 항공보안에 필요한 모든 비용이 적기에 지원될 수 있도록 하고, 항공보안감사 프로그램은 국제공항에 중점을 두어 실시하기로 결의하였다.

넷째, 항공보안개선을 위하여 항공보안정보의 전달과 비밀구분 등에 관한 연구의 필요성을 제기하여 민간항공운송에 대한 위협의 방지를 위한 연구를 최우선적·지속적으로 실시하기로 하였다.

다섯째, 항공보안훈련교재 및 보안평가서류 등을 개정하여 휴대용 지대공미사일 및 소형항공기에 대한 내용을 추가하였고, 조종사훈련에 정신적 테스트 및 개인이력확인규정을 추가하였으며, 항공기탑재금지품목을 보안규정에 포함하는 한편, 기내보안요원 탑승문제는 지속적으로 논의하기로 하였다.

2) 국제항공운송협회의 대응

국제항공운송협회에서는 9·11 테러 이후에 국제민간항공기구의 조치에 적극 협조하는 한편, 항공보안에 대한 전문적인 연구와 항공보안사고 예방을 위한 항공보안활동그룹을 조직하여 공항에 최첨단 생체인식시스템이 도입되도록 하였다. 또한 항공기내의 출입절차를 강화하는 프로그램을 개발하여 항공기보호체제를 확립하였으며, 새로운 전자데이터시스템을 개발하여 위조된 여권이나 위조된 비자서류로 여행하는 자를 식별할 수 있는프로그램을 도입하였고, 보안당국이위험인물로 지정한 자를 확인할 수 있는 Profiling 프로그램도 개발하여 국제항공운송협회에 가입한 전 세계의 회원항공사들이 이러한 테러방지 프로그램을 사용할 것을 권고하였다.

2. 국가별 테러대책

1) 미국의 테러대응

미국은 2001년 9·11 항공테러의 직접적인 피해를 입은 국가로서 9. 11 항공테러 직후에 항공보안강화를 위하여 다음과 같은 보안대책을 강구하였다.

첫째, 미국 내의 모든 공항에서 칼이나 절단도구 등 위해물품으로 추정되는 모든 물품의 항공기내에 휴대하는 것을 금지하였고, 노트북이나 휴대폰 등 폭발물의 타이머를 숨길 수 있는 휴대장비에 대하여 정밀검색을 실시하였으며, 특히 노트북은 케이스를 분리하여 정밀조사를 실시하고 의심되는 장비는 일정기간 예치하도록 하였다.

둘째, 항공기에 탑승하려는 승객이 탑승수속을 할 때에는 정부에서 발행한 사진이 부착된 신분증을 제시하도록 하고, 탑승수속을 마친 후에 탑승구에서 다시 신분증을 재확인하도록 하는 2중의 감시체제로 전환하였다.

셋째, 승객에 대한 보안검색에서는 문형 금속탐지기와 휴대형 금속탐지기에 의한 보안검색을 강화하는 한편, 여자승객의 핸드백 개봉검사, 남자승객은 혁대를 풀러 혁대의 버클과 혁대 안쪽을 검색하고 신발을 벗도록 하여 신발의 밑창까지 검색하는 등의 보안검색을 강화하였으며, 의심되는 승객에 대하여는 탑승구 앞에서 다시 휴대용 금속탐지기로 재검색을 실시하였고, 미국 정부는 이를 위하여 보안검색요원 28,000명을 증원하여 배치시켰다.

넷째, 승객의 위탁수하물에 대한 보안검색강화를 위하여 미국에서 출발하는 승객의 위탁수하물 뿐만 아니라 다른 나라에서 미국을 경유하여 제3국으로 여행하는 승객의 위탁수하물 등 모든 위탁수하물에 대한 정밀보안검색을 실시하도록 하였고, 미국의 모든 공항에 수하물에 폭발물이 포함되어 있는지를 확인할 수 있는 폭발물탐지 및 검사를 할 수 있는 장비를 추가로 도입하는 등 폭발물탐지시스템을 설치토록 하였다.

다섯째, 미국 연방수사국의 보안관을 공항에 배치하고, 조종실의 안전강화를 위하여 조종실잠금장치를 개선하는 한편, 국토안전부를 신설하여 교통보안업무를 전담하였던 교통보안청의 업무를 관장하도록 하였다.

미국 정부는 이와 같은 항공보안검색강화에 따른 비용을 충당하기 위하여 정부재정부담의 한계를 인식하고, 새로운 재원마련을 위하여 미국 공항을 출발하는 여객에게 공항규모에 따라 미화 5달러 이내의 출국세를 징수할 수 있는 법안을 마련하였다.

2) 유럽연합의 테러대응

유럽연합(EU)의 국가에서는 미국에서 발생한 9·11 항공테러 이후 항공보안 비상대응조직 강화를 위하여 유럽연합 내에 항공테러방지특별 팀을 창설하여 항공테러에 대비토록 하였다. 미국과의 항공보안협력 체제를 강화하는 한편, 테러조직의 자금으로 의심되는 예금에 대한 인출을 동결할 수 있는 법률을 제정하였으며, 국제항공노선에만 적용하였던 항공보안정책을 국내선 항공노선에도 동일하게 적용함으로써 유럽연합의 통합에 따라 유럽연합국가 사이를 운항하는 항공노선을 국내선으로 간주함에 따라 차별화 되었던 보안검색이 국제선과 동일하게 적용되도록 하였다.

또한 유럽연합의 모든 국가들은 유럽연합이 제시하는 통일된 항공보안 프로그램을 인용하여 국가별 항공보안 프로그램을 수립토록 하였고, 항공보안 프로그램의 수준을 관리할 수 있는 제도를 마련하도록 하였으며, 모든 승객의 위탁수하물에 대하여 100% 보안검색을 실시토록 하는 한편, 공항의 격리대합실 등 보안구역을 출입하는 모든 공항상주직원에 대해서도 100% 보안검색을 실시하도록 항공보안정책을 강화하였다.

3) 한국의 테러대응

미국에서 9·11 항공테러가 발생한 이후 우리나라에서도 항공보안 시스템이 크게 강화되었는데, 그 중요 내용을 살펴보면 다음과 같다.

첫째, 항공보안검색활동을 강화하기 위하여 전국 공항에 설치된 문형 금속탐지기와 엑스선 검색장비 등 노후화 된 보안검색장비를 폭발물탐지 및 식별성능이 우수한 신형장비로 대폭 교체하고, 보안검색강화에 따라 보안검색의 소요시간이 길어지는 것에 대비하여 승객이 기다리지 않도록 보안검색장비를 추가로 설치하고 보안검색요원도 증원하여 배치하였다.

둘째, 폭발물탐지 및 처리능력강화를 위하여 폭발물처리전문요원을 보강하고, 군부대의 폭발물처리지원이 가능한 공항에서는 군 당국과의 지원협정을 체결하여 군부대로부터 지원을 받도록 하였으며, 폭발물탐지 및 처리요원의 능력향상을 위하여 대테러훈련을 강화하였다.

셋째, 항공기의 보안강화를 위하여 항공기조종실의 출입을 엄격히 제한하였고, 출입문을 보안장치가 강화된 방탄 문으로 교체하는 한편, 보조 잠금장치를 설치하도록 하였다.

넷째, 테러범에 의하여 항공기가 피랍되었을 경우에 대비하여 보안담당 객실승무원이 테러범을 제압하기 용이하도록 보안승무원이 사용하는 가스분사기, 전자충격기, 고무탄 총 등의 무기를 기내에 보관하도록 하였다.

다섯째, 항공기객실승무원의 보안교육을 강화하기 위하여 기내 테러 및 불법행위에 대한 가상 시나리오를 개발하여 모의훈련을 실시하고, 기내에 비치된 가스분사기, 전자 충격기, 고무탄 총 등의 사용법에 대한 교육훈련을 강화하였다.

여섯째, 항공보안제도의 개선을 위하여 보안 관련기관들의 책임할당, 공항과 항공기 및 항행안전시설에 대한 보안대책수립, 보안검색요원에 대한 교육훈련강화, 항공보안업무 전담부서 신설, 항공보안점검 및 감독의 강화 등에 대한 조치를 취하였으며, 기내 난동 및 불법점유에 대한 처벌규정을 신설하였다.

제 4 절 9 · 11항공테러 분석

1. 9 · 11 테러사건 개요

2001년 9월 11일 미국의 뉴욕과 워싱턴지역에서 발생한 4건의 항공테러는 오사마 빈 라덴이 이끄는 알카에다 테러조직과 연루된 19명의 항공기 납치범들이 미국의 동부지역의 도시를 출발하여 서부지역의 도시로 향하던 아메리칸항공 소속의 항공기 2대와 유나이티드항공 소속의 항공기 2대를 각각 납치하여 거의 같은 시간대에 지상의 뉴욕 무역센터 및 워싱턴의 국방부 건물에 납치한 항공기를 충돌시켜 4대의 항공기에 탑승한 승객과 승무원 266명과 지상의 건물 및 그 주위에 있었던 2,656명의 목숨을 앗아감으로써 3,000 여명이 사망하였고, 항공기와 지상의 건물피해 등 재산피해도 2,000억 달러 이상으로 항공보안역사상 최대의 납치 및 테러 사고였다. 이와 같은 9 · 11 항공테러사건을 항공편별 사건개요는 〈표 2-1〉과 같다.

〈표 2-1〉 9 · 11 항공테러 개요

항공편, 기종	출발/도착지	탑승객 수	충돌지역	충돌시간
AA011(B767)	보스턴/LA	92명 (승객 81, 승무원 11)	뉴욕 세계무역센터 북쪽건물	08 : 48
UA175(B767)	보스턴/LA	65명 (승객 56, 승무원 9)	뉴욕 세계무역센터 남쪽건물	09 : 03
AA077(B757)	듈레스/SA	64명 (승객 58, 승무원 6)	워싱턴 국방부 건물	09 : 43
UA093(B757)	뉴왁/SFO	45명 (승객 38, 승무원 7)	펜실베니아	10 : 10

1) AA011편 항공기테러사고 개요

아메리카 에어라인 항공사 소속의 AA011편에 대한 항공기테러는 9.11테러의 첫 번째 사고로서 AA011편 항공기는 승객 81명과 승무원 11명 등 92명을 탑승시킨 후에 미국 동부지역의 보스턴공항을 출발하여 서부지역의 로스앤젤레스공항으로 향하던 도중에 소형 칼 등으로 무장한 알카에다 테러조직 소속의 테러리스트 5명에게 공중에서 납치되어 미국이 세계무역의 중심지임을 상징하는 뉴욕에 소재한 세계무역센터의 북쪽 건물에 오전 8시 48분에 충돌하여 항공기가 폭발하였고, 항공기의 폭발에 의한 영향으로 무역센터 건물이 완전 붕괴되어 항공기에 탑승한 승객과 승무원은 물론 무역센터 건물에 있던 사람들까지 사망하는 테러사건으로서 항공역사상 가장 대규모의 항공참사였다.

2) UA175편 항공기테러사고 개요

유나이티드 에어라인 항공사 소속의 UA175편에 대한 항공기테러는 9.11테러의 두 번째 사고로서 UA175편 항공기는 승객 56명과 승무원 9명 등 65명을 탑승시킨 후에 미국 동부지역의 보스턴공항을 출발하여 서부지역의 로스앤젤레스공항으로 향하던 도중에 소형 칼과 면도칼 등으로 무장한 알카에다 테러조직 소속의 테러리스트 5명에게 공중에서 납치되어 오전 9시 3분에 미국이 자랑하는 뉴욕의 세계무역센터 남쪽 건물에 항공기를 충돌시켜 항공기가 폭발하였고, 항공기의 폭발에 의한 영향으로 무역센터 건물이 완전 붕괴되어 항공기에 탑승한 승객과 승무원은 물론 무역센터 건물에 있던 사람들까지 사망하는 끔직한 사고였다.

3) AA077편 항공기테러사고 개요

아메리칸 에어라인 항공사 소속의 AA077편에 대한 항공기테러는 9·11테러의 세 번째 사고로서 AA077편 항공기는 승객 58명과 승무원 6명 등 64명을 탑승시킨 후에 미국 동부지역의 워싱턴 듈레스공항을 출발하여 서부지역의 로스앤젤레스 공항으로 운항하기 위하여 듈레스공항을 이륙한 직후에 소형 칼 등으로 무장한 알카에다 테러조직 소속의 테러리스트 5명에게 공중에서 납치되어 오전 9시 43분 워싱턴 소재 미국 국방성 건물에 충돌시킴으로써 탑승자 전원이 사망하고, 국방부 건물에 있던 민간인 및 군인 125명이 사망하였으며, 국방부 건물이 파손되는 항공테러사건이었다.

[그림 2-7] 뉴욕 세계무역센터 충돌사진

4) UA093편 항공기테러사고 개요

유나이티드 에어라인 항공사 소속의 UA093편에 대한 항공기테러는 9·11테러의 네 번째 사고로서 UA093편 항공기는 승객 38명과 승무원 7명 등 45명을 탑승시킨 후에 미국 동부지역의 뉴왁공항을 출발하여 서부지역의 샌프란시스코 공항으로 향하던 도중에 소형 칼 등으로 무장한 알카에다 테러조직 소속의 테러리스트 4명에게 공중에서 납치되어 오전10시 10분 펜실베니아주의 섬머세트 지역에 추락하여 탑승자 전원이 사망한 항공테러사건이었다.

5) 9·11테러 피해상황

미국의 워싱턴과 뉴욕지역에서 발생한 9·11항공테러에 의한 피해상황을 살펴보면, 먼저 인명피해는 4대의 항공기에 탑승한 승객 및 승무원 266명 전원이 사망하였고, 지상에서는 뉴욕의 세계무역센터 북쪽건물과 남쪽건물에서 민간인과 소방관 등 2,654명이 사망하였으며, 워싱턴의 국방부 건물에서 125명이 사망함으로써 모두 3,000여명이 사망하는 대참사였다.

9·11테러에 의한 재산피해는 〈표 2-2〉에서 보는 바와 같이 항공기나 건물 등의 직접적인 피해보다는 관련 산업 등 간접적인 피해가 더 큰 것으로 나타나고 있으며 추정손실액을 합하면 2,000억 달러가 넘는 것으로 나타났다.

〈표 2-2〉 9·11 테러의 재산피해상황

재산피해 내용	피해액(억 달러)	비 고
세계무역센터 건물	45	건물 붕괴
항공기 4대	4	추락 항공기
잔해제거비용	11	뉴욕, 워싱턴, 펜실베니아
시설피해	300	
항공관련업계 피해	200	
보험손실액	300	
관련 산업생산 손실	400	
기타 손실액	800	
추정 손실액 합계	2,000	

2. 9·11항공테러의 분석

1) 새로운 형태의 항공테러

2001년 9월 11일 미국에서 발생한 4대의 항공기에 대한 거의 동시적인 테러행위는 과거의 항공테러와는 전혀 다른 형태의 항공테러였다. 테러범들이 납치한 항공기를 지상의 건물에 돌진하여 자폭하는 테러로서 납치한 항공기를 폭탄으로 사용함으로써 그 피해가 상상할 수 없을 정도로 커지게 되었다는 것이다.

9·11 테러의 특징을 살펴보면 항공기를 폭탄으로 사용하기 위하여 항공기가 출발지 공항에서 이륙한 직후 항공기를 납치하여 항공기의 연료가 많은 상태에서 지상의 건물에 충돌시킴으로써 폭발력을 크게 하였다는 점과 항공기의 연료적재 용량이 큰 대형항공기를 대상으로 하였다는 점 및 테러범들이 납치된 승객과 함께 자살하는 수법을 선택하였다는 점이 될 것이다.

9·11 테러의 대상이 되었던 보잉767 항공기와 보잉757 항공기는 장거리 운항용 항공기로서 연료탑재량이 70,000 리터를 넘으며, 아메리칸 에어라인 011편 항공기가 세계무역센터에 충돌하였을 때의 폭발력은 TNT 480,000 파운드가 폭발하는 엄청난 위력을 나타내는 상태였고, 이러한 폭발력은 진도 9의 지진이 발생하였을 때의 충격과 동일한 것이라고 한다.

2) 기내반입이 허용된 물건으로 테러

9·11 테러의 또 하나의 특징을 살펴보면 납치된 항공기 4대가 권총이나 수류탄 또는 폭발물 등 전문적인 살상무기를 사용하여 항공기를 납치한 것이 아니고, 그 당시 기내반입이 허용된 소형의 간단한 칼이나 포장된 상자를 개봉할 때 사용하는 Box Cutter 또는 호신용 최루가스를 사용하여 승무원과 승객을 제압하여 항공기를 납치하였다는 것이다.

테러범들은 사전에 치밀한 조사를 거쳐 기내반입이 허용되는 물품을 테러도구로 사용하였거나, 항공기의 기내접근이 가능한 공항에 근무하는 기내청소원, 기내식 공급요원, 면세점 직원, 공항출입증을 소지한 직원 등에게 뇌물을 제공하거나 정치적인 동지로서의 협력을 약속받아 항공기의 기내좌석에 사전에 테러에 사용할 물건을 반입하도록 한 것으로 조사되었다. 이러한 사례들은 9. 11 테러가 발생한 직후에 미국 연방항공청의 지시에 의하여 미국 항공사들의 모든 항공기 기내에 대한 정밀조사를 실시한 결과 여러 대의 항공기 기내 승객좌석 밑에서 소형 칼과 Box Cutter와 같은 물건들이 여러 개 발견되었다고 한다.

이와 같은 사례들을 볼 때에 평소에는 과일을 깎는 데에도 불편할 4~5cm 정도의 소형 칼이나 상자의 묶인 끈을 자르는 정도로 생각한 Box Cutter 등에 대하여 별다른 생각 없이 기내반입을 허용하였고, 이들 소형 도구가 엄청난 피해를 불러오는 테러무기로 사용하였다는 점에 대해서는 항공보안을 책임지고 있는 보안요원들에게는 다시 한 번 생각해 보아야 할 문제인 것으로 보인다.

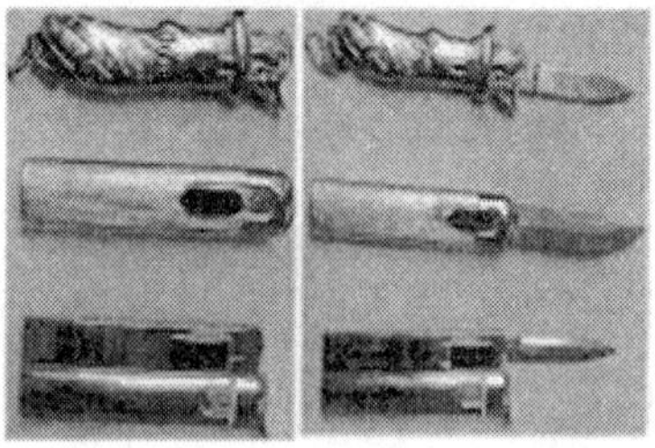

[그림 2-8] 9 · 11 테러에 사용되었던 칼

3) 치밀하게 계획된 항공테러

항공기를 납치하거나 항공기에 테러를 가하기 위해서는 우발적이거나 순간적인 생각으로 범죄를 저지르는 것은 아니나, 9 · 11 항공테러는 매우 오랜 기간에 걸쳐 계획하고 준비한 테러였음이 조사결과 밝혀졌다. 보스턴의 로건공항에 남겨진 테러범 모하메드 아타의 짐에서 발견된 아타의 유서는 9 · 11 테러가 발생하기 5년 전인 1996년에 쓴 것으로 밝혀짐으로써 9 · 11 테러가 사건발생 5년 전부터 계획하고 준비하였으며, 사건발생 3년 전부터는 디즈니랜드와 같이 사람들이 많이 모이는 장소 등을 테러대상으로 삼아 조사와 감시활동을 한 것으로 추정되었고, 최종적으로 미국의 상징적 건물인 뉴욕의 세계무역센터와 국가방위의 상징인 국방부 건물을 선택한 것으로 밝혀졌다. 테러범들이 9 · 11 테러를 사전에 치밀하게 준비한 구체적 사례들은 다음과 같다.

첫째, 테러범들은 테러발생 1~2년 전에 항공기 조종술을 익히기 위하여 미국의 플로리다에 소재한 비행학교에서 항공기 조종술을 익혀 항공기 조종사 자격증까지 취득하였고, 테러대상으로 삼은 항공기의 기종에 대하여 모의조종훈련을 받은 것으로 조사되었다. 이와 같이 테러범들은 항공기를 납치하여 자기들이 항공기를 지상의 건물에 충돌시킬 수 있도록 철저한 준비를 하였다.

둘째, 테러범들이 미국의 국내선 항공편에 대한 보안검색이 비교적 허술하다는 것을 사전에 간파하여 국내선을 운항하는 항공노선의 항공기 4대를 테러대상으로 삼은 것이다. 그 당시 미국에서는 국제선 항공기에 대한 보안활동은 엄격하였으나, 국내선 항공편에 대해서는 보안검색이 국제선 항공편보다 비교적 완화되어 있는 상태였다. 일반적으로 국내선 항공편은 국제선 항공편과는 달리 국제민간항공기구에서 정하고 있는 국제항공보안기준을 엄격하게 적용하지 않는 경우가 많기 때문이다.

셋째, 테러대상으로 삼았던 항공기 4대에 각각 4~5명의 테러범이 탑승하면서 1~2명은 조종실로 신속히 진입할 수 있도록 조종석과 가까운 일등석 좌석의 항공권을 3주 전에 미리 구입하여 조종실을 신속하게 장악할 수 있도록 하였고, 나머지 테러범들은 승무원과 승객의 동요를 막도록 하였다.

넷째, 테러범들이 항공기를 납치하는 일자와 시간대를 여름 성수기가 끝나 탑승객 수가 가장 적은 시점을 노렸으며, 테러가 발생한 9월 11일 화요일은 일주일 중에서 탑승객이 가장 적은 요일이고, 항공기운항이 지연될 가능성이 적은 날씨가 맑은 날의 아침시간대를 선택하였다. 항공기의 탑승객이 적으면 테러범들의 활동이 용이해지고, 승객들의 저항이 비교적 적어지기 때문이다. 또한 아침 이른 시간은 전날 밤부터 야간근무를 한 보안검색원들이 아침교대를 하기 직전으로서 피로가 누적되어 있기 때문에 긴장이 약간 풀려 있는 상태가 될 것이다.

다섯째, 알카에다 테러조직에서 충성도가 높은 정예 엘리트요원을 테러범으로 선발하였고, 그 중에서도 핵심요원 외에는 자기들이 자살테러에 가담하고 있다는 사실을 알지 못하도록 철저하게 비밀을 지키는 치밀성을 보였다.

4) 사전정보의 관리소홀

테러범들 중에서 레바논 출신으로 프랑스 국적의 여권을 소지한 1명이 비행학교에서 조종술 교육을 받는 중에 이상한 행동을 보여 비행학교에서 이 사실을 미국 연방수사국에 보고하였으나, 연방수사국은 이를 가볍게 생각하여 테러범을 사전에 조사할 수 있는 기회를 놓치게 되었다.

첫째, 비행학교에서는 프랑스 여권을 소지한 자에게 프랑스어 교관이 교육토록 하였으나, 그 교육생이 프랑스어를 잘 알아듣지 못하자 이를 수상하게 여긴 비행학교에서는 연방수사국에 보고하였다. 연방수사국의 수사관은 해당자를 인터뷰하였으나, 그 교육생이 자기는 프랑스국민이 맞고, 자기 아버지가 외교관이었기 때문에 어렸을 때부터 중동지역의 외국에 살았기 때문에 프랑스어가 능통하지 못한 것이지 비행교육을 받는 데는 지장이 없다고 답변하자 그 말을 믿고 별다른 문제점이 없는 것으로 판단하였다.

둘째, 비행학교는 기초비행훈련에 대한 교육을 하는 곳이기 때문에 항공기를 이륙하고 착륙하는 기술에 관심을 가져야 하는데 이 교육생은 기초비행교육에는 관심이 없고, 순항 중인 항공기의 조종술에 대한 질문과 관심을 계속적으로 표명하는 행동을 보이는 것이 이상하다고 여긴 비행학교에서는 이를 다시 연방수사국에 보고하였다. 연방수사국의 수사관은 해당교육생을 면담한 결과 그 교육생이 자기는 어려서부터 경비행기조종을 해봤기 때문에 기초비행술은 잘 알고 있으며 여러 가지 비행술에 대한 관심을 표명한 것이라고 답변하자 호기심과 관심이 많은 사람으로 판단하였다.

셋째, 비행학교에서는 경비행기로 조종교육을 하는데, 이 교육생은 경비행기의 조종술에는 관심을 가지지 않고 대형 항공기의 조종술과 조종석의 구조 등에 대한 질문만을 하므로 이러한 사실을 연방수사국에 보고하였다. 이 보고를 받은 연방수사국은 그 교육생이 외국인이기 때문에 의사소통이나 미국체류에 문제 등 외국인에 관한 문제이므로 미국 주재 외국인을 관리하는 이민국에서 처리하도록 이관하여 테러범을 사전에 조사할 수 있는 기회를 놓치고 말았다.

3. 9 · 11테러 후의 보안대책

미국에서는 9 · 11테러 사고가 발생한 직후에 연방항공청은 미국 내의 모든 공항에서 항공기의 이 · 착륙을 금지시키는 한편, 뉴욕의 케네디공항을 시작으로 보스턴 공항 등 미국의 모든 공항에 대하여 임시 폐쇄조치를 내렸다. 테러사건이 발생한 다음 날인 9월 12일에 공항 및 항공기에 대한 보안강화조치를 발표하고, 보안강화조치가 이루어진 공항에 한하여 9월 13일부터 단계적으로 항공기운항을 재개하도록 하였다. 미국연방항공청이 지시한 항공보안대책의 주요 내용은 다음과 같다.

첫째, 그동안 기내반입이 허용되었던 소형 칼 및 절단도구 등을 포함한 모든 위해물품의 기내반입을 금지하였다. 다만, 지팡이, 우산, 손톱깍기, 안전면도기, 주사기 등은 정밀보안검색을 실시한 후에 기내반입을 허용하였다.

둘째, 승객이 항공사의 체크인 카운터에서 탑승수속을 할 때에 정부기관이 발행한 사진이 부착된 신분증을 제시하도록 하고, 탑승구에서 신분증을 다시 확인하도록 하였으며, e 티켓을 구매한 탑승객은 항공사로부터 문서로 된 확인증이 있어야 탑승이 가능하도록 하였다.

셋째, 기내에 반입할 수 있는 물품을 손가방 1개와 지갑·서류봉투로 엄격히 제한하여 휴대품보안검색의 업무량을 줄여 보안검색의 정밀도를 높이도록 하였고, 휴대용컴퓨터는 케이스로부터 분리하여 정밀검색을 실시한 후에 기내에 반입하도록 하였다.

넷째, 격리대합실 입구의 보안검색대를 통과한 승객이라 하더라도 의심이 가는 승객은 탑승구 앞에서 휴대용 금속탐지기로 재검색을 실시하도록 하였으며, 미국을 경유하여 제3국으로 가는 통과여객에 대하여도 항공기에서 내려 재검색을 받도록 하였다.

다섯째, 외국에서 출발하여 미국 내의 2개 도시를 운항하는 항공편 승객들에 대하여 첫 기착지 공항에서 내려 입국수속을 받은 후에 국내선 탑승절차에 따른보안검색을 받은 후에 다시 탑승하도록 하였으며, 여객청사의 커브사이드에 개인차량의 주차를 통제 또는 제한하는 조치를 하였다.

여섯째, 보안검색요원이 12시간 교육 후에 검색 업무에 투입할 수 있었던 제도를 변경하여 이론교육 40시간과 현장실무교육 60시간을 받은 후에 투입하도록 보안검색교육을 강화하였으며, 6천명의 국가방위군을 케네디공항, 보스턴 공항, 로스앤젤리스공항 등 주요공항에 배치하여 보안활동을 강화하였다.

4. 9·11테러의 교훈

미국에서 2001년 9월 11일 발생한 항공테러는 항공보안의 의심사항과 미리 발생한 테러징후에 대하여 조금 더 세심한 주의를 기울였다면 사전에 막을 수도 있었을 것으로 생각되는 사건이었으며, 1943년 태평양전쟁 중에 하와이의 진주만에 주둔하고 있던 미국 해군의 태평양함대사령부가 일본 해군의 폭격기에 의하여 기습공격을 받은 사건과 함께 미국의 자존심을 크게 손상시킨 사건이었다.

미국 연방수사국이 플로리다의 비행학교에서 보고한 이상 징후들을 조금만 세심하게 관찰하고 조사하여 분석하였다면 항공테러의 음모들을 사전에 파악할 수도 있었을 것이며, 국내선 항공편에 대한 기내반입물품의 제한을 강화하고 보안검색을 철저히 하는 한편, 공항근무자들에 대한 보안교육을 강화하였다면 항공테러를 막을 수 있지 않았을까? 하는 생각이 든다.

9·11테러 직후에 미국 연방항공청이 내린 신속한 보안조치들은 항공테러의 재발을 막기 위하여 불가피한 조치였다고 보나, 우리 속담에 '소 잃고 외양간 고친다.'는 말이 있듯이 사후 약방문이 아니냐는 핀잔을 들을 수 있으나, 다음에 소를 더 잃지 않기 위해서는 외양간을 튼튼하게 고쳐 놓아야 한다는 점에서는 당연한 조치라고 보아야 할 것이다.

미국 연방항공청이 발표한 9·11테러에 대한 분석보고서에서 '미국은 상상력이 부족해서 9·11테러를 당했다'고 고백한 것을 보더라도 그 당시 9.11테러는 미국의 상상을 초월한 테러방법이었다고 보아야 할 것이다. 우리나라 속담에 '같은 돌부리에 두 번 넘어지면 넘어진 사람의 책임이다'라는 말이 있듯이 미국의 테러방지대책은 같은 방법의 테러에 두 번 당하지 않는다는 정책을 펴고 있다.

따라서 많은 인명과 재산피해를 막기 위한 보안검색활동은 여행객이 다소 불편하더라도 엄격하게 실시되어야 한다고 보며, 보안검색이나 공항시설을 경비하는 항공보안요원들은 막대한 인명과 재산을 보호하기 위하여 철저한 사명의식으로 업무에 임하여야 할 것이며 작은 문제라도 세심하게 관찰하고 주의를 기울이는 습관이 몸에 배어있어야 할 것이다.

제3장 항공안전과 항공보안

제1절 항공기 사고와 운항안전

1. 항공기 사고

항공기사고란 사람이 항공기에 비행을 목적으로 탑승한 때부터 탑승한 모든 사람이 항공기에서 내릴 때까지 항공기의 운항과 관련하여 발생한 사고로서 사람의 사망·중상·행방불명, 항공기의 중대한 손상·파손·구조상의 결함, 항공기의 위치를 확인할 수 없거나 항공기에 접근이 불가능한 경우 등을 말한다.

항공기사고는 발생되지 않을 것 같으면서도 발생된다. 미국의 연구결과, 미국에서 사고가 발생하는 통계적 확률은 77,200회의 운항에 한번 꼴이라고 밝혀졌고, 영국에서는 67,000회의 운항에 한 번 꼴로 사고가 발생한다는 유사한 결과를 얻었으며, 한 사람 이상이 생명을 잃는 치명적 사고의 확률은 345,000회의 운항에 한 번 꼴이라는 통계적 확률이 나왔으며, 프랑스의 자료에 의하면 매 100,000회당 한 번의 사고와 매 200,000회당 한 건의 화재가 발생하였음을 지적하고 있다. 현대의 운송용 항공기의 신뢰성은 사고의 원인으로서 항공기결함으로부터 대부분 벗어났으며, 항공수송사고의 90% 이상이 인간오류에 기인한 것이다.

국제민간항공기구는 항공기사고가 발생할 경우에 구조 및 화재진압업무가 요구되는 항공기비상사태의 유형을 다음과 같이 항공기사고, 실제비상, 지역대기 등 세 개의 범주로 구분하고 있다.

첫째, 항공기사고는 공항 안 또는 공항 인근지역에서 항공기사고가 발생되는 경우에 공항의 항공교통관제기관은 공항의 구조 및 화재진압 부서에 경고를 발하여 항공기사고의 발생시점과 위치, 사고항공기의 기종에 대한 상세한 사항을 통보한다. 통보를 받은 구조 및 화재진압부서는 항공기 사고지역으로 즉시 출동하게 되고, 지역의 소방관서와 의료기관 등의 조직은 공항비상계획에 따라 통보를 받아 항공기 사고에 대비하게 된다.

둘째, 실제비상은 공항에 접근하는 항공기 중에서 사고위험에 처해 있거나 사고위험이 의심되는 경우에 공항당국의 구조 및 화재진압부서는 접근활주로 방향에 따라 사전에 결정된 대기장소로 출동할 것이 요구된다. 이때 항공기구조 및 수색을 담당하는 항공교통관제기관에서는 출동하는 구조 및 화재진압부서에 항공기의 기종·탑승인원·고장의 형태·사용할 활주로·예상착륙시간·탑재된 위험물품의 위치와 수량에 대한 자세한 사항이 통보된다. 또한 공항비상계획에 설정된 절차에 따라 지역소방부서와 응급구조를 담당하는 의료기관에게도 비상상태에 대한 내용이 통보되며 응원 및 지원을 요청하게 된다.

셋째, 지역대기는 항공기가 약간의 장애를 일으키거나 일으킬 위험이 있다고 의심되지만 그러한 장애가 착륙에 어려움을 일으킬 정도로 심각하지 않는 경우에는 구조 및 화재진압 부서는 접근활주로 방향에 따라 미리 결정된 대기장소로 소방차 등을 출동시킬 것을 통보 받는다.

2. 운항안전 및 운항체계

1) 운항안전

운항안전이란 항공기가 사고가 날 위험이 없이 운항하는 것이다. 그러나 항공기가 운항하는 동안 완전한 의미의 안전을 유지할 수는 없는 것이며, 현실적으로는 항공기운항에 대하여 끊임없는 위험요인의 분석과 리스크관리를 통하여 손실이나 위험을 허용할 수 있는 수준으로 제한하는 상태를 유지하는 상대적 개념으로 보아야 할 것이다. 또한 일반적으로 항공기운항의 안전에 대한 위험요인을 항공운송산업에 종사하는 자가 업무를 수행하는 과정에서 발생하는 것으로 한정하고 있으며, 항공운송산업종사자 외의 제3자가 항공운송산업을 의도적으로 방해하고자 하는 항공테러 등의 위험으로부터의 보호는 보안이라는 용어를 따로 사용하고 있다.

2) 항공기의 운항체계

항공기가 안전하게 운항하기 위해서는 항공기운항에 필수적으로 필요한 항공기, 항공기가 운항하도록 항공기를 조종하는 운항승무원, 항공기의 운항전반을 관리하는 운항관리 등 운항체계가 갖추어져야 한다. 또한 항공기가 비행할 수 있는 항로와 공역이 있어야 하고, 항공기의 안전운항을 지원하는 항행안전시설 및 항공기의 이착륙을 지원해주는 공항시설과 항공교통관제업무와 같은 지원체계가 갖추어져야 한다. 여기서는 항공기운항과 직접적으로 관련되는 부문에 대해서만 설명하고자 한다.

① 항공기

항공기가 하늘을 날기 위해서는 안전하게 비행할 수 있는 자체능력을 보유하고 있어야 하는데, 이러한 비행능력을 보유하고 있는 항공기를 감항성이 확보되었다고 한다. 항공기의 감항성 확보는 항공기를 등록한 국가로부터 감항증명서를 받음으로써 인정되고, 국가가 인정하는 자격을 갖춘 항공정비사 또는 정부의 인가를 받은 정비기관에서 정해진 기간마다 정비를 받음으로써 감항성을 인정받게 된다.

항공기가 운항을 하기 위해서는 감항증명에 필요한 기체, 엔진 및 프로펠러 외에 항공기운항의 종류, 노선 등 운항상황에 적합한 계기장치, 항법장비 및 비행서류 등을 장착하거나 탑재하여야 한다. 이러한 장비로는 비행 중에 항공교통관제기관과 교신할 수 있는 무선전화 송·수신기, 항공교통관제 레이더용 트랜스폰더, 계기착륙시설 수신기, 전방향표지시설 및, 거리측정시설 수신기, 기상조건을 탐지할 수 있는 기상레이더 등이 있다.

② 운항승무원

운항승무원은 항공기에 탑승하여 항공업무에 종사하는 자를 말하며 운항승무원은 국가에서 부여한 해당업무와 관련된 자격증명을 보유하여야 한다. 운항승무원은 자가용·사업용·운송용으로 구분된 조종사, 부조종사, 경량항공기 조종사, 항공사, 항공기관사 등이 있으며, 항공기의 종류·등급·형식에 따라 자격증명을 한정하는데 한정된 업무범위 외의 항공업무에 종사할 수 없다.

③ 운항관리

운항관리업무는 항공기운항을 위한 비행계획, 비행전 과정의 모니터링, 비정상 상황에 대처하는 운항통제로 구성되며, 항공운송사업에 필요한 비행계획의 작성 및 변경, 항공기 연료소비량의 산출, 항공기운항통제 및 감시사항을 확인하는 행위이다. 항공기가 안전하게 운항하기 위해서는 비행에 필요한 모든 자료를 종합적으로 검토하여 체계적인 비행계획서를 작성해야 한다. 비행계획서는 항공사가 비행을 시작하기 전에 항공교통업무기관에 제출하기 위해 운항에 대한 기본정보(항공기 형식 및 식별부호, 출발 비행장 및 예정시간, 비행할 항로, 착륙예정 비행장, 예상비행시간)를 포함하여 작성하는 것과 기장에게 제공하기 위한 법정 연료량, 항로상 운항성능, 목적지 비행장 및 교체비행장을 결정하는데 사용된 항공고시보, 기상자료, 승객 및 화물탑재정보가 첨부된 비행계획서가 있다.

비행계획서가 작성되어 기장과 운항관리사가 합의하고 비행이 개시되면 항공기의 운항에 대한 모니터링이 시작된다. 관제통신주파수를 청취하여 비행진행사항에 대한 정보를 얻거나 항공사의 통신망을 통해 운항관리사와 교신을 한다.

3. 운항분야 안전증명제도

1) 운항증명 및 운영기준

항공운송사업 운항증명이란 항공운송사업자가 안전운항을 지속적으로 수행할 수 있다고 판단하는 경우에 정부가 운송사업자에게 교부하는 증명으로서 사업자의 인력, 장비, 시설, 운항 및 정비 관리지원 등 안전운항체계가 검증되어 운항을 허가하는 것이다. 항공운송사업자는 운항증명을 받아야 항공기 운항개시를 할 수 있으며, 안전운항체계에 정부의 지속적인 감독을 받게 된다. 운항증명발급은 신청→예비평가→서류 및 현장검사→운항증명 교부결정→지속감독의 5단계를 거쳐 진행된다. 운항증명을 발급할 때에는 항공사가 안전운항을 위하여 준수해야 할 운항에 대한 제한사항 및 조건이 설정된 서류인 운영기준이 함께 교부된다.

운영기준이란 항공사가 안전운항을 위하여 준수하여야 할 운항에 대한 제한사항 및 조건이 설정된 서류로서 운항증명에 명시된 사업의 종류에 따라 내용이 설정된다. 항공사의 항공기 보유기종, 항공노선의 구조 및 운항형태 등 운항의 범위 및 성격을 고려하여 운영기준을 결정하며 그 기준의 내용은 8개의 분야로 나누어 작성된다.

2) 항공안전감독 제도

항공운송사업자가 운항증명을 받은 후 운항을 개시하면, 해당 항공사는 연중 지속적으로 수행되는 정부의 항공안전에 대한 감독대상이 된다. 항공안전의 감독활동은 시스템적인 점검방식을 적용하고 불안전한 요소들은 반복적이고 중점적으로 관리하기 위하여 안전점검활동을 상시점검, 집중점검, 잠재위험점검의 3가지로 구분하여 적용하고 있다. 각각의 점검에서는 현장점검수행, 문제점 분석 및 확인, 대책마련의 3단계 점검방식으로 이루어진다.

첫째, 상시점검은 사전에 점검계획을 수립하여 주기적으로 실시하는 필수점검활동 및 계획점검활동을 말한다. 상시점검은 정해진 분야별로 점검표에 의하여 매월 세부 감독계획을 수립하여 실시하며, 점검항목은 국제 국내항공운송사업자, 소형항공운송사업자 및 항공기사용사업자별로 구분하여 운영한다. 또한 상시점검에는 운항통제, 운항승무원, 객실승무원, 매뉴얼 등 점검대상마다 다른 점검주기를 적용하고 있다.

둘째, 집중점검은 상시점검결과에 대한 분석과 평가를 통해 보다 집중적이고 광범위한 확인이 필요하거나 유사분야에서 반복적으로 지적되는 사항에 대하여 별도의 점검계획에 의해서 시행하는 점검을 말한다. 집중점검은 별도의 팀을 구성하여 점검을 실시하는 것이 보통이며 점검결과를 분석하여 대책을 강구하는 방식으로 진행된다.

셋째, 잠재위험점검은 잦은 특정항공사의 결항 또는 고장이나 준사고 등의 발생 현황, 항공기 및 항공안전관리 운영실태 및 항공기 사고추세 등을 분석하여 항공사의 안전관리체계에 종합적인 점검이 필요한 경우에 잠재위험요인을 도출하고 항공사의 개선방안을 권고하는 특별한 계획으로 시행하는 점검을 말한다.

3) 항공안전관리 시스템

항공안전관리 시스템이란 항공기의 정부기관의 사고조사, 감독과 규제 및 처벌의 사후적 안전관리방식에서 탈피하여 항공기 사고의 잠재적인 요인들로부터 안전저해요소를 발굴하여 이에 대한 방지대책을 수립하여 이행하는 사전예방적인 안전관리방식을 의미한다. 즉, 항공안전관리 시스템은 관리 시스템의 통합, 예방적 조치 및 명시적 활동을 기반으로 하는 과학적 안전관리조직 및 활동과 안전관리 프로그램을 총괄하는 시스템을 의미한다. 국제민간항공기구는 2001년부터 항공교통업무 및 공항분야에 안전관리 시스템의 적용을 의무화하였으며 항공사 및 정비기관에는 2009년부터 안전관리 시스템의 적용을 의무화하도록 국제민간항공조약의 해당 부속서에 규정하였다.

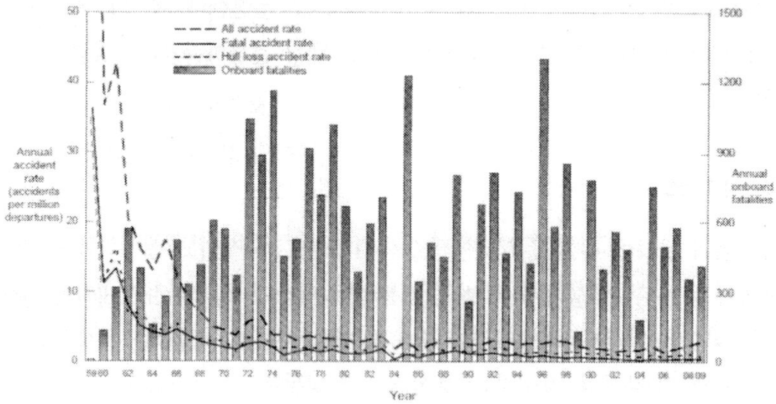

[그림 3-1] 연도별 항공사고율

초창기의 항공기사고예방을 위한 노력은 제트엔진과 레이더의 개발 등 기술적인 분야에 집중되었고, 1970년대부터는 인간의 행동오류를 수정하기 위한 운항승무원 관리기법과 시뮬레이터를 활용한 적응훈련기법의 도입 등 인적요인에 집중하였다. 1990년대 이후에는 항공사고의 원인이 복합적이며 시스템이나 조직의 다발적인 실수가 연결되어 일어난다는 조직적 요인에 초점이 맞추어져 조직의 시스템적 오류의 개선을 위한 노력에 집중하게 되었다.

4) 항공안전보고제도

항공안전보고제도는 항공사고의 잠재적 위험요인을 사전에 발굴하여 통계적이고 관학적인 분석을 통하여 사고를 예방하고자 항공법에서는 항공기사고, 항공기준사고, 항공안전장애를 발생시키거나 이를 알게 된 항공종사자 등 관계인은 그 사실을 정부에 보고토록 하고 있다.

여기서 '항공기사고'란 사람이 항공기에 비행을 목적으로 탑승한 때부터 항공기에서 내릴 때까지 항공기의 운항과 관련하여 발생한 사람의 사망·중상·행방불명, 항공기의 중대한 손상·파손 또는 구조상의 고장, 항공기의 위치를 확인할 수 없거나 항공기에 접근이 불가능한 경우이다. '항공기준사고'는 항공기사고 외에 항공기사고로 발전할 수 있었던 것으로서 항공기의 위치, 속도 및 거리가 다른 항공기와 500피트 미만으로 충돌위험이 있었던 것 등 21개의 세부적인 적용사항이 있다. '항공안전장애'는 항행안전시설과 관련하여 항공기안전에 영향을 미치거나 미칠 우려가 있었던 것을 말한다.

제 2 절 항공기 감항성

1. 감항성 기준

항공기의 감항성이란 항공기가 예상되는 비행조건에서 안전한 비행을 할 수 있는 능력을 표현하기 위하여 사용되는 용어이다. 항공기의 감항성은 항공기를 등록한 국가로부터 감항증명서를 받음으로써 인정되고, 그 후에는 자격을 갖춘 항공정비사 또는 인가된 정비기관에서 일정기간마다 정비를 받음으로써 유지된다.

항공기는 3차원의 공간을 비행하는 기계장치로서 기체의 결함이나 고장은 곧바로 지상으로 추락하는 참사로 이어질 수 있기 때문에 항공기의 안전성확보에 대한 요구는 항공기술이 발달함에 따라 더 커지고 있다. 항공기가 감항증명서를 받기 위해서는 항공기가 형식설계에 합치되어야 하고, 안전한 운항을 하기 위한 상태에 있어야 한다.

항공기 감항성에 대한 국제기준은 1919년 파리조약에서 처음으로 정해지면서 항공기의 감항증명을 의무화 하였다. 이 조약을 토대로 세계 각국은 자국의 항공법을 제정하게 되었고, 파리조약은 그 후 1944년 시카고 조약의 모델이 되었으며 국제민간항공운송 발전에 크게 기여하였다는 평가를 받고 있다. 우리나라 항공법에서도 시카고조약의 내용과 같이 모든 항공기에 대하여 감항증명을 받도록 규정하고 있다.

2. 제작분야 안전증명제도

1) 형식증명

항공기의 형식증명은 정부의 항공당국이 항공기, 엔진, 프로펠러의 설계자에게 발행하는 증명서이다. 예를 들어 보잉747-400, 에어버스380과 같이 특정형식의 엔진이나 프로펠러의 설계가 정상적으로 예측할 수 있는 조건 아래에서 안전한 비행을 하는데 대한 법적 요건을 충족시켰을 때 발행되며 형식증명을 받은 항공기에 대하여는 표준 감항증명서를 발급하기 때문에 항공기의 형식증명은 제작증명과 감항증명의 기초가 된다. 형식증명서는 항공기의 감항성 요건을 충족시키는 조건과 한계사항을 규정하고 있다.

2) 제작증명 및 감항증명

제작증명은 항공기 제작자가 형식증명을 받은 항공기를 양산하고자 할 경우에 항공기 제작자의 생산시설과 품질관리시스템이 형식증명을 받은 항공기를 제작하기에 적합함을 국가가 증명해 주는 제도이다. 즉 생산되는 제품이 승인받은 형식설계와 합치되도록 품질관리를 한다는 것을 증명하는 것이다. 제작증명을 받기 위해서는 품질관리시스템을 갖추어야 하고, 품질관리시스템에는 설계데이터와 문서관리, 부품공급자 관리, 공정관리, 검사 및 시험능력, 부품 저장능력 등을 갖추었음을 입증하여야 한다. 제작증명서의 효력은 영구적이지만 제작자의 공정에 대한 증명으로써 타인에게 양도할 수 없다.

감항증명은 형식증명이나 제작증명과 달리 제작사에서 양산되는 개별 항공기에 대하여 항공기의 구조가 형식증명을 받은 설계내용과 합치되고 안전한 운항을 할 수 있는 상태에 대한 판정을 받은 증명이다.

3. 정비분야 감항성 유지제도

1) 운항증명

항공기운항증명의 국제법적 근거는 국제민간항공조약 부속서에 규정된 내용으로서 상업용 항공운송사업자는 항공기등록 국가로부터 항공기운항증명을 받도록 하고, 항공사가 준수하여야 할 제한사항과 인가사항은 운영기준에 기록하도록 규정하고 있다. 운항증명을 받기 위해서는 적절한 조직, 운항관리 및 감독방법, 항공종사자훈련 프로그램과 정비규칙 등에 대하여 검증을 받아야 한다. 운항증명을 받기 위한 감항정비 프로그램은 항공사가 운용하는 항공기 기종별로 정비방식을 규정하여야 하며, 정부의 항공당국으로부터 내용의 적합성을 확인 받은 후 정비프로그램 승인을 받아야 한다.

2) 정비 프로그램

항공운송사업자의 정비 프로그램은 운용하는 항공기의 모든 부분들이 의도된 기능을 발휘할 수 있도록 하여 항공운송의 안전도를 높이기 위하여 다음과 같은 4가지 목표를 반영하도록 하고 있다.

첫째, 항공운송에 필요한 항공기가 감항성이 있고 적절하게 유지되도록 정비되고 운용되어야 한다.

둘째, 항공운송사업자가 직접 수행하거나 다른 사람이 항공운송사업자를 대신하여 수행하는 항공기의 정비 또는 개조는 모두 항공운송사업자의 정비매뉴얼에 따라 수행되도록 하여야 한다.

셋째, 항공기정비에 적합한 시설과 장비를 갖추고 자격 있는 항공종사자가 항공기를 정비하고 개조하도록 하여야 한다.

넷째, 항공운송사업자는 정비 프로그램의 모든 분야가 매뉴얼에 따라서 수행되도록 하기 위하여 지속적인 감독, 조사, 자료수집, 분석 및 수정조치를 모니터하는 시스템을 구축하여야 한다.

항공운송사업자는 정비 프로그램을 수행하기 위한 정비조직을 갖추어 국가로부터 승인을 받아야 한다.

제 3 절 항공종사자의 자격관리

1. 항공종사자 자격증명

항공종사자 자격증명 제도는 1944년 시카고조약에서 협약국의 의무사항으로 개인의 기량과 지식수준을 평가하여 항공종사자 자격증명을 발행하도록 하면서 국제표준의 기틀이 마련되었다. 국제민간항공기구에서는 1949년 5월 국제민간항공협약 부속서 제1권에 항공종사자면허 업무에 관한 기준을 규정하였고, 1960년대에는 항공종사자의 신체적·정신적 건강을 이슈로 심리학·생리학에 관한 내용이 추가되었으며, 1980년대에는 항공기의 항법장비와 항공기술의 전반적인 발전에 의해 항공기관사 탑승이 필요 없는 상황 등에 따른 조종실 승무원관련 규정이 개정되었고, 2000년대에는 인적요인에 관한 사항을 조종사뿐만 아니라 정비사 등에도 적용하여 영어구술능력관련 등의 내용이 개정되었다. 최근의 항공종사자 자격증명제도의 이슈는 교육과정분석을 통한 효과적인 항공종사자 양성으로 인적요인에 의한 사고예방에 초점을 맞추고 있다.

항공사고원인의 70% 이상이 인적요인에 의한 것이라는 통계를 볼 때 안전문제를 인적요인의 관점에서 분석해볼 필요가 있다고 볼 수 있다. 항공종사자 자격증명제도는 개인의 기량과 지식수준을 평가하여 해당 항공업무를 수행할 수 있는 자격을 부여하는 제도로서 세계 각국은 국제적인 기준을 바탕으로 자국의 실정에 맞도록 자격증명제도를 운영하고 있다.

항공종사자는 조종사, 조종사 외 운항승무원, 운항승무원 외의 항공종사자로 구분하고, 각각 해당 자격증발부에 필요한 평가사항, 유효기간, 신체검사 조건 등에 대해 국제표준을 권고하고 있다. 국제민간항공기구에서 권고하는 항공종사자 자격증명의 종류는 〈표 3-3〉에서 보는 바와 같으며 우리나라 항공법에서 분류하는 내용과 다소 차이가 있음을 알 수 있다.

〈표 3-1〉 항공종사자 자격증명 종류

ICAO 자격증명 기준				국내 자격증명 기준
Flight Crew	Pilot	Private Pilot	Aeroplane	자가용조종사(고정익)
			Helicopter	자가용조종사(회전익)
		Commercial Pilot	Aeroplane	사업용조종사(고정익)
			Helicopter	사업용조종사(회전익)
		Airline Transport Pilot	Aeroplane	운송용조종사(고정익)
			Helicopter	운송용조종사(회전익)
		Multi Crew Pilot		부조종사
		Glider Pilot		자가용 · 사업용조종사(활공기)
		Free Balloon Pilot		초경량비행장치 조종자 (유인자유기구)
	Flight Navigator			항공사
	Flight Engineer			항공기관사
Other Personnel	Aircraft Maintenance		Technician	항공정비사
			Engineer	
			Mechanic	
	Air Traffic Controller			항공교통관제사
	Flight Operations Officer			운항관리사
	Aeronautical Station Operator			해당 없음

2. 자격증명 취득절차

항공종사자 자격증명시험은 자격증명에 의해 부여되는 업무범위와 인가된 활동을 수행하는 데 충분한 자격을 갖추도록 지원자가 경험, 지식, 기량발휘에 있어서 충분한 수준을 갖추어졌는지 반드시 확인하여야 한다. 자격증명시험은 먼저 학과시험에 합격한 자에 대하여 실기시험을 행하며, 실기시험에서는 자격종류에 해당하는 업무수행을 할 수 있는 지식과 기량을 평가하여야 한다. 학과시험은 과목별 합격일로부터 2년 동안 유효하며 최근 2년 이내에 모든 학과과목에 합격해야 최종 학과시험에 합격한 것으로 본다. 항공종사자 자격증명 취득 및 발급절차를 도식화 하면 [그림 3-2]와 같다.

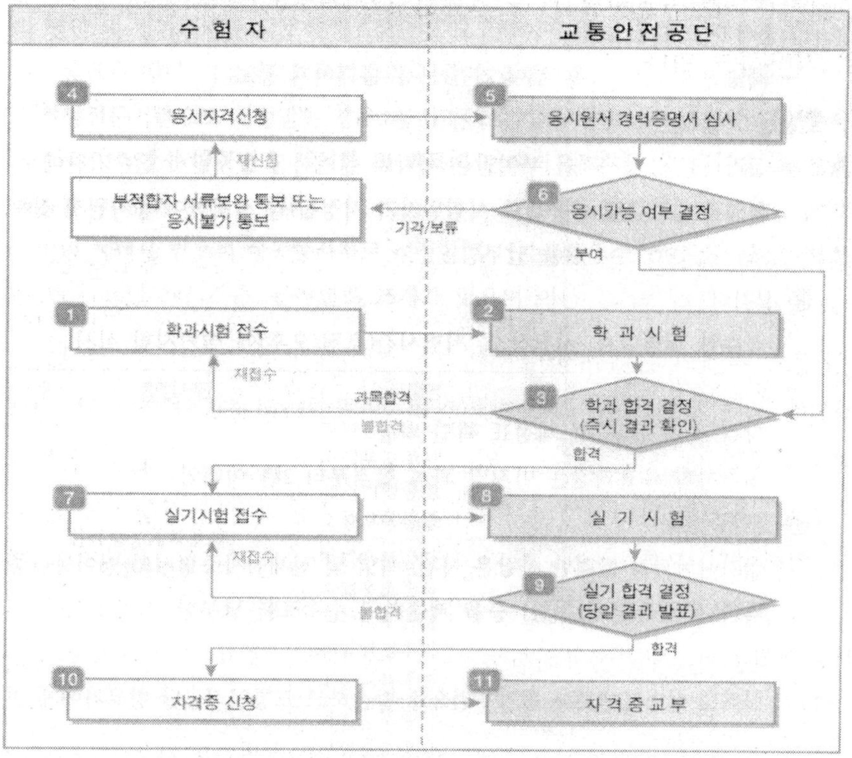

[그림 3-2] 항공종사자 자격증명 취득절차

제 4 절 위험물 운송

1. 위험물 운송규정

위험물의 항공운송을 위한 국제기준은 「국제민간항공조약」의 부속서 18과 세부지침인 「위험물 항공안전운송 기술지침서」(Doc 9284)에 수록되어 있다. 부속서 18과 기술지침서는 국제민간항공기구의 위험물패널회의를 통하여 2년마다 개정되어 발간된다. 위험물 항공운송관련 업무를 담당하는 항공사, 화주업체, 위험물 포장업체, 위험물 전문교육기관 등은 국제항공운송협회가 발간하는 위험물규정을 일반적으로 사용하고 있다.

항공기술의 발전과 새로운 위험물질이나 상품의 개발에 따라 각 운송수단별 위험물운송관련 규정이나 안전체계를 개발하고 그 규정을 개정할 책임이 있는 국제기구나 각 체약국은 세계적으로 통일된 규정을 마련하기 위하여 위험물운송에 대하여 유엔 권고규정의 원칙을 준수할 것을 요구받고 있다. 유엔의 위험물운송규정은 위험물 국제운송을 위한 모델을 제시하고 있으며, 항공운송과 관련한 국제기구 또는 각국의 규정도 유엔의 모델규정이 제시하는 원칙에 따라 제정되고 개정되고 있다.

우리나라는 위험물의 항공운송을 위하여 국제민간항공협약 부속서 18의 기준을 받아들여 「항공법」에 위험물운송, 위험물 포장 및 용기의 검사, 위험물취급에 관한 교육 등의 내용을 반영하였고, 국제민간항공기구의 기술지침서(Doc 9284)에서 제시하는 위험물의 분류·포장·용기의 기준 및 교육훈련 등 세부적인 기준을 수록한「항공위험물운송 기술기준」을 제정하여 위험물의 항공운송업무에 준수하도록 하고 있다. 「항공법」 및 「항공위험물운송 기술기준」 에 따라 항공위험물의 포장과 용기의 안전성을 검사하고 인증하는 전문검사기관을 지정하였고, 위험물취급 전문교육기관도 지정하여 위험물취급자에 대한 안전의식을 고취하고 위험물취급의 전문성을 향상을 기하도록 하고 있다.

또한 항공위험물 감독관을 두어 위험물의 화주, 위험물포장업체, 항공운송사업자, 위험물취급 전문교육기관, 위험물포장 및 용기의 검사기관 등에 대해 위험물의 국제기준과 항공위험물운송 기술기준 이행에 대한 지도·감독업무를 수행하도록 하고 있다.

2. 위험물의 항공운송절차

위험물의 안전한 항공운송을 위해서는 위험물을 분류하고 포장하여 위험물표찰을 부착하는 단계부터 시작되기 때문에 항공운송을 의뢰하는 화주는 위험물운송을 의뢰할 때 「항공위험물운송 기술기준」에서 정한 책임사항을 성실하게 준수하여야 한다. 화주가 책임사항을 성실하게 준수하는 것은 위험물이 일반화물로 운송되는 것을 방지할 수 있는 최선의 방법이다. 이를 위하여 화주가 화물을 항공운송사업자에게 운송을 의뢰할 때 위험물이 포함되어 있지 않다는 확인서명을 하도록 규정하고 있다.

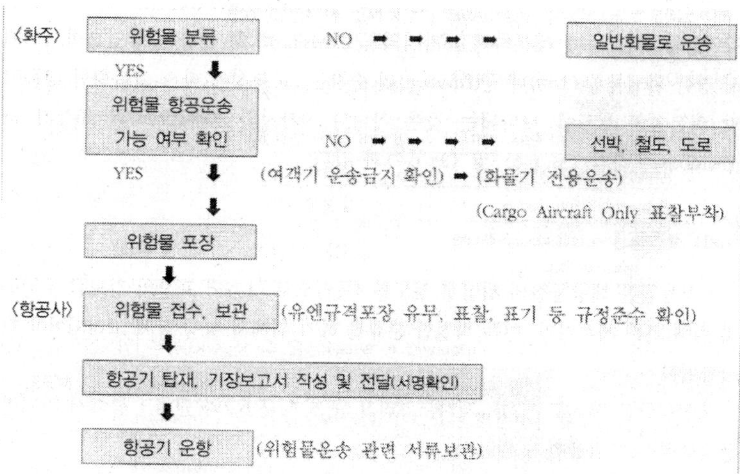

[그림 3-3] 위험물 항공운송절차도

위험물을 운송하는 항공운송사업자는 위험물 탑재정보를 항공기 기장에게 제공하는 기장통보서를 작성하여 기장에게 확인시켜 주고 서명을 받아야 한다. 위험물의 항공운송과 관련된 화주신고서, 운송장, 기장보고서, 위험물취급자 교육기록 등은 위험물의 안전수송여부를 알 수 있는 귀중한 자료이므로 1년간 보관하도록 규정하고 있다. 위험물의 항공운송절차를 도식화하면 [그림 3-3]에서 보는 바와 같다.

3. 위험물의 분류 및 포장

위험물이란 「항공위험물운송 기술기준」의 위험물 목록에 지정되어 있거나, 사람의 건강과 안전, 재화와 환경에 위해를 줄 수 있는 물질 또는 물품으로 정의하고 있다. 즉, 위험물은 어느 특정 물질 또는 물품이 가지는 속성 때문에 항공운송도중에 일어나는 기압, 온도의 변화 및 진동에 의하여 사람의 건강과 안전 또는 환경에 크게 위험을 가할 수 있는 물질 또는 물품이다.

〈표 3-2〉 위험물의 종류 및 명칭

종류별		종류의 명칭	
제1류	Class 1	폭발물	Explosives
제2류	Class 2	가스	Gases
제3류	Class 3	인화성 액체	Flammable Liquids
제4류	Class 4	가연성 고체	Flammable Solids
		자연발화성 물질	Substances Liable to Spontaneous Combustion
		물과 반응하여 인화성 가스를 발생하는 물질	Substances Which, on Contact with Water, Emit Flammable Gases
제5류	Class 5	산화성물질과 유기과산화물	Oxidizing Substances and Organic Peroxide
제6류	Class 6	독성물질과 감염성물질	Toxic and Infectious Substances
제7류	Class 7	방사성물질	Radioactive Material
제8류	Class 8	부식성물질	Corrosive Substances
제9류	Class 9	기타 유해물질	Miscellaneous Dangerous Substances and Articles

위험물에 대한 분류는 〈표 3-2〉에서 보는 바와 같이 유엔의 위험물운송 전문가 회의에서 위험물의 특성별로 9개의 종류로 분류하여 표준화하였다. 위험물의 특성과 종류에 따른 분류내용을 보면 제1류는 폭발물, 제2류

는 가스, 제3류는 인화성 액체, 제4류는 가연성고체·자연발화성 물질·물과 반응하여 인화성 가스를 발생하는 물질이고, 제5류는 산화성물질과 유기과산화물, 제6류는 독성물질과 감염성물질, 제7류는 방사성물질, 제8류는 부식성물질, 제9류는 기타 유해물질로 분류하고 있다.

위험물은 해당물질의 위험성 정도를 3등급으로 나누어 포장의 강도를 조정하고 있다. 높은 정도의 위험성이 있는 경우에는 1등급 포장, 중간 정도의 위험성이 있는 경우에는 2등급 포장, 낮은 정도의 위험성이 있는 경우에는 3등급의 포장을 하도록 규정하고 있다. 위험물의 포장원칙과 포장규정의 준수책임은 위험물의 화주에게 있기 때문에, 화주는 위험물을 항공운송 사업자에게 운송의뢰를 하기 전에

규정에 맞게 포장하여야 한다. 포장은 정상적인 항공운송상태에서 내용물이 누출되지 않도록 하여야 하고, 위험물의 종류에 따라 온도, 압력, 진동 등에 영향이 미치지 않도록 포장하여야 한다. 포장용기는 유엔에서 권장하고 있는 용기의 유형, 재질과 구조에 따라 제작된 용기를 사용하여야 한다. 위험물을 보관하거나 항공기에 탑재할 때에는 위험물의 누출이 발생하였을 경우 위험물 사이에 반응을 일으킬 수 있는 물질은 서로 인접하거나 접촉가능성이 있는 지점에 보관 또는 탑재하여서는 안 된다.

위험물의 포장에 부착된 위험물 표기와 표찰은 항공운송에 있어서 매우 중요한 정보전달 수단이다. 위험물 취급자들은 내용물을 직접 개봉하여 확인하지 않아도 포장표면에 부착된 표기나 표찰을 보고 내용물의 위험성, 취급상의 주의할 점 및 포장의 안전성여부를 파악할 수 있기 때문에 위험물 포장의 표기나 표찰을 부착할 때에는 다음과 같은 내용이 표기되어야 한다.

첫째, 위험물이 담긴 포장물품에는 위험물의 적정한 운송명칭, 유엔이 정한 번호나 ID번호, 송하인과 수하인의 정확한 주소와 이름, 유엔이 정한 Marking, 그 외에 특정 위험물에 요구하는 기재사항 등이 포장의 겉면에 표기되어야 한다.

둘째, 위험성의 종류와 위험물의 분류에 따라 적절한 위험성 표찰과 운송에 필요한 취급요령에 대한 취급표찰을 부착하여야 한다. 부착하는 위험물 표찰은 습도나 온도변화에 의해 떨어지거나 글자가 지워지지 않는 재질로 만들어져야 한다.

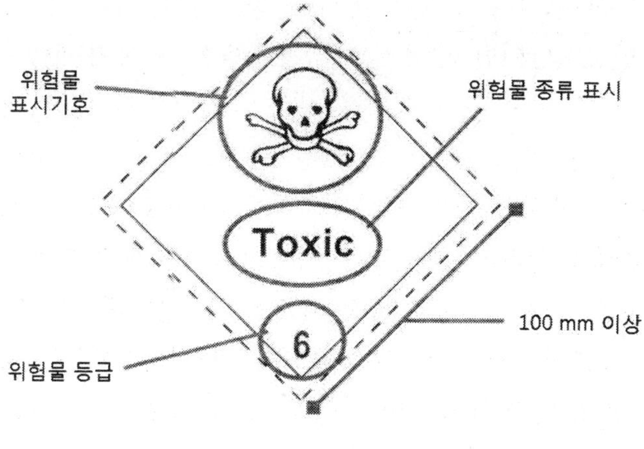

[그림 3-4] 위험물 표찰

위험성 표찰은 위험물류별로 분류되어야 하며, 취급표찰은 화물기에만 탑재가 가능한 포장임을 나타내는 표찰, 액체가 담긴 포장의 상방향(上方向) 유지를 표시하기 위한 표찰, 자기성(磁氣性) 물질임을 나타내는 표찰 등이 있으며, 위험물표기의 기본도형은 [그림 3-4]에서 보는 바와 같이 위험물표시기호, 위험물의 종류표시, 위험물 등급 등을 나타내도록 규정되어 있다.

제 5 절 항공보안의 개념 및 발전

1. 항공보안의 개념 및 목표

1) 항공보안의 개념

보안(保安)이란 위험・손실・범죄가 발생하지 않도록 방지하여 사회의 안녕질서를 유지하는 것을 말한다. 보안은 피해발생의 원인이 인간의 행위라는 점에서 안전(安全)과 구별하여 사용되고 있다. 개인・가족・기업・조직・국가 등 모든 개체와 조직에는 나름대로 위험이나 범죄가 발생할 가능성이 있는데, 이러한 위험이나 범죄로부터 개인이나 조직의 안녕과 질서를 유지하기 위한 행위들을 보안이라고 할 수 있다. 즉 항공보안이란 항공기의 안전운항을 위하여 항공분야에서 발생할 수 있는 위험과 테러와 같은 불법행위를 사전에 차단하기 위한 일련의 조치를 의미한다.

항공보안이란 매우 광범위하고 다양한 의미로 사용되고 있어 한 마디로 정의하기는 어려우나, 국제민간항공기구에서는 '항공보안이란 민간항공을 불법적인 방해행위로부터 보호하기 위하여 인적・물적 자원을 결합한 대책이다.' 라고 규정하고 있다. 항공보안은 민간항공에 대한 불법방해 행위를 방지하기 위한 것이며, 불법방해 행위란 민간항공 및 항공운송의 안전을 위협할 수 있는 다음의 행위를 하거나 이러한 행위를 시도하는 것을 말한다.

ⓐ 운항중인 항공기 또는 지상에 주기중인 항공기의 납치 또는 불법 점유
ⓑ 항공기 내 또는 공항에서의 인질극
ⓒ 항공기, 공항시설, 항행안전시설에 대한 공격 및 불법침입
ⓓ 범죄목적으로 기내 또는 공항에 무기 또는 위험물품을 반입하는 행위
ⓔ 공항, 항공기, 승객, 승무원, 지상조업요원을 위협하거나 이와 관련하여 거짓정보를 제공하는 행위

2) 항공보안의 목표

항공보안의 목표는 앞에서 설명한 바와 같이 불법방해 행위로부터 민간항공을 보호하는 것이며, 민간항공의 보호를 위한 항공보안의 보호대상은 결국 사람과 재산을 보호하는 것으로서 다음과 같이 정리될 수 있다.

첫째, 항공보안의 보호대상은 항공기에 탑승하는 승객과 승무원이다. 항공테러의 대상이 주로 항공기를 목표로 하기 때문에 항공기에 탑승한 승객과 승무원은 결국 항공테러의 대상이 되므로 항공보안에서는 이들을 가장 먼저 보호대상으로 삼아야 한다.

둘째, 공항종사원과 공항을 출입하는 일반국민이 항공보안의 보호대상이 된다. 공항에는 항공여객을 환송하거나 마중을 나오는 환영객이 많이 출입하고, 항공기 운항을 지원하기 위하여 많은 상주직원이 근무하기 때문에 테러범들이 공항시설을 공격할 경우에 많은 사람들이 피해를 입을 수 있기 때문에 이들 또한 항공보안의 보호대상이 된다.

셋째, 항공보안의 보호대상은 사람을 보호하는 것이 우선이지만, 항공테러가 있을 경우에 고가의 항공기와 공항의 첨단 장비가 파손되면 막대한 재산손실을 가져오기 때문에 항공기와 공항시설 등의 재산보호도 항공보안의 중요한 보호대상이다.

넷째, 항공보안은 기내에서의 난동·인질극·승객위협행위 등의 범죄행위와 기내에서의 농성행위·하기 거부로 항공기의 안전운항을 저해하는 행위를 예방하기 위한 활동도 포함된다.

2. 항공보안의 발전

항공보안의 역사는 항공범죄와 그 역사적 사실을 같이 하는 것으로서 항공범죄는 공중 해적행위로서 민간항공운송사업의 역사와 함께 발생하기 시작하였다. 최초의 항공범죄 사고는 상업항공운송이 시작하던 시기인 1931년에 페루 혁명가들이 미국 팬암 항공의 우편물 운송항공기를 납치하여 자기들의 주장을 담은 홍보물을 손쉽게 배포하는 범죄를 저질렀던 것이다.

1940년대에는 공산권으로부터의 탈출을 위해 하이재킹(high jacking)을 이용하기도 했으며, 항공운송이 급성장한 1960년대에는 항공범죄도 홍수를 이루었고, 1970년대 후반부터는 항공범죄가 국제테러조직 사이에 협조체제를 이루는 현상으로 나타나 항공테러가 조직적이고 대규모화되기 시작하였으며, 심지어는 특정국가의 지원을 받으면서 적국에 대한 항공테러를 수행하는 대리전쟁 형태의 항공테러도 성행하였는데 이는 리비아의 지원을 받는 테러조직이 미국인에 대한 테러가 그 사례라고 할 수 있다.

항공테러는 1980년대 이후 전 세계적으로 감소추세에 있는데, 이는 세계 각국이 항공보안대책의 개선과 함께 항공테러방지를 강화한 결과라고 볼 수 있다. 즉, 미국을 중심으로 선진국들이 테러지원 국가를 공격하거나 경제적 제재를 가함으로써 이란, 이라크, 시리아, 수단, 리비아, 쿠바, 북한 등 테러지원국가의 테러지원활동을 약화시켰으며, 테러조직이나 테러분자들을 사전에 색출하거나 분쇄하는 작전을 펴기도 하였고, 특수부대를 육성하여 테러조직에 대응하는 대테러프로그램을 운용하는 등의 적극적인 테러방지활동을 수행하였기 때문인 것으로 분석되고 있다.

항공테러의 방지를 위하여 세계 각국은 1970년대부터 모든 국제항공여객과 기내에 반입하는 수하물에 대하여 보안검색을 실시하는 것을 국제표준으로 하고 있고, 각국의 정부에서는 민간항공보안프로그램을 운영하고 있으며, 공항은 통제구역과 보안지역을 구분하여 운영하는 등 항공보안활동이 체계적으로 수행되어 항공범죄건수가 점점 줄어드는 추세가 되었다.

그러던 중에 2001년 9월 11일 미국의 뉴욕과 워싱턴에서 세계를 경악하게 하는 항공테러가 발생하였다. 9·11 테러행위는 항공기를 납치하여 납치범들이 직접 납치한 항공기를 조종하여 뉴욕의 세계무역센터와 워싱턴의 펜타곤 건물에 충돌시킴으로써 상상을 초월하는 대형 사고를 유발하는 새로운 형태의 항공자살테러였다. 이와 같은 테러행위는 항공기에 탑승한 사람은 물론 지상의 건물과 그 안에 근무하는 무수한 인명을 살상한 전대미문의 항공범죄 행위였으며, 지금까지의 항공기 납치나 폭파행위와는 다른 형태의 항공테러였다.

3. 항공보안 프로그램

항공범죄를 방지하기 위한 보안프로그램의 수립 및 운영책임은 공항운영조직의 보안부서에서 담당하는데, 보안부서의 책임자는 공항의 모든 시설과 공항내의 다른 기관의 시설에도 접근할 수 있는 권한과 공항의 보안절차에 대한 조사 및 검사권한, 그리고 보안취약점에 대한 시정을 권고할 수 있는 권한도 부여되어 있다.

공항의 보안활동을 원활하고 협조적으로 수행하기 위하여 공항보안위원회를 두고 있는데, 공항보안위원회는 공항운영자 · 경찰 · 국가정보원 · 출입국관리소 · 세관 · 우체국 · 통신부서 · 항공교통관제기관 · 의료부서 · 공항소방 및 구조부서 · 화물취급업체 등 공항 내에 상주하는 보안관련 모든 기관 및 업체가 참여하여 공항보안실천업무, 보안절차의 개선, 보안실태파악, 보안관련 정보수집과 전파, 직원교육 등의 업무를 수행하고 있다.

1) 공항지역 전반의 보안활동

공항은 국가보안목표시설로서 공항지역 전반에 대하여 테러나 파괴행위, 절도, 무단침입 등의 범죄활동이 발생하는 것을 방지하기 위한 보안대책이 필요하기 때문에 대부분의 공항들은 울타리를 담장이나 철조망으로 설치하여 무단침입자를 방지하고, 담장의 상단에는 가시철망이나 원형철조망을 설치하여 테러나 파괴행위 방지를 하고 있다.

[그림 3-5] 공항외곽 경비시설

우리나라의 국제공항은 이외에도 경비과학화의 일환으로 담장 안쪽에 침입자를 신속히 감시하기 위하여 장력시스템이나 충격시스템의 최첨단 시설을 설치하였을 뿐만 아니라 담장의 상단에는 적외선 감지시설과 CCTV를 설치하여 24시간 감시하고 있다. 또한 500m 내외의 거리마다 감시초소를 설치하여 무단 출입자를 항상 감시하도록 하고 있으며, 경비상황실에서는 이러한 경비보안시설에 대한 감시와 함께 이상이 발견되면 즉시 출동이 가능한 경비인력과 출동장비를 갖추고 있다. 또한 공항의 보안통제가 필요한 Air side지역, 수하물작업지역, 항공화물창고, 우편물 처리지역, 기내식 처리지역, 항공기세척지역 등은 출입문을 설치하여 인가된 자만 출입을 허용하고 있다.

2) 탑승객 및 수하물에 대한 보안활동

공항에서 보안활동을 하는 가장 중요한 목적은 비행에 투입되는 항공기에 테러범이 탑승하거나 무기나 폭발물 등의 불법물질이 항공기에 반입되거나 설치되는 곳을 막는 것이기 때문에 대부분의 공항들은 항공여객이 항공기에 탑승하기 전에 여객청사에서 보안검색을 마친 여객만이 항공기에 탑승할 수 있도록 하고 있다.

여객청사는 누구나 출입할 수 있는 일반대합실과 보안심사를 받아야만 들어갈 수 있는 격리대합실로 구분하여 보안격리지역을 둠으로써 효율적이고 철저하게 항공기에 불법물질이 반입되는 것을 막고 있다. 여객청사의 격리대합실을 출입하는 자는 [그림 3-6]에서 보는 바와 같은 문형 금속탐지기와 휴대형 금속탐지장비에 의하여 신체에 총기나 도검류 등 불법물질을 휴대하고 있는지에 대한 보안검색을 받아야 한다.

(문형 금속탐지기)

(휴대형 금속탐지기)

[그림 3-6] 승객보안검색장비

또한 여객 및 승무원 등이 휴대하는 수하물은 일반대합실에서 격리대합실로 들어가기 전에 [그림 3-7]에서 보는 바와 같은 엑스선 검색장비에 의한 휴대수하물 보안검색을 받아야 한다. 여객 등에 대하여 문형 및 휴대형 금속탐지장비 또는 엑스선 검색장비에 의한 보안검색결과 의심되는 사람이나 휴대물품에 대해서는 해당 승객의 동의를 얻어 개봉검사를 실시하게 된다. 또한 승객과 휴대수하물에 대한 보안검색장소에는 검색요원 외에도 보안감독관과 경찰관이 배치되어 있어 보안요원에 대한 업무감독과 비상상황이 발생할 때 즉각적인 처리를 할 수 있도록 하고 있다.

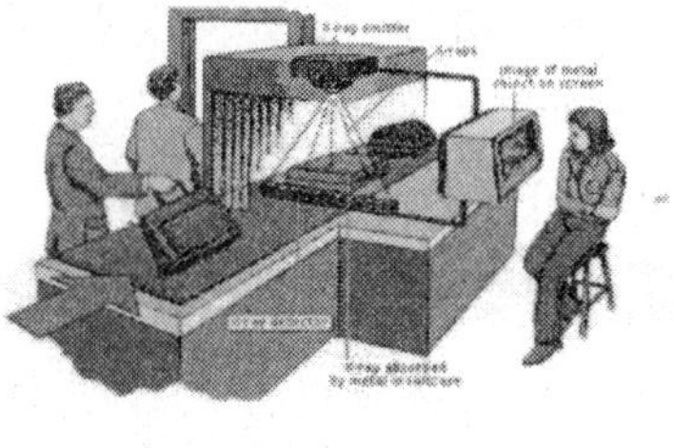

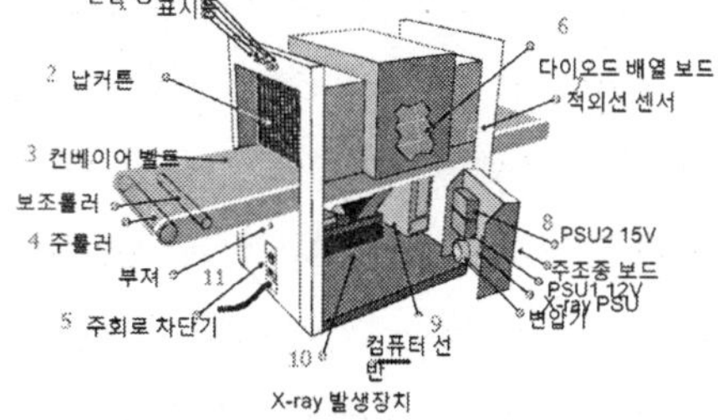

[그림 3-7] 휴대수하물 엑스선 검색장비

3) 항공기 계류장에 대한 보안활동

공항의 계류장은 항공기가 이륙을 준비하거나 착륙 후에 주기하는 지역으로서 여객청사나 화물청사와 인접한 곳에 포장된 상태의 에어 사이드지역을 말한다. 계류장은 보안통제구역으로 지정되어 있어 출입이 인가된 사람과 차량이나 장비만이 출입이 허용되고, 출입을 할 때에는 출입증을 제시하고 일정한 보안절차를 밟아야 한다. 계류장지역에서는 항공기의 정비·점검, 항공기 급유, 화물하역, 기내청소 등을 위하여 많은 사람들이 여러 가지의 지상조업을 하기 때문에 출입자 등에 대한 보안활동이 매우 강조되는 지역이다.

계류장에 주기된 항공기에 대하여는 별도의 보안조치가 이루어지고 있다. 이는 계류장에서 작업하는 사람들이 범죄조직과 결탁하여 항공기내에 폭발물 등의 불법물질을 장치하거나, 테러범들이 교묘히 계류장에 진입한 후에 항공기내에 폭발물을 장치하거나 기내에 숨어 있다가 범죄활동을 하는 것을 막기 위한 보안활동이다. 이러한 보안활동으로는 승객이 하기하고 기내청소 등이 완료된 항공기는 반드시 탑승교나 스텝카를 항공기로부터 격리시켜 누구도 기내 진입을 할 수 없도록 하고, 주기된 항공기 주변에 경비원을 배치하며, 조명등을 설치하여 범죄활동이 쉽게 탐지되도록 하는 한편, 일정한 시간마다 계류장 지역을 순찰하는 방법 등이 강구되고 있다.

4) 위탁수하물 및 항공화물에 대한 보안활동

승객이 위탁한 수하물이나 항공화물에도 총기류나 시한폭탄 및 마약류의 불법물질이 숨겨질 수 있을 뿐만 아니라 항공범죄가 위탁수하물 등을 이용할 수 있는 가능성이 높기 때문에 이들에 대한 보안검색이 철저하게 이루어지지 않는다면 항공기의 안전운항을 보장할 수 없게 된다.

위탁수하물은 승객이 체크인을 할 때에 중량과 이름표 부착여부를 확인하고 해당 항공편을 표시하는 꼬리표를 붙여 컨베이어벨트에 올려놓으면 수하물처리시스템에 의하여 해당 항공편에 탑재되도록 되어 있는데, 이 과정에서 엑스선 검색장비를 이용하여 폭발물 등의 불법물질이 포함되어 있는지에 대한 보안검색이 이루어지며 의심되는 수하물에 대해서는 승객을 호출하여 승객입회하에 개봉검색을 하게 된다. 이 경우에 수하물은 탑재되었으나 승객이 탑승하지 않는 경우에는 그 승객의 수하물은 비행기 출발 전에 반드시 하기 하여야 한다.

항공화물에 대한 보안조치는 운송을 위탁받은 항공사가 책임진다. 이는 항공사가 항공화물의 포장, 보관, 탑재, 하기하는 과정에서 직접적으로 많은 작업을 수행하여야 하기 때문이다. 항공화물에 대한 보안활동방법으로는 화물을 분류, 포장, 이동, 탑재에 참여하는 직원에 대한 보안심사와 보안교육 등으로 항공보안에 대한 경각심과 책임감을 고취시키는 방법이 있고, 화물을 분류하거나 단위포장을 하는 작업장에 CCTV를 설치하여 불법물질의 반입을 방지하도록 하고 있으며, 최근에는 공항에 컨테이너 투시용 대형 엑스선 검색장비가 설치되어 있어 의심되는 화물에 대해서는 이 장비를 이용하여 보안검색을 실시하도록 하고 있다.

4. 항공보안 국제협약

공중해적행위라고 일컬어지는 항공범죄는 항공운송사업이 시작된 1930년대부터 시작되었다. 항공운송이 시작된 초기에는 항공범죄도 비교적 단순하여 항공기를 납치하는 하이재킹이 있었으나, 1960년부터 항공범죄가 홍수를 이룰 정도로 늘어났고, 1970년대 후반부터는 국제테러조직 사이에 협조체제가 이루어지면서 항공테러의 양상이 대형화되고 테러의 방법도 다양하게 변하기 시작하였다.

항공보안은 항공범죄의 양상이 달라짐에 따라 동일한 범죄의 재발방지 차원에서 항공범죄방지대책을 강구하면서 발전되어 왔다. 결과적으로 말하면 항공보안은 항공범죄의 변화에 맞추어 대응책을 마련하면서 발전되어 왔다. 가장 이상적인 항공보안은 미래에 일어날 수 있는 항공범죄를 미리 예측하여 사전에 대응책을 마련하는 것이 최선의 방법이 될 수 있으나, 이는 현실적으로 불가능한 사항이므로 새로운 유형의 항공범죄가 발생하면 그러한 범죄가 재발되지 않도록 대응책을 마련하는 것이 최상의 방법이 될 수밖에 없는 것이다.

항공여객에 대한 보안검색의 필요성에 결정적인 영향을 준 사건은 1970년 9월 6일 발생한 팔레스타인 해방기구 소속의 테러범들이 구속된 팔레스타인 죄수 석방을 요구하면서 항공기 4대를 납치하여 요르단 공군기지인 Dawson Field에 강제로 착륙시킨 항공테러 사건이었다. 이 사건을 계기로 영국 등 국가에서 승객에 대한 보안검색을 시작하게 되었고, 그 후 국제민간항공기구에서는 1975년 보안검색제도를 도입하여 전 세계적으로 문형 금속탐지기, 휴대형 금속탐지기, X-ray 검색장비 등을 이용한 보안검색 시스템을 갖추게 되었다.

항공범죄를 예방하기 위한 국제민간항공기구의 항공보안에 관한 국제협약의 변천과정의 주요내용을 정리해보면 다음과 같다.

첫째, 1963년에 체결된 도쿄협약은 항공기와 여객에 대한 안전협약으로서 항공기내의 범죄행위는 범죄발생장소를 불문하고 항공기 등록국가가 관할권을 행사하여 처벌할 수 있도록 하였고, 항공기의 이륙을 위한 시동순간부터 착륙활주가 끝난 순간까지의 비행 중에는 기장에게 기내 안전저해, 기내질서 위협행위발생 방지 권한 및 하기 명령권을 부여하였다.

둘째, 1970년에 체결된 헤이그협약은 항공기납치사건처리와 납치범인도에 관한 협약으로서 비행 중에 있는 항공기의 납치행위, 기내혼란을 초래하는 무질서행위, 공갈・협박・승객안전위협행위에 대한 통제권행사에 관하여 전 세계적인 관할권을 확립하도록 의무화 하였다.

셋째, 1971년의 몬트리올협약에서는 헤이그협약의 내용을 일부 확대하고, 항공범죄에 항공시설파괴행위를 추가하였으며, 1974년의 시카고협약에서는 불법방해행위로부터 민간항공을 보호하기 위하여 협약의 체약국가가 노력하도록 하였고, 1988년의 몬트리올추가협약에서는 국제공항에서의 불법적인 폭력행위진압을 위한 내용이 추가되었다.

넷째, 1990년에는 미국에서 「항공보안증진법」을 제정하여 항공보안을 강화하였고, 1991년에는 플라스틱폭발물의 제조, 표시, 탐지기술협약을 체결하여 표시 없는 폭발물의 제조와 이동을 금지하는 내용을 추가하였다.

다섯째, 2001년 9월 11일 미국의 뉴욕과 워싱턴에서 항공기를 지상건축물에 충돌시키는 새로운 형태가 발생한 후에는 기내반입물품의 엄격한 제한, 기내반입물품의 정밀보안검색, 승객 및 위탁수하물에 대한 보안검색강화, 항공보안요원의 증원배치 등의 조치가 이루어졌다.

제 6 절 항공보안의 책임

공항운영업무가 다수의 국가기관, 공항운영자, 항공사, 지상조업체, 공항구내업체 등으로 복잡하게 얽혀 있는 것과 마찬가지로 항공보안업무도 다수의 기관 및 업체가 복잡하게 얽혀 있어 여러 가지의 조건이 충족되어야 효율성을 높일 수 있다. 이중에서 가장 중요한 것은 누가 무엇을 하여야 하는가에 대한 명확한 업무분장이다. 항공보안업무는 관련기관 및 업체 사이의 명확한 책임분담을 하지 않으면 효율적인 업무수행을 할 수 없기 때문에 항공보안에 대한 명확한 업무분장은 항공보안업무의 효율성확보를 위하여 선결되어야 할 중요한 과제이다. 이와 같은 항공보안에 대한 책임은 크게 나누어 국가기관, 공항운영자 및 항공사 등의 차원에서 다루어지고 있다.

1. 국가의 보안책임

국가는 국가안전보장과 관련한 인원, 문서, 자재, 시설에 대한 보안책임을 지고, 그 지역을 관리하는 자와 관계기관장도 보안에 대한 책임을 진다. 국가중요시설과 장비 및 자재를 관리하는 자는 시설·장비·자재보호에 필요한 장소를 보호구역으로 지정할 수 있다. 보호구역은 그 범위 및 중요도에 따라 제한지역, 제한구역, 통제구역으로 설정할 수 있고, 보호구역에는 보안상 불필요한 인원의 접근 또는 출입의 제한 및 금지를 할 수 있다. 국가중요시설인 공항과 항공기에 대한 보안을 위하여 국가기관의 항공보안에 대한 업무한계와 책임은 다음과 같다.

1) 국가정보원

국가안전과 보안에 대한 위협상황의 분석과 보안정보의 전파에 관한 업무를 수행하기 위하여 국가조직에 국가안전 및 보안을 담당하는 보안기관이 지정되어 있다. 일부 국가에서는 경찰조직이 보안업무를 담당하기도 하지만 대부분의 국가에서는 보안업무를 전담하는 기관을 두어 국가보안업무를 수행하고 있다. 우리나라의 경우에는 국가안전 및 보안에 관한 업무를 국가정보원에서 총괄하고 있으며, 국가정보원은 국가안전 및 보안업무와 함께 항공안전 및 보안과 관련하여 다음과 같은 업무를 수행한다.

ⓐ 항공테러정보를 포함한 테러 및 국제범죄조직에 대한 보안정보의 수집, 작성 및 배포업무
ⓑ 항공시설 및 공항지역의 보안업무를 포함한 국가기밀문서·자재·시설 및 지역에 대한 보안업무
ⓒ 항공안전 및 항공보안계획의 조정을 포함한 정보 및 보안업무의 기획과 조정업무
ⓓ 항공시설, 항공기 및 공항지역을 포함한 국가보안관련 시설, 자재, 지역을 보호하기 위한 보안측정 실시업무
ⓔ 공항 및 항공기 파괴 등 보안관련 사고에 대한 전말조사업무
ⓕ 항공관련 불법행위 대응능력 배양을 위한 위기관리기법의 연구, 정보와 기술의 제공, 교육훈련 지원

2) 국토교통부

국토교통부는 항공정책의 주무부서로서 항공정책에 관한 업무를 관할하기 위하여 장관 직할기관으로 항공정책실장을 두고, 산하기관으로 서울지방항공청과 부산지방항공청 등 2개의 지방항공청을 두어 지역별로 항공업무를 담당하도록 하고 있다. 또한 전국의 각 공항에는 지방항공청 산하의 공항출장소를 두어 항공운항 및 항공안전업무를 수행한다. 국토교통부 및 지방항공청과 공항출장소가 담당하고 있는 항공안전 및 항공보안에 관한 업무의 한계와 책임은 다음과 같다.

ⓐ 민간항공의 안전 및 보안에 관한 기본방침과 중장기 추진방향, 기관별 역할, 항공분야의 비상계획·보안장비개선계획, 항공보안교육 훈련계획, 항공보안증진을 위한 국제협력 및 항공보안에 관한 세부운영지침 등을 포함한 항공보안 기본계획의 수립업무
ⓑ 항공안전협의회 및 공항안전운영협의회 운영, 관계행정기관·공항운영자·항공사 등과의 안전업무협조, 항공안전 및 보안을 위한 국제기구와의 협조

업무가 포함된 항공안전업무 협조체제 유지

ⓒ 공항운영자·항공사 등의 항공안전 및 보안계획승인 및 점검, 공항시설 보호구역 지정승인(보안검색 완료지역, 세관검사장, 관제탑, 활주로 및 계류장), 항공보안장비의 종류·성능 및 운영방법의 기준고시를 포함한 항공안전 및 보안업무의 시행업무

ⓓ 항공안전 및 보안교육계획의 개발, 보안검색교육기관의 지정, 항공안전을 저해하는 불법방해 행위에 대한 정보의 접수·전파 및 안전조치 강구를 포함한 항공보안교육 및 정보업무

3) CIQ 기관 등

① 세관

공항세관은 관세청 산하기관으로서 국제공항에서 출국 또는 입국하는 승객과 휴대품 및 수하물에 대한 세관검사업무와 수출 또는 수입하는 항공화물의 세관검사업무를 담당한다. 관세청 및 공항세관에서 담당하는 주요업무는 개항공항의 지정, 항공기의 입항 및 출항에 따른 보안업무, 공항의 보세구역·세관검사장·보세창고·보세운송 등과 관련한 보안업무, 수출입화물의 통관절차·통관제한물품과 관련한 보안업무, 마약 및 밀수품의 단속업무를 수행한다. 공항세관에서는 이러한 업무를 수행하기 위하여 엑스선 검색장비와 마약 및 폭약 탐지견을 이용하여 사람과 휴대품 및 수하물에 대한 검색을 실시하고 컨테이너 등으로 운송되는 항공화물에 대하여는 화물검색용 대형 엑스선 검색장비를 사용하는 한편, 가방이나 화물의 개봉검사와 촉수검사를 실시하고 있다.

② 출입국관리사무소

공항의 출입국관리사무소는 법무부의 산하기관으로서 국제여행객의 출국 및 입국과 관련된 출입국관리업무를 담당하며 주요업무는 공항을 통하여 출국 및 입국하는 자에 대한 출입국관리와 관련한 보안업무, 위조 또는 변조된 여권 등의 식별에 의한 불법출입국자의 색출 등 보안업무, 불법행위 또는 불법집단과 연계된 자에 대한 출입국제한 등에 관한 보안업무를 수행한다. 따라서 국제공항의 출입국관

리사무소는 출국자 및 입국자에 대한 통계업무와 내국인이 출국하는 경우에 방문 국가의 비자발급여부, 외국인이 입국하는 경우에 우리나라 영사관으로부터 발급받은 비자의 발급목적과 유효기간, 출국 또는 입국자가 제시하는 여권의 위조여부, 출국 또는 입국자가 출국 또는 입국금지 대상자 리스트에 포함되는지의 여부 등을 심사하는 업무를 수행한다.

③ 검역소

공항검역소는 보건복지부의 산하기관으로 국제공항에서 항공기를 이용하여 출국 또는 입국하는 사람의 검역(檢疫)업무를 담당하며 공항검역소가 담당하는 주요업무는 항공기를 이용하여 공항을 통하여 출입국 하는 자 및 물품의 검역과 관련한 보안업무, 검역관련 정보의 수집분석 및 제공 등의 보안업무를 수행한다. 국제공항에서의 검역업무는 평상시에는 그 활동이 잘 나타나지 않지만 콜레라, 구제역, SASS, 조류인플루엔자 등 법정전염병이 발병할 경우에 이에 대한 방역활동과 함께 이들 전염병이 발병한 지역에서 입국하는 사람에 대한 검역활동을 수행한다.

④ 동 · 식물검역소

공항의 동물검역소와 식물검역소는 농림축산부의 산하기관으로서 국제공항을 통하여 출국 또는 입국되는 동물 및 식물에 대한 검역업무를 담당하며 주요업무는 항공기를 이용하여 수출 또는 수입되는 동물 및 식물에 대하여 공항에서 검역을 실시하고, 검역과 관련한 보안업무를 수행한다.

⑤ 문화재관리사무소

국제공항에 주재하는 문화재관리사무소는 문화재청의 업무를 지방자치단체가 권한위임을 받아 문화재관리업무를 수행하는 기관으로서 국제공항이 소재하는 지방자치단체의 문화재를 관리하는 부서의 공무원이 공항에 주재하면서 우리나라에서 반출되는 문화재의 적법성 여부를 판단하는 업무를 수행한다. 따라서 도자기나 고서화 등을 반출하고자 하는 자는 공항의 문화재관리사무소에서 미리 문화재에 해당되는 물품여부와 적법한 절차에 의하여 반출되는지에 대한 심사를 받아야 한다.

4) 경비보안기관

① 국방부

국방부가 공항에서 항공보안과 관련하여 담당하는 주요업무는 공항에서의 항공기 납치, 공항시설점거 등 테러상황이 발생할 때에 특공대 및 장비를 투입하여 테러범을 진압하는 업무, 공항의 외곽경계 및 방호업무, 항공기를 이용하는 군인·군무원 및 군용장비 등에 관한 보안업무를 수행한다. 우리나라의 경우에 국제공항의 외곽경비 업무는 군부대가 담당하고, 공항경계구역의 경비업무는 경찰의 책임으로 이루어지고 있다.

② 경찰청

경찰청이 공항에서 항공보안과 관련하여 담당하는 주요업무는 항공안전을 위협하는 범죄예방 및 대응조치, 범죄의 수사 및 공공의 위험발생을 예방하기 위한 보안검색에 필요한 조치, 항공기의 납치 및 폭파위협, 항공시설의 폭파 및 파괴위협 등 불법행위가 발생할 때에 진압 및 처리, 불법행위 관련자의 체류동향 및 항공보안 관련정보 제공 등의 업무를 수행한다. 공항경찰대가 공항에서 담당하고 있는 세부적인 업무로는 국제공항의 경우에는 외사관련 정보의 수집과 전파, 국내범죄 관련 정보의 수집과 전파, 공항에서의 항공여객에 대한 보안검색, 공항외곽경비에 관한 감독업무 등이 있다.

③ 해양경찰본부

해양경찰본부는 공항에 상주하고 있지는 않지만, 항공보안과 관련하여 담당하는 주요업무는 공항과 인접한 해상에서의 항공기에 대한 불법행위예방 및 진압처리, 공항과 인접한 해상에서의 항공기사고에 대한 구조업무 및 사고수습지원 등의 업무를 수행한다. 우리나라의 경우에 섬과 섬 사이의 바다를 매립하여 공항을 건설한 인천국제공항의 경우에는 항공기의 이착륙을 위한 진입구역이 해상이므로 해양경찰본부의 역할이 증가되어 있다.

2. 공항운영자 등의 보안책임

1) 공항운영자

공항운영자는 국제민간항공기구가 권고하는 민간항공보안 프로그램과 국내의 항공관련법규에 따라 공항운영 및 관리에 대한 책임을 지고, 항공보안에 대한 불법적인 방해 행위를 방지하기 위한 항공보안절차를 수립하고 시행하는 책임을 진다. 공항운영자가 공항운영과 관련하여 담당하는 항공보안에 관한 주요업무는 다음과 같다.

ⓐ 항공안전 및 보안조직의 구성과 보안책임자 지정, 공항보안계획수립과 이행, 공항보호구역의 방호계획수립 및 이행, 항공보안에 관한 정보전달 체계 확립업무를 포함한 항공보안 시스템 구성업무

ⓑ 공항시설의 경비대책수립 및 이행, 항공보안에 관한 정보전달, 보호구역구역 출입자통제업무를 포함한 공항경비와 보안관리업무

ⓒ 승객·승객의 휴대물품·위탁수하물의 보안검색, 항공보안장비 관리 및 운용, 보안검색 실패 대책 및 보고와 전달체계 확립, 보안검색에 관한 기록의 작성·유지 등에 관한 업무를 포함한 보안검색 업무

ⓓ 보안검색요원에 대한 항공안전 및 보안교육과 훈련, 보안검색요원의 운영계획수립 및 이행, 공항상주업체 직원에 대한 항공보안관리교육 등의 업무를 포함한 보안요원의 교육 및 관리업무

2) 항공사의 보안책임

항공기의 운항책임을 맡고 있는 항공사는 항공관련법규와 국가의 항공보안 프로그램 및 항공기가 운항하는 공항의 보안 프로그램에 따라 항공보안절차를 수립하고 시행하는 책임을 지며 다음과 같은 업무를 수행한다.

ⓐ 항공사 자체의 항공안전 및 보안조직구성과 보안책임자 지정, 항공기·항공기 정비시설·기내식·저장품 등에 대한 보안대책수립 및 이행업무를 포함한 항공보안 시스템구성 업무

ⓑ 주기중인 항공기의 경비계획수립 및 이행, 운항중인 항공기의 보안대책,

기내 보안요원 및 보안장비운용, 조종실 출입절차, 비행서류의 보안 관리 대책, 승객과 수하물의 일치여부 확인, 항공기 탑승거절승객의 처리절차에 관한 보안관리, 항공보안에 관한 정보의 전달 및 보고에 관한 업무를 포함한 항공기경비와 보안관리 업무

ⓒ 항공사가 운영하는 화물청사의 보세구역·화물분류작업장 보안대책수립 및 이행, 위해물품의 탑재 및 운송절차계획의 수립 및 이행, 항공화물에 대한 보안검색 업무

ⓓ 승무원 등 직원에 대한 항공보안교육훈련계획수립 및 이행, 항공화물의 보안검색요원 운영계획수립 및 이행, 항공화물의 보안검색기록 작성·유지 업무를 포함한 직원보안교육 업무

3) 항공기취급업체의 보안책임

항공사의 항공기운항지원에 관한 사업을 행하기 위하여 정부로부터 해당 업종의 면허를 받고, 항공사와 업무지원에 관한 용역계약을 체결하여 공항의 보안구역에서 영업을 하는 항공기취급업체, 공항의 보호구역 안에서 영업을 하는 구내업체 등도 해당 공항의 항공보안프로그램 및 항공사의 보안프로그램에 적합한 자체 항공보안프로그램을 작성하여 시행하여야 한다. 이와 같은 항공기취급업체 및 구내업체가 담당하고 있는 항공보안업무의 한계와 책임은 다음과 같다.

ⓐ 자체 항공보안조직 구성과 보안책임자 지정, 항공보안정보전달 체제 구축 등 자체 항공보안시스템 구성업무

ⓑ 필요한 경우에 자체시설의 경비보안 및 보안검색 대책수립 및 이행, 직원의 공항보호구역 출입절차 및 출입증 관리대책업무 등 항공보안대책의 수립 및 이행업무

ⓒ 공항보호구역 출입직원에 대한 항공보안교육 훈련실시, 보안장비관리 및 운용교육 등 직원교육과 보안장비 운용업무

제4장 항공보안법규

제1절 법의 형식과 효력

1. 법의 개념

법(法)이란 인간이 사회생활을 평화롭게 영위하는 데 필요한 질서를 지탱하기 위하여 국가가 인정하고 유지하는 사회규범(社會規範)을 말한다. 이와 같은 법은 국가적 사회생활에 필요한 규범적 법칙으로서 강제규범적 성격으로 제정되는 것이 보통이다. 따라서 법은 정당한 정치권력이 사회의 공동선(共同善)을 위하여 자연의 질서에 근거를 두고, 정당한 방법으로 제정하는 강제적 생활규칙으로서 정의실현내지 질서유지를 그 내용으로 하며, 국민의 사회생활을 평화롭게 유지해 나갈 수 있도록 하는 목적을 실현하기 위한 것이다. 법의 이념은 윤리성을 강조하여 사회정의를 실현하고, 공익성을 강조하여 합목적성을 추구하며, 질서와 형식을 강조하여 사회안정을 추구하는 것을 내용으로 한다.

법은 국가적 사회생활에 필요한 법칙으로서 국가와 국민과의 관계, 국민상호간의 관계, 국가와 국가 간의 관계 등을 규율하는 것으로서 개인의 양심에 따라 행하는 종교나 도덕과 다르고, 국가가 직접적으로 제정하고 인정하여야 효력을 가지며, 법의 형식요건을 갖추고 공시절차가 있어야 효력을 가진다.

우리가 법을 배우는 것은 어떠한 법이 제정되어 사회정의를 실현하기 위한 윤리성을 강조하고, 합목적성을 추구하여 공익성을 강조하거나 질서와 형식을 강조하여 사회의 안정추구를 이념으로 한다 하여도 그 법의 적용을 받는 국민의 입장에서 보면 국민이 법을 보는 힘과 법을 생각하는 힘이 없거나, 법과 권력이 유착하여 권력을 가진 자가 법을 왜곡(歪曲)하여 해석하거나 법을 적용함에 있어 공평성을 유지하지 못한다면 법을 제정한 목적을 달성할 수 없기 때문에 법을 배움으로써 법을 보는 힘과 법을 생각하는 힘을 숙련시키려는 것이며, 법을 배움으로써 법과 권력이 유착(癒着)하는 것을 방지하고 법이 국민 누구에게나 공평하게 적용될 수 있도록 하기 위함이라고 이해되어야 할 것이다.

이처럼 국민의 건전한 사회생활을 보장하고 사회의 질서를 유지하여 인간의 참된 생활을 보장하기 위하여 제정된 법이 국민들로부터 불신을 받게 되는 경우가 있는데, 법에 대하여 불신을 하게 되는 원인을 살펴보면 법을 적용함에 있어 공정하지 못하다고 생각하는 점과 일반국민들이 볼 때에는 법문의 내용이 난해하여 쉽게 이해할 수 없다는 점 및 법의 판단을 받기 위해서는 그 절차도 복잡하고 비용과 시간이 많이 소요된다는 점 이 법의 불신원인으로 나타나고 있다.

2. 법의 형식

법의 존재형식에는 문자(文字)로 된 성문법(成文法)과 문자로 씌어져 있지 않으나 우리사회에서 법의 역할을 하고 있는 불문법(不文法)의 두 가지가 있다. 법은 성문법이 주체를 이루고 있지만 불문법은 성문법으로 정하여져 있지 아니한 사항, 즉 성문법의 공백을 메워 주는 역할을 하고 있어 법원(法源)으로서 중요한 몫을 담당하고 있다. 따라서 불문법도 성문법으로 정하여져 있지 아니한 부분에 대하여는 법원(法源)으로서의 중요한 역할을 하게 되는 것이다. 항공보안과 관련된 법률은 모두 성문법으로 되어 있기 때문에 여기서는 불문법에 대한 설명은 생략하고 성문법에 대한 설명만 하고자 한다.

성문법(成文法)은 문자로 씌어져 있기 때문에 내용이 명백하고 안정된 법적 생활을 영위할 수 있는 법적 안정성과 국가권력에 대해서 국민의 권리확보라는 합목적성이 있다. 우리나라의 성문법에는 국가 최고(最高)의 법으로서 헌법(憲法)이 있고 그 아래에 법률이 있고, 법률의 위임에 의하여 제정되는 대통령령·총리령·부령이 있으며, 지방자치단체가 법령의 범위 내에서 자치입법권에 의하여 제정하는 조례(條例)와 규칙과 같은 자치법규가 있으며, 헌법의 규정에 의하여 국내법과 동등한 효력을 가지는 조약(條約) 등이 있다.

첫째, 헌법(憲法)은 국가의 통치조직인 권력구조와 국민의 권리의무 등의 기본원칙을 규정한 근본법이고 우리나라 최고의 법원(法源)으로서 법률 이하의 법은 헌법의 내용에 반(反)하는 내용을 정할 수가 없다.

둘째, 법률(法律)은 국회입법원칙에 의하여 입법기관인 국회의 의결을 거쳐 대통령이 서명·공포함으로써 제정된 법으로서 헌법의 하위에 속하고 명령이나 규칙 및 자치법규의 상위(上位)에 존재하면서 해당 분야의 국가정책이나 시책의 기본방향이나 방침을 명시적으로 정해 주기 때문에 해당 분야의 정책의 기본이 되는 내용을 담고 있으며, 법률의 하위법령은 법률의 내용에 근거를 두고 제정되어야 하며, 법률의 하위법령에서는 법률의 내용과 다른 내용으로 제정하여서는 아니 된다.

셋째, 명령(命令)은 국회의 의결을 거치지 아니하고 행정기관에 의하여 발하는 성문법규를 총칭하는 것으로서 명령을 발하는 주체를 기준으로 대통령령, 총리령, 부령(部令) 등의 형태로 존재하며, 흔히 대통령령을 시행령이라 하고 부령을 시행규칙이라고 부른다. 명령은 국가법으로서의 효력을 가지는 점에서는 법률과 다름이 없으나 법률의 하위에 있으며, 법률에 특별한 규정이 없는 한 법률상의 입법사항을 규정할 수 없고, 또한 명령에 의하여 법률을 개정하거나 폐지할 수 없다. 최근 행정이 비대화·전문화됨에 따라 행정부가 관장하는 방대(尨大)한 기술적·전문적인 사항의 전부를 국회가 입법하기 어렵게 되어 행정부가 발하는 명령이 중요성을 차지하게 되었다.

넷째, 자치법규(自治法規)란 지방자치단체가 자치입법권에 의하여 제정하는 자치에 관한 법 형식으로서 당해 지방자치단체의 구역 안에서만 효력을 가진다. 자치법규에는 지방자치단체가 지방의회의 의결을 거쳐 제정하는 조례와 조례로부터 위임받아 지방자치단체의 집행기관이 제정하는 규칙이 있다.

다섯째, 조약(條約)이란 국가와 국가 사이에 문서에 의한 합의를 말하며 실제적으로는 조약이라는 명칭 외에도 협약(協約)·협정(協定)·헌장(憲章)·결정서(決定書)·의정서(議定書)·각서(覺書) 등 여러 가지 명칭으로 부르기도 한다. 조약은 당사국인 두 나라 사이에 체결되는 것도 있다. 헌법상의 절차에 따라 체결·공포된 조약과 일반적으로 승인된 국제법규 및 국제관습법은 국내법과 동일한 효력을 가진다.

3. 법의 효력

법은 인간의 현실생활 속에서 작용하며, 인간의 사회생활을 지배하는 규범이므로 법의 생명은 현실사회에 실현되는 데 있다. 만약, 법이 인간의 현실사회에서 실현되지 못한다면 그 법은 생명력을 잃고 사문화(死文化)될 것이다. 따라서 법에는 사실상 실현되든 안 되든 간에 '규정대로 준수해야 한다.'는 요구가 내재하고 있는바 이것을 법의 효력이라고 한다. 법의 효력에는 법이 사실상 실현되어야 한다는 당위성과 함께 실제적으로 실현되어야 한다는 실효성의 문제인 실질적 효력과 실정법이 시간적·장소적·대인적으로 효력을 가지는 형식적 효력이 있다.

1) 실질적 효력

법의 실질적 효력은 행위규범이 사실상 지켜지지 못 한다 해도 규정대로 시행되어야 한다는 규범적 타당성과 법규범이 정한대로 실현시킬 수 있는 힘이 있어야 한다는 사실적 실효성이 합치될 때 그 효력을 발휘할 수 있다.

행위규범은 사람에게 일정한 행위를 명하거나 금지하는 것으로서 사실상 실현되든 안 되든 규정대로 지켜지기를 요구하는 규범적 타당성이 있으며, 이러한 명령이나 금지 등을 요구하는 행위규범에 위반하는 일이 발생할 때 그 위반하는 자에 대하여 강제집행이나 형벌을 과하기 위하여 강제규범을 발동하는 것을 법의 실질적 효력이라 한다.

2) 형식적 효력

법의 형식적 효력에는 법의 효력이 발생하는 기간의 범위를 정하거나 발생되는 시기를 정하는 시간적 효력과 법의 효력이 미치는 사람의 대상 및 인적 범위를 정한 대인적 효력 및 법의 효력이 미치는 장소, 행정구역 또는 국토의 공간 등 장소적 범위를 정한 장소적 효력이 있다.

첫째, 법의 시간적 효력에서 모든 법은 공포와 동시에 효력이 발생한다. 그러나 공포와 동시에 시행하는 것은 법정책상 또는 법의 시행상의 어려움이 있어 공포 후 시행까지는 일정기간을 두는 것이 보통이고, 대개는 시행기일을 개별 법령에서 정하는 것이 보통이다. 우리나라에서는 시행기일을 각각의 개별법령에 정하고 있으며, 그러한 규정이 없는 경우에는 「헌법」 제53조제7항 및 「법령 등 공포에 관한 법률」 제13조의 규정에 의하여 공포일로부터 20일이 경과된 후 시행된다.

둘째, 법의 대인적 효력인 법의 적용을 받는 사람의 범위에 대해서는 속지주의(屬地主義)와 속인주의(屬人主義)가 있으며, 속지주의는 장소를 기준으로 법이 시행되는 지역 내의 모든 사람에게 법의 효력을 미치게 하는 것을 말하고, 속인주의는 사람을 기준으로 한 나라의 국민은 자국 내에 있거나 타국에 있거나 자국의 법을 적용시키는 것을 말한다.

셋째, 법의 장소적 효력에서는 한 나라의 법령은 그 국가의 영토(領土)나 영해(領海) 및 영공(領空) 등 국가영역 전반에 걸쳐서 효력을 미치는 것이 원칙이다. 다만 예외적으로 한 나라 안에서도 점령지 · 조차지(租借地) · 군함 등에서는 타국의 법이 적용되는 경우가 있다.

3) 법의 실효

법령의 체계에 있어서 내용이 서로 모순되거나 저촉되는 경우 또는 동위의 새로운 법령이 제정되는 경우, 적용되어야 할 법령이 여러 개에 걸치는 경우에 법령체계의 조화를 이룰 수 있도록 하기 위한 기준으로 '상위법우선의 원칙', '신법우선의 원칙', '특별법우선의 원칙', '명문(明文)에 의한 우선 선언' 등이 있다.

첫째, 상위법우선의 원칙이란 법령체계에서 상위법과 하위법령이 서로 모순되거나 저촉되는 경우에는 상위법이 우선적으로 적용된다. 예컨대 어떠한 법과 그 시행령의 내용에 모순이 있는 경우에는 법에 정해진 내용에 따라야 하며, 어떠한 법과 다른 법의 시행령의 내용에 모순이 있는 경우에도 다른 법에 정해진 내용에 따라야 한다.

둘째, 신법우선의 원칙이란 이미 제정된 법의 내용과 새로 제정된 법의 내용이 서로 모순되거나 저촉되는 경우에는 나중에 제정된 신법의 내용이 우선한다. 예를 들면 산림조합이나 한국반공연맹의 임원은 정당에 가입할 수 없다고 정한 기존 법률의 규정이 있었으나, 1980년 11월 25일 제정된「정당법」제17조에서는 '국회의원 선거권이 있는 자는 정당가입을 금지하는 다른 법령의 규정에 불구하고 누구든지 정당의 당원이 될 수 있다'고 규정하였기 때문에 나중에 제정된 이 규정이 유효하게 되었다.

셋째, 특별법우선의 원칙 및 명문에 의한 우선 선언이란 같은 법이라 하더라도 민법이나 상법 등을 일반법이라 하고「주택임대차 보호법」,「조세특례제한법」,「독점규제 및 공정거래에 관한 법률」등은 특별법이라 하며, 일반법과 특별법의 내용이 서로 모순되거나 저촉될 때에는 특별법의 내용이 우선한다.

제2절 항공보안법

1. 개요

「항공보안법」에 대한 설명에 앞서 우리나라「항공법」에서 정하고 있는 항공보안과 관련한 내용을 살펴보면 다음과 같다.

첫째, 폭발물 등의 운송이나 항공기내 휴대를 금지하고 있는「항공법」제61조에서는 폭발성·연소성이 높은 물건과 승객·승무원을 위해하거나 항공기를 손괴할 우려가 있는 물건의 항공운송을 금지하고, 무기·위험물품을 항공기 안에 가지고 들어가는 것을 금지하고 있다.

둘째,「항공법」제85조에서 규정하고 있는 금지행위에는 비행장시설이나 항행안전시설을 손괴하거나 그 기능을 저해할 우려가 있는 행위와 공항에서 항공기를 향해 물건을 투척하거나 항공기의 위험을 일으킬 우려가 있는 행위를 금지하고 있다.

셋째, 「항공법」 제156조의 벌칙규정에서는 공항시설이나 항행안전시설을 손괴하는 등 항공상 위험을 발생케 한 죄를 범한 자에게 2년 이상의 유기징역에 처하도록 규정하고 있다. 또한 제157조의 벌칙규정에서는 항행 중 항공기를 추락, 전복, 파괴한 자에게는 사형, 무기 또는 5년 이상의 징역에 처하도록 규정하고 있다.

1) 입법목적

「항공보안법」은 국제민간항공조약 등 국제협약에 따라 공항시설과 항행안선시설 및 항공기내에서의 불법행위를 방지하고 민간항공의 보안을 확보하기 위한 기준과 절차 및 의무사항 등을 규정함을 목적으로 한다. 따라서 이 법은 국제민간항공기구에서 정하고 있는 항공안전 및 보안에 관한 협약의 내용을 포함하고 있을 뿐만 아니라 우리나라에서 발생할 수 있는 항공범죄행위에 대한 처벌규정을 포함하고 있다.

2) 용어 정의

「항공보안법」에서 사용하고 있는 용어에 대한 정의는 다음과 같다.

첫째, '운항 중'이란 항공기가 출발하기 위하여 승객이 탑승한 후에 항공기의 모든 문이 닫힌 때부터 항공기가 운항을 마치고 목적지 공항에 도착하여 승객이 내리기 위하여 항공기의 문을 열 때까지를 말한다.

둘째, '공항운영자'란 공항운영을 책임지고 있는 「인천국제공항공사법」에 의하여 설립된 인천국제공항공사, 「한국공항공사법」에 의하여 설립된 한국공항공사, 「항공법」 제105조의 따라 공항시설관리권을 설정 받아 등록한 자, 국토교통부장관이 공항운영자로 지정·고시한 자를 말한다.

셋째, '항공운송사업자'란 「항공법」 제112조에 따라 면허를 받은 국내항공운송사업자 및 국제항공운송사업자, 제132조 따라 등록을 한 소형 항공운송사업자, 제147조에 따라 허가를 받은 외국인 국제항공운송사업자를 말한다.

넷째, '항공기취급업체'란 「항공법」 제137조에 따라 항공기취급업을 등록한 업체를 말한다.

다섯째, '항공기정비업체'란 「항공법」 제137조의2에 따라 항공기정비업을 등록한 업체를 말한다.

여섯째, '공항상주업체'란 공항에서 영업을 할 목적으로 공항운영자와 시설이용 계약을 맺은 개인 또는 법인을 말한다.

일곱째, '항공기내보안요원'이란 항공기 내의 질서 및 안전을 해치는 행위를 방지하는 직무를 담당하는 사법경찰관리 또는 그 직무를 위하여 항공운송사업자가 지명하는 사람을 말한다.

여덟째, '불법방해행위'란 항공기의 안전운항을 저해할 우려가 있거나 운항을 불가능하게 하는 행위로서 다음의 행위를 말한다.

ⓐ 지상에 있거나 운항중인 항공기를 납치하거나 납치를 시도하는 행위
ⓑ 항공기 또는 공항에서 사람을 인질로 삼는 행위
ⓒ 항공기, 공항시설 및 항행안전시설을 파괴하거나 손상시키는 행위
ⓓ 항공기, 항행안전시설 및 보호구역에 무단침입하거나 운영을 방해하는 행위
ⓔ 범죄의 목적으로 항공기 또는 보호구역 내로 무기 등 위해물품을 반입하는 행위
ⓕ 지상에 있거나 운항중인 항공기의 안전을 위협하는 거짓정보를 제공하는 행위, 공항 내에 있는 승객·승무원·지상근무자의 안전을 위협하는 거짓정보를 제공하는 행위
ⓖ 사람을 사상에 이르게 하거나 재산 또는 환경에 심각한 손상을 입힐 목적으로 항공기를 이용하는 행위
ⓗ 「항공보안법」에 따라 처벌받는 행위

아홉째, '보안검색'이란 불법방해행위를 하는 데에 사용될 수 있는 무기 또는 폭발물 등 위험성이 있는 물건들을 탐지 및 수색하기 위한 행위를 말한다.

열번째, '항공보안검색요원'이란 승객, 휴대물품, 위탁수하물, 항공화물 또는 보호구역에 출입하려고 하는 사람 등에 대하여 보안검색을 하는 사람을 말한다.

3) 국제협약의 준수

민간항공의 보안을 위하여 「항공보안법」에서 규정하고 있는 사항 외에는 다음에 열거한 국제협약에 따르며, 다음의 국제협약 외에 항공보안에 관련된 다른 국제협약이 있는 경우에는 그 협약에 따른다.

ⓐ 「항공기 내에서 범한 범죄 및 기타 행위에 관한 협약」
ⓑ 「항공기의 불법납치 억제를 위한 협약」
ⓒ 「민간항공의 안전에 대한 불법적 행위의 억제를 위한 협약」
ⓓ 「민간항공의 안전에 대한 불법적 행위의 억제를 위한 협약을 보충하는 국제민간항공에 사용되는 공항에서의 불법적 폭력행위 억제를 위한 의정서」
ⓔ 「가소성폭약의 탐지를 위한 식별조치에 관한 협약」

4) 국가의 책무 등

국토교통부장관은 민간항공의 보안에 관한 계획수립, 관계 행정기관 간 업무협조체제를 유지하여야 할 책무가 있으며, 공항운영자, 항공운송사업자, 항공기취급업체, 항공기정비업체, 공항상주업체와 항공여객터미널 및 화물터미널운영자 등의 자체보안계획에 대한 승인 및 실행점검, 항공보안교육훈련계획의 개발 등의 업무를 수행한다. 공항운영자, 항공운송사업자, 항공기 취급업체, 항공기정비업체, 공항상주업체와 항공여객·화물터미널 운영자, 공항이용자 등은 국가의 항공보안시책에 협조하여야 한다.

2. 항공보안협의회

1) 보안협의회의 구성

항공보안에 관련되는 다음 사항을 협의하기 위하여 국토교통부에 항공보안협의회를 둔다.

ⓐ 항공보안에 관한 계획의 협의

ⓑ 관계 행정기관 사이의 업무협조

ⓒ 공항운영자 등의 자체 보안계획승인을 위한 협의

ⓓ 항공보안을 위하여 항공보안협의회 위원장이 필요하다고 인정하는 사항

항공보안협의회의 구성은 위원장 1인을 포함한 20인 이내의 위원으로 구성하며, 위원장은 국토교통부 항공정책실장이 되고 위원은 외교부, 법무부, 국방부, 문화체육관광부, 농림축산식품부, 보건복지부, 국토교통부, 국민안전처(해양경찰본부), 국가정보원, 관세청, 경찰청의 고위공무원단 또는 이에 상당하는 직급의 공무원 중 소속기관장이 지명하는 사람 각 1인과 항공보안에 관한 학식과 경험이 풍부한 사람·공항운영자 또는 항공운송사업자를 대표하는 사람 중 국토교통부장관이 위촉하는 사람이 된다.

위원장은 보안협의회를 대표하며 그 업무를 총괄하고 회의를 소집하고 그 의장이 된다. 위원장이 부득이한 사유로 그 직무를 수행할 수 없을 경우에는 위원장이 지명한 위원이 그 직무를 대행한다. 보안협의회의 사무를 처리하기 위하여 간사를 두며, 국토교통부장관이 소속 공무원 중에서 임명한다. 보안협의회의 협의대상인 자체보안계획은 다음과 같으며, 보안협의회의 운영에 필요한 세부사항은 협의회의 의결을 거쳐 위원장이 정한다.

ⓐ 공항운영자의 자체보안계획의 수립 및 변경

ⓑ 항공운송사업자(국내항공운송사업자 및 국제항공운송사업자만 해당한다)의 자체보안계획의 수립 및 변경

2) 지방항공보안협의회

지방항공청장은 관할 공항별로 항공보안에 관한 사항을 협의하기 위하여 지방항공보안협의회를 둔다. 지방항공보안협의회는 위원장 1명을 포함한 20명 이내의 위원으로 구성한다. 위원장은 해당 공항을 관할하는 지방항공청장 또는 지방항공청장이 소속 공무원 중에서 지명하는 사람이 되고, 위원은 다음 사람으로 한다.

ⓐ 해당 공항에 상주하는 정부기관의 소속 직원 각 1명

ⓑ 해당 공항운영자가 추천하는 소속 직원 1명

ⓒ 해당 공항에 상주하는 항공운송사업자가 추천하는 소속 직원 1명

ⓓ 항공보안을 위하여 위원장이 위촉하는 사람

위원장은 지방보안협의회를 대표하며 업무를 총괄하고, 회의를 소집하고 그 의장이 된다. 지방보안협의회의 사무를 처리하기 위하여 간사를 두며, 간사는 지방항공청장이 소속 공무원 중에서 임명한다.

지방보안협의회는 다음사항을 협의한다. 지방보안협의회 위원장은 협의회에서 협의한 내용을 국토교통부장관에게 보고하여야 한다.

ⓐ 국가항공보안계획에 따른 자체보안계획의 수립 및 변경에 관한 사항

ⓑ 공항시설의 보안에 관한 사항

ⓒ 항공기의 보안에 관한 사항

ⓓ 국가항공보안우발계획에 따른 자체우발계획의 수립·시행에 관한 사항

ⓔ 그 밖에 공항 및 항공기의 보안에 관한 사항

3. 국가항공보안계획

1) 항공보안계획 수립

국토교통부장관은 항공보안에 관한 기본계획을 5년마다 수립하고, 그 내용을 공항운영자, 항공운송사업자, 항공기취급업체, 항공기정비업체, 공항상주업체 항공여객터미널운영자, 화물터미널운영자, 도심공항터미널 경영자에게 통보하여야 한다.

국토교통부장관이 수립하는 항공보안 기본계획에는 항공보안에 관한 종합적이고 장기적인 추진방향 등 다음의 내용이 포함되어야 한다.

ⓐ 국내외 항공보안환경의 변화 및 전망

ⓑ 국내 항공보안 현황 및 경쟁력강화에 관한 사항

ⓒ 국가항공보안정책의 목표, 추진방향 및 단계별 추진계획

ⓓ 항공보안전문 인력의 양성 및 항공보안기술의 개발에 관한 사항

ⓔ 항공보안발전을 위하여 필요한 사항

국토교통부장관은 항공보안 기본계획을 수립하거나 변경하는 경우에는 관계 행정기관과 미리 협의하고 보안협의회의 협의를 거쳐야 하며, 기본계획을 수립하거나 변경한 경우에는 그 내용을 공항운영자 등에게 통보하여야 한다.

2) 국가항공보안계획

국토교통부장관은 항공보안업무를 수행하기 위하여 국가항공보안계획을 수립·시행하여야 한다. 국가항공보안계획에는 다음의 내용이 포함되어야 한다.

ⓐ 공항운영자 등의 항공보안에 대한 임무
ⓑ 항공안전 및 보안장비의 관리
ⓒ 항공보안에 관한 업무수행자에 대한 교육훈련
ⓓ 항공보안에 위협을 주는 불법행위에 대응하기 위한 우발계획
ⓔ 항공보안에 관한 점검업무
ⓕ 항공보안에 관한 국제협력
ⓖ 그 밖에 항공보안에 관하여 필요한 사항

공항운영자, 항공운송사업자 등은 국가항공보안계획에 따라 자체 보안계획을 수립하거나 수립된 항공보안계획을 변경하려는 경우에는 국토교통부장관의 승인을 받아야 한다. 다만, 다음의 경미한 사항의 변경은 승인을 받지 아니하여도 된다. 이 경우 공항운영자 등이 자체 항공보안계획을 변경한 경우에는 그 사실을 즉시 국토교통부장관에게 통보하여야 한다.

ⓐ 기관운영에 관한 일반현황의 변경
ⓑ 기관 및 부서의 명칭변경
ⓒ 항공보안에 관한 법령, 고시 및 지침 등의 변경사항 반영

국토교통부장관은 공항운영자 등의 자체 항공보안계획을 승인하려 할 때에는 다음 사항을 검토하여야 한다.

ⓐ 국가항공보안계획과의 적합성
ⓑ 국제협약 및 「국제민간항공협약」 부속서 17 등과의 적합성

3) 공항운영자의 자체항공보안계획

공항운영자가 국가항공보안계획에 따라 수립하는 자체항공보안계획에는 다음 사항이 포함되어야 하고, 공항운영자는 자체항공보안계획을 승인받은 경우 관련기관 및 항공운송사업자 등에게 통보하여야 한다.

ⓐ 항공보안업무담당 조직의 구성과 세부업무 및 보안책임자의 지정
ⓑ 항공보안에 관한 교육훈련과 정보전달 및 보고절차
ⓒ 공항시설의 경비대책과 보호구역 지정 및 출입통제
ⓓ 탑승승객·통과승객·환승승객과 휴대물품 및 위탁수하물에 대한보안검색
ⓔ 승객의 일치여부 확인절차와 항공보안검색요원 운영계획
ⓕ 보호구역 밖에 있는 공항상주업체의 항공보안관리대책
ⓖ 항공보안장비의 관리 및 운용
ⓗ 보안검색 실패 등에 대한 대책 및 보고·전달체계
ⓘ 보안검색기록의 작성·유지와 공항별 특성에 따른 세부보안기준

4) 항공운송사업자의 자체항공보안계획

항공운송사업자가 국가보안계획 및 공항운영자의 항공보안계획에 따라 수립하는 자체항공보안계획에는 다음 사항이 포함되어야 하고, 외국국적 항공운송사업자가 수립하는 자체 항공보안계획은 영문 및 국문으로 작성되어야 한다.

ⓐ 항공보안업무담당 조직의 구성과 세부업무 및 보안책임자 지정
ⓑ 항공보안에 관한 교육훈련과 정보전달 및 보고 절차
ⓒ 항공기정비시설 등 항공운송사업자가 관리·운영하는 시설에 대한 보안대책
ⓓ 항공기보안에 관한 다음의 사항
㉠ 항공기에 대한 경비대책과 비행 전·후 항공기에 대한 보안점검
㉡ 계류항공기에 대한 탑승계단·탑승교·출입문·경비요원배치에 관한 보안 및 통제절차
㉢ 항공기운항 중 보안대책 및 안전유지협조의무 위반승객에 대한 처리절차
㉣ 수감 중인 사람 등의 호송절차 및 범인의 인도·인수 절차

Ⓜ 항공기 내 보안요원의 운영 및 무기운용 절차와 국외취항 항공기에 대한 보안대책

Ⓗ 항공기에 대한 위협증가 때의 항공안전 및 보안대책

Ⓢ 기장의 권한 및 권한위임 절차와 기내 보안장비 운용절차

ⓔ 기내식 및 저장품에 대한 보안대책과 항공보안검색요원 운영계획

ⓕ 항공화물 보안검색방법 및 화물터미널 보안대책

ⓖ 보안검색실패 대책보고 및 보안검색기록의 작성 및 유지

ⓗ 항공보안장비의 관리 및 운용과 통과승객·환승승객의 운송정보의 제공 절차

ⓘ 위해물품 탑재 및 운송절차와 보안검색이 완료된 위탁수하물에 대한 항공기에 탑재되기 전까지의 보호조치 절차

ⓙ 승객 및 위탁수하물에 대한 일치여부 확인절차와 승객 일치확인을 위해 공항운영자에게 승객정보제공

ⓚ 항공기와 승객의 안전유지협조를 거부하는 자에 대한 항공기탑승 거절절차

ⓛ 항공기 이륙 전 항공기에서 내리는 탑승객 발생 시 처리절차

ⓜ 비행서류의 안전 및 보안관리 대책과 보호구역 출입증 관리대책

ⓝ 그 밖에 항공보안에 관하여 필요한 사항

5) 항공기취급업체 등의 자체항공보안계획

항공기취급업체·항공기정비업체·보안구역 안의 공항상주업체·항공여객 및 화물터미널 운영자·도심공항터미널 경영자가 수립하는 자체항공보안계획에는 다음 사항이 포함되어야 한다.

ⓐ 항공보안업무담당 조직의 구성·세부업무 및 보안책임자의 지정

ⓑ 항공보안에 관한 교육훈련과 정보의 전달 및 보고절차

ⓒ 보호구역 출입증 관리대책과 경비보안 및 보안검색대책

ⓓ 항공보안장비 관리 및 운용과 그 밖에 항공보안에 관한 사항

4. 공항 · 항공기 등의 보안

1) 공항시설 등의 보안

공항운영자는 공항시설과 항행안전시설에 대하여 보안에 필요한 조치를 하여야 하며, 보안검색이 완료된 승객과 완료되지 못한 승객 사이의 접촉을 방지하기 위한 대책을 수립하여 시행하여야 한다.

공항운영자는 보안검색을 거부하거나 무기 · 폭발물 또는 그 밖에 항공보안에 위협이 되는 물건을 휴대한 승객 등이 보안검색이 완료된 구역으로 진입하는 것을 방지하기 위한 대책을 수립 · 시행하여야 한다. 공항을 건설하거나 유지 · 보수를 하는 경우에 불법방해행위로부터 사람 및 시설 등을 보호하기 위하여 준수하여야 할 세부기준은 국토교통부장관이 정한다.

2) 공항시설 보호구역의 지정

공항운영자는 보안검색이 완료된 구역, 활주로 및 계류장 등 공항시설의 보호를 위하여 필요한 구역을 지방항공청장의 승인을 받아 보호구역으로 지정하여야 한다. 또한 필요한 경우 지방항공청장의 승인을 받아 임시로 보호구역을 지정할 수 있다. 공항보호구역에는 다음의 지역이 포함되어야 한다.

ⓐ 보안검색이 완료된 구역
ⓑ 출입국심사장
ⓒ 세관검사장
ⓓ 관제탑 등 관제시설
ⓔ 활주로 및 계류장
ⓕ 항행안전시설 설치지역
ⓖ 화물청사
ⓗ 관제탑, 계류장 등 지역의 부대지역

공항운영자는 보호구역 또는 임시보호구역의 지정승인을 받으려는 경우에 보호구역 등의 지정목적 · 도면 · 출입통제대책 및 임시 보호구역을 지정하는 경우 지정기간에 관한 서류를 첨부하여 지방항공청장에게 제출하여야 하고, 이를 변경하려는 경우에는 변경사유·변경되는 도면·변경되는 지역의 출입통제대책을 첨부하여야 하고, 임시보호구역을 지정하는 경우에는 지정기간을 명시하여야 한다.

3) 보호구역에의 출입허가

공항운영자가 지정한 보호구역을 출입하고자 하는 다음의 사람 또는 차량은 공항운영자의 출입허가를 받아 보호구역에 출입할 수 있다.

ⓐ 보호구역의 공항시설 등에서 상시적으로 업무를 수행하는 사람

ⓑ 공항건설이나 공항시설의 유지·보수 등을 위하여 보호구역에서 업무를 수행할 필요가 있는 사람

ⓒ 그 밖에 업무수행을 위하여 보호구역에 출입이 필요하다고 인정되는 사람

보호구역 등을 출입하려는 사람 또는 차량은 공항운영자가 정하는 출입허가신청서를 공항운영자에게 제출하여야 한다. 공항운영자는 관련기관과 협의하여 보호구역 등의 출입허가를 한 경우에는 신청인에게 공항운영자가 정하는 출입증 또는 차량출입증을 발급하여야 한다. 출입허가를 받은 사람이 보호구역 등으로 출입하는 경우에는 출입증을 달아야 하며, 차량을 운행하여 출입하는 경우에는 차량의 운전석 앞 유리창에도 차량출입증을 붙여야 한다. 또한 공항운영자 및 화물터미널 운영자는 보호구역 등을 출입하는 사람 또는 차량에 대하여 기록하고 이를 1년 이상 보존하여야 한다.

5. 승객안전 및 항공기 보안

1) 항공기 보안조치

항공운송사업자는 승객의 안전 및 항공기의 보안을 위하여 항공기에 보안요원을 탑승시키고, 여객기의 보안 및 안전강화 등을 위하여 조종실 출입문의 안전을 강화하고 운항 중에는 허가받지 아니한 사람의 조종실 출입을 통제하는 등 다음과

같은 안전조치를 취하여야 한다.

ⓐ 조종실 출입통제절차를 마련할 것
ⓑ 객실에서 조종실 출입문을 임의로 열 수 없는 견고한 잠금장치를 설치할 것
ⓒ 조종실 출입문열쇠 보관방법을 정할 것
ⓓ 운항 중에는 조종실 출입문을 잠글 것
ⓔ 위협에 신속히 대응할 수 있는 항공보안시설을 설치할 것
ⓕ 항공기에 대한 출입통제를 위한 탑승계단의 관리, 탑승교 출입통제, 항공기 출입문 보안조치 및 경비요원의 배치

항공운송사업자는 승객의 안전 및 항공기의 보안을 위하여 비행 전에 다음과 같은 보안점검을 하여야 한다.

ⓐ 항공기의 외부점검과 객실, 좌석, 화장실 및 조종실 등에 대한 점검
ⓑ 항공기의 정비 및 서비스업무 감독과 항공기에 대한 출입통제
ⓒ 위탁수하물, 화물 및 물품 등의 선적감독과 승무원휴대물품에 대한보안조치
ⓓ 특정직무수행자 및 항공기내 보안요원의 좌석확인 및 안전조치
ⓔ 보안통신 신호절차 및 방법과 비행정보의 검토 및 확인
ⓕ 기장의 객실승무원에 대한 통제, 명령절차 및 확인

또한 공항운영자 및 항공운송사업자는 액체, 겔(gel)류 등 항공기내 반입금지물질이 항공기내에 반입되지 아니하도록 조치하여야 한다. 항공운송사업자는 다음에 해당하는 사람에 대하여 항공기탑승을 거절할 수 있으며, 이 경우 그 사유를 탑승이 거절되는 사람에게 고지하여야 한다.

ⓐ 항공운송사업자의 승객안전 및 항공기보안을 위하여 필요한 조치를 거부한 사람
ⓑ 술을 마시거나 약물을 복용하고 승객 및 승무원 등에게 위해를 가할 우려가 있는 사람
ⓒ 항공기의 안전이나 운항을 저해하는 폭행·협박·위계행위를 하거나 출입문·탈출구·기기의 조작을 하는 등의 행위를 한 사람
ⓓ 항공기의 안전이나 운항을 저해하는 행위를 금지하는 기장 등의 정당한 직무상 지시를 따르지 아니한 사람

ⓔ 탑승권 발권 등 탑승수속 때 위협적인 행동, 공격적인 행동, 욕설 또는 모욕을 주는 행위 등을 하는 사람으로서 다른 승객의 안전 및 항공기의 안전운항을 해칠 우려가 있는 사람

2) 승객 및 휴대물품 보안검색

항공기에 탑승하는 사람은 신체, 휴대물품 및 위탁수하물에 대한 보안검색을 받아야 한다. 공항운영자는 항공기에 탑승하는 사람, 휴대물품 및 위탁수하물에 대하여 항공기탑승 전에 문형 금속탐지기 또는 엑스선 검색장비 등을 사용하여 보안검색을 실시하고, 항공운송사업자는 항공화물에 대한 보안검색을 실시하여야 한다. 이 경우 폭발물이 있다고 의심되는 때에는 폭발물탐지장비 또는 폭발물흔적탐지장비를 사용하여 보안검색을 하여야 한다. 공항운영자는 보안검색을 거부하거나 무기·폭발물 또는 그 밖에 항공보안에 위협이 되는 물건을 휴대한 승객이 보안검색이 끝난 지역으로 진입할 수 없도록 필요한 조치를 하여야 한다. 공항운영자는 다음의 하나에 해당하는 경우에는 승객의 동의를 받아 직접 신체에 대한 검색을 하거나 개봉검색을 하여야 하고, 기내에서 휴대가 금지되는 물품이 항공보안에 위해가 되지 않는다고 인정되는 경우에는 위탁수하물로 탑재하게 할 수 있다.

ⓐ 검색장비 등이 정상적으로 작동하지 아니하는 경우
ⓑ 검색장비 등의 경보음이 울리는 경우
ⓒ 무기류나 위해물품을 휴대하거나 숨기고 있다고 의심되는 경우
ⓓ 엑스선 검색장비에 의한 검색결과 그 내용물을 판독할 수 없는 경우

공항운영자는 승객이 아닌 사람이 허가를 받아 여객터미널 또는 화물터미널의 보호구역으로 들어가는 경우에도 사람 및 물품에 대하여 보안검색을 실시하여야 한다. 다만, 공무로 국외여행을 하는 국가원수, 국제협약 등에 의하여 보안검색의 면제를 받도록 되어 있는 자에 대하여는 보안검색을 면제할 수 있다.

공항운영자 및 항공운송사업자는 보안검색을 직접 실시하거나, 「경비업법」에 의한 경비업체에게 위탁하여 보안검색을 실시할 수 있다. 관할 경찰관서의 장은 범죄의 수사 및 공공의 위험예방을 위하여 필요한 경우에 보안검색에 필요한 조치

를 요구할 수 있고, 공항운영자·항공운송사업자는 정당한 사유 없이 이를 거절할 수 없다.

항공운송사업자는 공항 및 항공기의 보안을 위하여 항공기에 탑승하는 승객(환승승객 및 통과승객을 포함한다)에게 탑승권을 발급하였을 때에는 승객의 성명, 국적 및 여권번호 등 다음의 운송정보를 정보통신망을 통하여 공항운영자에게 제공하여야 한다. 이 경우 운송정보를 제공하는 정보통신망의 운영 등에 관한 세부사항은 항공운송사업자와 공항운영자가 협의하여 정한다.

공항운영자는 항공운송사업자로부터 제공받은 운송정보를 「개인정보보호법」에 따라 관리하여야 하며, 제공받은 운송정보의 주체인 승객이 탑승한 항공기가 해당 공항을 이륙한 즉시 제공받은 운송정보를 폐기하여야 한다.

ⓐ 승객의 성명

ⓑ 승객의 국적 및 여권번호(국내선의 경우에는 승객식별번호)

ⓒ 승객의 탑승 항공편명 및 운항일시

3) 보안검색위탁업체 지정 및 지정취소

보안검색 업무를 위탁받으려는 업체는 국토교통부장관의 지정을 받아야 한다. 보안검색위탁업체의 지정기준은 다음과 같다.

ⓐ 승객·휴대물품 및 위탁수하물 보안검색위탁업체의 지정기준은 다음과 같다.

㉠ 인천국제공항의 경우에는 「경비업법」에 의한 경비업허가를 받은 법인으로서 자본금이 10억원 이상이고, 상시고용직원인 보안검색인력이 100명 이상이어야 한다.

㉡ 김포·김해 및 제주공항의 경우에는 「경비업법」에 의한 경비업 허가를 받은 법인으로서 자본금이 10억원 이상이고, 상시고용직원인 보안검색인력이 50명 이상이어야 한다.

㉢ 그 밖의 공항의 경우에는 「경비업법」에 의한 경비업 허가를 받은 법인으로서 자본금이 5억원 이상이고, 상시고용직원인 보안검색인력이 10명 이상이

어야 한다.

ⓑ 화물보안검색위탁업체의 지정기준은 「경비업법」에 의한 경비업허가를 받은 법인으로서 자본금이 5억원 이상이고, 상시고용직원인 보안검색인력이 5명 이상이어야 한다.

공항운영자 또는 항공운송사업자가 보안검색위탁업체의 지정을 추천하려는 경우에는 보안검색위탁업체지정신청서에 지정대상 보안검색위탁업체에 관한 다음 서류를 첨부하여 국토교통부장관에게 제출하여야 한다.

ⓐ 「경비업법」에 따른 경비업 허가증

ⓑ 보안검색인력 명단 및 해당 인력의 항공보안검색교육훈련 이수증

ⓒ 보안검색위탁업체 추천서

보안검색위탁업체지정신청서를 제출받은 국토교통부장관은 「전자정부법」에 따른 행정정보의 공동이용을 통하여 지정대상 보안검색위탁업체의 법인등기사항증명서 및 사업자등록증을 확인하여야 한다. 다만, 해당 업체가 사업자등록증의 확인에 동의하지 아니하는 경우에는 해당 서류를 첨부하게 하여야 한다. 국토교통부장관은 지정대상 보안검색위탁업체가 지정기준에 적합하다고 인정하는 경우에는 공항운영자 또는 항공운송사업자에게 지정서를 발급하여야 한다.

국토교통부장관은 지정을 받은 보안검색위탁업체가 다음 하나에 해당하는 경우에는 그 지정을 취소할 수 있다. 다만, ⓐ항과 ⓑ항에 해당하는 경우에는 지정을 취소하여야 한다.

ⓐ 거짓이나 부정한 방법으로 지정을 받은 경우

ⓑ 「경비업법」에 따른 경비업의 허가가 취소되거나 영업이 정지된 경우

ⓒ 보안검색위탁업체 지정기준에 미달하게 된 경우. 다만, 일시적으로 지정기준에 미달하게 되어 3개월 이내에 지정기준을 다시 갖춘 경우에는 그러하지 아니하다.

ⓓ 보안검색 업무의 수행 중에 고의 또는 중대한 과실로 인명피해가 발생하거나 보안검색에 실패한 경우

4) 위탁수하물 보안검색

항공운송사업자는 탑승권을 소지한 승객의 위탁수하물에 대하여만 공항운영자에게 보안검색을 의뢰하여야 하고, 항공운송사업자는 공항운영자에게 위탁수하물의 보안검색을 의뢰하기 전에 그 위탁수하물이 탑승권을 소지한 승객의 소유여부 및 위해물품 여부를 확인하여야 한다.

공항운영자는 위탁수하물에 대하여 항공기탑재 전에 엑스선 검색장비를 사용하여 보안검색을 하여야 하며, 다음의 하나에 해당하는 경우에는 위탁수하물을 개봉하여 그 내용물을 검색하여야 한다. 이 경우 폭발물이 있다고 의심되는 때에는 폭발물 탐지장비를 사용하여 보안검색을 하여야 한다.

ⓐ 엑스선 검색장비가 정상적으로 작동하지 아니한 경우

ⓑ 무기류 또는 위해물품이 숨겨져 있다고 의심되는 경우

ⓒ 엑스선 검색장비에 의한 검색결과 그 내용물을 판독할 수 없는 경우

ⓓ 엑스선 검색장비로 보안검색을 할 수 없는 크기의 단일 위탁수하물인 경우

ⓔ 항공보안에 위협이 증가하는 등 특별한 사유가 발생한 경우

공항운영자는 보안검색이 끝난 위탁수하물이 보안검색이 완료되지 아니한 위탁수하물과 혼재되지 아니하도록 하여야 한다. 항공운송사업자는 보안검색이 완료된 위탁수하물에 대하여는 항공기에 탑재되기 전까지 보호조치를 하여야 하며, 항공기에 탑재된 위탁수하물이 탑승한 승객의 소유인지를 확인하여 그 소유자가 항공기에 탑승하지 아니한 경우에는 그 위탁수하물을 항공기에 탑재하여서는 아니 된다. 다만, 위탁수하물에 대한 운송처리를 잘못하여 다른 항공기로 운송하여야 할 경우에는 별도의 보안조치를 한 후에 항공기에 탑재할 수 있다.

5) 항공화물 보안검색 및 기내식 통제

① 화물보안검색 방법

여객기에 탑재하는 화물에 대한 항공운송사업자의 보안검색방법은 위탁수하물에 대한 보안검색방법과 같으며, 화물기에 탑재하는 화물에 대하여는 항공운송사업자가 다음 중 하나의 방법으로 보안검색을 하여야 한다.

ⓐ 개봉검색
ⓑ 엑스선 검색장비에 의한 검색
ⓒ 폭발물 탐지장비 또는 폭발물흔적 탐지장비에 의한 검색
ⓓ 폭발물 탐지견에 의한 검색
ⓔ 압력실을 사용한 검색

② 상용화주의 보안검색

국토교통부장관은 검색장비, 항공보안검색요원 등 다음 기준을 갖춘 화주(貨主) 또는 항공화물을 포장하여 보관 및 운송하는 자를 지정하여 항공화물 및 우편물에 대하여 보안검색을 실시하게 할 수 있다.

ⓐ 다음에 해당하는 검색장비를 갖출 것
㉠ 여객기에 탑재하는 화물의 보안검색을 위한 엑스선 검색장비
㉡ 화물기에 탑재하는 화물의 보안검색을 검색장비로 하는 경우에는 엑스선 검색장비, 폭발물탐지장비 또는 폭발물흔적탐지장비
ⓑ 항공보안검색요원을 2명 이상 확보할 것
ⓒ 항공화물의 보안을 위해 다음 시설을 모두 갖출 것
㉠ 화물을 포장 또는 보관할 수 있는 시설로서 일반구역과 분리되어 항공화물에 대한 보안통제가 이루어질 수 있는 시설
㉡ 보안검색이 완료된 항공화물이 완료되지 않은 항공화물과 섞이지 않도록 분리할 수 있는 시설
ⓓ 상용화주 지정 신청일 이전 6개월 이내의 기간 중 총 24회 이상 항공화물을 운송 의뢰한 실적이 있을 것
ⓔ 그 밖에 국토교통부장관이 정하여 고시하는 항공화물 보안기준에 적합할 것

「경비업법」에 따른 경비업자에게 항공화물의 보안검색을 위탁하여 실시하는 경우에는 위의 ⓐ항과 ⓑ항을 적용하지 아니할 수 있다.

③ 상용화주 지정

상용화주의 지정절차는 다음과 같다. 첫째, 상용화주로 지정받으려는 자는 상용

화주지정신청서에 다음 사항을 첨부하여 국토교통부장관에게 제출하여야 한다.

ⓐ 보안검색방비 및 항공보안검색요원 등에 관한 사항을 포함한 항공화물보안 프로그램

ⓑ 「물류정책기본법」에 따른 국제물류주선업등록증(국제물류주선업자만 해당한다)

ⓒ 화물운송거래실적

ⓓ 항공화물의 보안통제를 담당하는 사람의 명단 및 신원조회의뢰서

ⓔ 보안통제 취급직원의 교육이수증명서

둘째, 지정신청서를 제출받은 국토교통부장관은 「전자정부법」에 따른 행정정보의 공동이용을 통하여 법인 등기사항증명서 및 사업자등록증을 확인하여야 한다. 다만, 신청인이 사업자등록증의 확인에 동의하지 아니하는 경우에는 해당 서류를 첨부하게 하여야 한다.

셋째, 지정신청서를 접수한 국토교통부장관은 상용화주의 지정을 위해 항공보안감독관 등 관계공무원으로 하여금 심사하도록 할 것. 다만, 필요한 경우 전문가를 위촉하여 실시할 수 있다.

넷째, 국토교통부장관이 심사를 완료하고 상용화주로 지정한 경우에는 상용화주 지정서를 발급하여야 하고, 항공운송사업자에게 통보하여야 한다.

국토교통부장관은 상용화주가 다음 중 하나에 해당하는 경우 지정을 취소할 수 있다. 다만, ⓐ항에 해당하면 지정을 취소하여야 한다.

ⓐ 거짓이나 부정한 방법으로 지정을 받은 경우

ⓑ 상용화주 지정기준에 미달하게 된 경우

ⓒ 항공화물보안기준을 위반하여 업무를 수행한 경우

④ 기내식 등 통제

항공운송사업자는 무기 등 위해물품이 기내식이나 기내 저장품을 이용하여 항공기내로 유입되는 것을 방지하기 위하여 기내식 또는 기내 저장품을 운반하는 사람·차량 및 기내식 제조시설에 대하여 보안대책을 수립하여야 하며, 다음의 경우에는 기내식 또는 기내저장품이 기내로 유입되게 하여서는 아니 된다.

ⓐ 외부의 침입흔적이 있는 경우
ⓑ 항공운송사업자가 지정한 사람에 의하여 검사·확인되지 아니한 경우
ⓒ 기내식 용기 등에 위해물품이 들어있다고 의심이 되는 경우

6) 특별보안검색

공항운영자는 의료보조장치를 착용한 장애인·임산부 또는 중환자 등에 대하여는 보안검색장소 외의 별도의 장소에서 보안검색을 할 수 있다. 또한, 외교신서사(外交信書使)의 신분을 증명할 수 있는 공문서 및 외교행낭의 수를 표시한 공문서를 소지한 사람과 함께 운송되는 물품과 외교행낭의 외부에 외교행낭임을 식별할 수 있는 표지와 국가표시가 있는 외교행낭에 대하여는 개봉검색을 하여서는 아니된다.

공항운영자 또는 항공운송사업자는 검색장비에 의한 보안검색을 하는 경우에 본래의 형질이 손상되거나 변질될 수 있는 골수·혈액 등 인명구조용 의료품, 유골·유해, 이식용 장기, 살아있는 동물에 대하여는 개봉검색을 하거나 증명서류 확인 등의 방법으로 보안검색을 할 수 있다.

7) 관할 경찰관서장의 조치요구

관할 경찰관서의 장은 범죄의 수사 및 공공의 위험예방을 위하여 필요한 경우에 공항운영자 또는 항공운송사업자에게 다음과 같은 필요한 조치를 요구할 수 있다. 이 경우 이행에 예산이 수반되거나 항공보안검색요원의 증원계획에 관한 사항은 서면으로 요구하여야 한다.

ⓐ 보안검색대상자에 대한 불심검문, 신체 또는 물품의 수색 등에 대한 협력
ⓑ 승객, 휴대물품, 위탁수하물 및 화물에 대한 보안검색방법 중 필요하다고 인정되는 방법에 의한 보안검색
ⓒ 보안검색강화를 위한 항공보안검색요원의 증원배치

8) 보안검색의 면제

공항운영자가 승객 등의 보안검색을 함에 있어 다음에 해당하는 사람, 외교행낭, 위탁수하물에 대해서는 보안검색을 면제할 수 있다.

ⓐ 공무로 국외여행을 하는 국가원수 및 국제협약 등에 따라 보안검색을 면제받도록 되어 있는 사람

ⓑ 외교신서사의 신분을 증명할 수 있는 공문서 및 외교행낭의 수를 표시한 공문서를 소지한 사람과 함께 운송되는 물품과 외교행낭의외부에 외교행낭임을 알아볼 수 있는 표지와 국가표시기 있는 외교행낭 및 불법방해 행위를 하는 데에 사용할 수 있는 무기 또는 폭발물 등 위험성이 있는 물건들이 없다는 것을 증명하는 해당 국가공관의 증명서를 인증한 외교행낭

ⓒ 다음의 요건을 모두 갖춘 위탁수하물을 환적하는 경우

㉠ 출발공항에서 항공기에 탑재 직전에 적절한 수준으로 보안검색 이 이루어질 것

㉡ 출발공항에서 탑재된 후에 환승공항에 도착할 때까지 계속해서 외부의 비인가 접촉으로부터 보호받을 것

㉢ 국토교통부장관이 위탁수하물의 보안통제 실태를 직접 확인하고 해당 국가와 협약을 체결할 것

9) 보안검색실패 등에 대한 대책

공항운영자, 항공운송사업자 및 화물터미널운영자는 다음 사항이 발생한 경우에는 즉시 국토교통부장관에게 보고하여야 한다. 국토교통부장관은 다른 국가로부터 다음에 해당하는 사항을 통보받은 경우에는 해당 항공기를 격리계류장으로 유도하여 보안검색 등 안전조치를 하여야 한다.

ⓐ 검색장비가 정상적으로 작동되지 아니한 상태로 검색을 하였거나 검색이 미흡한 사실을 알게 된 경우

ⓑ 허가받지 아니한 사람 또는 물품이 보호구역으로 들어간 경우

ⓒ 항공기의 안전운항을 저해할 우려가 있거나 운항을 불가능하게 하는 불법

행위가 발생한 경우

ⓓ 승객, 휴대물품, 위탁수하물, 화물에 대한보안검색이 정상적인 보안검색방법에 따라 이루어지지 아니한 경우

ⓔ 보안검색교육훈련을 받지 아니한 사람에 의하여 보안검색이 이루어진 경우

ⓕ 무기·폭발물 등에 의하여 항공기에 대한 위협이 증가하는 경우

10) 비행서류의 보안관리

항공운송사업자는 탑승권·수하물 꼬리표·승객탑승명세서·화물탑재명세서·위험물운송보고서·무기운송보고서 등 비행서류에 대하여 다음과 같은 안전 및 보안관리대책을 수립하여 시행하여야 하며, 비행서류는 작성한 날부터 1년 이상 보존하여야 한다. 이 경우 비행서류는 컴퓨터 등의 정보처리장치에 의하여 생산·관리되는 기록정보자료로 보존할 수 있다.

ⓐ 비행서류의 취급절차 등 안전 및 보안관리를 위한 지침을 마련할 것

ⓑ 비행서류의 안전 및 보안관리를 위한 보안담당자 및 취급자를 지정할 것

ⓒ 비행서류의 보관장소를 지정할 것

6. 항공기내 보안

1) 무기 등 위해물품 휴대금지

누구든지 항공기에 탄저균·천연두균 등 생화학무기를 포함한 무기, 도검류, 폭발물, 독극물, 연소성이 높은 물건 등의 위해물품을 가지고 들어가서는 아니 된다. 다만, 경호업무, 범죄인 호송업무 등 다음과 같은 특정한 직무를 수행하기 위한 무기의 경우에는 국토교통부장관의 허가를 받아 항공기에 가지고 들어갈 수 있다. 항공기에 무기를 가지고 들어가려는 사람은 항공기 내 보안요원을 제외하고 탑승 전에 이를 해당 항공기의 기장에게 보관하게 하고 목적지에 도착한 후 반환받아야 한다.

ⓐ 「대통령 등의 경호에 관한 법률」에 따른 경호업무
ⓑ 「경찰관직무집행법」에 따른 요인(要人)경호업무
ⓒ 외국정부의 중요 인물을 경호하는 해당 정부의 경호업무
ⓓ 수감 중인 사람 등의 호송대상자에 대한 호송업무
ⓔ 항공기내의 불법방해행위를 방지하는 항공기내 보안요원의 업무

특정한 직무를 수행하기 위하여 국토교통부장관의 허가를 받아 항공기에 가지고 들어갈 수 있는 무기는 「총포·도검·화약류 등 단속법 시행령」에 따른 권총, 분사기, 전자충격기와 국제협약 또는 외국정부와의 합의서에 의하여 휴대가 허용되는 무기 등이다.

항공기 내에 무기를 반입하고 입국하려는 항공보안에 관한 업무를 수행하는 외국인 또는 외국국적 항공운송사업자는 항공기 탑승 3일 전에 다음 사항을 기재한 신청서를 국토교통부장관에게 제출하여야 한다. 다만, 긴급한 경호업무 및 범죄인 호송업무는 탑승 전까지 그 사실을 유선 등으로 미리 통보하여야 하고, 항공기 탑승 후 3일 이내에 서면으로 제출하여야 한다.

ⓐ 무기 반입자의 성명, 주민등록번호, 여권번호(외국인만 해당한다)
ⓑ 항공기의 탑승일자 및 항공기 편명
ⓒ 무기 반입사유와 무기의 종류 및 수량
ⓓ 그 밖에 기내 무기반입에 필요한 사항

국토교통부장관은 항공기 내 무기반입허가 신청을 받은 경우 특정한 직무에 해당하고 무기의 종류에 적합한 경우에는 허가하여야 한다. 장관이 허가를 한 경우에는 이를 관련기관에 통보하여야 한다.

2) 기장 등의 권한

항공기의 기장이나 기장으로부터 권한을 위임받은 승무원 또는 승객의 항공기탑승 관련 업무를 지원하는 항공운송사업자 소속 직원 중 기장의 지원요청을 받은 사람은 다음 중 하나에 해당하는 행위를 하려는 사람에 대하여 그 행위를 저지하기 위한 필요한 조치를 할 수 있다.

ⓐ 항공기의 보안을 해치는 행위

ⓑ 인명이나 재산에 위해를 주는 행위

ⓒ 항공기내의 질서를 어지럽히거나 규율을 위반하는 행위

항공기내에 있는 사람은 기장 등의 요청이 있으면 협조하여야 한다. 기장 등은 기내의 질서를 문란하게 하거나 규율을 위반한 사람을 체포한 경우에 항공기가 착륙하였을 때에는 체포된 사람이 체포된 상태로 계속 탑승하는 것에 동의하거나 체포된 사람을 항공기에서 내리게 할 수 없는 사유가 있는 경우를 제외하고는 체포한 상태로 항공기를 이륙하여서는 안 된다. 기장으로부터 권한을 위임받은 승무원 또는 승객의 항공기탑승 관련 업무를 지원하는 항공운송사업자 소속 직원 중 기장의 지원요청을 받은 사람이 조치를 할 때에는 기장의 지휘를 받아야 한다.

3) 승객의 안전유지 협조의무

항공기내에 있는 승객은 항공기와 승객의 안전한 운항과 여행을 위하여 다음과 같은 행위를 하여서는 안 된다.

ⓐ 폭언, 고성방가 등 소란행위 및 흡연구역 외에서의 흡연

ⓑ 술을 마시거나 약물을 복용하고 다른 사람에게 위해를 주는 행위

ⓒ 다른 사람에게 성적(性的) 수치심을 일으키는 행위

ⓓ 운항중인 항공기의 항행 및 통신장비에 대한 전자파간섭 등의 영향을 방지하기 위하여 여객이 전자기기를 사용하는 행위

ⓔ 기장의 승낙 없이 조종실 출입을 기도하는 행위

ⓕ 기장 등의 업무를 위계 또는 위력으로 방해하는 행위

승객은 항공기의 보안이나 운항을 저해하는 폭행·협박·위계행위를 하거나 출입문·탈출구·기기의 조작을 하여서는 안 되며, 항공기가 착륙한 후 항공기에서 내리지 아니하고 항공기를 점거하거나 항공기내에서 농성하여서는 안 된다. 항공기내의 승객은 항공기의 보안이나 운항을 저해하는 행위를 금지하는 기장 등의 정당한 직무상 지시에 따라야 한다. 항공운송사업자는 금연 등 항공기와 승객의 안전한 운항과 여행을 위한 규제로 인하여 승객이 받는 불편을 줄일 수 있는 방

안을 마련하여야 한다. 기장 등은 승객이 항공기내에서 금지된 행위를 하거나 할 우려가 있는 경우 이를 중지하게 하거나 하지 말 것을 경고하여 사전에 방지하도록 노력하여야 한다. 또한 항공운송사업자는 다음에 해당하는 사람에 대하여 탑승을 거절할 수 있다.

ⓐ 항공기에 탑승하려는 승객, 통과승객, 환승승객이 보안검색을 거부하는 사람

ⓑ 음주로 인하여 소란행위를 하거나 할 우려가 있는 사람

ⓒ 항공보안에 관한 업무를 담당하는 국내외 국가기관 또는 국제기구 등으로부터 항공기안전운항을 해칠 우려가 있어 탑승을 거절할 것을 요청받거나 통보받은 사람

ⓓ 항공기안전운항을 해칠 우려가 있는 다음에 해당하는 사람

㉠ 항공운송사업자의 승객안전 및 항공기보안을 위하여 필요한 조치를 거부한 사람

㉡ 술을 마시거나 약물을 복용하고 승객 및 승무원에게 위해를 가할 우려가 있는 사람

㉢ 항공기의 안전이나 운항을 저해하는 폭행·협박·위계행위를 하거나 출입문·탈출구·기기의 조작을 한 사람

㉣ 항공기의 안전이나 운항을 저해하는 행위를 금지하는 기장 등의 정당한 직무상 지시를 따르지 아니한 사람

㉤ 탑승권 발권 등 탑승수속 시 위협적인 행동, 공격적인 행동, 욕설 또는 모욕을 주는 행위 등을 하는 사람으로서 다른 승객의 안전 및 항공기의 안전운항을 해칠 우려가 있는 사람

누구든지 공항에서 보안검색 업무를 수행중인 항공보안검색요원 또는 보호구역에의 출입을 통제하는 사람에 대하여 업무를 방해하는 행위 또는 폭행 등 신체에 위해를 주는 행위를 하여서는 안 된다.

4) 특수승객의 호송

사법경찰관리 또는 법집행 권한이 있는 공무원은 항공기를 이용하여 피의자·피고인·수형자 그 밖에 기내 안전에 위해를 일으킬 우려가 있는 사람을 호송할 경우에는 미리 해당 항공운송사업자에게 호송대상자의 인적사항·호송이유·호송방법 및 호송안전조치 등에 관한 사항을 통보하여야 한다. 항공운송사업자는 호송대상자가 항공기, 승무원 및 승객의 안전에 위협이 된다고 판단되는 경우에는 사법경찰관리 등 호송공무원에게 적절한 안전조치를 요구할 수 있으며, 호송대상자가 항공기에 탑승하는 경우 승객의 안전을 위하여 다음과 같은 필요한 조치를 하여야 한다.

ⓐ 호송대상자의 탑승절차를 별도로 마련할 것

ⓑ 호송대상자의 좌석은 승객의 안전에 위협이 되지 않도록 배치할 것

ⓒ 호송대상자에게 술, 철제 식기류를 제공하지 아니할 것

항공기의 기장이나 기장으로부터 권한을 위임받은 승무원이 항공기 내에서 죄를 범한 범인을 인도할 때에는 직접 또는 해당 관계기관 공무원을 통하여 당해 공항을 관할하는 국가경찰관서에 인도하여야 한다. 기장 등이 다른 항공기 내에서 죄를 범한 범인을 인수한 경우에 그 항공기 내에서 구금을 계속할 수 없을 때에는 직접 또는 해당 관계기관 공무원을 통하여 해당 공항을 관할하는 국가경찰관서에 지체 없이 인도하여야 한다. 기장으로부터 범인을 인도받은 경찰관서의 장은 범인에 대한 처리결과를 지체 없이 해당 항공운송사업자에게 통보하여야 한다.

국가경찰관서의 장은 범인을 인도받은 경우에는 범행에 대한 범인의 조사, 증거물의 제출요구 또는 증인에 대한 진술확보 등 예비조사를 할 수 있다. 국가경찰관서의 장이 예비조사를 하는 경우에 해당 항공기의 운항을 부당하게 지연시켜서는 아니 된다.

7. 항공보안장비 및 보안교육훈련

1) 항공보안장비

공항운영자 · 항공운송사업자 · 화물터미널운영자 · 상용화주는 국토교통부장관이 장비의 종류, 성능 및 운영방법 등에 관한 기준을 정하여 고시하는 항공보안장비를 사용하여야 한다. 공항운영자는 항공기탑승 전에 모든 승객 및 휴대물품에 대하여 금속탐지기 및 엑스선 검색장비 등의보안장비를 사용하여 보안검색을 하여야 한다.

공항운영자는 항공기탑승 전에 모든 승객 및 휴대물품에 대하여 국토교통부장관이 고시하는 항공보안장비를 사용하여 보안검색을 하여야 한다. 이 경우 승객에 대해서는 문형 금속탐지기를 사용하고, 휴대물품에 대해서는 엑스선 검색장비를 사용하여 보안검색을 하여야 하며, 폭발물이나 위험물품이 있다고 의심되는 경우에는 폭발물탐지장비 등 필요한 검색장비 등을 추가하여 보안검색을 하여야 한다.

공항운영자는 다음 중 하나에 해당하는 경우에는 승객의 동의를 받아 직접 신체에 대한 검색을 하거나 개봉검색을 하여야 한다. 공항운영자는 기내에서 휴대가 금지되는 물품이 항공보안에 위해가 되지 아니하다고 인정되는 경우에는 위탁수하물로 탑재하게 할 수 있다.

ⓐ 검색장비 등이 정상적으로 작동하지 아니하는 경우
ⓑ 검색장비 등의 경보음이 울리는 경우
ⓒ 무기류나 위해물품을 휴대하거나 숨기고 있다고 의심되는 경우
ⓓ 엑스선 검색장비에 의한 검색결과 내용물을 판독할 수 없는 경우

2) 보안교육훈련

국토교통부장관은 항공보안에 관한 업무수행자의 교육에 필요한 사항을 정하여야 한다. 보안검색 업무를 수행하는 사람은 국토교통부장관이 지정한 교육기관에서 검색방법, 검색절차, 검색장비의 운용, 그 밖에 보안검색에 필요한 교육훈련을 이수하여야 한다.

보안검색교육기관으로 지정받으려는 자가 갖추어야 하는 시설·장비 및 인력 등의 지정기준은 〈표 4-1〉과 같다.

〈표 4-1〉 보안검색 교육기관 지정기준

구분	지정기준
시설	1) 교육시설 : 강의실, 열람실, 실습설비, 사무실, 화장실, 급수시설, 교육교구, 직무교육을 할 수 있는 조건 및 시설 2) 단위시설 : 강의실 60㎡ · 실습실 45㎡ 이상, 남녀 구분된 화장실, 먹는 물, 채광·환기·냉난방·방음시설, 소화기구 구비
장비	1) 장비 : 엑스선 검색장비, 문형 및 휴대형 금속탐지기, 보안검색 교육 프로그램 2) 교육기구 : 교육용 위해물품, TV, VTR, OHP, 빔 프로젝트, 컴퓨터 ICAO 및 IATA 발간 보안교육 자료
인력	1) 교관자격 : 항공보안업무경력·보안검색장비 유비보수경력 3년이상, 보안장비 제작사에서 교육이수자 2) 확보인원 : 전임교관 3명 이상, 보조교관·행정요원 1명 이상

보안검색교육기관으로 지정받으려는 자는 보안검색교육기관지정신청서에 다음 사항이 포함된 교육계획서를 첨부하여 국토교통부장관에게 제출하여야 한다.

ⓐ 교육과정 및 교육내용

ⓑ 교관의 자격·경력 및 정원 등의 현황

ⓒ 교육시설 및 교육장비 현황

ⓓ 교육평가방법, 연간 교육계획, 교육규정

국토교통부장관은 보안검색교육기관 지정신청서류를 심사하여 그 내용이 지정기준에 적합한 경우에는 보안검색교육기관으로 지정하고, 보안검색교육기관 지정서를 발급하여야 한다. 보안검색교육기관은 교육시설 및 장비 등에 변경이 있는 경우에는 그 변경내용을 국토교통부장관에게 보고하여야 한다.

국토교통부장관은 보안검색교육기관으로 지정받은 자가 다음 중 하나에 해당하는 경우에는 그 지정을 취소할 수 있다. 다만, ⓐ항에 해당하면 지정을 취소하여야 한다.

ⓐ 거짓이나 부정한 방법으로 교육기관의 지정을 받은 경우

ⓑ 보안검색교육기관 지정기준에 미달하게 된 경우. 다만, 일시적으로 지정기준에 미달하게 되어 3개월 내에 지정기준을 다시 갖춘 경우에는 그러하지 아니하다.

ⓒ 교육의 전 과정을 2년 이상 운영하지 아니한 경우

3) 보안검색기록의 유지

공항운영자·항공운송사업자 또는 보안검색을 위탁받은 검색업체는 다음 사항이 포함된 보안검색에 관한 기록을 작성하여 1년 이상 보존하여야 한다. 이 경우 보안검색 기록은 전자기록물로 보존할 수 있다.

ⓐ 보안검색 업무를 수행한 항공보안검색요원·감독자의 성명 및 근무시간

ⓑ 항공보안장비의 점검 및 운용에 관한 사항

ⓒ 무기 등 위해물품적발 현황 및 적발된 위해물품의 처리결과

ⓓ 항공보안검색요원에 대한 현장교육훈련기록

ⓔ 그 밖에 보안검색 업무수행 중에 발생한 특이사항

8. 항공보안위협에 대한 대응

1) 항공보안 위협정보 제공

국토교통부장관은 항공보안을 해치는 정보를 알게 되었을 때에는 다음의 관련기관 등에 그 정보를 제공하여야 한다.

ⓐ 항공보안협의회 위원이 소속된 행정기관

ⓑ 해당 항공기 등록국가 및 운영국가의 관련기관

ⓒ 항공기 승객이 외국인인 경우 해당 국가의 관련기관

ⓓ 국제민간항공기구(ICAO)

2) 국가항공보안계획

국토교통부장관은 민간항공에 대한 불법방해행위에 신속하게 대응하기 위하여 국가항공보안계획을 수립·시행하여야 한다. 국가항공보안계획에는 다음 사항이 포함되어야 한다.

ⓐ 항공보안협의회 위원이 소속된 행정기관의 역할
ⓑ 항공보안등급 발령 및 등급별 조치사항
ⓒ 불법방해행위 대응에 관한 기본대책
ⓓ 불법방해행위 유형별 대응대책
ⓔ 위협평가 및 위험관리에 관한 사항
ⓕ 그 밖에 항공보안에 관하여 필요한 사항

공항운영자, 항공운송사업자 등은 국가항공보안계획에 따라 자체항공보안계획을 수립·시행하여야 한다. 공항운영자 등이 수립하는 자체항공보안계획에는 다음 사항이 포함되어야 한다.

첫째, 공항운영자가 수립하는 자체항공보안계획에는 다음 사항이 포함되어야 한다.

ⓐ 항공보안협의회 위원이 소속된 행정기관의 역할
ⓑ 공항시설 위협시의 대응대책
ⓒ 항공기 납치시의 대응대책
ⓓ 폭발물 또는 생화학무기 위협시의 대응대책

둘째, 항공운송사업자가 수립하는 자체항공보안계획에는 다음 사항이 포함되어야 한다.

ⓐ 공항시설 위협시의 대응대책
ⓑ 항공기납치 방지대책
ⓒ 폭발물 또는 생화학무기 위협시의 대응대책

셋째, 항공기취급업체, 항공기정비업체, 공항상부업체(보호구역 안에 있는 업체만 해당한다), 항공여객·화물터미널 운영자·도심공항터미널을 경영하는 자가 수립하는 자체항공보안계획에는 공항시설 위협시의 대응대책, 폭발물 또는 생화학무기 위협시의 대응대책이 포함되어야 한다.

공항운영자 등은 자체항공보안계획을 수립 또는 변경하는 경우에는 국토교통부장관의 승인을 받아야 한다. 다만, 다음의 경미한 사항을 변경하는 경우에는 승인을 받지 않아도 된다.

ⓐ 기관 운영에 관한 일반현황의 변경

ⓑ 기관 및 부서의 명칭 변경

ⓒ 항공보안에 관한 법령, 고시, 지침 등의 변경사항 반영

국토교통부장관은 공항운영자 등의 자체항공보안계획을 승인하려는 경우에는 다음 사항을 검토하여야 한다. 또한 국토교통부장관은 민간항공에 대한 위협에 신속한 대응이 필요한 경우에는 공항운영자 등에 대하여 필요한 조치를 할 수 있다.

ⓐ 국가항공보안계획과의 적합성

ⓑ 국제협약 및 「국제민간항공협약」 부속서 17 등과의 적합성

3) 항공보안 감독

국토교통부장관은 소속 공무원을 항공보안감독관으로 지정하여 항공보안에 관한 점검업무를 수행하게 하여야 한다. 국토교통부장관은 관계 행정기관과 합동으로 공항 및 항공기의 보안실태에 대하여 현장점검을 할 수 있다. 국토교통부장관이 관계 행정기관과 합동으로 현장점검을 할 수 있는 경우는 다음과 같다. 관계 행정기관이 합동으로 현장점검을 실시하려는 경우 그 필요성 및 점검항목 등에 관하여 미리 국토교통부장관과 협의하여야 한다. 다만, 긴급을 요하는 경우에는 그러하지 아니하다.

ⓐ 국가원수 또는 국제기구의 대표 등 국내외 중요인사가 참석하는 국제회의가 개최되는 경우

ⓑ 올림픽경기대회·아시아경기대회 또는 국제박람회 등 국제행사가 개최되는 경우

ⓒ 국내외 정보수사기관으로부터 구체적 테러첩보 또는 보안위협정보를 알게 된 경우

ⓓ 그 밖에 공항시설 및 항공기의 보안유지를 위하여 국토교통부장관이 인정하는 경우

국토교통부장관이 항공보안에 관한 점검을 하는 경우에는 점검 7일 전까지 점검일시, 점검이유 및 점검내용 등에 대한 점검계획을 점검 대상자에게 통지하여야 한다. 다만, 긴급한 경우 또는 사전에 통지하면 증거인멸 등으로 점검 목적을 달성할 수 없다고 인정하는 경우에는 그러하지 아니하다.

국토교통부장관은 점검업무의 수행에 필요하다고 인정하는 경우에는 공항운영자 등에게 필요한 서류 및 자료를 제출하게 할 수 있다. 항공보안감독관은 항공보안에 관한 점검을 하는 경우 그 권한을 표시하는 증표를 지니고 이를 관계인에게 보여주어야 한다. 항공보안감독관은 항공보안에 관한 점검업무 수행을 위하여 필요한 경우에는 항공기 및 공항시설에 출입하여 검사할 수 있다.

4) 항공보안 자율신고

민간항공의 보안을 해치거나 해칠 우려가 있는 다음의 사실을 안 사람은 국토교통부장관에게 그 사실을 신고(항공보안 자율신고)할 수 있다. 항공보안 자율신고의 접수·분석·전파에 관한 업무를 교통안전공단에 위탁한다.

ⓐ 불법방해행위가 시도되거나 발생될 가능성이 있는 사실
ⓑ 공항운영자, 항공운송사업자 등이 자체 보안계획을 이행하지 아니한 사실
ⓒ 보안검색이 완료된 승객과 완료되지 못한 승객이 접속한 사실
ⓓ 공항운영자의 허가를 받지 아니하고 보호구역에 진입한 사실
ⓔ 항공운송사업자가 항공기에 대한 보안점검을 실시하지 아니한 사실
ⓕ 승객, 보호구역에 진입하는 사람, 통과 승객, 환승 승객 등에 대하여 보안검색이 이루어지지 아니한 사실
ⓖ 무기 등 위해물품을 항공기내에 반입한 사실
ⓗ 공항운영자, 항공운송사업자 등이 자체 비상계획을 이행하지 아니 한 경우
ⓘ 공항운영자 등이 민간항공에 대한 위협에 대응하여 보안조치를 이행하지 아니한 사실
ⓙ 그 밖에 항공보안을 해치거나 해칠 우려가 있는 사실

항공보안 자율신고를 하려는 자는 항공보안 자율신고서 또는 국토교통부장관이 정하여 고시하는 전자적인 신고방법에 따라 교통안전공단에 신고하여야 한다. 항공보안 자율신고를 접수한 교통안전공단은 분기별로 해당 신고현황을 국토교통부장관에게 보고하여야 한다. 다만, 긴급한 조치가 필요한 신고의 경우에는 신고를 받은 후 지체 없이 국토교통부장관에게 보고하여야 한다. 보고를 받은 국토교통부장관은 신고사항을 조사하여 항공보안을 위하여 필요한 조치를 하거나 항공보안 대책을 마련하여야 한다. 항공보안 자율신고의 접수·분석 및 전파 등에 관하여 필요한 사항은 국토교통부장관이 정하여 고시한다.

국토교통부장관은 항공보안 자율신고를 한 사람의 의사에 반하여 신고자의 신분을 공개하여서는 아니 되며, 그 신고내용을 보안사고 예방 및 항공보안확보 목적 외의 다른 목적으로 사용하여서는 아니 된다. 공항운영자 등은 소속 임직원이 항공보안 자율신고를 한 경우에는 그 신고를 이유로 해고, 전보, 징계 그 밖에 신분이나 처우와 관련하여 불이익한 조치를 하여서는 아니 된다.

9. 보칙 및 벌칙

1) 국가의 재정지원, 감독 및 청문

국가는 예산의 범위 안에서 항공보안 업무수행에 필요한 비용을 지원할 수 있다. 국토교통부장관은 이 법 또는 이 법에 따른 명령이나 처분을 위반하는 행위에 대하여는 시정명령 등 필요한 조치를 할 수 있다.

국토교통부장관은 다음 중 하나에 해당하는 취소처분을 하려면 청문을 하여야 한다. 여기서 청문이란 행정관청이 법규제정이나 행정처분을 하기 전에 이해관계인이나 제3자로부터 의견을 듣는 절차를 말한다.

ⓐ 보안검색 위탁업체 지정의 취소
ⓑ 항공화물 상용화주 지정의 취소
ⓒ 항공보안 교육기관 지정의 취소

2) 권한의 위임 · 위탁

국토교통부장관은 다음의 권한을 지방항공청장에게 위임한다.

ⓐ 항공운송사업자 중 소형항공운송사업자 및 외국인 국제항공운송사 업자가 수립하는 자체 보안계획의 승인 또는 변경승인

ⓑ 공항운영자, 항공운송사업자 등이 수립하는 자체 보안계획의 승인 또는 변경승인

ⓒ 공항시설 보호구역과 인시 보호구역의 지정승인 및 취소

ⓓ 보안검색 위탁업체의 지정 및 지정취소

ⓔ 보안검색 실패 등의 보고 접수

ⓕ 공항운영자 등의 자체 우발계획의 승인 또는 변경승인

3) 항공범죄에 대한 벌칙

첫째, 항공범죄에 대한 벌칙내용 중에서 항공기와 관련된 범죄에 대한 벌칙내용은 〈표 4-2〉에서 보는 바와 같다.

〈표 4-2〉 항공기와 관련된 범죄에 대한 벌칙내용

항공범죄의 유형	벌칙 내용
1. 항공기 파손 죄	
- 운항중인 항공기의 안전을 해칠 정도로 항공기를 파손한 사람	사형, 무기징역, 5년 이상 징역
- 계류중인 항공기의 안전을 해칠 정도로 항공기를 파손 한 사람	7년 이하 징역
2. 항공기납치 죄	
- 폭행, 협박 등으로 항공기를 강탈하거나, 운항을 강제한 사람	무기징역, 7년 이상 징역
- 항공기납치로 사람을 사상에 이르게 한 사람	사형, 무기징역
- 항공기납치를 목적으로 예비 또는 음모한 사람	5년 이하 징역

3. 위력으로 운항중인 항공기의 항로를 변경하게 하여 정상운항을 방해한 사람	1년 이상 10년 이하 징역
4. 폭행·협박 또는 위계로 기장 등의 정당한 직무집행을 방해하여 항공기와 승객의 안전을 해친 사람	10년 이하의 징역
5. 휴대 또는 탑재가 금지된 물건을 항공기에 휴대 또는 탑재하거나 다른 사람으로 하여금 휴대 또는 탑재하게 한 사람	2년 이상 5년 이하 징역
6. 폭행, 협박 등으로 항공기 안전운항을 저해한 사람	5년 이하 징역
7. 항공기 점거·농성 죄	3년 이하 징역, 2천만원 이하 벌금
8. 항공기운항을 방해할 목적으로 거짓정보를 제공한 사람	3년 이하 징역, 2천만원 이하 벌금
9. 기내금지행위 위반하여 조종실 출입을 기도하거나 기장 등의 지시에 따르지 아니한 사람	1년 이하 징역, 1천만원 이하 벌금

둘째, 항공범죄에 대한 벌칙내용 중에서 항공시설 및 공항운영과 관련된 범죄에 대한 벌칙내용은 〈표 4-3〉에서 보는 바와 같다.

〈표 4-3〉 항공시설 및 공항운영 관련 범죄에 대한 벌칙

항공범죄의 유형	벌칙 내용
1. 항공시설 파손하거나 조작을 방해하여 항공기의 안전운항을 해친 사람	2년 이상 징역
2. 거짓된 사실유포, 폭행, 협박, 위계로 공항운영을 방해한 사람	5년 이하 징역, 3천만원 이하 벌금

셋째, 다음에 해당하는 사람은 1천만원 이하의 벌금에 처한다.

ⓐ 공항운영자 등이 국가항공보안계획에 따라 자체 보안계획을 수립하지 아니하거나, 자체계획에 대하여 국토교통부장관의 승인을 받지아니한 자

ⓑ 공항운영자 등이 항공기 탑승객, 수하물, 화물에 대하여 보안검색을하지

아니하거나 소홀히 한 자

ⓒ 보안검색업무를 수행 중인 항공보안검색요원 의 보안검색을 방해한사람

ⓓ 공항운영자 등이 국토교통부장관의 안전조치를 따르지 아니한 자

ⓔ 공항운영자 등이 국토교통부장관의 현장점검결과 개선 및 시정조치를 이행하지 아니한 자

ⓕ 공항운영자 등이 국토교통부장관의 감독에 의한 시정명령 등의 조치를 이행하지 아니한 자

넷째, 다음에 해당하는 사람은 500만원 이하의 벌금에 처한다.

ⓐ 기장 등의 사전 경고에도 불구하고 운항중인 항공기내에서 폭언·고성방가·흡연·성적 수치심을 일으키는 등의 위반행위를 한 사람은 500만원 이하의 벌금에 처한다.

ⓑ 기장 등의 사전 경고에도 불구하고 계류중인 항공기내에서 폭언·고성방가·흡연·성적인 수치심을 일으키는 등의 위반행위를 한 사람은 200만원 이하의 벌금에 처한다.

ⓒ 공항운영자의 허가를 받지 아니하고 보호구역에 출입한 사람은 100만원 이하의 벌금에 처한다.

3) 과태료

다음에 해당하는 자에게는 1천만원 이하의 과태료를 부과하며 과태료는 국토교통부장관이 부과·징수한다.

ⓐ 통과승객이나 환승승객에게 휴대물품을 가지고 내리도록 조치하지 아니한 항공운송사업자에게는 1천만원 이하의 과태료를 부과한다.

ⓑ 공항운영자, 항공운송사업자 또는 보안검색을 위탁받은 검색업체 등이 검색기록유지 의무를 위반한 자에게는 1천만원 이하의 과태료를 부과한다.

ⓒ 항공운송사업자의 지시에도 불구하고 휴대물품을 가지고 내리지 아니한 사람에게는 100만원 이하의 과태료를 부과한다.

제 3 절 항공보안관련 지침

1. 항공보안장비 종류 · 성능 및 운영기준

'항공보안장비 종류 · 성능 및 운영기준'은 보안검색에 사용하는 항공보안장비를 효율적이고 적정하게 관리하고 운용하기 위하여 필요한 사항을 정하기 위한 국토교통부의 고시이다. 여기서는 고시내용 중에서 보안검색요원의 장비운용과 관련된 내용만을 발췌하여 설명하고자 한다.

보안검색에 사용되는 검색장비의 종류는 엑스선 검색장비, 금속탐지장비(문형금속탐지장비, 휴대용 금속탐지장비), 폭발물 탐지장비, 폭발물 흔적 탐지장비 등이 있으며, 각 장비의 성능기준은 다음과 같다.

1) 엑스선 검색장비

엑스선 검색장비는 17인치 이상의 컬러모니터, 모니터 해상도 1280X1024 이상, 모니터의 화면 확대기능은 2배 · 4배 또는 그 이상의 조정이 가능하여야 하고, 최소 24시간 이상의 화면저장과 재생기능, 유기물질과 무기물질의 제거기능, 최소 4색 이상의 물질과 밀도의 차이 표시기능, 색의 농도 조절기능, 최소 24mm 이상의 강철투시기능, 컨베이어벨트의 전진과 후진기능, 비상차단장치와 잠금장치 등이 있어야 한다.

2) 문형 금속탐지장비

문형 금속탐지장비는 모든 위치에서 동일한 성능을 유지하고 24시간 연속적으로 작동되어야 하고, 탐색된 위치와 경고위치가 동일하게 표시되는 기능, 감도수준 조정기능과 외부에 표시되는 기능, 장비설치장소 주변에 금속물질이 있어도 정상적으로 작동되는 기능, 잠금장치 기능 등이 있어야 한다.

3) 휴대용 금속탐지장비

휴대용 금속탐지장비는 경고음 발생장치와 시청각 경고 식별기가 장착되어야 하고, 탐지물체와 5cm 떨어진 거리에서 무게 5.5g, 직경 25mm의 원형 금속물질을 탐지할 수 있어야 하며, 철금속물과 비 철금속물을 모두 탐지할 수 있어야 하고, 충전된 전력을 사용하며, 충전이 필요한 경우 경보음 발생 및 감지감도를 조정할 수 있어야 한다.

4) 폭발물 탐지장비

폭발물 탐지장비는 컨베이어에 의하여 수하물이 일정한 간격으로 이동되도록 설계되고, 수하물검색을 중단 없이 하루 24시간 이상 검색할 수 있어야 하며, 매 24시간마다 최소 1회의 자기진단기능이 있어야 하고, 검색된 이미지를 저장할 수 있어야 하며, 비상경보장치·전원표시기·비상정지버튼 등 안전장치가 포함되어야 하고, 검색장비가 설치된 장소에서 장애를 진단할 수 있는 기능 등이 포함되어야 한다.

5) 폭발물흔적 탐지장비

폭발물흔적 탐지장비는 자동교정 기능, 폭약종류 표시기능, 새로운 폭약종류 입력기능, 자료상태 표시 및 경보음 기능, 6종류 이상의 폭발물 탐지기능, 10초 이내에 폭발물 자동분석 기능, 최소 200피코그램의 폭약감지기능, 오경보율 1% 이내, 폭발물 분석결과의 저장 및 재생기능 등이 있어야 한다.

검색장비 운용자는 검색장비의 표준운용절차와 예비운용절차에 따라 장비를 운용하여야 하고, 외부의 간섭 등에 의한 장비의 오작동 도는 고장발생을 사전에 예방할 수 있는 조치를 강구하여야 하며, 검색업무를 수행 중에 검색실패 등의 사항이 발생된 경우에는 지체 없이 검색장비의 소유 및 관리자에게 보고하여야 하고, 검색장비에 장애가 발생하거나 정비 또는 예비품의 교체 등으로 장비의 운영을 일시 중단한 후에 장비의 운영을 재개하는 경우에는 예비운용절차에 따라 장비의 점검을 실시한 후에 운영하여야 한다.

검색장비의 정상적인 작동을 위하여 장비운용자는 정기점검과 특별점검을 실시하여야 한다. 정지점검은 일일점검, 주간점검 및 월간점검으로 구분하되 월간점검은 분기, 반기, 연간으로 세분하여 점검항목을 달리하고 연간점검 때에는 종합점검을 실시하여야 한다. 특별점검은 항공보안사고가 발생하였을 때 확인이 필요한 경우, 항공보안 위협의 증가에 따라 점검이 필요한 경우, 지방항공청장의 지시가 있는 경우에 실시한다.

2. 국가민간항공보안수준 관리지침

국토교통부의 예규로 제정된 '국가민간항공보안 수준관리지침'은 국제민간항공협약 부속서 17 '항공보안에 관한 세부운영지침'에 의하여 항공보안의 지속적인 개선 및 향상을 위하여 필요한 사항을 정하기 위하여 제정되었으며, 이 지침의 주요내용은 다음과 같다.

첫째, 국가항공보안수준을 관리하기 위한 수행방침은 보안지침 및 절차의 효과적인 시행확인, 국가 항공보안지침 준수여부 확인, 법령, 규정 등의 지속적인 제정 및 개정을 통한 효율성 확보, 국가 항공보안프로그램의 적정성과 효율성 점검, 항공보안책임자 및 담당자의 임무수행을 위한 적절한 교육이수, 불법방해 행위에 대한 적절한 조사, 불법방해 행위 발생즉시 보안대책 및 통제에 대한 검토 및 평가 등으로 이루어진다.

둘째, 보안수준관리지침의 적용대상은 공항운영자(용역업체 포함), 취항항공사, 항공기취급업체, 공항상주업체, 화물터미널 운영자 등과 항공보안업무수행 사업자 등이 된다.

셋째, 이 지침은 국가 항공보안수준 관리를 위한 관련기관인 국가정보원, 국토교통부, 공항운영자, 항공사 등의 업무를 명확히 하였으며, 항공보안의 효율성 확보를 위하여 보안점검, 항공보안 현장조사, 일일보안 확인, 보안점검의 불시평가, 보안사고 조사, 항공보안사고 모의훈련, 보안검색요원의 채용 및 교육훈련, 각 기관 및 업체의 자체 보안수준 관리 등에 관한 절차와 방법 및 기준 등을 정하는 지침이다.

3. 항공보안감독관 업무규정

국토교통부 훈령으로 제정된 '항공보안감독관 업무규정'은 공항의 보안검색요원이 직접 알아야 할 내용은 아니나 공항에서 보안검색을 수행하게 되면 항공보안감독관의 업무지시 등을 받게 되므로 여기서는 보안검색요원의 업무능률 향상을 위하여 보안감독관이 수행하는 업무내용을 보안검색과 관련된 내용만을 간추려서 설명하고자 한다.

1) 보안감독관의 업무 및 현장조사

첫째, 항공보안과 관련하여 보안감독관이 수행하는 업무는 공항운영자·항공운송사업자 등이 항공보안법·국토교통부의 훈령과 고시 등에 대한 준수여부, 국제민간항공기구 등 점검기관의 점검입회 및 점검업무 지원, 항공기납치 및 폭발사고 등의 조사에 참여·협력·지원 등의 업무이다.

둘째, 항공보안과 관련하여 보안감독관이 실시하는 현장조사는 공항보안프로그램과 공항보안협의회의 결정사항 이행상태, 승객 및 위탁수하물 처리절차와 탑승객 및 화물·기내식검색에 관한 사항, 항공기 이동지역의 울타리 및 접근통제절차와 보안조명에 관한 사항, 공항감시 시설 및 장비와 주요시설 보호에 관한 사항, 공항비상계획, 보안교육 및 훈련에 관한 사항 등이다.

2) 보안감독관의 보안점검사항

보안감독관은 항공보안과 관련하여 공항운영자, 항공운송사업자, 항공기 취급업체 등에 대하여 보안점검을 실시할 수 있다.

첫째, 공항운영자에 대한 보안점검사항은 공항비상계획 수립 및 훈련에 관한 사항, 항공보안조직의 구성·업무 및 보안책임자 지정에 관한 사항, 항공보안에 관한 정보전달 및 보고체계와 교육훈련에 관한 사항, 공항시설 경비대책과 보호구역 지정 및 출입통제절차 등에 관한 사항, 승객·휴대물품 및 위탁수하물에 대한 보안검색실태와 보안검색 실패대책, 보안장비의 관리운용 실태와 보안검색기록의 작성 및 유지상태 등에 관한 사항을 점검할 수 있다.

둘째, 항공운송사업자에 대한 보안점검사항은 항공사 비상계획 수립 및 훈련에 관한 사항, 항공안전 및 보안조직의 구성·업무 및 보안책임자 지정에 관한 사항, 항공보안에 관한 정보전달 및 보고체계와 교육훈련에 관한 사항, 항공기보안대책과 기내식 및 저장품 관리상태, 통과·환승승객·화물의 보안검색실시 상태와 위해물품 탑재·운송실태, 승객과 수하물의 일치여부·보안장비 관리실태·직원 출입증 관리실태 등에 관한 사항을 점검할 수 있다.

셋째, 항공기취급업체 등에 대한 보안점검사항은 비상계획 수립 및 훈련에 관한 사항, 항공안전 및 보안조직의 구성·업무 및 보안책임자 지정에 관한 사항, 항공보안에 관한 정보전달 및 보고체계와 교육훈련에 관한 사항, 직원 출입증 관리실태 등에 관한 사항을 점검할 수 있다.

4. 그 밖의 항공보안관련 지침 등

1) 국가항공보안계획

'국가항공보안계획'은 「항공보안법」에 따라 민간항공에 대한 불법방해 행위로부터 승객·승무원·항공기 및 공항시설 등을 보호하기 위한 대책을 수립하여 대한민국 안에서 민간항공의 안전성 · 정시성 및 효율성을 확보하는 등 항공보안을 유지하는데 그 목적을 두고 있으며, 국토교통부 고시로 제정되어 있다.

국가항공보안계획의 주요 내용을 살펴보면 항공보안 관련기관 및 업체, 항공보안협의회 및 관련기관 협력사항, 공항운영자·항공운송사업자 등의 자체 항공보안계획, 공항·항공기·항행안전시설 보호, 승객·휴대물품·위탁수하물 보안대책, 항공보안장비 및 보안인력, 불법방해행위 대응조치, 항공보안 감독활동 등에 관한 사항을 수록하고 있다.

2) 공항에서의 폭발물 등에 관한 처리기준

국토교통부 예규로 제정된 '공항에서의 폭발물 등에 관한 처리기준'은 「항공보안법」에 따라 수립·고시된 '국가항공보안계획'을 토대로 공항의 안전을 유지하기 위하여 제정된 기준이다. 이 기준에서는 폭발물처리요원의 임용기준 및 임무에 관한 사항, 폭발물처리장비의 종류·성능 및 유지관리에 관한 사항, 폭발물 발견시 현장안전조치와 안전지역 운반 및 처리절차에 관한 사항, 폭발물 교육훈련 및 교육기관 지정에 관한 사항 등을 수록하고 있다.

3) 상용화주 항공화물 보안기준

국토교통부 고시로 제정된 '상용화주 항공화물 보안기준'은 「항공보안법」에 따라 상용화주가 준수하여야 할 항공화물의 보안통제절차 등에 관한 사항을 정하고 있다. 이 기준의 주요 내용은 항공화물의 보안통제 책임, 항공화물보안프로그램, 상용화주의 항공화물보호, 보안통제지역 출입통제 및 항공화물 보안통제, 항공화물의 운송·접수·보관 및 보안검색, 통제화물의 무작위 표본검색, 보안통제 업무 수행직원의 자격 등에 관한 내용을 수록하고 있다.

4) 항공운송사업자의 항공기내 보안요원 운영지침

국토교통부 지침으로 제정된 '항공운송사업자의항공기내 보안요원 운영지침'은 「항공보안법」 및 '국가항공보안계획'에 따라 항공운송사업자가 승객이 탑승한 항공기를 운항하는 경우 테러 등 불법행위로부터 승객의 안전 및 항공기의 보안을 위하여 탑승시키고 있는 항공기애 보안요원의 제도 및 운영에 관하여 필요한 최소한의 사항을 규정하기 위한 것이다.

이 지침의 주요내용은 항공운송사업자의 책무, 항공기내 보안요원의 권한 및 책임, 항공기내 보안요원의 자격기준과 교육훈련 및 무기운영, 불법행위 대응 및 처리절차 등에 관한 사항의 내용을 수록하고 있다.

5) 항공기내 반입금지 위해물품

국토교통부 고시로 제정된 '항공기내 반입금지 위해물품'은 「항공보안법」에 따라 항공기내에 반입해서는 안 되는 물품에 관한 사항을 규정하고 있다. 이 지침은 무기류, 폭발물류, 공구 및 생활용품, 스포츠 및 레저용품, 의료 및 구조용 물품, 인화성·화학성·유독성 물질 등에 대하여 객실반입금지, 위탁수하물반입금지로 나누어 제한하고 있는 내용과 기내반입허용물품 및 위탁수하물반입허용물품 등으로 구분하고 있다.

제5장 공항의 구조와 보안조직

제1절 공항의 구조 및 시설

1. 공항의 구조

공항은 크게 나누어 항공기이동지역인 에어 사이드지역과 여객청사와 화물청사 및 주차장 등이 있는 랜드 사이드지역으로 구분되고 있다. 에어 사이드지역은 항공기가 공항에 접근하여 안전하게 착륙할 수 있도록 공항근처의 하늘교통로를 통제하고 관리하는 관제탑과 접근관제소가 있고, 항공기가 이륙하거나 착륙을 할 때에 조종사에게 도움을 주는 계기착륙시설이나 전방향무선표지시설 및 레이더 등의 항행안전시설이 설치되어 있다.

또한 항공기가 공항에 착륙하거나 이륙하는데 사용되는 활주로와 항공기가 활주로에서 여객청사나 화물청사로 이동하는데 필요한 유도로가 설치되어 있고, 항공기가 공항에 머무르거나 주기하는 장소인 계류장과 주기장 시설이 있으며, 계류장에서는 항공기에 여객의 탑승이나 화물의 탑재 및 항공기로부터 여객이나 화물의 하기를 위한 지상조업이 수행되고, 항공기가 비상사태에 직면하게 될 경우에 소방 및 구조활동을 하기 위한 소방구조대가 대기하는 장소이다.

이와 같은 항공기이동지역은 항공기의 안전과 보안을 위하여 일반인의 출입이 통제되는 지역으로 사전에 출입이 허가된 직원이나 보안검색을 마친 여객 및 화물만이 출입할 수 있는 지역이다.

랜드 사이드지역은 항공여객이나 항공화물이 시내도심으로부터 공항으로 접근하기 위한 공항접근교통로와 구내도로가 설치되어 있고, 자동차를 주차시킬 수 있는 주차장이 설치되어 있으며, 여객청사 전면에는 여객과 수하물을 안전하고 신속하게 도착 또는 출발할 수 있도록 커브사이드가 설치되어 있다. 또한 여객청사 안에는 여객이 항공기에 탑승하기 위하여 필요한 보안검색과 탑승수속시설, 대기시설 및 기타 서비스시설이 설치되어 있고, 화물청사에는 항공화물의 접수, 분류, 검색 및 포장과 보관을 할 수 있는 시설이 설치되어 있다. 이와 같은 랜드 사이드 지역은 항공여객이나 환송영객 또는 공항상주직원 등에게 개방되는 자유지역으로서 누구나 출입이 허용되는 장소이다.

2. Air side 시설

1) 항공교통관제시설

항공교통관제시설은 우리나라의 영공을 통과하는 항로 및 Jet 항로에 따라 비행하는 항공기의 비행정보구역에 대한 관제책임이 있는 항공교통관제소와 공항에 접근하는 항공기에 대한 항로관제업무를 수행하는 접근관제소 및 공항에서 이착륙하는 항공기의 관제업무를 수행하는 관제탑으로 구분된다.

이 중에서 공항 안에 설치되어 있는 시설은 접근관제소와 관제탑시설이므로 여기서는 접근관제소와 관제탑시설에 대해서만 설명하고자 한다.

첫째, 접근관제소는 접근관제업무를 수행하는 기구로서 고밀도 교통지역인 공항 주변공역의 항공교통을 감시하고, 항공기를 원활하게 소통시키는 임무를 수행한다. 접근관제소는 공역여건에 따라 차이가 있으나, 공항관제탑 책임구역으로부터 통상 50N/M 이내, 고도 17,000ft 이하의 접근관제공역 내에서 비행하는 항공기의 관제에 대한 책임과 권한을 보유하고 있다. 접근관제소는 착륙항공기에 대하여는 항공기가 공항으로부터 5N/M 이내에 접근할 때부터 관제탑에 관제를 이양하고, 이륙항공기의 관제는 이륙즉시 관제탑에서 접근관제소로 이양된다. 접근관제소의 시설은 통상적으로 관제탑의 하부에 설치되는 것이 보통이다.

둘째, 관제탑은 공항의 항공교통관제업무를 담당하는 기구로서 공항에 도착하는 항공기와 공항에서 이륙하는 항공기의 항공교통을 감시하고 지시하며 감독하는 시설이다. 이와 같은 관제탑의 관제기능은 항공기가 공항으로부터 약 5N/M이내에 접근할 때부터 시작되는데, 관제탑은 공항에 이·착륙하는 모든 항공기에게 이륙 또는 착륙허가를 발부할 뿐만 아니라 공항의 바람, 온도, 기압 및 공항운용상태 등의 비행에 필요한 정보를 조종사에게 신속하고 정확하게 제공할 책임이 있다.

2) 항공기 이착륙시설

① 활주로

활주로는 공항의 규모, 성격, 취항할 항공기, 항공수요 등 여러 가지의 요소를 복합적으로 고려하여 길이, 폭, 포장강도 등을 결정하기 때문에 공항등급에 알맞은 활주로를 결정하는 것은 대단히 어렵다. 활주로의 길이를 결정하는 요소는 취항할 항공기의 종류에 따른 중량, 성능 및 특성과 공항이 위치한 표고와 공항이 설치되는 지역의 기온이다. 활주로의 간격이 1,300m 이상이 되면 두 활주로에 항공기가 독립적으로 접근 또는 출발할 수 있다.

② 유도로

유도로는 활주로와 계류장을 연결하는 통로로서 활주로에 착륙한 항공기가 계류장으로 신속하고 안전하게 이동이 가능하도록 활주로와 직각형태로 설치되는 탈출유도로와 활주로와 평행으로 설치되는 평행유도로로 구분된다. 탈출유도로는 활주로에서의 고속탈출을 위하여 폭이 넓고, 평행유도로는 활주로의 길이와 같게 설치된다.

③ 계류장

계류장시설은 여객청사 또는 화물청사와 연결된 에어 사이드지역으로서 여객의 탑승과 하기, 우편물과 화물의 탑재(搭載) 또는 하기(下機), 항공기의 연료공급과 정비 · 점검을 하기 위해 항공기가 계류하는 지역을 말한다. 항공기 주기장은 설치되는 위치에 따라 여객청사의 탑승교와 직접 연결할 수 있는 탑승교 주기장과 여객청사에서 멀리 떨어져 램프버스를 이용하여야 하는 리모트주기장으로 구분되고, 이용하는 목적에 따라 일반주기장, 항공기 정비주기장, 엔진시험주기장 등으로 구별된다.

3) 항행안전시설

항행안전시설은 크게 나누어 무선시설과 항공등화시설로 분류되는데, 설치된 위치에 따라 지상에 설치된 시설과 항공기에 설치된 장비로 구분할 수 있다. 항행안전 무선시설은 전파에 의해 항공기의 항행을 돕기 위한 시설로서 초단파 전방향 무선표지시설, 거리측정시설, 계기착륙시설, 레이더시설 등이 있다.

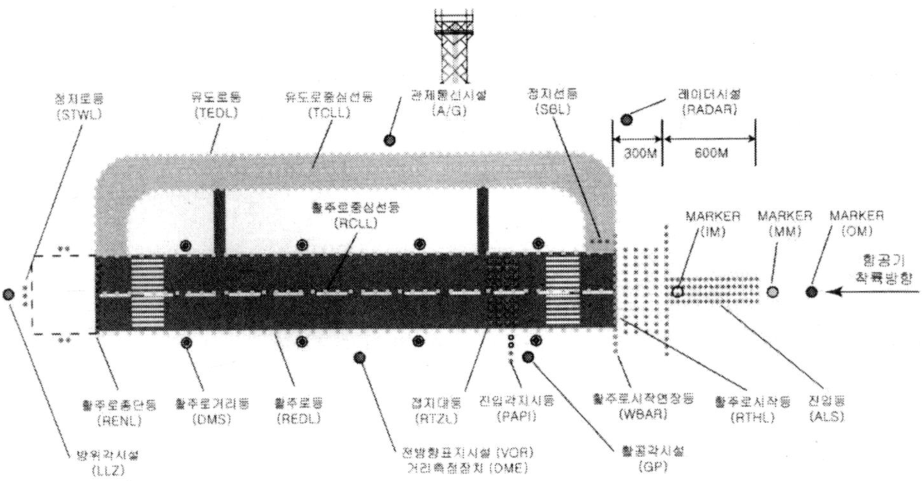

[그림 5-1] 항행안전시설 위치도

① 초단파 전방향무선표지시설

초단파 전방향무선표지시설(VOR)은 운항중인 항공기에게 일정한 방향을 표시해주거나, 항공기가 무선신호를 따라 비행할 수 있는 항공로를 표시해주는 무선장비로서 항로용과 공항용이 있고, 유효한 통달거리는 통상적으로 200N/M 이내이다. 항로용은 우리나라 전역에 현재 9개소가 설치되어 있고, 전파발사에 영향을 받지 않도록 공항에서 멀지 않은 지역의 비교적 높은 산의 정상부분에 설치되어 있고, 공항용은 공항 안에 설치되는 것이 보통이다.

[그림 5-2] VOR/DME 장비

② 거리측정시설

거리측정시설(DME)은 조종사에게 항공기와 거리측정시설송신소 위치간의 사선거리를 제공하는 시설로서 항로용과 공항용으로 구분되는데 통상적으로 전방향무선표지시설과 함께 설치한다. 공항에 설치되는 거리측정시설의 설치위치는 활주로 중심선에서 150m, 유도로중심선에서 45m 이상 떨어져 설치한다. 거리측정시설의 추가적 기능은 계기착륙시설이 설치되지 않은 공항이나 계기착륙시설이 고장 났을 때 계기착륙절차를 수립하여 운용할 수 있는 장비이다.

③ 계기착륙시설

계기착륙시설(ILS)은 민간항공분야에서 가장 많이 사용하고 있는 항공기착륙지원시설로서 공항에 설치되며, 활주로에 접근하기 위해 활주로 중심선 연장선상을 운항하는 항공기에게 활주로의 방위각정보를 제공하는 방위각시설과 활주로에 착륙하기 위해 정확한 착륙각도정보를 조종사에게 제공하는 활공각 표지시설 및 활주로 말단까지의 거리를 알려주는 마커시설이 있다.

항공기에게 활주로의 방위각정보를 제공하는 로칼라이저는 활주로말단으로부터 활주로중심선 연장선상 300m 지점에 안테나가 설치되어 있으며, 항공기의 조종사에게 활주로에 착륙하는 활공각 정보를 제공해주는 Glide Slope는 활주로중심선으로부터 75~120m의 범위 내에 안테나가 설치되어 있으며, 항공기의 정상적인 착륙활공각은 3°이다.

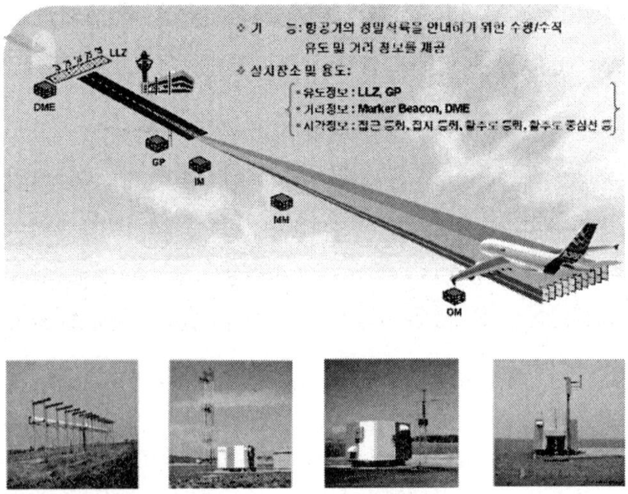

[그림 5-3] ILS 배치도

활주로 말단까지의 거리를 알려주는 Marker시설은 설치되는 위치에 따라 Outer Marker, Middle Marker, Inner Marker로 구분되는데, Outer Marker는 접근활주로 말단으로부터 7.4∼13km 범위 내에 설치하며 항공기가 착륙하기 위해 활공각 신호를 포착하고 최종강하를 개시하는 지점이고, Middle Marker는 활주로말단으로부터 600∼1800m 범위 내에 위치하며 항공기가 착륙을 결심하는 결심고도와 활공각이 교차하는 지점이며, Inner Marker는 활주로말단으로부터 300m 지점에 설치하는 것이 보통이다.

[그림 5-4] Localizer 및 Glide Slope

④ 공항감시레이더

공항감시레이더는 공항 또는 공항부근에 설치하여 공항에 접근하는 항공기를 감시함으로써 공항 내에서 이착륙하는 항공기를 관제하기 위해 사용되는 레이더로서 공항주변공역에서 운용되고 있는 전반적인 공역현황을 공항레이더접근관제소 또는 관제탑의 관제사에게 제공하기 위하여 설치되어 있다. 레이더장비는 통상 60N/M 유효범위로서 360°회전을 통하여 얻어진 공역정보를 레이더스코프에 항공기의 호출부호와 속도, 고도 및 기압과 바람의 방향 등에 대한 정보를 제공하고 있다.

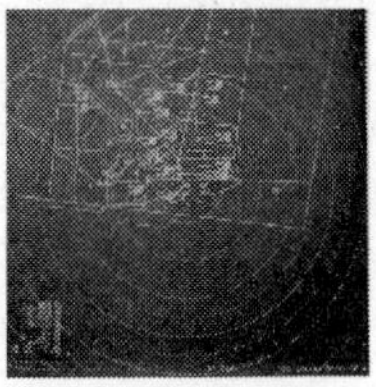

[그림 5-5] 레이더 안테나 및 스코프

4) 항공등화시설

항공등화시설은 야간이나 기상상태가 좋지 않은 주간에 불빛에 의하여 항공기의 항행 또는 착륙을 돕는 시설로서 비행장의 위치나 착륙시설의 위치를 알려주는 위치 또는 거리를 표시해주는 등화시설과 착륙하는 항공기에게 진입방향이나 진입각도를 알려주는 등화시설 및 계류장의 조명과 탑승교 접현 등을 위한 조명시설로 구분된다.

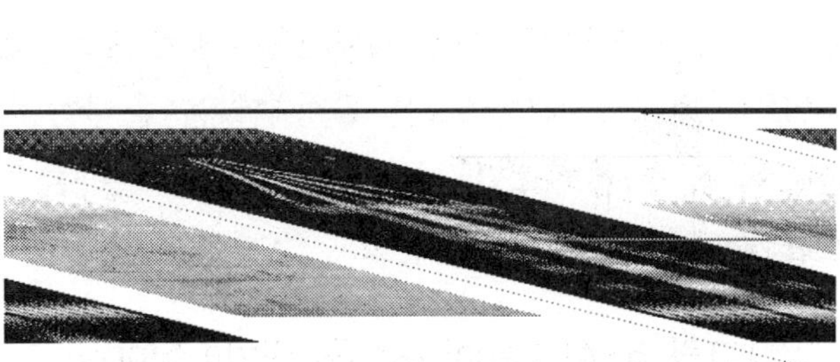

[그림 5-6] 활주로진입 등화시설

첫째, 위치 또는 거리표지 등화시설로는 항행중인 항공기에 비행장의 위치를 알려주는 비행장 등대,활주로의 착륙방향을 알려주는 착륙방향지시등대, 활줄의 말단을 표시해주는 활주로 말단등대, 항공기가 활주로에 착륙하는 장소를 알려주는 접지등대, 활주로에서 활주중인 항공기에게 활주로 말단을 표시해주는 활주로 거리표지 등화시설, 유도로를 표시해주는 유도로 등화시설 등이 있다.

둘째, 항공기에게 방향이나 각도를 표시해주는 등화시설로는 항공기에게 착륙하는 진입로를 알려주기 위하여 활주로 중심선의 연장선상의 진입구역에 설치되는 등화시설, 조종사가 불빛의 색상을 보고 안전한 착륙각도를 확인할 수 있도록 도와주는 정밀진입각지시 등화시설, 활주로 및 유도로의 중심선을 식별하도록 해주는 중심선 등화시설 등이 있으며, 이외에도 바람의 방향을 알려주는 풍향등화시설, 계류장 조명시설 및 탑승교 접현 유도등이 있다.

3. Land side 시설

1) 여객청사

여객청사는 공항의 핵심시설이며 여객과 항공기를 중심으로 여러 가지 기능이 복합적으로 작용하는 지역으로서 공항을 이용하는 여객은 청사에 머무는 동안 여러 단계의 수속과정을 거치면서 다양한 여객편의시설을 이용하게 된다. 국제선여객청사의 경우 출발여객은 청사 내에서 평균 1시간 30분 이상을 머무르고 도착여객은 평균 30분 이상을 청사 내에 머무른다. 여객은 청사에 머무르는 동안 여러 가지의 수속과정을 거치면서 공항당국이 제공하는 여러 가지 편의시설을 이용하게 되고, 이러한 시설들 중에서 상업시설은 공항수익을 올리는 기능을 하고 있다. 여객청사의 기능과 역할을 대별해보면 여객서비스기능, 수하물 처리기능, 출·입국 관리기능으로 분류할 수 있다.

① 여객서비스 기능

여객청사에서의 여객에 대한 서비스기능은 항공여행을 출발하는 항공기를 탑승할 여객과 항공여행을 마치고 도착하는 여객을 위한 기능으로서 주로 여객과 항공사 사이에서 이루어지는 기능과 공항당국이 제공하는 여객편의시설을 이용하는 서비스기능 등으로서 다음과 같은 활동들이 있다.

첫째, 출발여객을 위한 항공권예약 및 판매카운터나 체크인카운터에서 이루어지는 항공기좌석의 예약과 항공권구입을 위한 기능이 있다.

둘째, 항공기탑승을 위한 단계로서 체크인카운터에서 탑승좌석을 배정받고 수하물을 탁송하는 등의 수속절차가 끝나면 보안검색을 거쳐 출발대합실로 이동하게 되는데, 이때에 보안검색시설, 출입국 및 세관검색시설, 격리대합실, 탑승교등의 시설을 이용하게 된다.

셋째, 여객의 대기기능과 휴식을 위한 기능으로는 대합실내에 설치된 의자, 조경시설, 안내시설, 음수대, 화장실, 공중전화, 흡연시설과 스낵 및 매점 면세점 등의 시설을 이용하게 된다.

넷째, 도착여객을 위한 서비스기능으로는 항공기에서 하기를 하는데 필요한 탑승교 시설과 수하물을 찾을 수 있는 컨베이어벨트가 설치되어 있고 수하물운반용 카트와 검역시설, 입국수속시설, 세관검사시설, 환전소 등을 이용하게 된다.

② 수하물(手荷物) 처리기능

수화물처리기능은 출발여객의 경우 여객이 탁송하는 수하물을 종류별, 행선지별로 분류하고 수하물의 무게와 부피 등을 알아보기 위한 계량기능, 수하물에 폭발물 등이 포함되어 있는지를 확인하는 보안검사와 수하물을 탑승하는 항공기까지 이동하여 탑재하는 기능이 있고, 도착여객의 경우에는 항공기에서 수하물을 내려서 도착대합실까지 운반하는 기능과 도착대합실에서 여객이 수하물을 찾을 수 있도록 항공기 편명별로 분류하여 턴테이블에 이동하는 기능이 있다. 이들 기능을 수행하기 위한 시설로서는 수하물 분류시설, 저울, 컨베이어벨트, 턴테이블, 보관창고 및 항공기와 청사간의 수송시설 및 장비 등을 이용하게 되는데 대부분의 여객들은 이러한 시설이용을 알지 못하고 항공사직원에 의하여 또는 자동화된 기계시설에 의하여 처리되고 있다.

③ 출입국 관리기능

출입국관리기능은 우리나라에서 외국으로 출발하는 여객의 출국사열과 세관검사 등의 기능이 있고, 외국에서 우리나라에 도착하는 여객의 입국사열과 세관검사 등의 기능이 있으며, 여객에 의한 전염병 예방 등을 위한 검역(檢疫), 동물이나 식물의 검역 및 방역과 보안검사 등을 위한 기능으로서 이들 기능은 모두 정부당국에 의하여 수행되고 있으며, 이들 기능을 위한 시설로는 출입국사열대, 세관검사대, 검역 및 검사시설, 동물과 식물의 검역시설 및 보안검사대 등을 이용하게 된다.

2) 화물청사

공항의 화물청사는 항공사가 화물운송경쟁력확보에 결정적인 역할을 담당하는 장소로서 항공화물은 출발지에서 도착지까지의 운송시간의 대부분을 화물터미널에서 소비하고 있는 실정이다. 항공사가 화물터미널을 효율적이고 경제적으로 운영하는 것은 화물운송사업의 원가절감과 부대경비절감의 핵심적인 요소로서 화물운송분야에서 화물터미널운영은 제일의 관심을 가지고 관리하는 대상지역이다. 항공화물운송에 투입되는 항공기의 기종, 항공기운항횟수 및 화물운임 등은 항공사간에 거의 평준화되고 있는 반면, 화물청사에서의 서비스는 독자적으로 개발하여 항공화물유치증대와 화물처리비용절감을 위한 수단으로 활용되고 있다.

이러한 화물터미널은 수출화물의 집하(集荷)와 보관, 통관절차, 화물의 포장과 같은 Build-up 및 탑재기능과 수입화물을 항공기에서 Un Loading, Break-Down, 보관, 수입통관 및 화주인도 등의 기능을 수행하는 장소이다. 화물은 여객과 달리 랜드 사이드지역에서 에어 사이드지역으로 또는 에어 사이드지역에서 랜드 사이드지역으로 이동하는데 자기 스스로 이동할 수 없고 여러 가지 기계장치나 장비에 의하여 물리적인 힘을 가해야만 이동할 수 있는 특성이 있다. 따라서 대부분의 화물터미널에는 화물운반을 위한 기계장치가 설치되어 있고 화물운반용장비가 출입할 수 있도록 출입문의 크기, 건물의 높이, 건물의 기둥이 이러한 작업을 고려하여 설계되어 있다.

제 2 절 공항의 기능 및 수행업무

1. 공항운영의 특성

공항운영은 공항에서 수행되는 다양한 업무를 처리하기 위하여 여러 가지의 시설과 장비를 포함하여 여러 기관 및 업체에서 다양한 기술과 기능을 보유한 인력들이 서로 정보교환과 함께 협조하여야만 효율적인 공항운영이 될 수 있다. 공항운영은 근본적으로 항공여객과 항공화물의 화주 등 공항이용자와 항공기가 공항을 이용하는데 불편이 없도록 공항시설을 운영하는 공항운영자 및 항공여객과 화물을 수송하는 업무를 담당하는 항공사 등이 서로 협조하고 지원하면서 적절한 조화를 이루도록 하는 서비스산업으로서 이들 사이에는 다음과 같은 특성이 있다.

1) 공항이용자의 특성

공항이용자는 항공여객과 항공화물의 수송을 원하는 화주(貨主)라고 보아야 할 것이다. 이들 공항이용자는 항공여객을 배웅 또는 마중하기 위한 환송영객, 항공화물의 운송 또는 통관 등을 위한 복합화물운송 및 통관업무종사자, 항공여객과 항공화물의 원활한 수송을 지원하고 공항시설을 관리하기 위한 공항상주직원 및 최근에 공항의 상업화 등과 관련하여 부상하고 있는 공항인근지역주민 등이 있다.

이와 같은 공항이용자의 특성으로는 첫째, 항공수요는 계절별·요일별 및 하루중에서도 시간대별로 그 수요량의 차이가 크기 때문에 공항운영자 입장에서는 수요가 집중되는 시간대의 수요량에 맞추어 여객청사나 주차장 등의 시설을 확보한다면 비수기 또는 주중에는 공항시설이 남아돌게 되어 공항운영의 효율성을 기할 수 없기 때문에 공항시설은 평균적인 수요량을 기준으로 설치되므로 공항운영자는 성수기나 주말의 수요가 집중되는 혼잡시간대의 해소대책을 세워야 한다.

둘째, 여객청사나 주차장 등 공항시설의 구조와 이용편의성 및 공항접근교통의 편리성이 공항이용객을 늘리는 요인으로 작용하기 때문에 공항운영자는 이들 시설이 이용에 편리하도록 설계되고 운영되도록 하여야 한다. 즉 주차장과 여객청사의 거리가 최소화 될 수 있도록 하고, 공항의 구내도로는 공항을 처음 방문하는 사람도 안내표지판에 의하여 주차장의 입구나 여객청사에 접근이 용이하도록 설치되어야 한다.

셋째, 공항내의 상업시설과 위락·문화시설 등의 다양성이 공항의 상업수입에 미치는 영향이 크므로 공항운영자는 이들 시설의 다양성과 함께 서비스수준이 향상되도록 노력하여야 할 것이다. 공항에서의 상업수입은 과거와 달리 공항의 수입원천으로 그 중요성이 강조되고 있기 때문에 공항운영자는 상업수입증대를 위한 각종 아이디어를 창출하여야 한다.

이와 같이 공항시설능력이 부족하거나 공항이용이 불편하다면 여객 등 이용객의 불편초래로 공항이용객이 감소하게 될 것이고, 공항시설능력이 수요를 초과하여 유휴시설이 발생한다면 불필요한 공항운영비용이 늘어나게 되므로 공항운영자는 공항을 운영함에 있어 공항시설이 공항이용자의 이용에 불편이 없도록 하는 한편, 공항시설의 유휴화가 발생하지 않도록 정확한 수요예측에 의하여 공항시설이 효율적으로 운영될 수 있도록 최선을 다하여야 할 것이다.

2) 항공사관계의 특성

항공사는 항공여객과 항공화물의 수송을 담당하는 공급자의 위치에 있기 때문에 다음과 같은 특성이 있다.

첫째, 항공사는 항공수요의 변화에 따라 항공기의 공급능력을 늘리거나 줄이는 등으로 수요와 공급을 맞추어 나가야 한다. 항공수요가 증가할 경우에 항공기의 공급능력을 늘리기 위하여 항공기의 기종을 대형항공기로 교체하거나 항공기운항횟수를 늘려야 하는데, 이때 공항의 활주로길이 등의 시설능력이나 공항의 슬롯 및 관제능력이 뒷받침되어야 가능하게 되는 관계가 있다.

둘째, 항공사와 공항이용자와의 관계는 항공운임수준으로서 항공운임이 공항이용자의 입장에서 높다고 판단되면, 항공운임이 저렴한 다른 항공사를 이용하거나 철도, 육상교통 또는 해상운송 등 다른 교통수단을 이용하려 하기 때문에 항공운임을 결정할 때에 이러한 점을 간과해서는 안 될 것이다. 항공운임에 대하여 정부의 항공정책당국과 취항하는 항공사와의 긴밀한 협조를 얻어 경쟁력 있는 운임수준이 되도록 하여야 할 것이다.

셋째, 항공사와 공항이용자와의 관계는 항공기운항시간대로서 공항이용자가 원하는 시간대가 아니거나 이용하기 불편한 시간대의 항공기운항은 아무리 운항빈도를 높여도 수요가 창출되지 않을 것이다. 항공기운항시간대의 결정에는 공항의 슬롯 및 공항운영시간과 관계가 있기 때문에 공항운영자는 이러한 문제가 해소되도록 노력하여야 한다. 공항의 슬롯은 외형적으로는 그 공항에 취항하는 항공사들의 자율적 협의기구인 공항운영위원회에서 결정한다고 하지만, 공항운영자는 공항운영시간과 관제능력 등을 감안하도록 공항운영위원회에 간접적인 영향을 미칠 수 있으므로 이를 이용하여 슬롯을 조정해 나가야 할 것이다.

넷째, 항공기운항빈도가 항공기이용에 불편을 초래할 정도로 너무 적어도 항공수요유발은 실패하게 될 것이다. 예를 들면, 국내선항공노선의 경우 하루에 1회만 운항할 경우에 오전에 도착한 사람이 자기 업무를 마치고 당일로 돌아올 수 없게 되어 여행지에서 불필요한 숙박을 하게 되면 특별한 경우를 제외하고는 항공기이용을 기피할 것이며, 국제선항공노선의 경우에 1주일에 1회를 운항하는 항공노선의 경우에는 일반적으로 선호하는 3박 4일 또는 4박 5일의 관광코스를 잡을 수 없기 때문에 이러한 항공노선에서는 국제관광객의 이용은 거의 불가능하게 될 것이다. 따라서 공항운영자는 항공사와 협의하여 항공수요의 변화추세를 예의 주시하여 항공여객이 여행에 불편이 없도록 운항빈도를 늘리는 등 신속하게 대처해 나가야 공항운영의 효율성을 높일 수 있을 것이다.

3) 공항운영자의 특성

공항시설을 관리하는 공항운영자의 특성으로는 첫째, 공항의 활주로 길이나 폭 및 포장강도 등의 항공기운항시설의 능력이 항공사가 운항하고자 하는 항공기의 기종에 적합한가의 문제로 활주로의 길이와 폭, 유도로와 계류장의 시설 등이 항공사가 운항하고자하는 항공기의 기종에 적합하도록 설계되고 확보되어야 할 것이다. 반대로 항공사가 그 공항에 운항할 항공기의 기종을 선택할 때에는 공항시설능력을 고려하여야 할 것이다.

둘째, 여객청사나 화물청사의 시설규모가 항공사가 운항하고자하는 항공기기종의 여객이나 화물을 수용할 수 있는지의 문제로서 한번에 100명의 여객을 처리할 수 있는 능력만을 가지고 있는 공항의 여객청사에 250명이 탑승할 수 있는 항공기를 투입한다면 여객청사의 혼잡은 당연하다고 보아야 할 것이기 때문에 공항의 청사능력을 고려하여 항공기의 운항기종을 선택하여야 한다.

셋째, 공항의 관제능력이나 슬롯배정문제가 항공사가 운항하고자하는 운항회수를 수용할 수 없거나 항공사가 운항하고자하는 시간대에 수용할 수 없는 문제가 발생할 경우에 공항은 혼잡하게 되어 항공기의 지연도착이나 지연출발이 발생하게 될 것이다. 따라서 공항운영자와 항공사는 공항시설능력과 운항하고자 하는 항공기의 기종이 부합되도록 세심한 배려가 필요할 것이다.

4) 공항업무의 복합성

공항 안에서 수행되는 업무를 살펴보면 항공기의 이·착륙과 관련된 Air side지역 내에서 행해지는 업무로는 항공기의 공항접근 및 착륙과 이륙 등에 필요한 정보의 제공과 운항을 통제하는 항공교통관제업무, 항공기의 공항접근과 착륙에 도움을 주는 항공등화시설과 전방향무선표지시설 · 계기착륙시설 · 레이더 등 항행안전시설의 유지 · 보수업무, 활주로·유도로·계류장 등 항공기 이 · 착륙시설의 유지 · 보수업무, 항공기의 사고가 발생할 경우에 대비하는 소방구조업무, 항공기의 정비와 급유 및 하역 등 항공기의 운항에 필수적으로 수반되는 지상조업업무 등의 업무가 있다.

또한 여객이나 화물이 공항에 도착한 후에 랜드 사이드지역 내에서 행해지는 업무로는 항공여객의 항공권 구입 · 탑승수속 · 수하물 탁송 · 보안검색 및 출입국관리업무가 수행되는 여객청사의 관리 · 운영업무와 항공화물의 접수와 분류 · 포장 및 보관 등의 업무가 수행되는 화물청사의 관리 · 운영업무, 주차장시설의 관리업무, 경비 · 보안관련 업무, 면세점 및 상업시설 등의 관리업무가 있으며, 특히 국제공항에서는 출입국과 관련된 세관, 출입국관리, 검역 등의 CIQ업무와 동·식물

검역업무, 마약단속업무, 문화재 반출관련업무, 의무실운영 등이 추가적으로 발생한다. 이와 같이 공항운영업무를 수행하기 위해서는 수많은 정부기관, 공항운영자, 항공사, 지상조업체, 여러 종류의 구내업체 등이 여러 가지의 기술과 기능을 보유한 직원을 확보하여 다양한 임무와 기능을 발휘하여야만 유지되는 다양성과 복합성으로 말미암아 공항을 작은 정부 또는 복합 산업체라고 말하기도 한다.

2. 공항의 기능

공항은 항공기에 의한 사람의 여행이나 화물수송의 출발점이거나 중간지점 또는 최종 도착지점으로서의 기능을 하는 장소로서 여객을 운송하고 화물을 집하(集荷)·배송(配送)하는 항공운송서비스가 이루어지는 현장으로서 매우 다양한 기능을 수행할 뿐만 아니라 공항시설은 사회간접자본시설로서 국가기간산업의 역할을 하는 시설이기 때문에 공항의 기능은 여러 가지 방법으로 구분 할 수 있으나, 일반적으로는 공항의 고유기능과 파생기능으로 분류하고 있다.

1) 공항의 고유기능

공항의 고유기능으로는 크게 나누어 항공기의 운항기지, 여객의 운송기지, 화물의 운송기지 등으로 구분될 수 있다.

첫째, 항공기운항기지 기능으로서는 항공기의 이륙과 착륙을 위한 장소와 시설을 제공하기 위하여 활주로·유도로·계류장 및 착륙대 등의 기본시설과 항공교통관제시설·항행보조무선시설·항공등화시설 등의 항행안전시설 및 격납고·정비시설·기내식시설·동력시설·급유시설 등 항공기정비와 지상조업을 통하여 항공기의 운항지원을 하는 기능을 말한다.

둘째, 여객운송기지 기능으로서는 여객이 항공여행을 하는 출발지이거나 중간기착지 또는 여행의 최종 목적지로서 여객이 항공기를 탑승하거나 항공기에서 내릴 수 있는 탑승교 등의 시설과 장비를 갖추고 항공여객에게 휴게기능이나 음식제공을 할 수 있는 여객청사시설과 주차장 등을 갖추어 여객에게 항공여행서비스를 제공하는 기능을 말한다.

셋째, 화물운송기지 기능으로서는 화물의 항공수송을 위한 출발지이거나 중간 기착지 또는 화물의 최종 도착지로서 철도나 육상교통을 이용하여 공항에 도착한 항공화물을 항공기에 탑재하거나 항공기로 운송한 화물을 내리거나 환적(換積) 할 수 있는 화물처리시설과 장비 및 화물의 보관과 통관을 위한 시설을 갖추어 항공화물의 수송·보관·통관서비스를 제공하는 기능을 말한다.

2) 공항의 파생기능

공항의 파생기능으로서는 첫째, 공항시설이 국가의 사회간접자본시설로서 항공운송산업의 발전은 물론 물류수송을 신속하고 원활하게 함으로써 국가경제발전을 촉진시키는 경제적 기능을 가지고 있다.

둘째, 공항은 국가와 국가 또는 지역과 지역사이의 관광활동과 문화교류를 촉진시켜 국가사이의 우호증진과 함께 지역사이의 이해를 증진시켜 지역주민이나 국민의 의식과 행동을 세계적 또는 국가적 규모로 확대하여 통합하는 사회·문화적 기능을 가지고 있다. 즉 공항은 국제교류의 관문역할과 지역통합의 전진기지로서의 역할을 수행하는 장소이다.

셋째, 공항의 건설과 운영에는 토목, 건축, 기계, 전기, 통신, 전자, 환경 분야 등의 첨단과학기술이 필요하게 되므로 공항을 건설하고 운영함으로써 이들 분야의 기술을 선도할 뿐만 아니라 항공교통관제나 항행안전시스템, 기상정보, 공항운영시스템 등에 관한 기술 분야도 함께 발전시키는 등 과학·기술의 발전을 선도하는 기능을 가지고 있다. 예를 들면 공항의 활주로는 고속도로의 10배 이상의 포장강도를 유지하여야 하고, 항행안전시설은 최첨단장비가 사용되며, 공항기상은 우리의 일상생활에 필요한 생활기상정보에 비하여 훨씬 자세하고 세밀한 분석이 요구되고 있기 때문이다.

넷째, 공항은 항공운송서비스와 경쟁관계 또는 상호 보완관계에 있는 고속철도, 고속도로 및 해상운송 등 다른 교통수단의 기술개발을 촉진시키고 이들 교통수단의 설비나 서비스를 향상시키는 선도적인 기능을 수행하고 있다. 예를 들면 철도

부문에서는 고속철도를 도입하여 항공기와의 속도경쟁과 함께 객차설비의 수준을 향상시켰고, 고속버스 부문에서는 우등고속버스의 도입 등으로 안락성과 쾌적성을 향상시킨 사례를 볼 수 있다.

그러나 공항의 기능이 이와 같은 순기능만 있는 것은 아니며, 공항을 건설하고 운영함으로써 지역주민에게 역기능으로 작용하는 문제도 있다. 공항을 건설함에 따라 환경이 파괴되고, 철새도래지나 서식지의 훼손, 공항건설지역 주민의 생활터전 상실과 지역공동체 붕괴 등의 문제가 발생하고, 공항을 운영함에 따라 항공기의 운항에 따른 항공기소음피해와 대기오염, 항공기의 정비나 세척 등에 따라 발생하는 폐유나 겨울철에 항공기의 얼음을 제거하기 위한 제빙(除氷)이나 방빙(防氷)제에 의한 수질오염, 공항 내에 출입하는 차량 등에 의한 진동과 배기가스, 공항을 중심으로 공항건설로 인하여 에어 사이드인근지역은 교통이 불편해지고 지역발전이 저해되는데 비하여 랜드 사이드인근지역은 교통수단이용이 편리해지고 항공여객과 공항근무자 등이 늘어남에 따라 이들의 소비활동이 지역경제에 미치는 영향이 커져서 지역발전이 촉진되는 등 두 지역을 편중적으로 발전시키는 등의 역기능도 있다.

3. 공항에서 수행되는 업무

공항의 기능을 알기 위해서는 공항에서 어떠한 업무가 수행되고 있는가를 파악하는 것이 우선적으로 이루어져야 할 것이다. 우리나라의 공항에서 수행되는 업무를 살펴보면, 〈표 5-1〉에서 보는 바와 같이 인천국제공항 및 김포국제공항 등 국제공항에서는 국가의 관문역할을 하는 업무로서 정부기관이 수행하는 업무로는 관세청의 세관업무와 법무부의 출입국관리업무 및 보건복지부의 검역업무 등 CIQ 업무를 포함하여 농림부의 동물 및 식물의 검역업무와 검찰청의 마약단속업무, 문화재관리청의 문화재반출심사업무 등이 있고, 항공기의 안전운항을 지원하고 항공기의 공항이착륙을 관제하는 건설교통부의 운항·관제업무와 경찰청 및 국가정보원이 담당하는 경비·보안업무 등이 있다.

〈표 5-1〉 공항에서 수행되는 기관별 업무

기관명	담당업무	기관명	담당업무
〈정부〉		〈공기업〉	
ㅇ관세청(C)	- 세관업무	ㅇ공항공사	-공항운영 및 시설관리
ㅇ법무부(I)	- 출입국관리	ㅇ관광공사	-면세점운영
ㅇ검역소(Q)	- 검역		
ㅇ농림축산식품부	- 동·식물 검역	〈민간기업〉	
ㅇ검찰청	- 마약단속	ㅇ항공사	-항공기 운항
ㅇ국토교통부	- 운항, 관제	ㅇ지상조업체	-항공기 지원
ㅇ문화재청	- 문화재 반출심사	ㅇ관광협회	-관광안내
ㅇ경찰청	- 경비, 보안	ㅇ구내업체	-음식점, 면세점, 광고, 판매점, 용역업 등
ㅇ국가정보원	- 안전, 대공		
ㅇ국군기무사	- 군인관리		
ㅇ미래창조과학부	- 우체국업무		

공기업이 담당하는 업무로는 공항운영자가 담당하는 공항시설의 관리운영업무와 한국관광공사의 면세점운영업무 등이 있으며, 민간기업이 담당하는 업무로는 항공운송자인 항공사의 여객 및 화물수송과 관련된 업무와 항공사의 용역의뢰에 따라 항공기운항을 지상에서 지원하는 지상조업업무 및 공항당국이 지원하여 운영되는 공항의무실과 민간기업이 운영하는 공항 내의 음식점과 판매점, 면세점, 광고 및 각종 용역업 등을 담당하고 있다.

공항운영은 이와 같은 공항의 다양한 기능을 수행하기 위하여 여러 가지의 복합된 임무를 수행하여야 하는 종합산업체의 하나라고 볼 수 있다. 공항운영은 근본적으로 항공여객과 항공화물 등 항공기를 이용하기 위하여 공항이용이 불가피한 항공여객과 항공화물의 화주 등 공항이용자, 항공기가 공항을 이용하는데 불편이 없도록 공항시설을 관리하고 운영하는 공항운영자, 항공여객과 항공화물을 출발지 공항에서 도착지공항까지 수송하는 업무를 담당하는 항공사의 3자가 서로 협조하고 지원하면서 적절한 조화를 이루도록 하는 서비스사업으로서 이들 사이에는 다음과 같은 업무가 있다.

첫째, 에어 사이드지역에서 행해지는 업무로는 항공기의 이륙과 착륙에 필요한 정보의 제공과 운항을 통제하는 항공교통관제업무, 항공기의 공항접근이나 착륙에 도움을 주는 항공등화시설과 전방향무선표지시설, 계기착륙시설, 레이더 등 항행안전시설의 유지·보수업무, 활주로·유도로·계류장 등 항공기 이·착륙시설의 유지·보수업무, 항공기 사고에 대비하는 소방구조업무, 항공기 정비와 급유 및 하역 등 지상조업업무가 있다.

둘째, 랜드 사이드지역에서 행해지는 업무로는 여객의 항공권 구입, 탑승수속, 수하물 탁송, 보안검색 및 출입국관리업무가 수행되는 여객청사와 항공화물의 접수와 분류, 포장 및 보관 등의 업무가 이루어지는 화물청사, 공항에 도착한 자동차의 주차를 위한 주차장 관리·운영, 공항안전을 위하여 행해지는 경비 · 보안업무가 있다. 특히 국제공항에서는 출입국과 관련된 CIQ업무와 동 · 식물 검역, 마약단속, 문화재반출심사 등의 업무가 추가적으로 발생한다.

제 3 절 공항운영 시스템

1. 공항이용 시스템

공항을 이용하는 항공기와 여객 또는 화물이 공항을 이용하고 공항 내에서 이동하는 시스템을 도식화하면 [그림 5-7]에서 보는 바와 같이 출발여객은 공항의 일반 업무지역에서 탑승수속을 한 다음 출발대합실로 이동하여 탑승통로를 통하여 항공기에 탑승하는 절차로 이동하고, 도착여객은 항공기가 활주로와 유도로를 거쳐 주기장에 도착하면 탑승교 또는 램프버스를 이용하여 탑승통로를 통하여 도착대합실에 도착하여 이곳에서 자기가 탁송한 수하물을 찾아 목적지로 이동하는 시스템이다.

1) 항공기의 공항이용시스템

항공기가 공항을 이용하는 시스템을 살펴보면 항공기가 공항의 에어사이드지역에 도착하기 위해서는 공항인근 전방향무선표지시설의 전파신호에 의하여 도착할 공항에 접근한 후에 공항관제탑의 착륙허가를 받으면, 거리표지시설·방위각시설·활공각시설 등으로 구성된 계기착륙시설과 활주로접근 등화시설 및 진입각지시 등화시설을 이용하여 공항의 활주로에 착륙한 후 탈출유도로와 평행유도로를 거쳐 주기장으로 진입하게 된다.

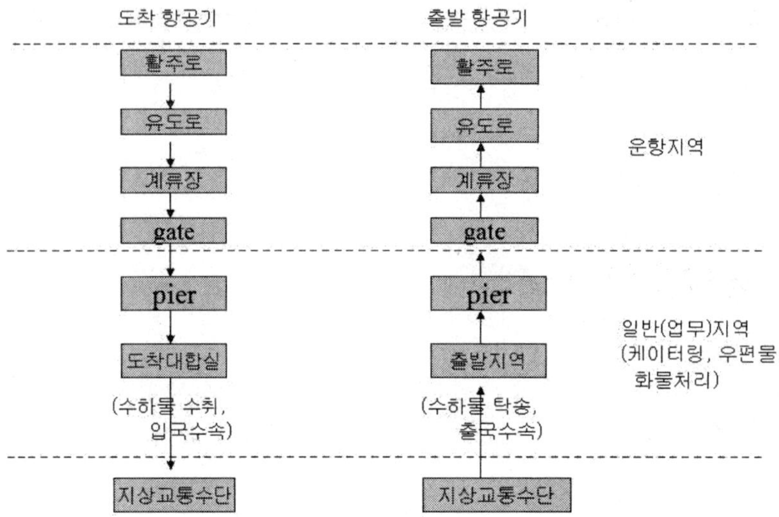

[그림 5-7] 공항시설이용시스템

반대로 여객이나 화물을 실은 항공기가 공항을 출발하기 위해서는 항공기가 주기되어 있던 주기장에서 유도로를 통하여 활주로로 이동하게 되는데 주기장에서 출발할 때부터 관제탑에 항공기 이동사실을 통보하고 관제탑의 지시에 의하여 이동하게 된다. 또한 유도로에서 활주로로 진입하는 것은 관제탑의 특별한 지시가 없으면 곧바로 진입할 수 있지만, 관제탑의 지시가 있는 경우에는 관제탑의 지시에 따라 일정지역에서 대기한 후 활주로를 통하여 이륙하기도 한다.

2) 여객의 탑승 및 하기시스템

여객이 공항의 랜드 사이드지역에서 항공기를 탑승하기 위해 공항을 이용하는 시스템은 출발여객의 경우에 공항의 여객청사에 도착한 후에 항공권 구입, 좌석배정 및 수하물 탁송 등 체크인을 한 후 보안검색, 출국수속, 세관검사 등을 거쳐 출발격리대합실로 이동하여 탑승하고자 하는 항공편이 주기하고 있는 탑승구를 이용하여 항공기에 탑승하게 된다.

도착여객의 경우에는 항공기에서 탑승교를 이용하여 여객청사에 도착한 후 탑승하고 온 항공편의 수하물 찾는 장소에서 수하물을 찾은 후 국제선 여객의 경우 입국수속과 세관검사 등을 거치면 주차장 또는 대중교통편을 이용하여 목적지로 출발하게 된다.

3) 화물의 탑재 및 하기시스템

항공화물을 항공기에 탑재하거나 항공기에 탑재된 화물을 하기하는 시스템을 살펴보면 출발화물의 탑재시스템은 화물이 공항의 화물청사에 도착하면 화물의 분류, 세관신고, 보안검색, 검역, 포장 및 컨테이너 등 탑재용기에 적재하여 리프트카, 달리, 하이 로더 등 지상조업장비에 의하여 항공기에 탑재하게 된다.

도착화물의 하기 시스템은 출발화물의 역순으로 이루어지는데 항공기에 탑재된 화물을 하이 로더나 달리 등의 지상조업장비를 이용하여 항공기에서 하기 하여 화물청사에 도착하면 화물의 분류, 세관신고, 보안검색, 검역 등을 거쳐 화주에게 송달하는 시스템으로 이루어진다.

2. 공항이용자와의 관계

공항은 항공교통의 출발지 및 도착지 역할과 중간 기착지로서 항공기가 운항을 준비하거나 운항을 마무리하는 장소이고, 여객과 화물을 싣고 내리는 장소이며, 항공교통과 철도나 도로 등 지상교통과의 연결기능을 수행하는 장소이다.

공항은 여객을 포함한 공항이용자, 운송을 담당하는 항공사 및 공항시설을 운영하는 공항당국 등 3대 구성요소가 상호 유기적인 관계를 가지고 작용하기 때문에 이들 사이에 균형상태가 유지되어야 운영의 효율성을 유지하고 이용의 불편을 최소화할 수 있는 시스템으로 구성되어 있다.

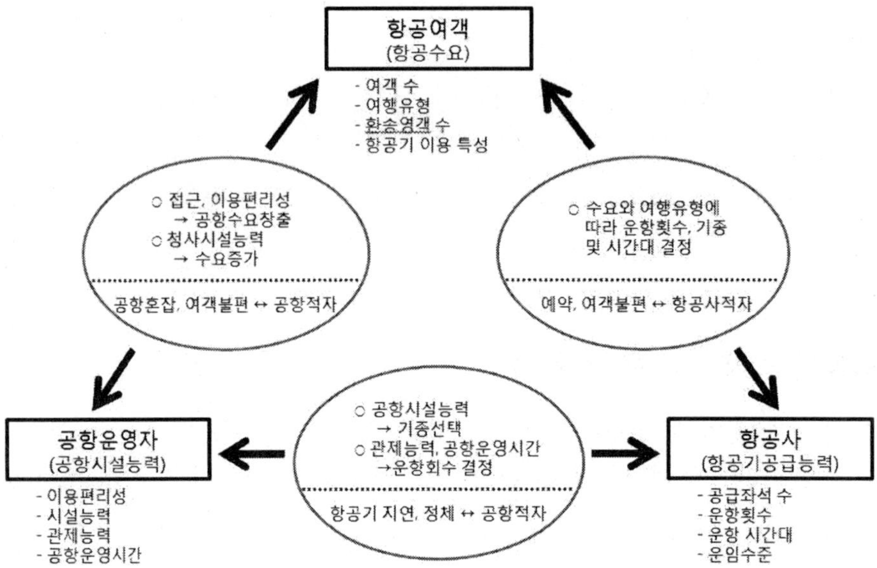

[그림 5-8] 공항과 공항이용자의 관계

1) 항공여객과 항공사간의 관계

항공여객과 항공사간의 관계에서는 항공여객의 특성으로는 여객의 수와 여행의 유형 및 항공교통을 이용할 수 있는 경제적 수준이나 다른 교통수단과의 관계 등에 관한 특성이 있고, 항공사의 특성으로는 항공기의 공급좌석 수와 항공기의 운항회수, 항공기의 기종 및 항공기운항시간대에 관한 사항 등이 항공여객의 수요를 창출하는데 영향을 미치는 특성이 있다. 이와 같이 항공여객과 항공사간의 상호간의 관계에서는 여객의 수와 항공기의 크기, 여행의 유형과 공급좌석 수 및 운항시간대, 항공기의 이용특성과 운항회수 및 운항시간대 등이 상호작용을 한다. 즉,

여객수요가 늘어나면 항공사는 공급좌석수가 많은 항공기를 투입하여 늘어나는 여객수요를 충족시키려 할 것이고, 여객수요가 더 늘어나서 공급좌석수가 많은 항공기로 감당하기 어려운 때에는 항공기운항회수를 늘리게 될 것이며, 여객의 유형이 출퇴근 여객이 많다면 커뮤터항공기의 운항시간 및 운항빈도를 여객유형에 맞추게 될 것이고, 단체여행객이 많을 경우에는 단체여행객이 이용하기에 편리한 시간대로 항공기운항시간을 조정하거나 전세항공편의 항공기투입도 고려하게 될 것이다.

항공여객과 항공사의 관계를 구체적으로 살펴보면 항공여객이 많은데 소형항공기가 운항되거나 항공기의 운항횟수가 적으면 공급능력이 수요에 미치지 못하기 때문에 여객들은 항공기의 좌석예약이 어렵게 되어 불편을 겪게 될 것이고, 반대로 여객수요는 적은데 대형항공기를 운항하거나 항공기운항횟수가 많으면 공급과잉으로 인하여 항공기 탑승률이 낮아지고 이는 항공사의 적자운영으로 이어지게 될 것이다.

2) 항공여객과 공항운영자의 관계

항공여객과 공항운영자의 상호관계에서는 공항을 이용하는 여객 및 환송영객의 수가 여객청사의 규모를 결정하는 요소가 되며, 여객 중에서 비즈니스여객과 커뮤터여객은 관광목적의 단체여객에 비하여 여객청사에 머무르는 시간이 짧기 때문에 편의시설 및 상업시설 규모가 작아도 될 것이며, 항공여행에 대한 환·송영 객이 많은 경우에는 여객청사의 일반대합실 면적을 넓게 확보하여야 할 것이다.

항공여객과 공항운영자와의 관계를 구체적으로 살펴보면, 여객 수는 많은데 공항시설이 부족하면 수요에 비하여 공급이 부족하게 되어 공항이 혼잡하게 되고 여객이 불편을 겪게 될 것이며, 반대로 여객은 적은데 여객청사가 크거나 넓으면 수요에 비하여 시설공급의 과잉으로 인하여 불필요한 공항시설을 관리하고 유지하기 위한 비용지출로 공항은 적자운영이 불가피할 것이다.

3) 항공사와 공항운영자의 관계

항공사와 공항운영자의 상호관계에서는 항공기의 크기가 활주로 길이나 여객청사의 규모와 상호작용을 하고 항공기 운항시간의 편성은 공항운영시간이나 관제능력과 상호작용을 하며, 항공기의 기종과 운항회수는 공항의 운항지역에 설치된 항행안전시설의 특성과 구성요소 및 관제능력과도 상호작용을 하게 되며, 주차장의 규모나 도심에서의 접근교통망에 관한 사항은 항공여객수요나 공항을 이용하는 자의 교통수단에 영향을 미치게 될 것이다.

공항운영자와 항공사와의 관계를 구체적으로 살펴보면 공항의 시설능력이 부족한데 대형항공기를 운항하거나 항공기운항횟수가 많으면 수요가 공급을 초과하여 항공기의 안전운항을 저해할 뿐만 아니라 항공기의 지연이나 정체현상을 불러올 것이며, 반대로 공항시설능력은 대형기 운항이 가능한데 소형기를 운항하거나, 관제능력과 활주로용량이 충분한데 항공기 운항횟수가 적으면 수요가 공급능력에 미치지 못하여 공항운영자는 불필요한 공항시설의 관리와 운영을 위한 비용을 추가로 부담하게 되어 공항은 적자운영이 불가피할 것이다.

3. 공항의 운영형태

1) 정부소유에 의한 운영형태

공항의 소유 및 운영형태는 나라마다 공항마다 많은 차이점을 보이고 있으며, 아직도 많은 공항들이 중앙정부나 지방정부가 공항을 소유하고 관리하는 형태를 취하고 있다. 정부가 공항을 소유하고 운영하는 국가들은 대부분 교통정책을 담당하는 부처의 민간 항공국이 공항을 운영하고 있으나, 일부 국가에서는 국방을 담당하는 부처에서 공항을 운영하는 나라도 상당수 있다. 이러한 공항운영형태는 그리스, 스웨덴, 노르웨이 등이 대표적이며 다른 국가에서도 정부가 공항운영과 항공관제나 항공기상업무를 담당하고 있는 사례가 있다.

또한, 정부가 공항을 운영하는 나라에서도 몇몇 공항은 군 당국이 공항시설을 소유 및 운영하면서 민간공항과 군용공항으로 겸용하고 있는 경우도 있다.

공항의 중앙정부통제에 대한 대안으로 공항의 소유권을 지방정부에 넘겨, 각 공항별 또는 몇 개의 공항을 묶어서 지방정부가 공항을 운영하는 경우도 있다. 이러한 형태의 공항은 미국의 공항중에서 볼티모어, 시카고, 휴스턴, 로스앤젤리스, 뉴올리언스, 애틀랜타공항 등이 있다.

2) 공공법인을 통한 운영형태

정부가 공항의 소유권은 가지고 있지만 공항이 좀 더 많은 자치권을 가지고 있다면 더 잘 관리되거나 운영될 수 있을 것이라고 느껴왔고 이것은 공항운영의 효율화와 관련된 구체적인 보고서와 함께 공항을 운영하는 공단의 설립으로 이어졌다. 공항을 운영하는 공단의 법적인 형태는 국가별로 다르나, 기본적인 목표는 중앙 또는 지방정부의 정치적 통제가 완화되거나 정략적 수준에 그치고, 공항운영에 대한 장기계획을 수립하고 수행하는 전문적 능력을 갖춘 별도의 법인을 설립하여 공항운영의 전문화 내지 효율화를 기하려는 것이다.

1966년 설립된 영국공항공단은 최초의 공항공단의 하나였으며, 영국공항공단은 처음에 런던주위의 3개 공항과 스코틀랜드의 1개 공항을 포함한 4개의 정부가 관리하던 공항을 인수받았지만 곧이어 스코틀랜드의 3개 공항을 추가로 인수받았다. 그 후에 런던 남서쪽의 사우스햄프턴공항을 인수하여 법인형태를 구축하고 다른 공항들이 부러워하는 수익수준에 도달했다. 다른 나라에서도 이 성공사례를 따라 공단을 설립하기 시작하여 1970년대 후반과 1980년대 초반에 많은 공항공단이 탄생했는데, 1979년의 태국공항공단, 이스라엘공항공단, 멕시코공항공단 등이 공항공단의 사례들이다.

3) 공공 및 민간 혼합 운영형태

일부 공항들은 소유상태가 공공부문과 민간부문이 혼합된 상태로 설립된 회사에 의해 운영된다. 큰 규모의 일부 이태리공항이 이 경우에 해당되는데 민간 및 공공단체 주주들로 구성된 회사에 의해 운영되는 로마공항의 경우에 주식의 56%를 알리탈리아 항공이 소유하고 있으며, 알리탈리아 항공은 주식의 30%를 민간이 소유하고 있다.

미국에 있어서 독특한 특징은 공공부문에서 소유하고 운영 중인 공항들이 공항소요자의 자본조달부담능력을 경감할 목적으로 공항의 일부청사를 항공사 등 민간기업이 건설하고 소유하여 운영하도록 하는 형태인데 뉴욕의 케네디공항과 시카고 오헤어 공항, 애틀랜타공항 등은 별도의 청사 또는 탑승동 청사를 항공사가 소유하여 운영하고 있으며, 이러한 소유와 운영이 분리된 형태는 미국 밖에서는 흔치 않은 사례이나 점차 확산되고 있는 추세이다.

4) 민간소유 및 관리형태

지금까지 공항의 민간소유는 수에 있어서나 규모에 있어서 제한적이었으며 규모가 작은 공항에 한정되어 있으나, 경비행장이나 항공스포츠용 비행장 등은 민간소유가 훨씬 더 널리 퍼져 있다.

미국에서는 뉴욕의 로체스터공항과 같은 규모가 작은 정기운항편이 있는 일부 공항이 민간기업의 소유이며, 유럽의 경우 완전한 민간기업이 소유한 공항은 거의 없는 실정이나 영국의 경우 벨파스트하버공항과 1987년 개항한 런던시티공항이 민간기업이 소유한 공항이다.

공항의 민간기업소유에 관한 큰 진전은 결국 영국의 규모가 큰 지역공항들을 민영화시키겠다는 보수당정부의 약속으로 1987년 영국공항공단의 민영화와 함께 찾아왔는데 영국공항공사의 설립으로 유럽의 가장 큰 공항이며 취급 여객수가 세계에서 5번째인 히드로공항을 포함한 7개의 공항이 민영화되었으며, 이러한 공항민영화는 계속될 것이 확실할 것으로 본다.

5) 최근의 공항운영동향

최근 세계의 공항운영동향을 살펴보면 아직도 많은 나라의 공항들이 정부가 직접 운영하는 형태를 취하고 있으나, 이는 그 국가들의 항공정책이나 국가체제에 기인한 것으로 보이며, 대부분의 국가에서는 공항운영의 효율화와 공항의 경쟁력

확보를 위하여 공항운영을 정부가 직접 운영하는 형태에서 점진적으로 공항운영 주체를 공기업형태로 전환하거나 민간기업이 운영하는 방식으로 전환하는 추세에 있으며 정부가 운영하는 공항과 민간기업이 운영하는 공항을 개발전략이나 위험요소 및 기회요소 등을 비교하면 〈표 5-2〉 와 같다.

〈표 5-2〉 공항운영형태의 비교

구 분	정부운영공항	민간운영공항	비고
개발전략	수용능력확보에 주력	수송수요에 부응 노력	
추구목표	수송력확보, 대표성 추구	수익증대 추구	
위험요소	투자비 과다	제한된 수용능력	
기회요소	장래수요 대비 여유공간	높은 수익성	
결과요소	정부의 추가세금징수 (국민의 납세부담증가)	투자자의 채무발생 (직원, 주주, 고객부담)	

6) 한국공항의 소유 및 운영형태

우리나라의 공항운영형태의 변화과정을 살펴보면 1980년 이전에는 전국의 공항을 그 당시 국가기관인 교통부 지방항공청에서 직접 관리·운영하였으나, 1980년 5월 '국제공항관리공단법'의 제정으로 '국제공항관리공단'을 설립하여 김포, 김해, 제주공항 등 국제공항을 공기업 형태의 공항공단이 관리·운영하기 시작하였으며, 그 후 1990년 6월에 국제공항관리공단을 '한국공항관리공단'으로 명칭을 변경하면서 국내선공항을 포함한 전국의 모든 공항을 관리·운영하였으며, 1992년 1월에는 법인 명칭을 '한국공항공단'으로 변경하면서 인천국제공항의 건설업무도 담당하게 되었으나, 1994년 6월에 '수도권 신 국제공항건설공단'의 설립으로 인천국제공항의 건설업무를 이관하게 되었다.

우리나라의 공항소유 및 운영형태는 1999년 이전에는 공기업 형태의 공항공단이 정부의 공항운영 업무를 수탁 받아 공항을 운영하여 왔으나, 1999년 1월에 정부업무를 위탁받아 수행하는 형태의 인천국제공항공사가 「공기업의 경영구조개선 및 민영화에 관한 법」의 적용을 받는 주식회사형태의 공기업으로 전환되고, 이어서 2002년 3월에는 한국공항공사가 「공기업의 경영구조개선 및 민영화에 관한 법」의 적용을 받는 주식회사형태의 공기업으로 전환되면서 공항의 소유 및 운영형태에 큰 변화가 있었다. 이들 양 공항공사의 주식은 정부가 100%를 소유하고 있으나, 앞으로 양 공항공사의 재무여건이 호전되는 시점에서 주식을 민간에게 매각하여 민영화 체제로의 전환을 전제로 하고 있다.

제 4 절 공항의 보안조직

1. 공항보안위원회

공항을 운영하기 위해서는 여러 국가기관과 공항운영당국 및 항공사 등 여러 기관 및 업체가 각각 자신의 업무를 성실하게 수행하여야 원활한 공항운영이 가능해진다. 이와 같이 공항운영에는 다양한 업무수행을 위하여 맡은바 임무도 다르고 업무성질도 다른 다수의 기관 및 업체가 복합적으로 그 기능을 수행하고 있기 때문에 공항보안을 효율적으로 운영하기 위해서는 이들 기관 및 업체의 기능과 업무수행이 서로 연계되어 집행되어야 한다. 이를 위하여 공항보안업무를 총괄할 수 있는 조직이 필요하게 되어 공항운영책임이 있는 정부기관을 중심으로 공항보안위원회를 구성하여 운영하게 되었다.

공항보안위원회는 공항운영상 발생하는 여러 가지 보안과 관련한 문제를 효율적으로 해결하기 위하여 공항보안에 대한 전반적인 사항을 다루기 위하여 구성된 조직이다. 공항보안위원회는 일반적으로 공항운영을 책임지고 있는 공항장이나 공항장이 소속 임원중에서 지정하는 자가 의장이 되고, 공항운영 및 보안과 관련된 기관 및 업체의 간부가 위원이 되어 공항운영자를 지원하거나 자문하는 임무를 수행한다.

우리나라의 경우에 공항보안위원회는 공항운영자를 포함하여 당해 공항 내에 상주하는 국가정보담당기관, 공항경찰, 세관·출입국관리사무소·검역소 등 출입국관리기관, 우편 및 통신부서, 항공운항 및 항공관제기관, 공항의료기관, 공항소방 및 구조부서, 항공사, 화물운송업체 등의 간부가 위원으로 참여하고, 공항을 관할하는 지방항공청장 또는 지방항공청장이 소속 공무원 중에서 지명하는 자가의장이 되도록 하고 있다. 공항보안위원회는 항공기의 안전운항과 공항의 안전을 위하여 보안대책을 수립하고 시행하는 과정에서 조언과 협력 및 지원을 하게 되는데, 위원회에서 협의하는 사항은 항공안전협의회가 결정한 사항의 시행, 항공안전 및 보안의 시행계획의 수립에 관한 사항, 공항시설의 안전 및 보안에 관한 사항, 항공기의 안전 및 보안에 관한 사항, 공항비상계획에 관한 사항, 그 밖에 공항의 안전 및 보안에 관한 사항 등이다.

2. 보안업무 수행조직

공항에서는 항공보안을 위하여 여러 국가조직과 공항운영자, 항공사 등이 각자의 보안에 관한 임무를 수행하고 있는데, 항공보안업무 수행조직별 임무와 조치내용은 다음과 같다.

1) 국가정보 및 법 집행기관

공항에서 항공보안업무를 수행하기 위한 가장 중요한 임무는 항공범죄의 예방이다. 항공범죄의 예방을 위해서는 먼저 항공범죄와 관련한 정보의 수집과 전파, 항공보안에 대한 위협상황의 분석과 전파 등에 관한 업무이다. 국가정보기관에서는 항공보안과 관련하여 수집된 위협정보를 적절하게 분석하여 위협의 정도를 평가한 후에 관련된 국가기관, 공항운영자, 항공사 등에게 전파하여 항공범죄가 발생하지 않도록 사전대비를 하도록 하는 임무를 수행한다.

또한 항공보안과 관련한 범죄에 대하여는 범죄의 유형에 따라 해당되는 법률이 적용되는데 국가의 안보 및 대공범죄에 대하여는 국가보안법이 적용되고, 여권과 사증(Visa) 또는 출입국절차와 관련된 범죄에 대하여는 여권법과 출입국관리법이 적용되며, 밀수 및 마약과 관련된 범죄에 대하여는 관세법과 마약법 등이 적용되고, 검역과 관련된 문제에 대하여는 검역법과 전염병예방법이 적용되며, 동물검역과 관련된 문제에 대하여는 가축전염병 예방법이 적용되고, 식물검역과 관련된 문제에 대하여는 식물방역법이 적용되며, 문화재와 관련된 문제에 대하여는 문화재보호법이 적용되고 있다.

2) 공항운영자

공항운영자는 공항보안을 위한 전반적인 임무를 수행하는 조직으로서 일반적으로 공항운영조직의 보안업무를 담당하는 부서의 임원이 공항보안에 대한 총괄적인 책임을 지고 보안업무를 수행한다. 공항운영자가 공항보안을 위하여 수행하는 세부적인 업무내용은 다음과 같다.

ⓐ 공항보안프로그램의 수립 및 운영책임, 공항보안관련 기관과 협력체제 구성 등 공항전반에 대한 종합적인 항공보안임무수행

ⓑ 공항의 에어 사이드지역 등 보호구역에 비인가자 출입통제시스템 구축 및 운영, 여객청사의 격리대합실 출입자에 대한 보안검색 등 공항보호구역에 대한 출입통제시스템 구축과 출입통제업무수행

ⓒ 공항외곽에 울타리 및 담장의 설치와 비인가자의 접근통제, 출입자의 신원조회와 출입증발급 및 관리업무 등 공항시설 및 장비보호대책과 출입자 감시업무수행

ⓓ 공항의 항공보안품질을 확보하기 위한 보안시설 및 장비의 점검과 성능테스트, 보안업무수행에 대한 감사의 실시 등으로 공항의 보안기능 향상에 관한 업무수행

ⓔ 공항의 비상사태 발생 또는 항공사고가 발생한 경우에 항공사고의 신속한 수습과 정부의 사고조사에 대한 협조업무 등 공항보안업무의 효율적 수행을 위한 역할

3) 항공사

항공기를 운항하여 여객과 화물을 운송하는 항공사가 항공보안과 관련하여 가장 큰 임무는 승객과 승무원 및 항공기를 불법행위로부터 보호하는 것이다. 이 중에서도 승객보호는 항공기안전운항과 함께 항공사에서 가장 중요하게 여기는 보안업무이다. 항공사는 자체의 보안프로그램을 통하여 승객 및 항공기를 보호하기 위한 보안대책을 수립하여 시행하고 있는데, 항공사가 항공보안을 위하여 수행하는 세부적인 업무내용은 다음과 같다.

ⓐ 공항에 주기중인 항공기의 보호를 위한 경비와 기내출입통제 등의 보안대책수립 및 이행

ⓑ 화물청사의 보안대책과 항공화물의 보관·분류·포장에 따른 보안대책 및 항공화물과 우편물의 보안검색을 통한 화물운송의 안전성 확보업무수행

ⓒ 항공기 피랍 등 비상사태가 발생할 때에 관련기관과의 협력 및 비상사태의 조기해결을 위한 업무수행

ⓓ 기내식 및 기내 판매품 등에 대한 보안업무 수행

제6장 공항보안 시스템

제1절 공항방호 시스템

1. 방호개념 및 체계

공항은 항공교통의 출발과 도착 및 중간 기착지 등 항공교통의 기지로서의 역할을 할 뿐만 아니라 공항시설은 항만, 철도와 함께 사회간접자본시설로서 국가의 중요시설이기 때문에 국가차원에서의 보호가 필요한 시설이다. 방호란 이러한 시설을 적의 공격이나 침범을 방어하여 보호하는 것을 말한다. 공항시설을 보호하기 위한 방호체계는 공항을 중심으로 핵심방어지대, 주 방어지대, 경계지대의 3지대로 구분하여 3단계의 방호체계를 구축하고 있다.

1) 핵심방어지대

핵심방어지대는 공항시설을 보호하기 위하여 공항의 외곽경계를 중심으로 울타리와 담장이 설치된 지역을 의미하며 공항시설을 직접적으로 보호할 수 있도록 시설물 및 과학화 장비가 설치되고 경비인력이 배치되어 있는 지역으로서 흔히 '제3지대 방어지역'이라고 불리는 지역이다.

공항방호를 위한 핵심방어지대에는 공항에 침투하는 적을 최종적으로 방어하기 위하여 대부분 담장이나 2중 철조망 등의 울타리가 설치되어 있고, 울타리 주변에는 CCTV카메라, 적외선 감지시설, 보안감시용 조명시설, 장력감지시스템이나 충격감지시스템과 같은 첨단과학 장비, 감시용 초소 및 배수로나 송수관 등이 설치된 지역에 대한 보호시설이 설치되어 있고, 평상시에는 감시초소에 경비인력을 배치하여 공항에 무단으로 접근하는 자를 감시하며 경비순찰이 이루어지는 경비시스템을 운영하고 있으며, 유사시에는 감시초소에 경비인력보강과 순찰횟수 및 인력을 증원하고 5분 대기조를 운영하여 공항시설을 방어하고 있다.

2) 주 방어지대

공항시설을 보호하기 위한 주 방어지대는 공항에 침투하는 적의 공격에 대비하여 공항울타리 외곽 1~2km지역에서 적의 공격을 저지시키기 위하여 전면방어를 위한 진지구축, 방어인력 배치, 차량을 이용하여 공항울타리 외곽지역에 대한 순찰, 해당지역에 대한 주기적인 수색 및 감시활동이 이루어지는 지역으로서 일반적으로 '제2지대 방어지역'이라고 불리는 지역이다.

주 방어지대에 대한 방호를 위하여 공항외곽의 농수로, 배수로, 송수관, 맨홀 등의 방호취약시설과 나무 또는 지형적 자연장애물에 의한 취약지역에 대한 보안시설과 대책이 마련되어지고, 이들 지역에 대한 순찰 및 감시활동 등의 방호활동이 이루어지는 지역이다.

3) 경계지대

공항시설을 보호하기 위한 경계지대는 항공기가 공항을 이륙하거나 공항에 착륙하는데 사용되는 활주로접근 등화시설, 방위각시설, 거리표지시설 등 계기착륙시설, 레이더송신소와 수신소, 전방향무선표지시설 등 활주로 말단으로부터 공항외곽에 설치된 시설과 장비를 보호하는 한편, 공항에 침투하는 적을 외곽지역에서 저지하기 위한 지역으로서 공항으로부터 8~12km내에 있는 지역으로서 통상적으로 '제1지대 방어지역'으로 불리어지고 있다.

경계지대에서의 공항방호활동을 위해서는 관찰이 용이한 지역에 관측소 설치, '목 검문'이 가능한 지역에 검문소 설치, 불시적인 수색정찰, 검문소를 통한 검문검색 등이 이루어지며, 경계지대의 방호를 위한 지휘체계는 공항방호책임자가 공항주변의 지형, 공항시설규모, 시설여건 등을 고려하여 방호지휘를 하되, 공항에 상주하는 군, 경찰, 청원경찰, 특수경비원, 직장예비군 등을 통합하여 지휘하도록 하는 통합방호지휘체계가 이루어지고 있다.

2. 외곽경비시스템

공항의 경비체계는 항공기의 운항에 위험을 초래할 수 있는 가축이나 야생동물 등이 항공기 이동지역으로 침입하거나, 허가받지 아니한 자가 공항의 통제구역에 침입하는 것을 방지하기 위하여 울타리 또는 담장시설을 설치하고 있으며, 통제구역에 출입하는 자를 감시 및 통제하기 위하여 출입문의 설치와 경비인력에 의한 출입자 통제, 공항지역에 불법으로 무단 침입하는 자를 감시하기 위하여 과학화장비 및 시설에 의한 무단출입자 감시시스템으로 이루어져 있다.

1) 외곽경비시설

공항시설을 보호하고 공항의 활주로지역에 가축이나 야생동물의 침입을 방지하며 통제구역의 출입자를 통제하기 위한 1차적인 경비시설은 공항의 외곽경계선에 설치된 공항울타리이다. 공항울타리는 담장 또는 철조망 형태로 설치되며 그 높이는 기본적으로 2.4m 이상으로서 상단에는 Y자형 가시철조망이나 원형 철조망을 설치하여 무단침입자가 울타리를 넘어오지 못하도록 하고 있다.

공항외곽 울타리에는 주변지형 및 장애물을 고려하여 100m~500m 마다 유·무선 통신시설과 경보장치가 갖추어진 경비초소 및 망루시설을 설치하고 있으며, 울타리의 안쪽과 바깥쪽에는 각각 순찰용 도로가 설치되어 있고, 공항시설 보호를 위한 보안등이 일정한 간격으로 설치되어 있으며, 사람의 출입이 필요한 지역에는 출입문을 설치하여 출입자를 통제할 수 있도록 하고 있다.

[그림 6-1] 공항 외곽울타리

2) 외곽경비인력

공항은 국가중요시설로서 공항시설을 보호하기 위하여 공항외곽을 3개의 지대로 구분하여 방호체계를 구축하고, 공항구역을 담장 또는 철조망으로 울타리를 설치하고 경비초소와 망루 등의 경비시설을 설치하는 외에 경비인력을 투입하여 공항시설을 보호하고 있다. 공항지역의 경비인력은 청원경찰법에 의한 청원경찰 또는 경비업법에 의한 특수경비원으로 구성되어 있으며, 이들은 공항지역을 24시간 경비하는 시스템으로 운영되고 있다. 공항시설을 보호하기 위한 경비인력은 이들 경비에 투입되는 인력 외에 공항의 울타리지역을 안쪽은 물론 공항울타리의 바깥쪽을 순찰하는 경비인력, 유사시에 출동할 수 있는 5분 대기조의 경비인력, 통제구역의 출입문을 통과하는 사람과 차량을 검색 또는 통제하는 경비인력, CCTV 카메라 · 적외선 감지기 · 충격감지장비 등 과학화장비의 모니터를 감시하기 위하여 경비상황실에 근무하는 경비인력 등으로 구성되어 있다.

3) 경비과학화시설

공항시설을 보호하기 위한 경비시스템은 앞에서 설명한 3지대 개념에 의한 방호체계와 경비시설 및 경비인력에 의한 경비체계 외에도 CCTV 카메라 · 적외선 감지시설 · 장력감시시설 · 충격감지시설 등 첨단과학시설과 장비를 설치하여 공항경비의 효율성을 높이도록 하고 있다.

첫째, CCTV 감시카메라는 공항울타리의 인접 외곽지역 및 울타리의 상단을 감시할 수 있도록 울타리의 상단에 일정한 간격으로 설치되어 있으며, 카메라에 의하여 감지되는 내용은 경비상황실의 모니터에서 실시간으로 감시할 수 있는 시스템으로 구성되어 있다. 감시카메라는 고정식으로 설치된 경우도 있고, 카메라의 방향과 각도를 조정할 수 있거나 줌으로 피사체를 확대하여 볼 수도 있는 카메라가 설치된 경우도 있다.

둘째, 적외선 감지시설은 울타리를 넘어오는 물체를 적외선 카메라로 감시할 수도 있고, 적외선을 발사하여 적외선이 발사되는 지역을 통과하는 물체를 탐지하여 경보신호등이 켜지고 경보음이 울리는 장비이다.

[그림 6-2] 경비과학화시설

셋째, 장력감지시설은 울타리 안쪽에 울타리와 일정한 간격을 두고 평행선으로 팽팽하게 당겨진 철선을 설치하여 불법침입자가 철선 사이를 통과하기 위하여 일정한 간격 이상으로 철선을 벌릴 경우에 경비상황실에 경보신호등이 켜지고 경보음이 울리도록 한 시설이다.

넷째, 충격감지시설은 울타리의 안쪽 바닥에 충격감지철선을 설치하여 외부침입자에 의하여 일정한 강도 이상의 충격이 가해질 경우에 경보신호를 보내도록 한 시설이다.

제 2 절 공항보안 프로그램

공항보안 프로그램은 국가의 항공보안 프로그램에 근거하여 공항별로 불법행위로부터 공항시설 및 장비의 보호와 공항의 안전을 확보하기 위한 프로그램으로서 공항보안을 유지하기 위하여 예상되는 항공테러 및 범죄에 대응하기 위한 세부적인 대책과 조치계획이 포함된다. 공항보안 프로그램을 수립할 때에 고려하여야 할 사항과 공항의 시설 및 장비를 보호하기 위한 공항경비 보안프로그램, 항공기와 승객을 보호하기 위한 보안검색 프로그램, 계류장보안 프로그램으로 나누어 설명하고자 한다.

1. 보안 프로그램의 수립

공항보안 프로그램을 수립함에 있어 공항운영 및 보안업무에 실무경험이 적은 경우에는 여러 분야에서 현실적으로 적용하기 어려운 보안계획을 수립하게 되는 경우가 발생하게 되기 때문에 효율적이고 현실적인 공항보안 프로그램을 수립하기 위해서는 다음 사항을 고려하여야 한다.

첫째, 공항보안 프로그램을 수립함에 있어 너무 이론에 치우치지 않도록 고려하여야 한다. 공항의 현실적인 상황을 고려하지 않고 이론적인 부분만을 강조하여 공항보안 프로그램을 수립할 경우에는 실제상황이 발생할 때에 그 프로그램을 적용하기 어려운 상황이 발생할 수 있다. 따라서 공항보안 프로그램은 너무 이론에만 치우치지 말고, 그 공항의 실제적인 상황을 파악하여 현실적용이 가능한 프로그램으로 수립되도록 하여야 한다.

둘째, 공항보안 프로그램은 공항이 비상사태에 처할 경우에 대응하기 위한 절차와 방법을 미리 예측하여 수립하는 것이기 때문에 평상시의 업무수행을 위하여 참고하는 업무핸드북이나 업무매뉴얼과는 다르다. 따라서 공항보안 프로그램은 비상사태에 대비한 구체적이고 상세한 절차와 방법이 수록되어 프로그램을 접수한 관련기관 및 조직의 담당자가 쉽게 이해할 수 있도록 수립되어야 한다.

셋째, 공항보안 프로그램은 시대적 상황변화나 새로운 보안상황에 대응할 수 있도록 수립되어야 한다. 공항보안에 관한 정확한 사전정보가 없거나 새로운 정보가 발생하는 경우에는 이미 수립된 보안 프로그램을 그대로 적용할 수 없는 문제가 발생할 수 있기 때문에 프로그램담당자는 이전정보나 오래된 정보를 사용하여 공항보안 프로그램이 수립되지 않았는지를 주기적으로 파악하여 보완하고 발전시키도록 하여야 한다.

넷째, 공항보안 프로그램을 담당하는 직원은 관련기관 및 업체의 업무와 부서별 업무분담내용을 명확히 파악하여야 한다. 특히 최근에는 정부기관이나 기업의 업무조직이 수시로 변화하기 때문에 항상 이들 기관이나 기업의 업무조직변화를 주기적으로 파악하여 공항보안 프로그램에 반영되도록 하여야 한다.

2. 경비보안 프로그램

공항경비보안 프로그램은 주로 공항의 시설과 장비에 대한 보호와 보안을 유지하기 위한 기본적인 프로그램으로서 공항보안에 필요한 국가의 역할과 임무 및 책임에 관한 사항, 공항운영자의 역할과 임무 및 책임에 관한 사항, 항공사의 역할과 임무 및 책임에 관한 사항 등 공항보안에 대한 전반적인 다음과 같은 내용이 구체적으로 기술되어야 한다.

1) 명확한 책임분장과 절차의 표준화

국제공항에는 많은 수의 국가기관과 항공사 및 공항운영자가 각각 자기가 맡은 업무를 수행하기 때문에 이들 기관 및 업체들에 대한 업무한계와 책임이 모호할 경우에 보안사고가 발생하면 즉시적이고 적절한 대응을 효과적으로 시행하는데 어려움이 있다. 따라서 항공보안의 목적을 효율적으로 달성하기 위해서는 항공보안과 관련된 기관 및 업체가 각각 담당할 명확한 보안책임에 대한 구분이 있어야 한다. 또한, 항공보안과 관련된 사고가 발생하는 경우에 대형사고로 이어질 가능성이 높기 때문에 관련기관 및 업체들이 평상시와는 다른 비상체제로 돌입하여야 하는데, 보안사고에 대응하기 위한 표준화된 대응절차가 없을 경우에 대부분 우왕

좌왕하는 사태가 발생할 수 있다. 따라서 공항보안프로그램에는 보안사고가 발생할 경우에 즉시적이고 효과적으로 대응할 수 있는 표준화된 대책과 절차가 미리 수립되어 있어야 한다.

2) 공항경비 및 출입자 통제

공항은 테러, 파괴, 절도, 무단침입 등의 범죄가 발생할 수 있는 지역이기 때문에 이들 범죄발생을 방지하기 위한 활동이 필요한 지역이다. 따라서 공항보안프로그램에는 공항에 무단으로 침입하거나 접근하려는 불순세력을 방지하기 위한 대책이 포함되어야 한다. 이와 같은 공항경비대책에는 공항외곽경계지역에 담장 및 철조망설치, 자동경보장치설치, 경고문 부착 등의 방법이 있고, 무단으로 침입하는 불법침입자의 식별이 용하도록 담장 주변의 일정공간을 잔디 및 공터로 조성하거나, 담장의 상단에 CCTV카메라를 설치하여 월담하는 자를 감시할 수 있도록 과학화된 장비를 설치하기도 하며, 경비원을 배치하여 감시초소를 운영하여야한다.

또한 활주로지역이나 계류장지역 등 일반인의 출입을 통제할 필요가 있는 지역에 대하여는 담장이나 울타리를 설치하는 외에 출입자 통제를 위하여 출입문을 설치하고 출입문에는 경비원을 배치하여 출입자를 통제하도록 하여야 한다. 이를 위하여 보호구역에 출입하는 사람이나 차량에 대하여는 출입증을 발급하고 보호구역을 출입하거나 보호구역 안에서는 항상 출입증을 패용 또는 부착하여야 한다.

3) 보호구역의 지정 및 관리

공항은 일반인이 누구나 출입할 수 있는 랜드 사이드지역의 주차장이나 일반대합실 등 일반업무지역과 출입허가를 받지 아니한 사람이나 차량은 출입이 통제되는 에어 사이드지역의 활주로 및 유도로지역과 계류장지역 등 항공기이동지역으로 구분된다. 에어 사이드지역과 여객청사에서는 보안검색이 완료된 사람만 출입할 수 있는 출국격리대합실, 출입국심사장, 세관검사장, 도착대합실 등이 보호구역으로 지정되어야 하고, 그 외에도 관제탑 등 항공관제시설, 항행안전시설이 설치된 지역, 화물청사의 보세창고, 보안검색장소, 화물을 분류·포장하는 장소 등을 보호구역으로 지정하여야 한다.

보안검색을 받고 보호구역에 들어온 자가 보호구역을 벗어난 경우에는 다시 보안검색을 받아야 보호구역으로 들어갈 수 있도록 하여야 하고, 승객이 아닌 자는 허가를 받아 보호구역을 출입하도록 하여야 하며, 이 경우 반드시 출입증을 패용하도록 하여야 한다. 또한 통과여객이나 환승하는 승객이 보안구역을 벗어난 후에 다시 항공기를 탑승하고자 할 때에는 반드시 승객과 휴대물품에 대한 보안검색을 다시 실시하도록 하여야 한다.

특히 보안통제구역으로 지정된 계류장 지역은 넓은 면적에 항공기가 밀집되어 주기되었을 뿐만 아니라 항공기의 운항지원을 위하여 수많은 차량과 장비 및 인원이 출입하고, 여객청사나 화물청사와 인접하여 연결되어 있기 때문에 계류장 출입자에 대한 철저한 보안통제가 이루어지지 않는다면 항공보안의 의미를 상실할 수 있다. 계류장 지역에는 출입이 인가된 사람과 차량 및 장비만 출입을 허용하여야 하고, 출입을 할 때에는 반드시 출입증을 제시하도록 하여야 하며, 출입을 통제하기 위하여 계류장과 청사 또는 계류장과 일반지역 사이에 출입문을 설치하고 보안요원을 배치하여 출입을 통제하도록 하여야 한다. 또한 주기된 항공기의 보호를 위하여 항공사에서는 경비원 배치 및 순찰 등 보안활동을 시행하여야 한다.

3. 보안검색 프로그램

보안검색 프로그램은 주로 항공기의 안전운항과 승객의 안전을 보장하기 위한 프로그램으로서 항공기에 무기를 반입하거나 폭발물 등 불법물질의 반입으로 안전운항을 위협하는 것을 예방하기 위한 것이다. 따라서 보안검색 프로그램은 항공기에 탑승하는 승객에 대하여 탑승 전에 문형 금속탐지기 및 휴대용 금속탐지기로 보안검색을 받고, 승객이 휴대하는 물품과 위탁수하물에 대해서는 엑스선 투시기에 의한 보안검색을 받도록 계획되어야 한다. 또한 항공기에 탑재되는 화물에 대하여는 보안장비가 설치된 화물청사에서 분류 및 포장작업이 이루어지도록 하고, 도착화물에 대한 보안검색을 위해서는 필요시 엑스선 투시기에 의한 보안검색이 이루어질 수 있도록 화물검색용 장비도 확보되어야 한다.

승객에 대한 보안검색의 효율성을 높이기 위하여 여객청사의 대합실을 누구나 출입할 수 있는 일반대합실과 보안검색이 완료된 사람만 들어갈 수 있는 격리대합실로 분리하여 운영되어야 하고, 승객의 신체에 대한 보안검색은 문형 금속탐지기와 휴대용 금속탐지기에 의한 보안검색이 실시되어야 하고, 이상 징후가 있는 승객에 대하여는 별도의 검색을 할 수 있는 차폐된 공간이 마련되어야 한다.

승객의 휴대물품과 위탁수하물에 대한 보안검색은 엑스선 투시기에 의한 검색을 실시하도록 하고, 의심되는 물품에 대해서는 개봉검사와 촉수검사를 할 수 있도록 하여야 한다.

또한 보안검색요원이 검색을 하는 도중에 이상이 발생한 경우에 공권력을 가진 경찰관에 즉시 통보할 수 있는 보고체제가 확립되어 있어야 하고, 보안검색을 실패하였을 경우에 대한 안전조치 및 보고체제 등이 보안검색프로그램에 포함되어야 한다.

보안검색 프로그램에는 이와 같은 공항보안에 대한 서비스수준관리와 공항보안 업무의 효율성을 높이기 위하여 보안요원에 대한 업무처리숙련도를 높일 수 있는 교육훈련에 관한 사항이 포함되어야 하고, 공항보안을 효율적으로 운영하기 위한 내부품질관리가 확보되도록 하여야 한다. 공항보안의 내부품질관리를 위해서는 보안점검과 보안현장의 조사, 보안테스트 등이 실시되어야 한다.

제3절 보호구역 설정 및 통제

1. 보호구역 설정

1) 보호구역의 개념

보호구역이란 국가비밀의 보호와 국가의 중요시설·장비 및 자재의 보호를 위하여 필요한 장소에 일정한 범위를 정하여 특별관리 구역을 설정하는 것을 말한다.

보호구역은 정부기관의 장과 국가중요시설·장비 및 자재를 관리하는 자가 설정할 수 있다. 보호구역은 그 중요도에 따라 제한지역, 제한구역 및 통제구역으로 구분할 수 있으며, 보호구역에 보안상 불필요한 인원의 접근 또는 출입을 제한하거나 금지시킬 수 있다.

공항시설은 앞에서 설명한 바와 같이 국가중요시설로서 공항의 모든 지역이 보호대상이지만 공항시설에 대한 효율적인 보호를 위하여 시설의 중요도와 그 성질에 따라 3가지 종류의 보호구역으로 지정하여 관리하고 있다. 공항보호구역이란 공항시설의 보호 및 항공기의 안전운항을 위하여 비인가자의 접근을 막고 불법침입자로부터 공격을 차단하기 위하여 울타리, 경비시설, 경비인력 등에 의하여 경비를 강화하고 출입을 통제하는 지역이나 시설을 말한다.

2) 보호구역의 구분

공항의 보호구역은 항공안전을 위하여 그 중요도나 지역범위에 따라 제한지역, 제한구역, 통제구역 등으로 구분하여 지정 및 관리하고 있다. 공항의 보호구역은 공항운영자가 「항공안전 및 보안에 관한 법률」에 의하여 보호구역의 지정목적, 지정구분, 지정범위, 해당지역의 도면 및 출입통제대책 등에 관한 서류를 작성하여 관할 지방항공청장의 지정을 받는다.

① 제한지역

제한지역은 보호구역 중에서 제일 넓은 지역을 보호할 필요가 있을 경우에 지정하는 곳으로서 국가비밀의 보호와 정부재산을 보호하기 위하여 울타리 또는 경비요원에 의하여 일반인의 출입감시가 요구되는 지역이다.

공항에서 제한지역으로 지정되는 장소는 항공기가 착륙 또는 이륙하거나 이동하는 지역인 활주로, 유도로, 계류장 등이 설치된 에어 사이드지역과 같이 항공기의 안전운항을 보장하기 위하여 출입이 인가되지 않은 자의 출입을 통제하기 위하여 울타리가 설치되어 있고, 출입문을 설치하여 출입자를 통제할 수 있는 지역을 제한지역의 대상으로 하고 있다.

② 제한구역

제한구역이란 국가의 비밀보호와 시설 및 자재의 보호를 위하여 비인가자의 접근을 방지하기 위하여 그 출입에 안내가 요구되는 구역을 말한다. 제한구역은 이러한 시설 및 장비가 설치된 비교적 좁은 장소를 울타리 등으로 구분하고, 인가된 출입자만 출입하도록 하고, 비인가자는 인가자의 안내를 받아야 출입할 수 있는 구역을 말한다.

공항에서 제한구역으로 지정되는 장소는 공항 안에 있는 여객청사의 CIQ업무가 수행되는 격리대합실 지역, 화물청사의 보세화물취급 지역 및 연료저장시설지역 등이 있고, 공항 밖에 있는 계기착륙시설 및 레이더 등 항행안전시설 설치지역 등으로서 비인가자의 출입이 비교적 엄격하게 통제되는 지역이다.

③ 통제구역

통제구역은 국가의 비밀보호와 국가보안목표시설 및 자재의 보호를 위하여 비인가자의 출입이 금지되는 보안상 매우 중요한 구역이다. 공항에서 통제구역으로 지정되는 시설 및 장비는 항공기의 이착륙관제를 위한 관제탑시설, 접근관제소 및 경비종합상황실 등이다.

제한구역 및 통제구역의 설정은 필요한 최소한의 범위로 제한되어야 하고, 제한구역과 통제구역에는 그 구역의 기능 및 구조에 따라 출입인가자의 한계설정과 비인가자의 출입통제대책, 주간 및 야간 경비대책, 외부로부터의 투시·도청·파괴물질의 투척방지대책, 방화대책, 경보대책 등이 강구되어야 한다.

2. 보호구역 통제대책

공항에서 보안취약시설 및 위험시설이 보호구역으로 지정되면 공항운영자는 보호구역에 불법침입자가 출입할 수 없도록 통제하고 불법방해 행위로부터 이들 시설과 장비를 보호하기 위한 대책을 수립하여야 한다. 이러한 보호대책에는 앞에서 설명한 바와 같이 울타리의 설치, 경비인력의 배치, 정기적인 순찰활동, 비인가자의 출입통제대책 등이 포함된다.

1) 제한지역 통제대책

공항의 활주로, 유도로, 계류장 등이 설치된 제한지역에 대한 통제대책은 공항의 에어 사이드지역과 랜드 사이드지역 또는 공항 외곽지역을 분리하여 구분할 수 있도록 울타리를 설치하고, 출입자를 통제할 수 있는 출입문의 설치와 출입을 감시할 수 있는 경비인력의 배치, 울타리를 따라서 에어 사이드지역의 안쪽과 바깥쪽에 대한 정기적인 순찰활동, 경비과학화시설에 의한 감시활동 등이 이루어지고, 에어 사이드지역에서 공항의 외곽지역 또는 랜드 사이드지역과 연결된 도랑, 하수구, 암거시설 등에 대한 쇠창살이나 차단시설을 설치하여 통제하고 있다.

2) 제한구역 통제대책

공항의 제한구역에는 관계자 외의 일반인이 접근을 하지 못하도록 출입문이 있는 지역과 사람들의 눈에 잘 보이는 장소에 [그림 6-3]과 같은 제한구역 경고표지가 부착되어 있는 장소이다.

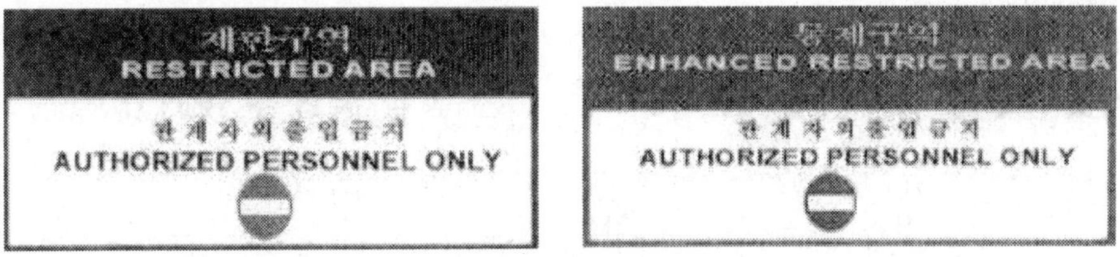

[그림 6-3] 제한구역 및 통제구역 표지

공항 안에서 제한구역으로 지정된 여객청사의 격리대합실, 화물청사의 보세화물 취급 장소 등 제한구역에 대한 통제대책은 불필요한 인원의 접근을 막기 위하여 승객을 제외한 출입자에 대하여 출입증을 발급하고, 제한구역으로 들어가는 자에 대해서는 보안검색을 실시하여 위해물질을 반입하지 못하도록 하고 있으며, 공항 안에 설치된 항행안전시설 등에 대해서는 해당 시설에 별도의 울타리를 설치하여 비인가자의 접근을 막고 있으며, 항행안전시설보호를 위한 울타리에는 CCTV감시카메라를 설치하여 경비상황실에 감시하여 시설에 접근하는 자를 감시하고 있다.

공항 밖에 있는 시설로서 제한구역으로 지정되는 항행안전시설 및 연료탱크가 설치된 지역에 대해서는 울타리를 설치하여 비인가자의 접근을 막고, 외부로부터 위해물질의 투척 등을 방지하기 위하여 울타리를 높게 설치하는 한편, 인접건물이나 장애물이 있을 경우에는 창문을 통하여 외부에서 투시 또는 도청할 수 없도록 하고 외부에서 위해물품을 투척하는 것에 대비한 지붕설치 등의 대비책을 강구하고 있으며, 외곽울타리에는 CCTV감시카메라를 설치하여 접근하는 자를 감시하고, 필요한 시설에는 경비인력을 배치하여 시설을 보호하고 있다.

3) 통제구역 통제대책

공항의 통제구역은 관계자 외의 일반인이 접근하지 못하도록 출입문이 있는 장소와 사람들의 눈에 잘 보이는 장소에 [그림 6-3]과 같은 통제구역 경고표지가 부착되어 있다.

공항 안에서 통제구역으로 지정된 시설은 최고의 보안이 요구되는 관제탑이나 경비종합상황실과 같은 건물이나 시설로서 이들 시설에 대하여는 상시근무자에 대한 출입증을 발급할 때에 엄격한 인가절차를 거쳐야 하고, 출입증이 없는 자는 원칙적으로 출입이 금지되는 등의 엄격한 출입통제가 이루어진다. 통제구역에는 출입자의 시간, 출입인원을 감시하고 기록할 수 있는 출입을 감시할 수 있는 장비가 설치되어 있는 것이 보통이며, 출입문에는 자동잠금장치와 인터폰 등을 설치하고, 상시출입자가 출입할 때에도 전자키 카드와 같은 첨단장비를 설치하여 출입자를 통제하고 있다.

제 4 절 출입통제 시스템

1. 출입지역 구분

공항운영자는 공항의 에어 사이드지역 및 보호구역관리를 위하여 공항에 상주하는 직원에 대하여 출입증을 발급하여 출입자를 통제 또는 감시하고 있는데, 공항운영자는 공항의 보호구역을 통상 10개 이내의 지역으로 나누어 해당지역에 상시 근무를 하거나 출입이 필요한 자에 대해서만 해당지역의 번호를 정한 출입증을 발급하고 있다.

보호구역의 구분은 계류장 등 항공기 이동지역, 여객청사의 출발대합실 CIQ지역, 여객청사의 도착 CIQ지역, 하물청사의 출발화물보세구역, 화물청사의 도착화물보세구역, 면세점 지역, 관제탑 지역, 그 밖에 항행안전시설 지역 등으로 구분하여 각각 알파벳이나 숫자 등으로 구분하고, 출입자의 신분을 정부기관, 공항운영자, 항공사, 구내업체 직원 등으로 구분하여 출입증의 색깔을 따로 정하여 구분하고 있다.

이와 같이 공항에 상주하는 직원이라도 자기가 담당하고 있는 업무수행과 관련이 없는 지역에는 불필요한 출입을 못하도록 하고 있으며, 출입지역에 대한 알파벳이나 숫자를 보고 해당보호구역에 출입이 인가된 자인지를 쉽게 구별할 수 있도록 하였으며, 출입자의 신분에 따라 출입증의 색깔을 다르게 함으로써 식별을 용이하게 하였다.

2. 출입증 발급

1) 출입증의 구분

공항의 에어 사이드지역 및 보안통제구역은 출입을 허가받은 사람 또는 차량과 장비에 한해서만 출입이 허용되므로 이 지역에 근무하는 상주직원이 자기가 근무하는 직장에 출입하기 위해서는 공항운영자로부터 보안통제구역을 출입할 수 있는 출입증을 발급받아야 한다. 공항보호구역의 출입증은 공항상주직원에게 발급하는 정규출입증과 일시적으로 공항보호구역을 출입할 필요가 있는 자에게 발급하는 임시출입증으로 구분된다.

정규출입증은 출입할 수 있는 보호구역을 지정하여 지정된 보호구역에 한해서 출입이 허용되며, 정규출입증을 발급할 때에는 발급대상자에 대한 출입증발급의 필요성 여부를 심사하고, 신원조사를 실시하여 신원조회결과 문제점이 없는 자에 대하여 출입증을 발급하고, 신원조회결과 문제점이 있는 자에 대해서는 출입증발급을 위한 보안심사위원회의 심의를 거쳐 발급여부를 결정한다.

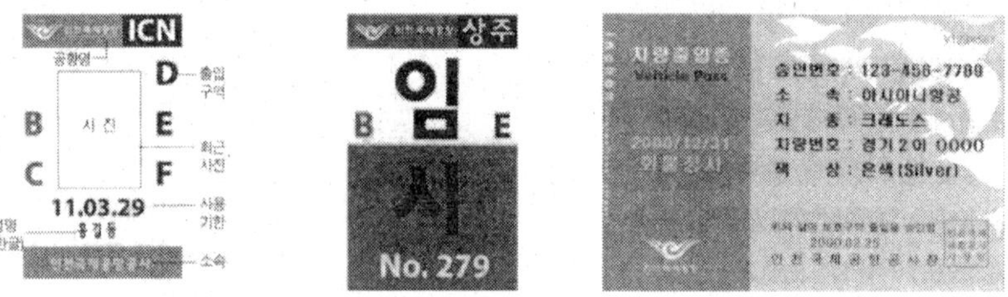

[그림 6-4] 정규 및 임시출입증, 차량출입증

임시출입증은 해당보호구역에 일시적으로 출입할 필요가 있는 자에게 출입할 때마다 발급하게 되는데, 임시출입증의 발급은 신원조사를 거칠 수 없기 때문에 해당 보호구역에 근무하는 상주직원의 신원확인이나 보호구역 출입의 필요성 등을 참작하여 발급하며, 임시출입증을 발급받은 자가 보호구역을 이동하게 될 때에는 상주직원의 안내를 받아 이동하는 것이 보통이다.

공항보호구역을 출입할 수 있는 정규출입증의 앞면에는 출입자의 사진, 출입증 유효기간, 알파벳·아라비아 숫자 또는 색깔 등을 이용한 출입허가구역, 출입증 소지자의 성명과 소속기관명, 출입증 일련번호 등이 표시되어 있고, 뒷면에는 소지자의 생년월일, 근무부서, 담당업무, 출입증 소지자의 준수사항 등이 표시되어 있다.

공항의 항공기 이동지역을 출입하는 차량 및 장비에 대한 차량출입증의 발급은 식별이 용이하도록 사람에 대한 출입증보다 규격이 크고, 출입증에는 출입지역, 승인번호, 차량소속회사, 차종, 차량등록번호, 차량의 색상, 발급일자, 출입증의 유효기간, 출입할 수 있는 경비초소 등이 표시되어 있다.

2) 출입증 발급절차

공항의 보호구역을 출입할 수 있는 출입증의 발급절차는 공항에 상주하는 기관 및 업체의 장이 소속 직원의 담당업무, 보호구역 출입의 필요성을 서면으로 작성하고, 해당 직원의 신원진술서를 첨부하여 공항운영자 또는 출입중 발급권자에게 출입증발급신청을 하여야 한다. 공항운영자는 출입증발급신청을 한 직원의 신원진술서를 첨부하여 경찰관서에 신원조사를 의뢰하여야 하며, 신원조회결과 문제점이 없을 때에는 담당업무와 출입의 필요성을 심사하여 해당 보호구역에 대한 정규출입증을 발급하여야 한다. 출입증을 발급할 때에 출입증 발급신청자의 신분을 공무원, 공항운영기관, 항공사, 구내업체 등으로 구분하여 출입증의 색깔을 달리하여 발급하게 된다. 공항운영자가 보호구역에 대한 출입증을 발급함에 있어 세관의 보세구역에 대한 출입증을 발급하고자 할 때에는 미리 관할 세관장과 협의하여야 하고, 정규출입증발급 대상자에 대해서는 보안준수 서약과 보안교육을 거친 후에 출입증을 교부하여야 한다.

3) 출입증 관리

공항의 보호구역을 출입하는 자는 공항운영자로부터 해당 보호구역에 대한 출입인가를 받은 출입증을 패용하여야 하고, 보호구역 내에서는 항상 출입증을 패용하고 있어야 한다. 공항의 보호구역에 대하여 출입증을 발급하는 목적은 인가되지 않은 자의 보호구역출입을 통제하기 위한 것이고, 보호구역을 출입할 때나 보호구역 안에서 출입증을 패용하도록 하는 것은 해당 보호구역에 대한 출입이 인가되지 않은 자를 확인하려는데 그 목적이 있다.

출입증 소지자는 출입증의 분실이나 도난을 당하지 않도록 주의하여야 하고, 출입증을 다른 사람에게 빌려주거나 훼손하여서도 안 된다. 출입증을 분실하였을 때에는 즉시 분실한 날짜와 시간·장소·분실하게 된 경위 등을 발급기관에 보고하여야 하고, 출입증이 훼손되어 못쓰게 되었을 때에는 발급기관에 반납하여 재발급을 받아야 하며, 출입이 허가된 보호구역 외의 다른 보호구역을 출입하여서는 안 된다.

3. 출입통제방법

공항의 보호구역에 대한 출입을 통제하는 방법은 경비인력에 의한 인적 출입통제, 시설물에 의한 물리적 출입통제, 첨단과학시스템에 의한 출입통제 등으로 구분될 수 있다. 보호구역에 대한 보안통제를 위해서는 보호구역을 다른 지역과 격리할 수 있는 시설이 있어야 하고, 출입문은 출입에 지장이 없는 범위에서 설치를 최소화하여야 하며, 출입문에는 출입을 통제할 수 있는 인력을 배치하거나 첨단과학시스템에 의한 장비가 설치되어야 한다.

1) 인적 출입통제방법

공항보호구역에 대한 인적 출입통제방법은 보호구역의 출입문에 경비인력을 배치하여 출입하는 사람, 차량, 장비 등에 대하여 출입인가를 받았는지의 여부에 대한 확인과 비인가자에 대한 출입을 통제하고 있다.

여객청사의 격리대합실에 대한 출입통제는 승객은 항공기 탑승권 소지여부, 탑승권과 신분증의 일치여부를 확인하고, 승무원은 신분증을 확인하며, 그 외 출입자는 해당 격리대합실을 출입할 수 있는 출입증 여부를 확인한다.

항공기 이동지역인 에어 사이드지역에 출입통제는 출입초소에서 경비인력이 출입하는 사람, 차량, 장비에 대하여 해당 보호구역을 출입할 수 있는 출입증을 소지하고 있는지의 여부를 확인한다. 이때 차량 및 장비에 대하여는 차량 또는 장비의 출입증을 확인하는 외에 차량이나 장비의 운전자의 출입증 소지여부도 확인하여야 한다.

2) 물리적 출입통제방법

공항보호구역에 대한 물리적 출입통제방법은 항공기 이동지역인 에어 사이드지역에 2.4m 이상의 외곽울타리를 설치하여 외부와 차단되도록 하였으며, 외곽울타리에는 철조망과 CCTV카메라, 장력시스템에 의한 감지기, 충격감지시설 및 적외선 감지시설 등을 설치하였고, 에어 사이드지역에서 외부로 통하는 하수로, 지하배관, 맨홀 등에는 철망이나 차단시설을 설치하여 보호하고 있다.

랜드 사이드지역에서 에어 사이드지역으로 출입할 수 있는 장소에는 출입초소를 설치하고, 출입초소에는 경비인력을 배치하여 출입하는 사람, 차량, 장비 등에 대하여 의하여 인가되지 않은 자의 출입을 통제하고 있으며, 출입이 인가된 자도 지정된 출입초소만을 이용하도록 함으로써 에어 사이드지역의 보안을 강화하도록 하고 있다.

여객청사나 화물청사의 보안지역에 대한 출입통제를 위해서는 출입구의 설치, 문형 금속탐지기 및 엑스선 검색장비를 설치하고, 보안검색요원의 보안검색을 받은 자만 출입이 가능하도록 하고 있다. 그 외에도 물리적 출입통제방법으로는 경비인력이 배치되지 않는 출입통로에는 일방향 회전철제문과 같은 자동출입통제시설 등이 있다.

3) 첨단과학시스템에 의한 출입통제방법

공항의 보호구역에 대한 출입통제를 위한 첨단과학시스템으로는 전자카드시스템, 손가락 지문인식시스템, 손바닥 장문인식시스템, 안구홍체인식시스템, 손등정맥인식시스템 등이 있다.

① 전자카드시스템

전자출입카드시스템은 우리가 일상적으로 사용하는 신용카드와 같은 시스템으로 해당보호구역의 출입인가를 받은 상주직원에게 전자출입카드를 발급하여 출입할 때마다 출입문에 부착된 전자카드인식기에 접촉하면 출입문이 열리도록 하는 시스템으로서 출입인가자가 출입한 날짜와 시간이 자동으로 기록되고, 출입인가자가 동반자를 대동하여 출입하는 경우에 대비하여 CCTV카메라를 설치하여 출입자의 수를 확인 할 수 있도록 되어 있다.

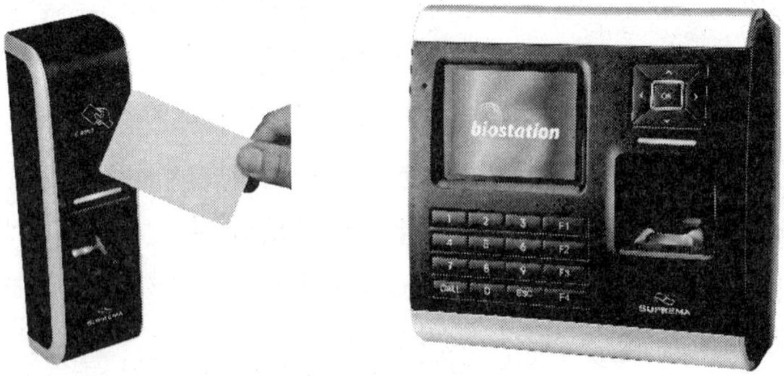

[그림 6-5] 전자카드 및 지문 인식장비

② 지문 인식시스템

손가락지문 인식시스템은 사람마다 가지고 있는 손가락의 고유지문을 이용하여 보호구역의 출입을 통제하는 시스템으로서 해당 보호구역의 출입이 인가된 자의 지문을 미리 지문인식기에 저장한 후에 출입인가자가 보호구역을 출입할 때에 지문검색기에 손가락을 접촉하면 지문검색기가 자동으로 저장된 지문과 비교하여 출입인가자로 판명되면 출입문이 열리도록 하는 시스템이다. 이 시스템은 설치비용이 비교적 저렴하여 일반적으로 많이 사용되고 있으나, 지문이 지워지거나 수분이 적은 노인들의 손가락은 인식오류가 발생할 수 있는 단점이 있다.

③ 장문 인식시스템

손바닥의 장문을 인식하는 시스템은 사람마다 다르게 나타나는 손바닥의 손금을 이용하여 보호구역의 출입자를 통제하는 시스템으로서 해당 보호구역의 출입이 인가된 자의 장문을 미리 장문인식기에 저장한 후에 출입인가자가 해당 보호구역을 출입할 때에 장문 인식기에 손바닥을 접촉하면 장문 인식기가 자동으로 저장된 장문과 비교하여 출입인가자로 판명되면 출입문이 열리도록 하는 시스템이다.

이 시스템도 지문 인식시스템과 같이 설치비용은 비교적 저렴하나, 다른 생체 인식시스템에 비하여 오작동이 자주 발생하는 단점이 있다.

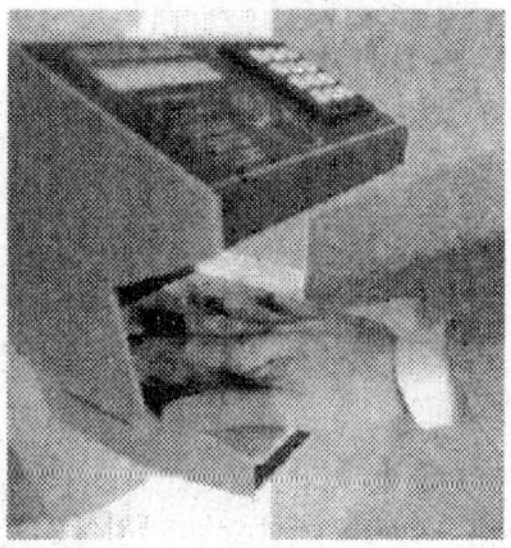

[그림 6-6] 장문 및 홍체인식장비

④ 홍체 인식시스템

홍체 인식시스템은 사람마다 안구의 홍체가 각각 다른 점을 이용하여 보호구역의 출입을 통제하는 시스템으로서 해당 보호구역의 출입이 인가된 자의 홍체를 미리 홍체 인식장비에 저장한 후에 출입인가자가 해당 보호구역을 출입할 때에 검색기에 얼굴을 대하면 홍체 인식장비가 자동으로 저장된 홍체와 비교하여 출입인가자로 판명되면 출입문이 열리도록 하는 시스템이다. 이 시스템은 탐지성능이 높아 신뢰성을 갖추고 있으나 설치비용이 비교적 고가이고 홍체를 인식하는 소요시간이 많이 걸리는 단점이 있다.

⑤ 정맥 인식시스템

정맥 인식시스템은 사람마다 손등의 정맥 실핏줄이 각각 다른 점을 이용하여 보호구역의 출입을 통제하는 시스템으로서 해당 보호구역의 출입이 인가된 자의 손등 정맥을 미리 정맥 인식시스템에 저장한 후에 출입인가자가 해당 보호구역을 출입할 때에 손등을 정맥 인식시스템에 접촉하면 인식장비가 자동으로 저장된 정맥과 비교하여 출입인가자로 인식되면 출입문이 열리도록 하는 시스템이다.

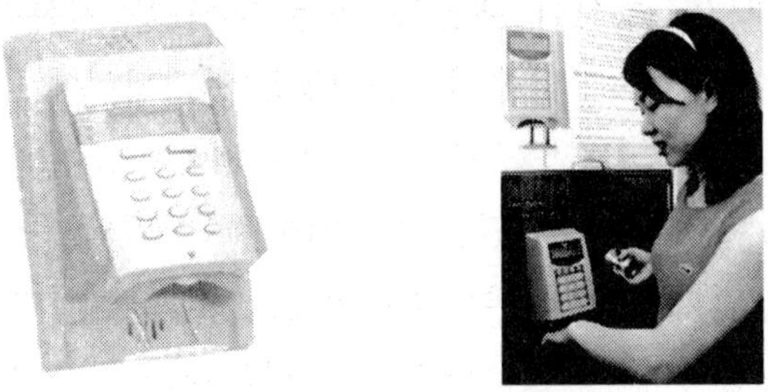

[그림 6-7] 정맥 인식장비

제 5 절 청사 및 계류장 보안시스템

1. 여객청사 보안

여객청사는 일반지역과 보안구역을 명확히 구분하여 운영하고 있으며, 항공기이동지역인 에어 사이드지역의 계류장과 연결된 통로 부분에서는 명확한 경계선을 설정하여 운영되고 있다.

여객청사의 일반지역은 누구라도 통제를 받지 않고 출입할 수 있는 지역이기 때문에 승객, 환송객 등 많은 사람들이 쉽게 접근하거나 모여 있을 수 있는 지역으로서 테러리스트들이 대량의 살상을 목적으로 항공범죄를 일으킬 수 있는 대상지역이나 직접적인 보안통제를 할 수 없기 때문에 이 지역에 대하여는 다음과 같은 방법으로 보안시스템을 운영하고 있다.

1) CCTV 감시 시스템

여객청사의 대합실에는 체크인카운터지역, 휴게 및 대기지역, 화장실 등의 입구, 계단이나 에스컬레이터를 이용하는 통로, 항공기 탑승구 등과 여객청사의 출입문, 여객청사의 밖에 재떨이나 휴지통이 설치된 지역 등에 CCTV 카메라를 설치하여 거동이 수상한 자, 이상한 행동을 하는 자 등을 지속적으로 감시할 수 있는 시스템을 갖추고 있다. CCTV 감시 시스템은 여객청사에 설치된 감시카메라에 연결된 종합상황실의 모니터영상을 통하여 감시할 수 있는 시스템으로서 여객청사의 천정 등에 설치된 감시카메라는 일반인이 카메라의 방향을 알지 못하도록 검은색의 유리덮개로 덮어 두는 것이 보통이다. 종합상황실의 모니터를 감시하는 보안요원은 거동이 수상하거나 이상한 행동을 하는 자가 발견되면 그 자의 이동방향을 따라 카메라를 조정하여 감시할 수 있으며, 여객청사의 주요 출입지역에 배치된 경비요원이나 여객청사를 순찰하는 순찰요원에게 연락하여 거동수상자를 감시하고 필요한 경우에는 불심검문 등을 할 수 있도록 하는 시스템을 갖추고 있다.

2) 순찰 및 수색 시스템

여객청사 주변과 여객청사의 대합실은 많은 사람들이 이동하는 지역으로서 감시 시스템만으로 거동수상자나 위험물품을 모두 감시할 수 없기 때문에 경찰인력이나 청원경찰 등에 의한 취약지역의 순찰과 수색활동이 이루어진다. 이러한 순찰 및 수색활동에는 방치된 가방, 대형 재떨이, 쓰레기통, 화장실 등에 숨겨진 폭발물 등을 탐지하기 위하여 폭발물탐지견이 이용되기도 한다.

여객청사 주변에 대한 순찰 및 수색활동은 통상적으로 2인 1조의 순찰 팀에 의하여 여객청사의 커브지역, 버스 정류소, 택시 승강장, 주차장 등에 설치된 대형 재떨이, 쓰레기통에 대하여 폭발물이나 위험물질이 은닉되어 있는지를 점검하여 확인하고, 주인이 없이 장시간 방치된 가방, 보따리, 이상한 물건 등에 대한 점검과 확인 등의 활동으로 이루어진다.

여객청사의 대합실에 대한 순찰 및 수색활동 역시 2인 1조의 순찰 팀을 구성하여 일반대합실, 출발대합실에 설치된 재떨이, 쓰레기통, 화장실, 흡연실, 대기 장소의 의자 밑에 폭발물이나 위험물질이 은닉되어 있는지를 점검하여 확인하고, 주인이 없이 장시간 방치된 가방, 보따리, 이상한 물건 등에 대한 점검과 확인 등의 활동으로 이루어진다.

이와 같은 여객청사지역에 대한 보안활동의 일환으로 쓰레기통은 투명하게 제작하여 배치하고 청소요원들이 통상 2시간 간격으로 쓰레기통을 비우고 있으며, 재떨이는 폭발성이 약하도록 견고하지 않은 재질을 이용하여 개방된 형태로 제작하는 것이 보통이다.

3) 안내 및 공지 시스템

여객청사에는 승객이나 승무원, 환송영객, 상주직원 등 많은 일반인 다중이 모이는 장소이므로 CCTV 감시카메라나 순찰요원에 의한 순찰만으로 완벽한 보안활동을 보장할 수 없으며, 여객청사를 이용하는 일반 다중의 협조가 없으면 수많은 사람들 사이에 숨어서 활동하는 테러리스트들의 테러활동을 막을 수 없을 것이다. 따라서 공항을 이용하는 일반국민이 방치된 가방이나 이상한 물건을 보았을 때에는 경찰이나 공항당국에 신고하는 신고정신과 신고요령을 알고 있다면 테러리스트들의 행동반경은 좁아지게 될 것이다.

이처럼 공항을 이용하는 일반대중의 보안의식을 높이고, 신고정신을 함양하기 위하여 공항운영자나 항공사에서는 다음과 같은 내용의 보안관련 안내표지문을 설치 또는 부착하고 안내방송을 수시로 실시하는 보안 시스템을 갖추고 있다.

ⓐ 본인의 수하물을 장시간 방치하지 마십시오.
ⓑ 위험물품을 수하물에 넣지 마십시오.
ⓒ 모르는 사람으로부터 수하물운송 부탁을 받지 마십시오.
ⓓ 모르는 사람의 수하물운송을 부탁받은 경우 즉시 항공사에 신고하십시오.
ⓔ 다른 사람의 물품을 부탁받아 휴대하였을 때에는 탑승수속 또는 입국신고 때에 신고하십시오.
ⓕ 위험물품이나 마약 등의 운송을 위탁받아 휴대하거나 운송하였을 때에는 공범자로 오해받을 수 있습니다.

2. 화물청사 보안

화물청사는 여객청사에 비하여 사람의 이동은 적으나 차량출입이 많은 장소이고 항공사가 직접 운영하는 화물청사의 경우에는 공항운영자나 공항의 보안을 담당하는 보안당국이 상대적으로 보안에 소홀히 할 우려가 있는 지역으로서 테러리스트들이 오히려 이러한 취약점을 이용할 가능성이 있는 지역이다.

화물청사에 대한 보안시스템은 화물을 접수하거나 수취하는 일반지역에 대하여는 여객청사와 마찬가지로 CCTV 감시시스템과 순찰 및 수색활동을 통하여 보안활동이 이루어지고, 화물을 분류하거나 포장작업을 하는 지역에 대하여는 작업인원에 대한 신원조사와 보안교육을 강화하여 보안의식을 높이도록 하고, 작업장에 인가되지 않은 자의 출입을 철저하게 통제하며, 카메라를 설치하여 화물을 분류하고 작업하는 모든 과정을 감시할 수 있는 보안 시스템으로 이루어지는 것이 보통이다.

또한 화물청사는 화물을 항공기에 탑재하거나 항공기로부터 하기한 화물을 화물청사로 이동하기 위한 차량들이 랜드 사이드지역과 에어 사이드지역을 수시로 출입하기 때문에 이에 대한 보안대책으로 출입통로에 경비인력을 배치하여 출입하는 차량과 사람들에 대한 보안통제와 감시활동이 이루어진다.

3. 계류장 보안

공항의 에어 사이드지역에 대한 보안 시스템은 울타리와 철조망 또는 차단시설을 설치하여 출입자를 통제하는 방법으로 보안 시스템이 구축되어 있고, 에어 사이드지역과 여객청사나 화물청사에 연결된 곳은 건물이나 구조물이 차단시설 역할을 하여 출입자를 차단하고 출입이 필요한 곳에는 출입통로에 경비인력을 배치하여 출입자를 통제하는 시스템으로 구성되어 있다.

1) 계류장 보안

공항의 계류장은 여객청사 또는 화물청사와 인접한 에어 사이드지역으로서 항공기의 이동이 많고 항공기가 오랜 시간 정류할 뿐만 아니라 항공기의 운항을 지원하기 위하여 여객청사와 항공기 사이에 승객을 실어 나르는 램프버스, 항공기에 항공유를 공급하는 급유차량, 항공화물을 항공기에 싣거나 내리기 위한 하역장비 및 화물을 실어 나르는 화물차량 등 많은 차량 및 장비의 이동이 빈번하여 보안통제가 특히 요구되는 지역이다.

계류장지역에 대한 보안 시스템은 첫째, 출입통제 시스템으로 랜드 사이드지역에서 사람, 차량, 장비 등이 계류장을 출입할 수 있는 출입초소를 최소화하고, 출입이 인가된 경우에도 지정된 출입초소를 통하여서만 출입이 가능하도록 출입초소를 미리 정하여 출입증을 발급함으로써 출입하는 사람이나 차량에 대한 보안통제가 효율적으로 이루어지도록 하고 있다.

둘째, 항공기를 탑승하려는 승객이 여객청사에 연결된 탑승교를 이용하지 못하고 여객청사에서 램프버스를 이용하여 리모트주기장에 주기된 항공기로 이동하거나, 리모트주기장에서 램프버스를 이용하여 여객청사에 도착하는 승객이 서로 교차되지 않도록 출입문을 달리하거나 출입문에 경비인력을 배치하여 출입을 통제하도록 하고 있다.

셋째, 계류장의 질서유지와 보안통제의 효율성을 높이기 위하여 계류장 안에서 이동하는 차량 및 장비에 대하여 별도의 등록번호를 표시하는 등록 시스템과 항공기나 다른 차량 및 장비와의 충돌을 피하기 위하여 항공기 이동통로와 차량 및 장비의 이동통로를 별도로 구분하여 지정된 통로로만 이동할 수 있도록 하고, 계류장 안에서 이동하는 차량 및 장비의 운행속도를 제한하는 등의 보안대책을 강구하고 있으며, 이를 위반할 때에는 범칙금을 부과하도록 하고 있다.

넷째. 계류장지역과 랜드 사이드지역이 접한 곳에는 구조물이나 시설물 또는 수목을 이용하여 담장을 넘어 계류장으로 진입하는 것을 방지하기 위하여 계류장에 인접한 키가 큰 나무를 잘라주거나 가지치기를 하고, 담장에는 원형 철조망 등 차단시설을 설치하여 불법적인 계류장 진입을 차단하도록 하고 있다.

다섯째, 계류장에 주기된 항공기보호를 위해서는 지상조업이 끝난 항공기의 출입문은 반드시 잠금장치를 하고, 탑승교나 스텝 카 등 항공기에 접근할 수 있는 시설 및 장비를 격리시키며, 야간에는 조명시설을 가동시키고, 해당 항공사에서 경비인력을 투입하여 항공기를 경비하도록 하고 있다.

2) 중요시설 보안

공항시설은 모두 항공기의 안전운항과 관련되는 중요한 시설로서 국가의 중요보안목표에 해당하는 시설이나, 공항시설 중에는 항공기의 안전운항과 공항의 기능유지에 직접적으로 영향을 미치는 시설과 직접적인 영향을 적게 미치는 시설이 있다. 공항시설 중에서 손상되거나 파괴되어 본래의 기능유지를 못할 경우에 항공기의 안전운항이나 공항의 기능유지에 직접적으로 치명적인 영향을 미치는 시설을 공항의 중요시설이라 한다. 이러한 중요시설에는 항공기의 이착륙 등 항공교통관제업무가 수행되는 관제탑, 공항에 전력을 공급하는 시설인 변전소와 동력동, 유선 및 무선 통신설비, 계기착륙시설과 전방향무선표지시설 및 레이더시설과 같은 항행안전시설, 인화성과 폭발성이 강한 항공유를 저장하고 있는 급유탱크 등이 있다.

이와 같은 공항의 중요시설에 대하여는 인가받지 아니한 자가 해당 시설에 무단으로 출입하는 것을 방지하고, 시설을 보호하기 위하여 별도로 해당 시설이 있는 지역을 철조망 등으로 울타리를 설치하고 있으며, 필요한 경우에는 경비인력을 별도로 배치하여 출입자의 통제와 시설경비를 담당하게 하거나 다른 지역보다 경비순찰을 강화하여 시설을 보호하고 있다.

제 6 절 공항시설 수색 및 검문검색

공항의 보안 시스템은 앞에서 설명한 울타리설치, 인력경비, 경비과학화시설, 출입통제시스템, 출입증 발급, 경비순찰 등의 조치에도 불구하고 넓은 면적과 수많은 건물과 시설물이 복잡하게 얽혀 있고, 사람·차량·장비의 수도 많고 이동도 많기 때문에 테러리스트나 항공범죄를 일으키려는 자들이 폭발물이나 위해물건을 은닉할 수 있는 장소가 많을 수밖에 없다.

공항의 보안을 강화하기 위하여 앞에서 설명한 보안 시스템 외에도 공항시설에 은닉된 폭발물이나 위해물건을 찾아내기 위한 공항시설의 수색과 공항에 진입하는 차량이나 장비를 이용하여 폭발물이나 위해물건을 은닉하여 항공범죄에 이용하는 것을 막기 위한 검문검색을 실시하기도 하며, 공항 내에서 거동이 수상한 자에 대한 불심검문을 하기도 한다.

1. 공항시설 수색

공항시설에 대한 수색활동은 미리 수색계획을 수립하여 체계적인 수색이 이루어져야 수색활동의 효율성을 높일 수 있기 때문에 수색 팀을 구성하여 수색요원에 대한 교육을 실시하고, 수색구역을 정한 후에 수색의 우선순위를 결정하여 정해진 수색방법에 따라 수색활동을 하게 된다.

1) 수색계획수립

공항시설에 대한 수색활동은 공항에 상주하는 경찰이나 청원경찰에 의하여 이루어지는데 공항수색을 위해서는 먼저 수색 팀을 구성하고, 이들에 대하여 수색방법 및 요령에 대한 교육을 실시한 후에 수색계획을 수립하여 수색활동이 개시되어야 효율적인 수색을 할 수 있다.

첫째, 공항시설에 대한 수색 팀은 공항의 구조와 공항시설에 대하여 잘 알고 있어야 효율적인 수색활동을 할 수 있기 때문에 공항에 상주하는 경찰조직의 인원으로 구성되는 경찰수색 팀과 공항에 근무하는 청원경찰로 구성되는 수색 팀 및 경찰과 청원경찰이 합동으로 수색 팀을 구성하는 합동수색 팀 등으로 구분되는 것이 일반적인 형태이다.

둘째, 수색구역의 구분은 탑승수속지역, 일반대합실, 격리대합실, 탑승구, 수하물 수취지역, 계단, 복도, 휴대품 보관소, 엘리베이터 등으로 구분하고, 수색의 우선순위는 승객이나 환송영객 등 사람들이 많이 운집하는 장소를 우선적으로 수색하되 테러범들의 범행이 용이할 것으로 판단되는 지역 및 일반인의 접근이 통제되는 지역 순으로 수색활동을 펼치도록 하고 있다.

셋째, 수색요원에 대한 교육은 공항의 시설과 시설 사이의 연결통로 및 여객이나 화물의 흐름 등 공항의 구조와 공항시설의 특징 등에 대한 교육과 수색방법, 의심물품을 발견했을 때의 조치요령, 의심물품이 있는 지역의 접근통제 요령, 수색활동을 할 때의 통신장비 사용요령 등에 대한 교육이 이루어진다.

2) 수색활동의 일반원칙

공항시설이나 항공기 등에 대하여 폭발물이나 폭파장치 및 위해물건을 찾아내기 위한 수색활동을 효과적으로 수행하기 위해서는 수색에 참가하는 인원이 공항시설의 구조와 특징 및 이용방법 등에 대하여 잘 알고 있어야 하고, 항공기의 내부를 수색하기 위해서는 항공기의 구조와 내부설비에 대한 사전 지식이 충분한 자에 의하여 수색활동이 이루어져야 한다. 일반적인 수색전문가라 하여도 공항시설이나 항공기의 구조와 특징을 모른다면 효과적인 수색활동을 수행할 수 없을 것이다. 또한 수색요원은 수색활동을 수행함에 있어서 다음과 같은 수색원칙을 준수하여야 한다.

첫째, 수색활동은 반드시 사전에 수색계획을 수립하고, 수색요원에 대한 교육을 실시한 후에 실시하고, 수색책임자를 지정하여야 한다.

둘째, 수색활동 중에 의심스러운 물건이나 이상스러운 물체를 발견하였을 때에는 만지거나 건드리지 말고, 해당 위치에 대하여 사람의 접근을 통제한 후에 종합상황실에 보고하여 폭발물 전문가에 의하여 확인할 수 있도록 하여야 한다.

셋째, 수색활동에 사용하는 휴대용 통신장비는 의심스러운 물건을 발견하였을 때에는 그 물체로부터 적어도 25m 이상 떨어진 장소에서 사용하도록 하여 전파에 의한 폭파장치에 대처하도록 하여야 한다.

넷째, 폭발물장치는 여러 가지 방법으로 위장되어 있기 때문에 있지 않아야 할 곳에 있는 물품, 주인 없이 장시간 방치된 물품, 미확인 물체에 대하여는 일단 의심대상으로 삼아야 한다.

3) 수색방법

공항시설이나 항공기에 대한 수색활동을 하는 방법은 다음과 같은 요령으로 실시하는 것이 효과적인 수색을 할 수 있다.

첫째, 건물이나 방을 수색할 때에는 구석과 가장자리부터 수색하고, 벽체의 위쪽에서 아래쪽으로 수색하며, 가구는 안쪽과 뒤쪽부터 수색하고, 천장은 안쪽에서 바깥쪽으로 수색하여 수색이 시작된 출입문에서 수색이 종료되도록 하여야 한다.

둘째, 항공기의 내부에 대한 수색활동은 기내의 안쪽부터 수색하되, 의자의 뒤쪽에 부착된 물건주머니와 의자 밑 부분, 좌석의 천정에 부착된 선반의 휴대품 보관함, 기내식이나 기내 물품을 보관하는 장소, 화장실 등에 대한 수색활동을 정밀하게 실시하여야 한다.

셋째, 수색활동 중에 의심나는 곳은 다시 수색하되, 처음 실시하였던 수색방향의 역방향으로 수색하고, 교차체크방식으로 수색하여야 한다.

넷째, 수색활동 중에 수상한 물체를 발견하였을 때에는 만지거나 옮기지 말고, 접근통제 및 폭발물 표시를 한 후에 수색통제책임자에게 보고하여 통제관의 지시에 따라 활동하여야 한다.

다섯째, 수색 팀으로부터 의심되는 물체를 발견하였다는 보고를 받은 수색통제관은 경찰지원이나 대피지시, 경찰지원 및 폭발물처리 요원의 출동요청 등의 조치를 취하여 수색활동이 신속하게 종료될 수 있도록 하여야 한다.

여섯째, 구획되거나 밀폐된 방에서 수상한 물체를 발견하였을 때에는 만약의 폭발에 대비하여 폭발피해를 최소화할 수 있도록 창문과 출입문을 열어둔 채로 주변에 있는 사람들을 대피시키도록 하여야 한다.

[그림 6-8] 공항순찰 및 수색

4) 수상한 물품 발견시의 조치

수색과정에서 발견한 수상한 물품은 폭발물전문요원에 의하여 폭발물 여부를 확인한 후에 폭발물로 판단된 경우에는 이동이 가능한지의 여부를 판단하여 필요한 조치가 이루어진다. 폭발물로 확인된 물품은 우선 접근통제라인을 설정하여 일반인의 접근을 통제하여야 하고, 경찰 및 폭발물 전문요원에게 인계하여 처리토록 하는데 폭발물의 처리는 공공지역으로부터 100m 이상 떨어진 곳으로 대피시켜 처리하는 것이 원칙이나 주위의 상황에 따라 조치하기도 한다.

2. 거동수상자 검문검색

공항지역에서의 거동수상자에 대한 검문검색활동은 공항지역에 비상상황이 발생하거나 테러리스트들의 테러행위에 대한 첩보가 입수되었을 때에 공항입구에서 실시하는 공항에 진입차량 등에 대한 검문검색과 공항 내에서 배회하는 거동수상자에 대한 불심검문의 방법으로 이루어지고 있다. 불심검문은 범죄예방 및 이동하는 범인을 검거할 목적으로 경찰관이 경찰관직무집행법에 따라 수상한 자에 대하여 질문하고 조사하는 것을 말하며, 공항입구나 교통의 주요통로에서 실시하는 것을 목 검문이라 하고, 거동이 수상한 자에 대한 검문을 불신검문이라 부르고 있다.

검문검색을 하는 요령은 검문을 하는 자가 먼저 검문대상자에게 정중하게 인사를 한 후에 자기의 소속과 성명을 밝히고 검문에 협조하여 줄 것을 부탁하여야 한다. 거동이 수상한 자의 판단기준은 부자유스런 행동을 하는 자, 주위를 계속 살피면서 두리번거리는 자, 본인과 어울리지 않는 소지품을 소지하고 있는 자, 입고 있는 옷이 이상한 자, 검문자의 질문에 대하여 말과 행동에서 위세가 당당한 자, 검문자의 질문에 반응이 없는 자 등으로서 이런 자에 대해서는 신분증을 확인하고, 소지품 및 의심사항에 대하여 확인하여야 한다.

검문결과 이상을 발견하면 무기·폭발물·위해물건의 휴대여부를 확인하고, 이러한 물건을 휴대하였을 때에는 가까운 경비초소까지의 동행을 요구하여 정밀조사를 하여야 하고, 만약 동행을 거부하거나 도망을 칠 우려가 있을 때에는 체포의 방법을 동원하여야 한다.

제7장 보안검색장비

제1절 보안검색장비 개요

보안검색장비는 일반적으로 특정지역이나 시설을 출입하는 사람에 대한 안전을 확보하기 위하여 총기류·폭발물·도검류 등의 위해물질을 탐지하여 특정지역이나 시설에 반입되는 것을 사전에 방지하기 위하여 활용되는 장비를 총칭한다. 공항에서 사용되는 항공보안검색장비는 항공기의 안전운항이나 공항운영을 불법적으로 방해할 목적으로 항공기 또는 공항시설 내에 반입하여 항공기의 안전운항을 저해하거나 공항시설의 폭파 또는 탑승객을 위협할 목적으로 사용될 수 있는 무기 또는 폭발물 등 위험성이 있는 물질을 탐지하고 수색하기 위하여 사용되는 검색장비를 말한다. 이러한 보안장비에는 문형 금속탐지기, 휴대형 금속탐지기, X-ray 검색장비, 폭발물 및 마약 탐지기, 탐지견 등이 있다.

1. 검색장비의 기능 및 사용근거

1) 항공보안검색장비의 기능

항공보안검색장비는 항공기 또는 공항의 보안구역으로 들어가는 사람·휴대물품·위탁수하물·화물에 대하여 총기류·폭발물·도검류 등 불법위해물품이 포함되어 반입되는지 또는 의도적으로 은닉하여 반입하려는 것을 검색하기 위하여 사람의 신체·위탁수하물·항공화물이 항공기 또는 보안구역으로 들어가기 전에 검색요원이 기계장치를 통하여 불법위해물품의 종류·형태·숨겨진 위치 등을 식별할 수 있도록 모니터에 그림·색상 또는 소리로 표출해주는 기능을 가지고 있다.

보안검색장비는 항공기 또는 공항의 보안구역에 들어가는 사람과 물품에 대하여 보안검색을 실시함으로써 항공기의 납치 또는 폭파·승객에 대한 불법위협·공항시설의 파괴 등을 미리 예방하기 위한 매우 중요한 기능을 수행하는데 사용되는 장비이다. 항공운송에 있어서 효율적인 보안검색은 항공테러 등 범죄행위로부터 항공기 및 탑승객을 보호하고 공항시설을 보호함으로써 항공기의 안전운항을 보장하고, 인명과 재산을 보호하기 위한 최선의 예방책이고 제일 중요한 보안활동이다.

2) 보안검색장비의 사용근거

항공운송에 있어서 보안검색장비를 사용하여 사람이나 물품에 대하여 보안검색을 실시할 수 있는 근거는 국제적으로는 국제민간항공기구의 국제민간항공협약 부속서 17 항공보안에서 정하고 있는 '불법행위로부터 민간항공 보호'에 관한 내용과 보안세부지침서에 정하고 내용에 근거하고 있으며, 국내적으로는「항공보안법」과 이 법에 근거하여 제정된 고시·훈령·지침 등이 있다.

먼저 국제민간항공협약 부속서 17에서 정하고 있는 항공보안과 관련한 사전보안대책을 요약해보면 다음과 같다. 국제민간항공협약 부속서는 보안검색을 함에 있어 사람과 장비를 적절히 혼용할 수 있도록 하고, 사람에 의한 수 검색으로 검색할 수 없는 물품에 대하여는 장비를 사용하여 검색할 수 있는 근거를 명시하고 있다.

첫째, 항공기와 관련한 대책으로는 출발항공기에 대해 보안검사를 실시하고, 운항중인 항공기의 조종실에 인가되지 않은 자가 진입하지 않도록 적절한 보안대책을 취하도록 하고 있다.

둘째, 승객 및 휴대수하물과 관련한 대책으로는 항공기에 탑승하려는 출발승객과 휴대수하물에 대하여는 탑승하기 전에 보안검색을 받도록 하고, 보안검색을 받은 승객과 보안검색을 받지 않은 승객의 혼합이나 접촉이 없도록 하여야 하며, 사법적 또는 행정적 통제하에 탑승하는 특별승객에 대한 보안대책을 취하도록 하고 있다.

셋째, 위탁수하물은 접수하는 시점부터 항공기에 탑재될 때까지 불법접근으로부터 보안통제가 이루어져야 하고, 항공기에 탑재되기 전에 보안검색을 실시하여야 하며, 항공기에 탑승하지 않은 승객의 위탁수하물에 대하여는 적절한 보안대책을 강구하여야 하고, 보안상 문제가 있는 위탁수하물의 보관 및 처리대책을 취하도록 하고 있다.

넷째, 화물·우편물 및 기내에 반입되는 물품과 관련한 대책으로는 항공기에 반입되는 모든 물품에 대하여는 항공기에 탑재되기 전에 적절한 보안통제절차를 거치도록 하고 있다.

또한 국내적으로는 「항공안전 및 보안에 관한 법률」에서 정하고 있는 보안검색과 관련한 사전보안대책을 요약하면 다음과 같다.

첫째, 공항시설 등의 안전 및 보안을 위하여 격리대합실과 계류장지역 등을 보호구역으로 지정하고, 보호구역에는 인가되지 않은 사람이나 차량의 출입을 통제하여야 하며, 보안검색이 완료된 승객과 보안검색이 이루어지지 않은 승객의 접촉을 방지하기 위한 조치를 취하도록 하고 있다.

둘째, 승객의 안전 및 항공기의 보안을 위한 대책으로는 승객에 대한 신체검색과 휴대물품 및 위탁수하물에 대한 보안검색을 받도록 하고, 항공기에는 무기·도검류·폭발성물질·독극물 및 연소성이 높은 물건을 휴대하거나 탑재할 수 없도록 하고 있다.

셋째, 항공기에 탑승한 승객의 안전을 위한 대책으로는 항공기 안에 있는 승객은 항공기의 안전운항과 다른 승객의 안전한 여행을 위하여 폭언, 고성방가, 흡연, 타인을 위해하는 행위, 성적 수치심을 유발하는 행위, 조종실 출입을 기도하는 행위, 출입문이나 탈출구를 조작하는 행위 등을 하지 못하도록 규정하고 있다.

넷째, 사법경찰관리 등이 범죄피의자·피고인·수형자 등 특별승객을 호송할 경우에는 호송대상자의 인적사항, 호송이유, 호송방법, 호송안전조치 등에 관한 사항을 항공운송사업자에게 미리 통보하고 적절한 안전조치를 취하도록 하고 있다.

2. 검색장비의 종류

항공보안검색에 사용되는 보안장비의 종류는 크게 나누어 사람의 신체 또는 휴대물품속에 있는 금속물질을 탐지하는 금속탐지기, 수하물이나 화물 속에 있는 금속물질이나 폭발물을 탐지하여 영상으로 나타내주는 엑스선 검색장비, 폭발물이나 마약 등을 영상과 색깔로 표시해주는 폭약 및 마약탐지장비, 사람의 신체에 숨겨진 금속물질 등을 엑스선 검색장비의 영상으로 표시해주는 신체정밀검색장비, 기계장비는 아니나 폭발물이나 마약을 탐지하는 탐지견 등이 있다.

첫째, 금속탐지장비에는 고정으로 설치된 문형 금속탐지기와 이동식의 휴대형 금속탐지기가 있으며, 주로 사람의 신체검색에 사용되고, 보안검색을 할 때에 금속물질이 있는 경우에는 발신음을 내도록 되어 있다.

둘째, 엑스선 검색장비는 주로 휴대물품, 수하물 및 화물의 보안검색에 사용되고 특별한 경우에는 사람의 신체검색에 사용되는 신체검색용 장비도 있으며, 엑스선에 의하여 투시된 물체의 형상을 모니터의 영상으로 나타내준다.

셋째, 폭약 및 마약탐지장비는 보안검색과정에서 폭약이나 마약이 들어있을 경우에 물질의 성질에 따라 모니터의 영상에 각각의 색깔로 나타난다. 보안검색요원은 모니터에 나타난 색깔에 의하여 폭약 및 마약의 종류를 파악할 수 있다.

넷째, 탐지견은 후각이 예민한 개를 훈련시켜 수하물이나 화물 및 항공기 내를 수색할 때 폭약이나 마약을 탐지하도록 하는 것을 말하며, 탐지견으로 훈련되는 개의 종류로는 독일산 세퍼드와 벨기에산 탐지견이 많이 이용되고 있다.

3. 검색장비의 설치 · 운영기준

1) 장비설치 유의사항

항공보안장비를 설치할 때에는 다음과 같은 유의사항을 준수하여 설치되도록 하여야 한다.

ⓐ 보안장비를 설치하기 전에 반드시 전압이나 전류의 세기 등에 대한 전원의 상태를 확인하여야 한다.

ⓑ 보안장비는 첨단장비이므로 운반이나 설치할 때에 충격이나 손상이 없도록 주의하여야 하고, 전압변동이 심한 곳을 피하여 설치하여야 한다.

ⓒ 문형 금속탐지기나 엑스선 검색장비 등 보안장비를 설치한 후에는 시험용구에 의한 장비점검을 실시하여야 하고, 해당 장비성능의 최초 상태를 기록·유지하여야 한다.

ⓓ 금속탐지기를 2대 이상 설치할 때에는 장비 사이의 간격이 최소 90cm 이상 유지되도록 설치하여야 한다.

2) 장비 성능 및 운영 유의사항

항공보안장비의 운영에 관한 국제기준으로는 국제민간항공협약 부속서 17의 보안세부지침서의 기준에 의하여 성능이 확보된 보안장비를 운영하고, 엑스선 검색장비는 해상도 AWG24 이상, 투과력 15mm 이상의 탐지성능을 지닌 장비를 운영하도록 하고 있다.

항공보안장비에 대한 국내기준으로는 「항공안전 및 보안에 관한 법률」에 의하여 국토해양부장관이 고시한「항공안전보안장비의 종류·성능 및 운영기준」에서 보안장비의 표준 및 예비운영절차를 수립하여 시행하도록 하고 있고, 보안장비의 오작동이나 고장방지 등 외부간섭방지대책을 조치하도록 하고 있으며, 장비관리는 장비이력카드 등 서식에 의한 기록유지를 하고, 엑스선 검색장비는 해상도 AWG24 이상, 투과력 24mm 이상의 탐지성능을 가진 장비를 운영하도록 기준을 정하고 있다.

항공보안장비를 운영할 때에는 다음과 같은 유의사항을 준수하여 운영되도록 하여야 한다.

ⓐ 보안장비에 전원을 공급한 후에 장비의 작동상태를 확인하여야 한다.

ⓑ 검색업무를 개시하기 전에 반드시 장비점검을 통하여 장비의 성능을 확인하여야 한다.

ⓒ 보안장비는 외부충격에 의하여 오류가 발생할 수 있으므로 장비를 사용할 때에는 충격이 가해지지 않도록 주의하여야 한다.

ⓓ 보안검색을 개시하기 전 또는 보안검색업무를 수행 중에 보안장비에 이상상태가 발견되면 즉시 보안검색감독자에게 보고하여야 한다.

제 2 절 금속탐지장비

금속탐지에 사용되는 금속탐지장비는 전기의 자장을 이용하여 금속물질을 탐지하여 탐지된 물체의 정보를 음향으로 제공하고 탐지위치를 표시해주는 장비이다. 금속탐지장비에는 항공기 또는 보안지역으로 들어가는 입구에 고정식으로 설치된 출입문 형태의 문형탐지기와 검색원이 손으로 사람의 신체부위를 세밀하게 탐지할 수 있도록 만들어진 휴대형탐지기로 구분된다.

1. 문형 금속탐지기

문형 금속탐지기는 사람이 탐지기를 통과할 때 주로 금속물질이 있는 경우에 기둥형태의 탐지기 양쪽에서 전기 자장을 발사하여 양방향으로 탐지할 수 있도록 제작된 대인검색을 위한 탐지장비이다. 문형 금속탐지기는 주로 금속물질을 탐지하기 위하여 제작되었기 때문에 일반적으로 문형 금속탐지기로 부르고 있으나, 최근에 문형 금속탐지기에 금속물질의 탐지기능 뿐만 아니라 폭발물이나 마약을 탐지할 수 있는 기능이 추가 되고, 엑스선 검색기능이 추가되어 탐지기를 통과하는 사람의 신체를 투시할 수 있도록 제작된 장비들이 출시되고 있다.

1) 문형 금속탐지기의 형태 및 규격

① 장비의 외부형태

문형 금속탐지기의 외부 형태는 탐지기를 제작하는 회사에 따라 약간씩 다르나 일반적인 외부 형태는 [그림 7-1]에서 보는 바와 같다.

② 장비의 규격

문형 금속탐지기의 규격은 장비의 안쪽은 가로 폭 76cm, 높이 201cm, 기둥 옆면의 폭 59cm이고 탐지기의 전체 높이는 217cm로서 무게는 약 60kg으로 제작되며 주로 총기류, 도검류, 금속물질의 위장물품 등을 탐지하도록 되어 있다.

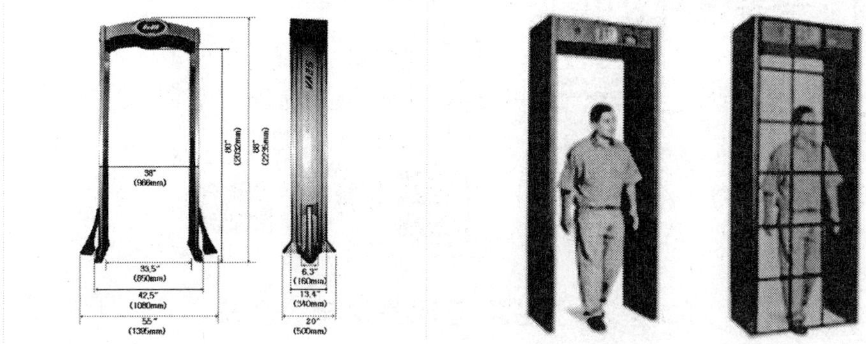

[그림 7-1] 문형 금속탐지기

③ 장비의 성능

문형 금속탐지기는 장비의 양쪽 기둥에서 양방향으로 발사되는 전기 자장을 이용하여 통과하는 물체에 금속물질이 감지되면 경보음과 함께 위험물질의 위치정보를 제공해주도록 램프가 작동되는 탐지기이다.

문형 금속탐지기의 물체탐지구역은 장비에 따라 다르나, 보통 6개 내지 8개의 구역으로 구분하여 탐지하도록 설계되어 있고, 탐지속도는 1분에 약 50명 정도를 탐지할 수 있으며, 탐지감도는 0에서 99까지의 단계로 감도레벨을 조정할 수있기 때문에 이를 조정할 경우에 형태가 작은 금속물체도 탐지할 수 있는 성능을 가지고 있다. 또한 금속탐지기는 자기장을 이용하여 금속물질을 탐지하는 장비이므로 인체에 영향은 없는 장비이다.

④ 장비의 운용

문형 금속탐지기의 운용방법은 장비를 사용하기 전에 장비가 정상적으로 작동하는지를 확인하기 위한 장비점검과 장비를 사용할 때의 유의사항 및 장비를 계속하여 사용하지 않을 경우에의 조치요령 등으로 구분된다.

첫째, 문형 금속탐지기의 전원을 켰을 때 탐지기상단의 측면에 있는 램프가 ON 되는지 확인하고, 탐지기상단의 좌측 전면표시등이 적색으로 켜지면 탐지기가 정상적으로 작동되는 상태이다.

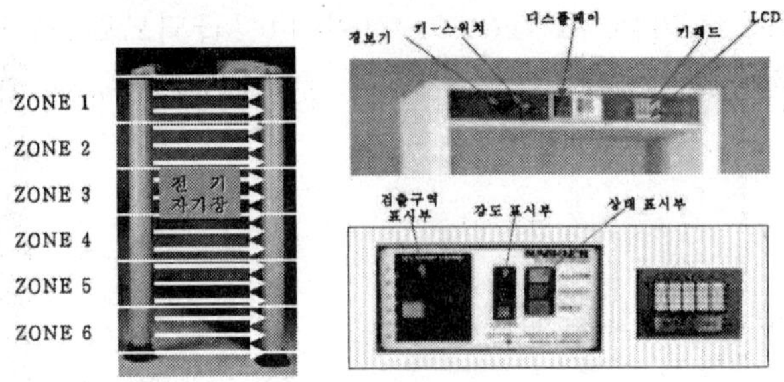

[그림 7-2] 문형 금속탐지기의 성능도

둘째, 최초로 전원을 켠 후에는 반드시 장비점검을 실시하여야 하며, 점검방법은 총기형태의 점검용 시험물품을 사람의 겨드랑이, 허리, 발목에 착용하고 승객이 통과하는 것과 동일한 방법으로 문형 탐지기를 3~5회 통과하여 탐지기가 모두 감지할 경우에는 장비가 정상적으로 작동된다고 보아야 한다. 이 때 1회라도 탐지기가 감지하지 못할 때에는 장비사용을 중지하고 장비의 정비와 함께 보안기관과 협의하여 탐지기의 감도센서를 조정해 보아야 한다.

셋째, 장비가 정상적으로 작동될 때에는 금속물체가 통과할 때 경보음이 울리면서 탐지기의 감지 표시판에 적색표시가 되고, 탐지기의 좌측과 우측 또는 전면 표지판의 탐지위치를 표시하는 적색램프가 작동된다.

⑤ 사용 중 유의사항

첫째, 문형 금속탐지기는 자기장에 의하여 금속물질을 탐지하기 때문에 외부충격이나 주변에 금속물체가 있는 경우에 경보오류가 발생할 수 있으므로 장비를 운용할 때에 이러한 사항에 유의하여야 한다.

둘째, 문형 금속탐지기를 사용하는 도중에도 주기적으로 장비의 전원상태, 경보음 및 경보표시 기능이 정상적으로 작동되고 있는지 확인하여야 하며, 장비의 상태가 이상한 것이 발견되면 즉시 감독자에게 보고하여야 한다.

셋째, 문형 금속탐지기의 감도는 최적의 상태로 설정되어 있으므로 장비운용자가 함부로 조정해서는 안 되며, 조정이 필요한 경우에는 감독자와 보안기관의 허가를 받아 조정하도록 하여야 한다.

문형 금속탐지기의 전원은 AC220V의 전원이 공급되므로 검색업무가 종료되어 탐지기를 계속하여 사용하지 않을 경우에는 감독자의 지시에 따라 전원스위치를 OFF상태에 놓아야 한다.

2) 문형 금속 및 폭발물 탐지기

문형 금속탐지기에 폭발물을 탐지할 수 있는 기능이 추가된 문형 금속 및 폭발물탐지기의 외부 형태는 [그림 7-3]에서 보는 바와 같다. 이 장비는 사람이 탐지장비를 통과할 때 금속물질과 폭발물을 동시에 탐지하여 검색원에게 해당 정보를 제공해 주는 장비이다.

[그림 7-3] 문형 전신 스캐너

3) 문형 엑스선 투시장비

문형 엑스선 투시장비는 사람이 장비를 통과할 때에 엑스광선을 투시하여 신체를 검색하여 금속물질 및 폭발물을 모니터에 그림으로 나타내주는 장비이다. 이 장비는 사람의 몸속에 숨겨진 금속물질이나 폭발물을 탐지하여 그 위치까지 그림으로 나타내주는 최신의 장비이나 장비사용에 따른 인격침해문제가 발생할 수 있기 때문에 특별한 경우에 제한적으로 사용되고 있다.

2. 휴대형 금속탐지기

1) 장비의 특성 및 종류

휴대용 금속탐지기는 문형 금속탐지기의 보조 장비로서의 기능과 신체부위의 세밀한 검색을 하는데 사용되는 검색장비로서 작은 물체도 탐지가 가능하고, 장비를 휴대하여 검색대상물을 정밀하게 탐지하는데 편리하게 사용된다. 휴대용 금속탐지기도 금속물질이 감지되면 탐지위치를 경보음으로 표시해주며, 자기장을 이용하여 금속물질을 탐지하는 장비이기 때문에 인체에 영향은 없다.

휴대용 금속탐지기는 장비를 제작하는 회사에 따라 여러 종류의 모델이 있으나 그 성능은 비슷하며, 현재 우리나라의 공항에서 사용되는 장비는 미국의 Ranger 사제품・L-3사 제품・Garrett사 제품과 우리나라의 제원상역사 제품의 JI-89B 모델이 주로 사용되고 있다.

(대한민국) (미국) (영국)

[그림 7-4] 휴대형 금속탐지기

2) 휴대형 금속탐지기 운용

① 정상작동여부 확인

휴대용 금속탐지기를 사용하고자 할 때에는 장비의 전원을 켜고 금속물체에 근접시킬 때 경보음이 정상적으로 울리는지 점검하여야 한다. 점검방법은 장비를 작동시킨 배터리의 소모여부를 확인한 후 주변에 있는 금속물질에 3회 이상 5~10cm 근접시켜 작동여부를 확인하였을 때 감지신호음이 이상 없이 울리면 장비의 작동상태는 정상이다.

② 사용 중 유의사항

휴대용 금속탐지기의 전원은 건전지를 사용하므로 사용 중에 배터리의 소모여부를 주기적으로 확인하여야 하고, 이 장비는 외부충격에 약하므로 사용 중에 떨어뜨리거나 다른 물체와 부딪히지 않도록 주의하여야 한다. 또한 휴대형 금속탐지기의 감도는 최적의 상태로 설정되어 있으므로 함부로 조정하여서는 안 되며, 감도의 조정이 필요할 때에는 장비를 보수할 수 있는 자 또는 감독자의 허락을 받아 조정하여야 한다. 보안검색업무가 종료되어 휴대용 금속탐지기를 사용하지 않게 될 때에는 반드시 장비의 전원스위치를 차단시켜 건전지가 소모되지 않도록 하여야 하며, 정해진 장소에 보관되도록 하여야 한다.

제 3 절 X-ray 검색장비

1. 장비의 특성

엑스선 검색장비는 승객의 휴대품 및 위탁수하물, 화물, 컨테이너 등을 검색하기 위한 장비로서 검색대상물의 크기와 용도에 따라 여러 종류가 있으며, 검색대상물에 총기류나 폭발물 등 위해물품이 포함되어 있는지 여부를 식별할 수 있는 장비로서 검색대상물을 투시할 수 있는 장치와 판독용 영상모니터, 투시장비를 조작할 수 있는 조작판넬 등으로 구성되어 있다.

엑스선 검색장비는 방사선을 이용하여 검색대상물을 투시하기 때문에 장비를 사용할 때 방사선 안전에 대한 우려를 할 수도 있으나, 모든 엑스선 검색장비는 외부로 방사선을 유출하는 양에 대한 기준을 0.5mR/h 이하로 규정하고 있으며, 공항에서 사용하고 있는 엑스선 검색장비의 방사선 유출량은 이보다 작은 0.1mR/h 이하로 유지하고 있기 때문에 인체에 영향을 미치지 않고 안전하다.

일반적으로 엑스손 검색장비는 엑스광선을 발생시키는 발생장치 튜브를 수직 또는 수평 튜브 1개로 구성된 단방향 검색장비와 수직튜브 1개와 수평 튜브 1개 등

2개로 구성된 양방향 검색장비로 구분되고 있다. 단방향 검색장비는 물체가 장비에 인입되는 터널을 기준으로해서 수평 또는 수직방향 중 어느 한쪽 부분의 헤드만 있는 장비로서 물체를 한쪽 방향에서만 투시할 수 있고, 양방향 검색장비는 물체가 장비에 인입되는 터널을 기준으로 수평과 수직의 헤드를 모두 갖추고 있어 물체를 양쪽 방향에서 투시할 수 있도록 제작된 장비이다.

2. 장비의 구성 및 작동원리

1) 엑스선 검색장비의 구성

엑스선 검색장비는 물건을 이동시키는 장치, 물체를 감지하는 센서, 엑스선 빔 발사장치, 신호발생장치, 영상표출장치 등 여러 가지 기술과 관련 부품들이 조합되어 구성되는데, 일반적으로 다음과 같은 5개 부분으로 구성되어 있다.

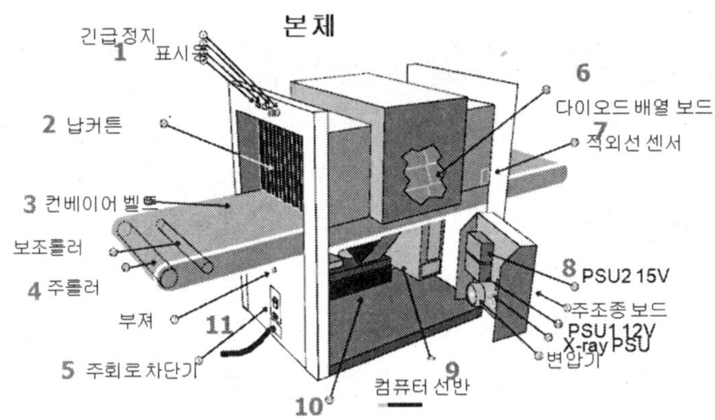

[그림 7-5] 엑스선 검색장비의 구성도

ⓐ 검색할 물체를 검색장비 안으로 이동시키는 컨베이어벨트

ⓑ 검색장비 안에 들어온 물체를 인식하는 감지센서

ⓒ 엑스선 빔을 발생시켜 방사하는 장치

ⓓ물체의 형상과 물질성분을 검출해주는 L자형으로 된 검출기

ⓔ 검출된 정보를 컴퓨터로 전달하여 모니터에 영상으로 표출해주는 장치

2) 엑스선 검색장비의 작동원리

공항에서 검색용으로 사용되는 엑스선 장비는 튜브에 140~160KV의 전압을 가하여 발생되는 엑스광선을 검색대상물에 투사하여 감지된 물리적 신호와 물리학적 원자번호에 따라 유기물, 무기물, 혼합물, 탐지불가물질로 구분하여 물체의 형상을 영상모니터에 표출해주며, 물질에 따라 색상으로 분리하여 영상모니터에 그 색깔을 표시해준다.

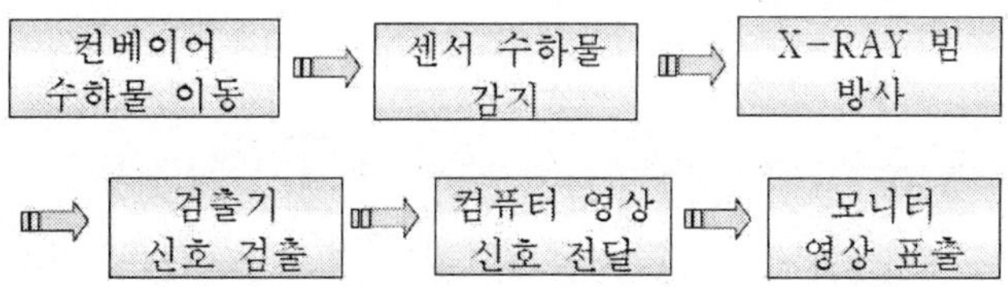

[그림 7-6] 엑스선 검색장비의 작동원리

엑스선 검색장비는 컨베이어를 통하여 일정한 속도로 통과하는 검색대상물에 대하여 엑스광선을 투사하여 투과된 엑스광선의 빔을 감지기로 흡수하여 이를 영상정보로 변환시켜 모니터에 형체와 색깔을 표출해줌으로써 검색대상물품을 개봉하지 않고도 물품의 내부물체를 확인할 수 있도록 제작된 장비이다. 엑스선 검색장비가 자동하는 원리와 순서는 [그림 7-6]에서 보는 바와 같다.

3) 엑스광선의 발생 및 검색원리

공항에서 사용되는 엑스선 검색장비는 엑스광선 발생을 위하여 2극 진공관(Tube)을 사용하며, 엑스광선 발생기에 전류가 공급되면 전류에 의하여 진공관내부의 음극판 필라멘트가 가열되어지고, 가열된 필라멘트 주위에 전자파가 발생되

며 감지기의 물체감지신호에 의해 엑스광선 진공관의 양쪽 끝에 140~160KV의 고전압이 공급되는 시스템이다. 전압이 공급되면 전자의 운동에너지에 의해 필라멘트에서 자유전자가 방출되며, 방출된 전자파는 고전압에 의해 가속되어지고, 전자파가 음극판에 있는 텅스텐 타깃에 부딪치며 엑스광선 빔이 발생되는 원리이다.

엑스선 검색장비의 작동원리는 검색대상물체가 컨베이어벨트를 타고 검색장비의 터널 안으로 들어오면 감지센서에 물체가 감지되고, 감지센서의 신호에 의하여 발전기에 전원이 공급되며 엑스광선 광자 빔이 발생된다. 발생된 엑스광선 빔은 조준기에 의해 부채꼴로 아주 얇게 만들어져 물체를 관통하며 광자 빔은 부분적으로 탐지대상 물체에 흡수되거나 투과되어 탐지기에 감지된다.

탐지기에 감지된 미세한 신호를 증폭시켜 영상처리보드 또는 컴퓨터모니터에 표출되고 저장된다. 이와 같은 엑스광선의 방사 및 탐지기의 감지시스템은 [그림 7-7]에서 보는 바와 같다.

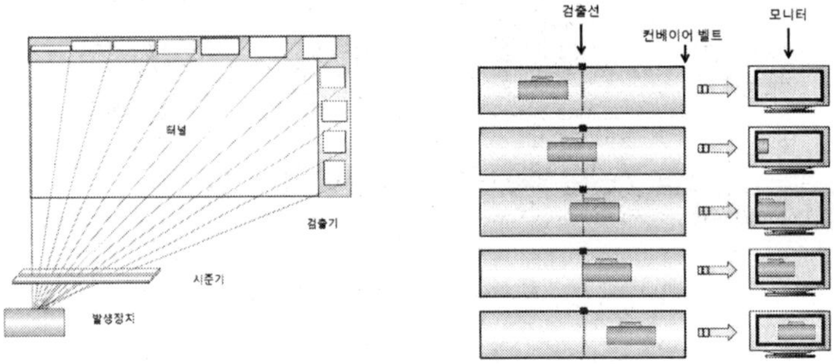

[그림 7-7] 엑스선 방사 및 감지시스템과 영상표시

4) 엑스광선 영상표시과정

엑스선 검색장비가 검색대상물체를 모니터에 영상으로 나타내주는 과정은 검색대상물체가 컨베이어벨트에 의하여 검색장비의 터널내부를 통과할 때에 엑스광선이 발사되면, 검색대상 물체 중에서 고밀도의 물질은 엑스광선을 차단하고 저밀도의 물질은 엑스광선을 통과시키게 된다. 이와 같은 과정으로 감지소자에 검출된 정보는 엑스광선 에너지의 세기에 따라 아날로그 신호로 감지기에 입력되며, 이는 컴퓨터 또는 영상처리 보드에 의하여 아날로그로 입력된 신호를 디지털신호로 변환시켜 모니터에 영상으로 표출시킨다. 검색대상 물체가 영상모니터에 표시되는 과정은 [그림 7-7]에서 보는 바와 같다.

5) 판독영상 및 조작 판넬

공항에서 사용하고 있는 엑스선 검색장비의 조작판넬 및 판독영상은 장비에 따라 그 형태가 약간씩 다르다. 현재 우리나라에서 가장 많이 사용되고 있는 엑스선 검색장비의 모델은 미국의 L-3사의 제품으로서 Line scan-105로서 그 영상모니터는 다음 그림과 같다.

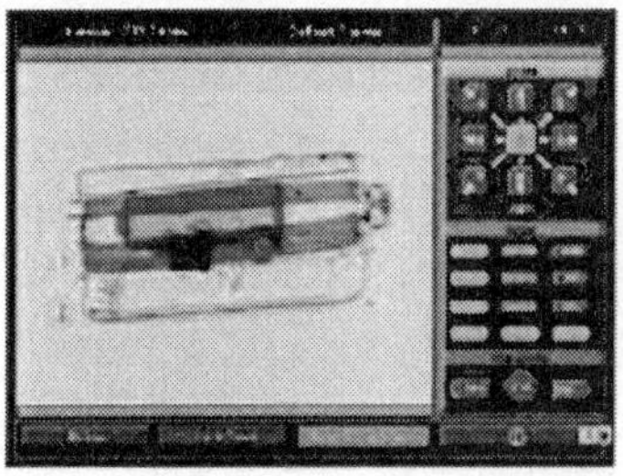
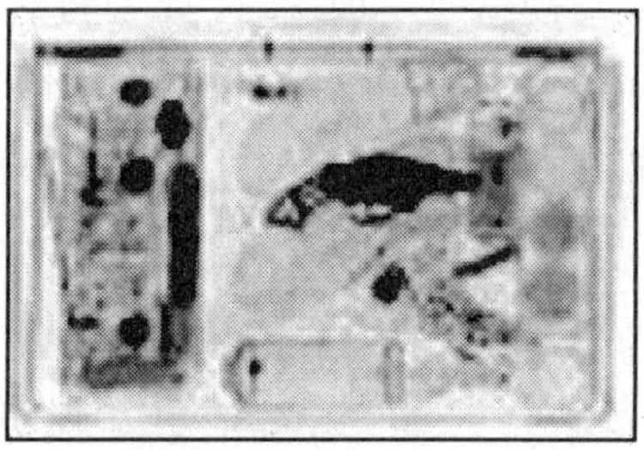

[그림 7-8] 엑스선 장비 조작버튼 및 모니터

Line scan-105 엑스선 검색장비에 부착된 조작버튼의 기능은 다음과 같다.

- Key : ON/OFF 스위치
- FWD : 컨베이어벨트 전진버튼
- STOP : 컨베이어벨트 정지버튼
- REF : 컨베이어벨트 후진버튼
- ZOOM : 영상을 2배, 4배, 8배로 확대할 수 있는 버튼
- B/W Rew : 흑백모니터에서 이미지를 흑/백으로 반전하는 버튼
- Light : 어두운 이미지를 밝게하여 고밀도의 물체를 잘 보이게 함

- Darker : 밝은 이미지를 어둡게 하여 저밀도 물체를 잘 보이게 함
- INORG STRP : 무기물을 제거하여 탐지도를 높게 하는 기능
- ORG STRP : 유기물을 제거하여 탐지도를 높게 하는 기능

3. 장비의 성능

승객의 휴대품을 보안검색하기 위하여 공항에서 사용되는 엑스선 검색장비는 컨베이어벨트에 의하여 휴대품이 장비를 통과할 때에 휴대품에 대하여 수직방향과 수평방향의 양방향으로 엑스광선을 투사하는 양방향 투사방식장비와 대각선으로 엑스광선을 투사하는 한 방향 투사방식이 있기 때문에 검색대상물체를 앞과 뒤는 물론 위쪽과 아래쪽을 어느 방향에서도 투시가 가능하기 때문에 검색물체가 놓여 있는 상태와 관계없이 내용물을 투시하여 볼 수 있다.

엑스선 검색장비는 검색요원이 검색대상물품을 식별할 수 있도록 다음과 같은 성능을 지니고 있다.

첫째, 검색대상물의 이미지를 투시하여 칼라 또는 흑백의 영상으로 모니터에 표시해주며, 영상이미지를 저장하고 재생할 수 있는 기능을 지니고 있다.

둘째, 검색요원이 검색과정에서 의심되는 검색대상물품에 대하여는 검색물품을 전후로 이동하여 다시 볼 수 있는 기능과 화면을 정지하여 볼 수 있는 기능 및 화면을 8배까지 확대하여 볼 수 있는 기능을 가지고 있기 때문에 내용물을 세밀하게 관찰할 수 있다.

셋째, 검색대상물을 탐지하여 물질의 성질에 따라 유기물은 오렌지색으로 표시해주고, 무기물은 청색으로 표시해주며, 혼합물은 녹색으로 표시하고, 탐지가 불가능한 물질은 흑색으로 표시해 주기 때문에 검색대상물의 성질까지도 검색할 수 있다.

4. 장비종류 및 형태

공항에서 사용되는 엑스선 검색장비의 종류는 검색대상물의 크기 및 용도에 따라 승객의 수하물검색을 위한 수하물검색용, 편지나 우편물을 검색하기 위한 소형의 우편물검색용, 폭발물검색을 위한 폭발물탐지용, 화물검색을 위한 화물검색용, 화물을 적재한 컨테이너를 검색하기 위한 대형의 컨테이너검색용 엑스선 검색장비 등으로 구분된다.

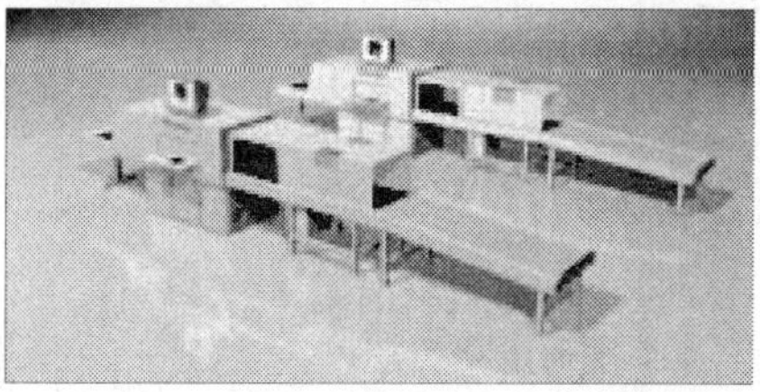

[그림 7-9] 휴대수하물 및 위탁수하물 엑스선 검색장비

엑스선 검색장비는 장비를 생산하는 회사에 따라 그 형태는 약간씩 다르나 검색기능은 거의 대동소이하다. 엑스선 검색장비를 생산하는 회사는 미국의 L-3사와 Invision사가 있고, 독일의 Heimann사와 영국의 Rapiscan사 등이 있다. 이와 같은 장비의 용도별 형태는 다음 그림과 같다.

[그림 7-10] 컨테이너 엑스선 검색장비 및 검색영상

5. 장비운용 방법

공항에서 사용되는 엑스선 검색장비의 운용방법은 검색장비의 가동, 1일 점검, 에러발생에 대한 조치, 장비를 사용하지 않을 때의 조치, 사용할 때의 유의사항 등으로 구분하여 설명하면 다음과 같다.

1) 장비의 작동시험

엑스선 검색장비의 가동순서 및 정상적인 작동여부에 대한 시험방법과 절차는 다음과 같다.

ⓐ 엑스선 검색장비의 판독조작판에 있는 전원스위치를 OFF상태에서 ON상태로 돌려놓는다.

ⓑ 전원스위치를 ON상태로 놓으면 검색장비가 스스로 고장상태를 확인하기 위한 자기진단을 하고, 자기진단을 마친 후에 모니터에 'system ready'가 표시되면 장비상태가 정상적임을 나타내는 것 이므로 검색이 가능하다.

ⓒ 검색장비가 정상적으로 가동됨을 확인한 후에는 검색을 실시하기 전에 장비에 대한 점검을 하여야 한다. 장비점검은 반드시 점검전용 시험물품(test kit)을 사용하여 점검하여야 하고, 일반검색 대상물이 통과하는 것과 동일한방법과 속도로 통과시켜 모니터에 나타나는 영상이미지를 확인하여 탐지성능이 적절한가를 확인하고 기록하여야 한다.

2) 장비의 점검

엑스선 검색장비의 점검은 최소 1일 1회 이상 실시하여야 하며, 점검을 할 때에는 반드시 점검용으로 제작된 시험물품을 이용하여야 한다. 점검기준은 국제민간항공기구에서는 해상도 SWG25 이상과 투과력 14mm 이상으로 정하고 있고, 미국 연방항공청에서는 해상도 AWG24 이상과 투과력 15mm 이상으로 정하고 있기 때문에 이 기준 모두를 통과할 수 있는 수준이어야 한다.

3) 에러발생에 대한 조치

엑스선 검색장비를 사용하여 물품을 검색하는 도중에 장비가 정지되거나 모니터의 영상에 이미지에러가 발생하면 즉시 검색을 중단하고 검색 중에 있던 물품은 다른 검색장비로 검색하도록 하고, 에러가 발생한 사실을 감독자에게 보고하여 장비를 정비하거나 장비사용을 중단시키도록 하여야 한다.

4) 장비사용의 유의사항

공항에서 사용되는 엑스선 검색장비는 첨단전자 장비이기 때문에 외부의 충격이나 사용의 잘못 또는 이물질을 통과시킬 경우에 에러가 발생하거나 탐지기능을 상실할 수 있기 때문에 사용할 때에 다음과 같은 사항에 유의하여야 한다.

첫째, 엑스선 검색장비의 전원스위치를 ON상태로 전환하여 장비가 정상적으로 작동되기 전까지는 컨베이어벨트 위에 아무것도 올려놓아서는 안 된다.

둘째, 정상적으로 작동되는 엑스선 검색장비의 터널에 가려진 커튼 안으로 사람의 신체 일부가 들어가지 않도록 하여야 한다.

셋째, 영상모니터를 이용하여 검색물품을 확인하고 있을 때 검색장비가 작동을 하지 않거나, 물체의 이미지를 판독하고 있을 때 에러가 발생하면 지체 없이 감독자에게 보고하여야 한다.

넷째, 엑스선 검색장비에 통과시켜서는 안 되는 물품으로는 사람의 신체, 살아 있는 동물, 혈액이나 장기 등 생명체의 물품, 유골, 유해품 등이므로 이들 물품이 검색장비 안으로 들어가지 않도록 하여야 한다.

엑스선 검색장비는 AC380V 또는 220V 전원이 공급되어 작동되므로 계속하여 사용하지 않을 때에는 감독자의 지시에 따라 전원 스위치를 OFF상태에 놓도록 하여야 한다.

6. 장비의 영상판독

1) 원자번호에 의한 물질 표시

엑스선 검색장비는 검색대상물질에 엑스광선을 투사하여 얻어지는 원자번호를 영상으로 디지털화하여 결정하고 이것을 유기물과 무기물로 구분하여 색깔로 나타내주는 장비이다.

① 유기물

유기물은 물질의 원자번호가 10 이하의 물질을 말하며 원자번호가 10 이하인 물질은 〈표 7-1〉에서 보는 바와 같다. 유기물 중에서 수소, 카본, 질소, 산소 등은 우리 주변에 많이 있는 물질이고, 헬륨, 리튬, 베릴륨, 붕소, 플루오르, 네온 등은 우리 주변에 상대적으로 많지 않은 물질들이다.

〈표 7-1〉 유기물질의 원자번호표

원자번호	원소기호	원소명	영문명	원자량
1	H	수소	Hydrogen	1.0079
2	He	헬륨	Helium	4.0026
3	Li	리튬	Lithium	6.941
4	Be	베릴륨	Beryllium	9.01218
5	B	붕소	Boron	10.81
6	C	탄소	Carbon	12.011
7	N	질소	Nitrogen	14.0067
8	O	산소	Oxygen	15.9994
9	F	플루오르	Fluorine	18.998403
10	Ne	네온	Neon	20.179

② 무기물

무기물은 물질의 원자번호가 10보다 큰 물질을 말하며 원자번호가 10보다 큰 물질은 〈표 7-2〉에서 보는 바와 같다. 무기물은 유기물과 달리 대부분 우리 주변에서 흔히 볼 수 있는 물질들이다. 또한 유기물과 무기물이 혼합된 혼합물질은 밀도가 높아 방사선을 흡수하는 물질로서 원자번호가 아주 높은 물질들이다.

〈표 7-2〉 무기물질의 원자번호표

원자번호	원소기호	원소명	영문명	원자량
11	Na	나트륨	Sodium	22.98977
12	Mg	마그네슘	Magnesium	24.305
13	Al	알루미늄	Aluminum	26.98154
14	Si	규소	Silicon	28.0855
15	P	인	Phosphorus	30.97376
16	S	황	Sulfur	32.06
17	Cl	염소	Chlorine	35.453
18	Ar	아르곤	Argon	39.948
19	K	칼륨	Potassium	39.0983
20	Ca	칼슘	Calcium	40.08

2) 물질의 밀도에 의한 표시

엑스선 검색장비는 검색기의 터널 안에 들어오는 물체에 엑스광선을 투사하여 투사된 양에 따라 얻어지는 물질의 밀도를 모니터의 영상화면에 표시하기 때문에 고밀도의 물질은 엑스광선을 차단하고, 저밀도의 물질은 엑스광선을 통과시키기 때문에 고밀도의 물질은 짙은 색으로 형상을 나타내고, 저밀도의 물질은 비교적 밝은 색으로 그 형상이 표시된다. 따라서 [그림 7-11]에서 보는 바와 같이 검색물체에 엑스광선을 투사할 경우에 물체의 형상이 밀도가 높은 강철은 비교적 어두운 색으로 표시되고, 밀도가 낮은 책은 비교적 밝은 색으로 표시된다.

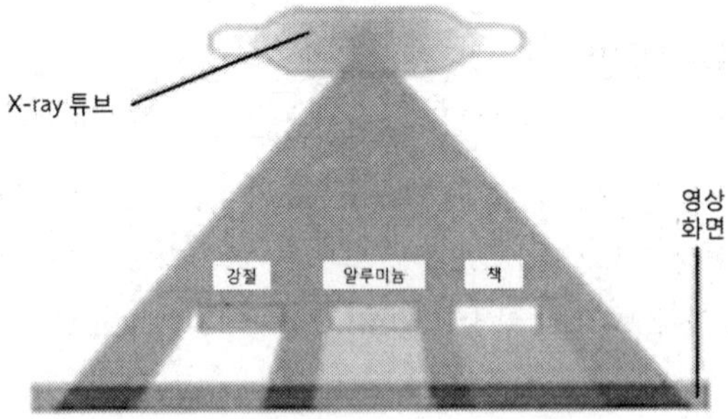

[그림 7-11] 물질밀도별 영상표시

3) 물체의 모양에 의한 표시

엑스선 검색장비는 검색기의 터널 안에 들어오는 물체에 엑스광선을 투사하여 얻어지는 형상과 모양을 모니터의 영상화면에 나타내주기 때문에 외부 모양이 비슷한 권총과 헤어드라이어에 엑스광선을 투사할 경우에 외형적인 모양은 비슷하나, 권총은 비교적 검은색이미지로 나타나고 헤어드라이어는 비교적 밝은 색 이미지로 나타나게 된다. [그림 7-12]는 권총과 헤어드라이어에 엑스광선을 똑같이 투사할 경우에 검색장비의 모니터스크린에 나타나는 영상을 비교한 그림인데 권총은 헤어드라이어에 비하여 짙은 색으로 모니터에 표시됨을 알 수 있다.

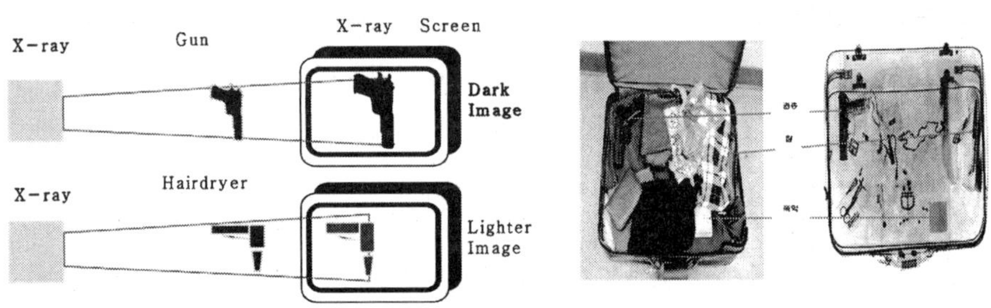

[그림 7-12] 물체 모양별 영상표시

4) 색채별 영상판독 방법

① 유기물 판독방법

유기물은 엑스선 검색장비의 컬러모니터 영상에 오렌지색으로 표시된다. 오렌지 색깔로 표시되는 물품에는 설탕, 의류, 플라스틱류, 마약류, 지폐류, 화약류 등이 있고, 물질의 밀도가 낮을수록 엷은 오렌지색에 가까우나 반대로 물질의 밀도가 높을수록 짙은 오렌지색으로 나타난다.

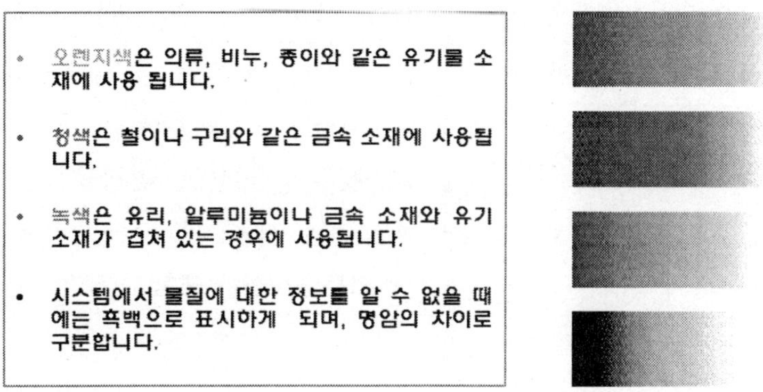

[그림 7-13] 색채별 영상표시

② 무기물 판독방법

무기물은 엑스선 검색장비의 컬러모니터 영상에 청색으로 표시된다. 청색으로 표시되는 물품에는 권총·도검류·배터리 등 금속류, 천연소금, 귀금속류, 유리 등이 있고, 물질의 밀도가 낮을수록 연한 청색에 가깝고 반대로 밀도가 높을수록 짙은 청색으로 나타낸다.

③ 혼합물질 판독방법

유기물과 무기물이 혼합된 물질은 엑스선 검색장비의 컬러모니터 영상에 녹색으로 나타낸다. 가스가 들어있는 가스통과 같이 가스성분이 들어있는 혼합물도 녹색으로 표시된다.

④ 밀도가 높은 물질 판독방법

물질의 밀도가 높아 엑스선 검색장비의 컬러모니터 영상에서 물질의 구분이 안 되는 물품은 유기물질이나 무기물질을 불문하고 흑색으로 나타낸다. 다만, 흑백으로 나타내는 흑백모니터에서는 밀도차이에 의한 형태로 구분되어 나타낸다.

〈표 7-3〉 검색물질별 영상판독 참고표

물질구분	색상	판독기준	물품의 종류
유기물	오렌지	색상/밀도	폭약, 마약, 플라스틱, 의류, 설탕 등
무기물	청색	모양	총기, 실탄, 도검 등 금속물질, 천연소금
혼합물	녹색	색상/모양	유기물과 무기물의 혼합물, 가스성분이 들어있는 혼합물
고밀도 물질	흑색	색상/모양	주철 등의 금속물질, 두꺼운 금속, 납 또는 납 성분 포함 물질

5) 수하물의 기준

승객이 휴대하고 항공기를 탑승할 수 있는 기내반입 휴대물품, 승객이 항공기를 탑승하기 전에 체크인 과정에서 항공사에 운송을 위탁하는 위탁수하물의 규격 및 무게에 대하여 국제항공운송협회가 정한 기준은 다음과 같다.

첫째, 기내에 반입하는 휴대물품은 크기가 가로 55cm, 폭 40cm, 높이 20cm 이내 의 물품으로서 무게가 10kg 이내의 수하물이어야 한다.

둘째, 위탁수하물은 물품의 크기가 가로 90cm, 폭 45cm, 높이 75cm 이내의 물품으로서 무게가 50kg 이하의 수하물이어야 한다.

제 4 절 폭약 및 마약탐지장비

1. 장비의 특성

공항에서 사용되는 탐색장비 중에서 폭약이나 마약 등을 탐지하는 장비는 미량의 폭약과 마약을 동시에 탐지할 수 있는 장비로서 금속물질의 포장재에 은닉된 폭약이나 마약, 자동차·화물·컨테이너 등에 숨겨진 폭약이나 마약, 장비의 벽체와 밑바닥 등에 숨겨진 폭약이나 마약, 비품이나 기계류의 부속 또는 장치 및 사람의 신체에 숨겨진 폭약이나 마약 등도 검색할 수 있는 장비이다. 이 장비는 폭약이나 마약 등을 용기에 담는 과정에서 필연적으로 용기의 표면에 미세하게 묻은 아주 작은 양의 폭약이나 마약도 검색할 수 있기 때문에 아무리 철저하게 포장하여 숨겨도 검출해낼 수 있다.

폭약 및 마약탐지장비는 표본채취용 종이를 사용하여 검사대상물에서 폭약이나 마약성분이 있는지를 검사하는데, 부피가 큰 검사대상물은 휴대용 진공흡입장치를 사용하여 검사표본을 채취하기도 한다. 이 장비가 폭약 또는 마약을 탐지하게 되면 경고표시등에 불이 켜지고, 탐지된 물질의 성분을 색깔로 식별해주고 경보음이 울리게 된다.

2. 장비의 종류 및 운용방법

공항에서 사용되는 폭약 및 마약탐지장비는 일정한 장소에 고정하여 설치되는 고정식 장비와 이동하여 사용할 수 있는 이동식 장비가 있다. 또한 기계식 장비는 아니나 폭약이나 마약을 탐지하는데 이용되는 탐지견이 있다.

1) 고정식 장비

폭약 및 마약탐지장비 중에서 고정식 장비는 공항의 휴대품이나 위탁수하물에 대한 검색지역에 설치하여 승객의 휴대품이나 위탁수하물을 엑스선 검색장비로 검색한 후에 폭약이나 마약으로 의심이 가는 물품에 대하여 2차 검색을 실시하는 장비로서 제원은 다음과 같다.

ⓐ 장비 예열시간 : 15분
ⓑ 탐지물품 : 폭약 또는 마약
ⓒ 오경보율 : 1% 이하
ⓓ 분석 소요시간 : 3~8초
ⓔ 장비교정 : 계속적이며 자동적으로 탐지기에서 교정됨
ⓕ 전원공급 : 110V/220V AC 전원, 60Hz 또는 12V DC 전원

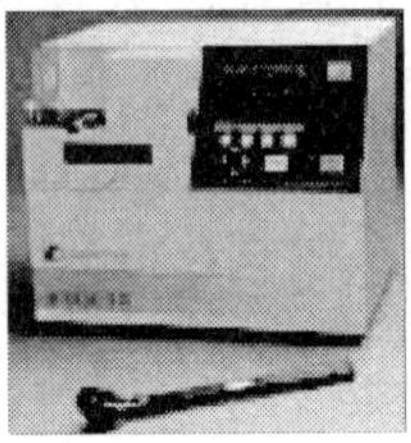

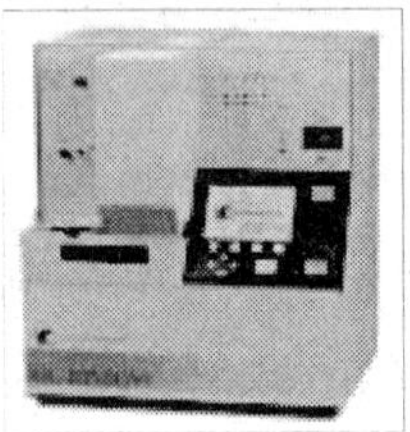

[그림 7-14] 폭약 및 마약탐지장비

2) 이동식 장비

폭약 및 마약을 탐지하기 위한 이동식 장비는 폭약 및 마약의 표본(흔적)을 채취하여 수증기 탈착 Unit를 통하여 폭약이나 마약성분을 분석하는데, 이 장비는 고온을 발생시키고 이온화하여 독특한 원형질분석에 의하여 자동으로 폭약이나 마약을 식별하며, 5개의 버튼이 있는 키보드와 액정표시(LCD)방식의 모니터화면을 구성되어 있어 사용이 아주 간편하다.

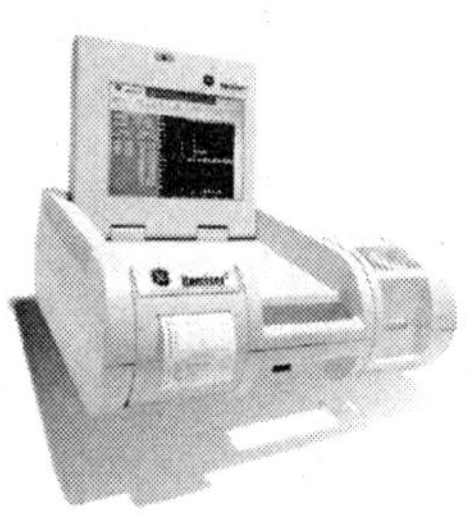

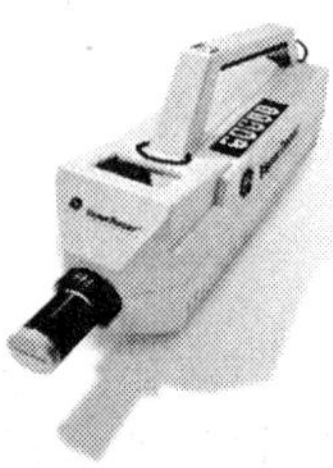

[그림 7-15] 이동식 탐지장비

이 장비의 운용은 장비본체의 노즐부분을 탐색하고자 하는 물건에 대고 손잡이 부분에 있는 start 버튼을 누르면 수초 동안 탐색대상물에서 증기/액체를 흡입하게 된다. 검색대상물건에 폭약이나 마약성분이 검출되지 않으면 액정표시 모니터에 아무런 변화가 없고, 폭약이나 마약성분이 검출되면 액정모니터에 표시되면서 경보음이 울린다. 이 장비의 제원은 다음과 같다.

ⓐ 장비 예열시간 : 30분
ⓑ 탐지물품 : 폭약, 마약
ⓒ 오경보율 : 1% 이하
ⓓ 분석 소요시간 : 즉시
ⓔ 장비교정 : 계속적이며 자동적으로 탐지기에서 교정됨
ⓕ 전원공급 : 110/220V AC전원, 60Hz 또는 12볼트 DC전원
ⓖ 배터리 : 1.5 시간용, 6시간용

3) 탐지견

탐지견(探知犬, detection dog)은 훈련과정을 통해 마약이나 폭발물 및 특정 물질의 냄새를 기억시켜 그 냄새를 맡으면 앉거나 엎드리는 등 일정한 행동을 취하여 탐지사가 알도록 하는 행동학적으로 훈련 받은 개를 말한다. 이러한 탐지견에는 마약·폭발물·육류·흰개미 탐지견 및 인명구조견 등이 있다.

탐지견은 탐지견을 이끄는 1명의 탐지요원과 검색견이 한 조가 되어 수하물, 화물, 사람의 신체, 항공기의 기내 등에 은닉된 폭발물 및 마약을 탐지하는 보안검색수단의 하나이다. 탐지견은 후각능력이 뛰어나고 비교적 온순한 독일산 세퍼드와 벨기에산 세퍼드 종류를 약 11개월 정도 훈련시켜 폭발물과 마약을 찾아내도록 하며, 정기적으로 1년마다 테스트를 거쳐 탐지견으로 이용한다. 탐지견의 시각은 사람의 10배, 청각은 사람의 100배, 후각은 사람의 10,000배 정도라고 한다. 이와 같은 탐지견의 능력과 특징은 사람이 발견할 수 없는 마약이나 폭발물 등을 발견할 수 있는 것이다.

탐지견의 1회 탐지능력은 30분에서 1시간 정도이며, 탐지견의 특징으로는 이동

성이 좋아 신속하게 폭발물을 검색할 수 있고, 은닉장소로 접근이 용이하며, 탐지 능력이 뛰어난 장점이 있는 반면에 탐지견이 쉽게 지치고 조금만 시간이 지나면 집중력을 잃으며, 탐지견을 운용하는데 고가의 비용이 소요되고, 사람들의 기분을 상하게 하거나 두려움을 느끼게 하며, 종교적 또는 위생상의 문제가 있을 수 있고, 탐지견의 상태가 양호하여야만 활용이 가능한 점 등의 단점이 있다.

[그림 7-16] 탐지견

제8장 승객 보안검색 시스템

제1절 보안검색의 개념 및 방법

1. 개념과 발전과정

1) 보안검색의 개념

공항에서 보호구역으로 들어가는 승객이나 수하물에 대하여 보안검색을 실시하는 목적은 승객의 신체 또는 수하물 속에 항공기의 안전운항을 불법으로 방해하거나 인명을 살상하는 행위에 사용될 수 있는 무기·폭발물·위해를 가할 수 있는 물건, 마약·폭약·인화물질과 같은 위험물질을 은닉한 경우에 이러한 물건을 탐지 및 탐색함으로써 항공기의 안전운항을 도모하고 인명과 재산을 보호하기 위한 것이다.

따라서 보안검색이란 이러한 목적을 달성하기 위하여 항공기의 안전운항을 불법으로 방해하거나 인명을 살상하는 행위에 사용될 수 있는 무기나 항공기를 폭파할 수 있는 폭발물 등을 탐지하여 색출하는 행위를 말한다. 여기서 말하는 불법방해행위에는 항공기의 안전운항을 방해하는 행위, 항공기·공항시설·항행안전시설 등을 파괴 또는 손상하는 행위 및 이들 시설의 정상적인 운영을 방해하는 행위 등이 포함된다. 항공기에 탑승하는 승객에 대한 보안검색은 항공보안의 가장 필수적인 절차 중의 하나인데, 보안검색을 실시함으로써 테러범이 위해물품을 은닉하여 항공기에 탑승한 후에 승객이나 승무원을 인질로 삼아 불법행위를 저지르거나 항공기를 폭파하는 것을 미리 방지하기 위한 것이다.

2) 보안검색의 발전과정

항공기의 안전운항을 위한 보안검색은 항공기 납치나 공중폭파와 같은 항공보안사고가 발생함에 따라 이와 같은 항공범죄를 사전에 예방하기 위하여 실시되는 것으로서 항공범죄의 발생, 항공범죄유형의 변화 등에 따라 보안검색의 방법 및 검색장비도 발전되어 왔다. 세계 최초로 발생한 항공범죄는 1931년 남아메리카의 페루에서 발생한 항공기 납치사건이 항공보안사고의 시초였으며, 제2차 세계대전이 종료된 후에는 동독과 서독의 분단으로 인한 정치적·이념적 대립관계로 인하여 유럽지역에서 항공기납치사건이 자주 발생하였고, 미주 지역에서도 하이재킹이라 불리는 항공범죄가 자주 발생하였다.

항공범죄를 예방하기 위한 보안검색은 1969년 이스턴항공사에서 탑승객의 신상정보를 이용하여 과거에 하이재킹을 한 사실이 있는 범법자를 색출한 것이 최초의 보안검색방법으로 이용되었으며, 1970년대에 들어서면서 항공보안사고가 급격히 증가하게 되자 항공기내에 총기나 도검류 등 불법무기로 사용될 수 있는 물건의 반입을 금지시키기 위한 보안검색활동이 강화되었다. 2001년 9월 11일 미국의 뉴욕과 워싱턴에서 발생한 9. 11 항공테러 이후에는 보안검색을 거치지 않은 주스나 음료수 등 액체종류의 기내반입도 금지되었으며, 사람의 신체에 대한 보안검색도 신발의 굽, 혁대 및 장신구에 이르기까지 정밀검색을 하는 등 보안검색의 강화와 함께 새로운 항공보안프로그램을 개발하여 운용하고 있다.

우리나라의 항공안전을 위한 보안검색은 항공운송이 시작된 이래 다른 나라에 비해 강화된 체제로 운영되어 왔다. 우리나라는 남북한이 분단된 상태에서 북한의 특수공작원에 의한 항공기 납치 및 테러행위가 비교적 자주 발생함에 따라 이에 대처하기 위한 보안검색활동이 강화될 수밖에 없었다.

2. 보안검색의 법적 근거

공항에서 보안검색활동을 실시할 수 있는 법적 근거는 국제적으로는 국제민간항공협약인 「항공기내에서의 범죄행위에 관한 협약」, 「항공기의 불법납치 억제를 위한 협약」, 「국제공항에서의 불법적 폭력행위의 억제를 위한 의정서」 등의 항공보안관련 국제협약 및 그 부속서가 있으며, 국내법에는 「항공법」, 「항공보안법」, 대통령 훈령으로 제정된 「통합방위지침」 과 「국가 대 테러활동지침」이 있고, 그 외에도 국가보안목표 관리지침 등이 포괄적으로 적용되고 있다.

우리나라의 국내법에서 적용하고 있는 공항에서의 보안검색에 관한 법적 근거에 대하여 「항공보안법」에서 정하고 있는 내용을 요약하면 다음과 같다.

첫째, 항공기에 탑승하고자 하는 자는 공항운영자가 실시하는 본인의 신체와 본인이 휴대하는 휴대물품 및 위탁수하물에 대한 보안검색을 받아야 하고, 격리대합실과 같은 보호구역으로 들어가는 승무원이나 공항에 상주하는 직원 등도 보안검색을 받아야 한다.

둘째, 공항운영자는 항공기에 탑승하는 승객의 신체와 승객의 휴대물품 및 위탁수하물에 대한 보안검색을 실시하여야 하고, 보호구역에 입장하는 자에 대하여도 보안검색을 실시하여야 한다.

셋째, 공항운영자는 승객 및 보호구역에 입장하는 자에 대하여 문형 금속탐지기, 휴대용 탐지기 및 엑스선 검색장비를 사용하여 보안검색을 실시하되, 필요한 경우에는 승객의 동의를 얻어 신체에 대한 정밀검색과 휴대물품 및 위탁수하물에 대하여 개봉하여 검사를 실시할 수 있다.

넷째, 항공운송사업자는 자기가 운송하는 항공화물에 대하여 보안검색을 실시하여야 하고, 보안검색은 엑스선 검색장비, 폭발물 탐지장비 및 탐지견을 사용하여 보안검색을 실시하되, 필요한 경우에는 화물을 개봉하여 검사를 실시할 수 있다.

다섯째, 공항운영자 또는 항공운송사업자가 보안검색을 실시한 결과 승객의 신체, 휴대물품 및 위탁수하물에서 무기나 위해를 가할 수 있는 물건 또는 폭발물 등 불법물질을 발견하였을 때에는 신속하게 경찰에 지원요청을 하여 불법행위에 효과적으로 대응할 수 있도록 하여야 하고, 경찰기관에서는 무장경찰관을 보안검색장소에 배치하거나 경비인력을 신속하게 투입토록 하여야한다.

여섯째, 보안검색활동은 승객이 탑승수속을 위하여 항공사 발권카운터에 도착하였을 때부터 감시활동이 시작되어야 하고, 이때부터 보안에 의심이 가는 승객과 휴대물품 및 위탁수하물에 대한 감시가 지속적으로 이루어져야 한다.

3. 승객보안검색 방법

항공기 탑승객에 대한 보안검색을 하는 방법은 공항의 규모와 구조 및 특성 또는 해당 국가가 채택하고 있는 보안검색방법에 따라 보안검색을 실시하는 위치나 검색방법이 다를 수 있다. 세계 각국의 공항에서 일반적으로 채택하고 있는 보안검색방법은 모든 승객을 출발대합실의 입구에서 중앙집중식으로 검색하는 방법, 여객청사의 Pier에서 목 지점 검색방법, 출발탑승구에서 해당 항공편에 탑승하는 승객을 검색하는 방법 등이 있다.

1) 중앙집중식 검색방법

항공기에 탑승하는 승객에 대하여 중앙집중식으로 보안검색을 실시하는 방법은 여객청사별로 모든 승객을 출발대합실의 입구에서 일괄하여 보안검색을 실시하는 방법으로서 세계 각국의 공항에서 제일 많이 채택하고 있는 검색방법이며, 우리나라의 공항들도 이 방법을 채택하고 있다.

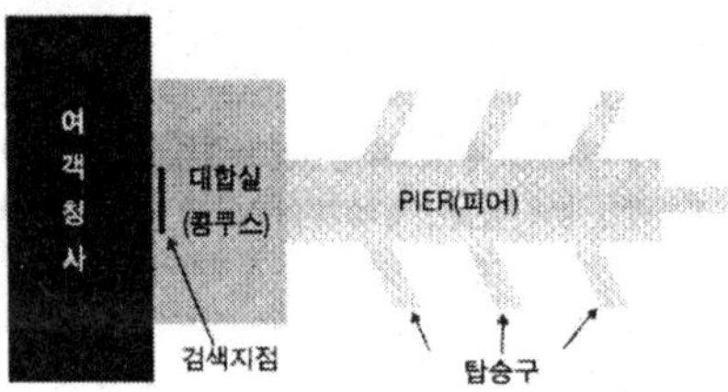

[그림 8-1] 중앙집중식 검색방법

① 중앙집중식의 장점

여객청사의 격리대합실 입구에서 중앙집중식의 방법으로 보안검색을 하는 방법은 여객청사의 한 지점에서 모든 승객을 대상으로 보안검색을 실시함으로써 다른 보안검색방법에 비하여 다음과 같은 장점이 있다.

첫째, 보안검색장비와 검색요원을 한 장소에 일괄 배치하여 운용함으로써 다른 검색방법에 비하여 장비와 인력을 최소화할 수 있어 검색비용을 절감할 수 있다.

둘째, 보안검색대를 중단 없이 운용하기 때문에 승객의 입장에서는 체크인을 한 후에 자기가 필요한 시간에 보안검색을 마친 후에 출발대합실에서 여유로운 시간을 보낼 수 있다.

셋째, 보안검색대의 수가 많기 때문에 승객의 수요에 따라 검색대와 검색요원을 탄력적으로 운용할 수 있어 검색장비와 검색인력의 활용성이 높고, 검색장비를 순환적으로 점검할 수 있다.

넷째, 보안검색지점과 항공기를 탑승하는 탑승구 사이에 충분한 거리를 확보할 수 있어 검색을 실패하였을 경우 등의 비상시에 불법행위자의 항공기 접근을 막을 수 있는 시간적 여유가 있다.

다섯째, 보안검색요원을 감독하기가 용이하고, 비상시에 경찰대응시간을 최소화할 수 있다.

② 중앙집중식의 단점

중앙집중식으로 보안검색을 하는 방법은 격리대합실 입구에서 모든 승객을 대상으로 보안검색을 실시하여야 하므로 다른 보안검색방법에 비하여 다음과 같은 단점이 있다.

첫째, 격리대합실 입구에서 많은 승객을 대상으로 보안검색을 실시할 수 있는보안검색장비를 설치할 수 있는 충분한 공간이 확보될 수 있는 청사구조로 되어 있어야 한다.

둘째, 승객이 보안검색을 완료하고 항공기 탑승을 대기하는 격리대합실 지역의 보안성을 유지하기 위한 감시 및 점검 등 별도의 보안활동이 이루어져야 한다.

셋째, 보안검색완료지역을 벗어난 승객이 다시 격리대합실로 진입할 경우에 반드시 재검색을 하여야 한다.

넷째, 해당 공항에서 환승하는 승객이나 통과하는 승객에 대한 별도의 보안검색장비와 검색요원이 추가로 소요된다.

2) Pier지역 검색방법

Pier지역 검색방법은 승객이 항공기를 탑승하기 위하여 여객청사의 대합실에서 탑승구로 가는 길목에 탑승구 대합실로 들어가는 입구에서 보안검색을 실시하는 방법으로서 이 방법은 여객청사의 대합실과 탑승구 사이에 여객이 탑승대기를 할 수 있는 충분한 폭과 넓은 면적의 Pier가 설치되어 있는 경우에 가능한 방법이고, 보안검색을 한 장소에서 중앙집중식 방법으로 실시하기 곤란한 경우에 사용되는 방법이다.

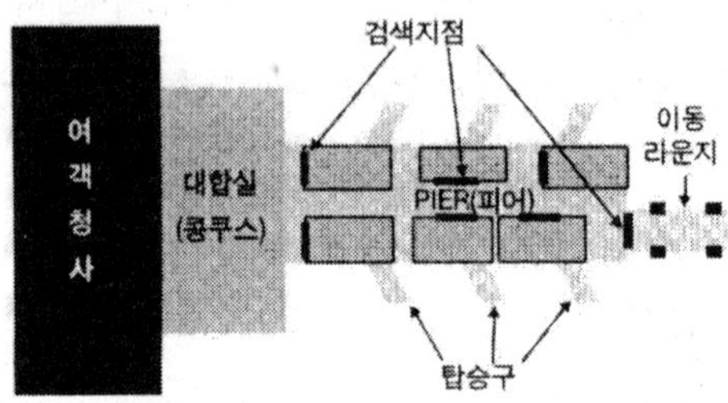

[그림 8-2] Pier지점 검색방법

① Pier 검색방법의 장점

Pier지역에서 보안검색을 실시하는 방법은 중앙집중식 검색방법이나 탑승구 검색방법에 비하여 다음과 같은 장점이 있다.

첫째, 여객청사의 건물규모가 방대하여 한 지점에서 중앙집중식의 방법으로 보안검색을 실시할 경우에 보안검색의 효율성이 떨어지는 단점을 보완할 수 있다.

둘째, 항공기를 탑승하는 승객을 분산시켜 보안검색을 실시함으로써 승객들의 검색대기시간을 단축할 수 있다.

② Pier 검색방법의 단점

Pier지역에서 보안검색을 실시하는 방법은 다른 보안검색방법에 비하여 다음과 같은 단점이 있다.

첫째, 여객청사의 구조가 Pier지역에서 보안검색을 실시할 수 있는 충분한 공간을 확보할 수 있는 구조로 되어 있어야 가능하다.

둘째, Pier지역 안에 보안검색을 완료한 승객과 이동하는 승객을 차단할 수 있는 별도의 시설이 필요하다.

셋째, 중앙집중식 검색방법에 비하여 보안검색장비와 검색요원을 분산하여 배치함으로써 검색장비와 검색요원 운용의 효율성이 떨어질 수 있다.

3) 탑승구 검색방법

탑승구 검색방법은 항공기를 탑승하는 탑승구의 입구에서 해당 항공편의 승객을 대상으로 보안검색을 실시하는 방법으로서 보안검색장비와 검색요원을 탑승구마다 배치한 보안검색대를 설치하여 운용하는 방법이다.

① 탑승구 검색방법의 장점

탑승구에서 보안검색을 실시하는 방법은 다른 검색방법에 비하여 다음과 같은 장점이 있다.

첫째, 항공편별로 보안검색을 실시함으로써 보안검색이 완료된 승객과 보안검색을 완료하지 않은 승객의 섞임을 방지할 수 있다.

둘째, 승객을 분산시켜 항공편별로 보안검색을 실시하기 때문에 승객의 검색 대기시간을 최소화할 수 있다.

셋째, 항공테러의 위협정도에 따라 보안검색의 강도를 달리할 수 있고, 보안통제가 비교적 용이하다.

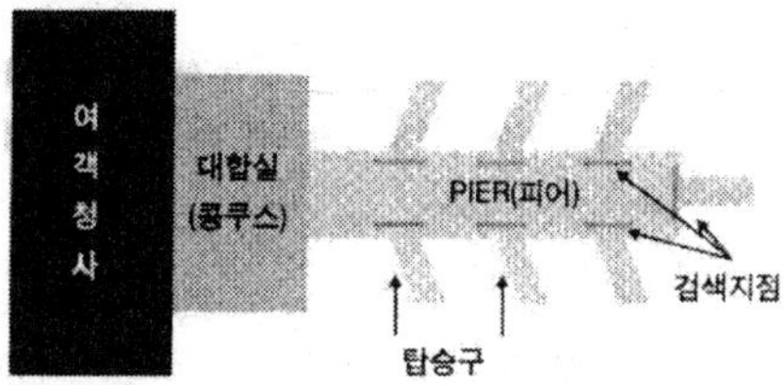

[그림 8-3] 탑승구 검색방법

② 탑승구 검색방법의 단점

탑승구에서 보안검색을 실시하는 방법은 다른 검색방법에 비하여 다음과 같은 단점이 있어 대규모 공항에서는 탑승구 검색방법을 도입하기 어려운 검색방법으로 이해되고 있다.

첫째, 보안검색장비와 검색요원을 여러 곳에 분산하여 배치함으로써 보안검색에 소요되는 비용이 많아 효율성을 기하기 어렵다.

둘째, 항공기가 탑승교에 접현된 이후에만 보안검색을 실시할 수 있기 때문에 대형항공기의 경우에는 하나의 보안검색장비로는 보안검색시간이 더 소요될 우려가 있다.

셋째, 항공기 출발시간에 임박하여 보안검색을 실시하기 때문에 보안검색요원이 항공기 출발시간에 대한 압박감으로 정확하고 세밀한 보안검색을 소홀히 할 수 있다.

넷째, 검색장소와 항공기 사이의 거리가 짧아 검색실패 등에 대한 대비책 마련이 어렵고, 비상시에 경찰력이 즉시 대응하기 곤란하다.

다섯째, 보안검색이 완료된 격리대합실의 면세점에서 구입한 물품에 대하여도 다시 보안검색을 실시하여야 하므로 검색물량이 늘어난다.

여섯째, 보안검색대를 사용하지 않을 경우에는 보안장치를 하여야 하고, 검색대를 다시 사용할 때에는 위해물품이 은닉되어 있는지 수색한 후에 사용하여야 한다.

4. 검색대 설치 및 운영

1) 검색장비 설치 및 운영

항공기 탑승객의 보안검색을 위한 검색대의 설치장소는 여객청사의 일반대합실과 격리대합실 사이에 보안검색 장비와 검색테이블을 설치하고, 촉수검색 및 보안검색요원이 근무할 장소가 있어야 하기 때문에 이를 위한 적절한 공간이 제공될 수 있어야 한다. 보안검색대의 설치위치는 승객의 이동하는 동선이 단순화 될 수 있도록 하고, 보안검색으로 인하여 승객의 흐름이 지장을 받거나 정체가 최소화

될 수 있는 지역에 설치되어야 하며, 검색장비의 설치수량은 당해 공항을 이용하는 연간 승객 수를 감안하여 최소 보안요원으로 검색이 가능한 수의 장비를 설치하여야 한다.

보안검색장소에 설치되는 장비는 문형 금속탐지기, 휴대용 금속탐지기, 엑스선 검색장비, 폭발물 탐지장비 기타 지원장비가 설치되어야 하고, 비치할 비품으로는 기내반입금지물품에 대한 목록, 보안검색의 절차를 기록한 지침서, 의심되는 수하물의 개봉검사에 필요한 물품, 비상벨, 전화기 등의 비품이 비치되어야 한다.

2) 검색요원의 임무

보안검색요원은 검색대별로 검색요원의 근무현황, 위해물품 적발현황, 정밀검색 실시 내용 등을 기록유지 하여야 하고, 보안검색을 실시할 때에는 피검색자가 과도한 긴장을 하거나 거만한 행동을 하는 자, 검색을 회피 하는 자 등은 금지물품을 은닉할 가능성이 있기 때문에 그 승객에 대하여는 정밀신체검색과 함께 휴대품을 반드시 개봉하여 촉수검사를 실시하되, 승객의 인권과 자존심을 보장할 수 있는 조치를 미리 행한 후에 실시하여야 한다.

보안구역입구에 근무하는 보안요원은 승객의 항공권과 여권 등 여행서류를 확인하고, 보안검색대로 안내하여야 한다. 또한 보안구역에서 일반지역으로 나가는 승객, 보안검색을 받지 않은 자가 출구레인을 통하여 보안구역으로 입장하는 자를 통제하고, 보안검색을 받지 않은 자와의 접촉을 방지하여야 한다.

문형 금속탐지기나 휴대형 금속탐지기를 운용하여 검색하는 자는 승객이 보안검색을 받을 때 키 뭉치, 라이터, 휴대전화 등 일체의 금속물질을 휴대하지 않도록 안내하고, 보안검색결과 만족스럽게 확인되지 않을 경우에는 재검색을 실시하여야 하며, 의심되는 승객은 항공기에 탑승시켜서는 안 된다.

엑스선 검색장비운영자는 모니터의 영상이미지에 의해 금지물품이나 의심물품의 검색에 집중하여야 하고, 무기나 폭발물을 분해하여 분산소지 가능성에 대비하여야 하며, 의심물품이 발견될 때에는 별도의 개봉검색이나 촉수검색을 실시할 수 있도록 조치를 취해야 한다.

제 2 절 승객 및 휴대물품 검색

1. 승객보안검색 원칙

1) 승객의 권리보호

항공기에 탑승하기 위하여 공항의 격리된 출발대합실에 들어가려는 승객은 자신의 신체와 자신이 휴대하는 물품 및 위탁수하물에 대하여 공항운영자가 보안검색장비 또는 보안검색요원에 의하여 실시하는 보안검색을 받아야 한다. 보안검색요원은 보안검색장비 또는 수 검색의 방법으로 승객의 신체 및 승객이 휴대하는 물품에 대한 보안검색을 실시함에 있어 승객의 인권이나 자존심 또는 사생활 등 승객의 권리가 침해되지 않도록 하여야 하고, 승객은 공항운영자가 실시하는 보안검색을 거부할 권리가 있지만, 보안검색을 거부한 승객과 휴대물품 및 위탁수하물은 공항의 보안검색완료구역을 통과 할 수 없기 때문에 결국 항공기 탑승을 할 수 없게 된다.

특히 보안검색요원은 보안검색기법, 고객서비스 기법, 문제해결기법 등의 훈련을 충분히 받아서 정밀검색을 하여야 하는 승객, 노인, 장애인, 어린이, 임산부 등에 대한 배려로 자존심이 상하지 않도록 하여야 한다.

2) 승객흐름의 파악

승객에 대한 보안검색을 실시함에 있어 승객의 흐름은 공항운영자 · 항공사 · 경찰당국 · 보안검색요원의 행동에 의하여 결정되는데, 항공안전을 위한 보안검색으로 인하여 승객이 장시간 대기하거나 승객의 흐름을 방해하여 승객이 정해진 시간에 항공기에 탑승하지 못하는 등 보안검색의 지체로 인하여 항공기운항이 지연된다면 공항운영에 영향을 미치게 되고, 이는 연쇄적인 작용을 하게 되어 공항운영이 마비상태에 까지 이르게 될 것이다. 따라서 보안검색에 따른 승객의 흐름을 방해하지 않기 위해서는 다음과 같은 조치가 필요하다.

첫째, 공항운영자는 당해 공항을 이용하는 승객의 수와 운항하는 항공기의 크기를 감안하여 승객의 보안검색을 원활하게 처리할 수 있는 충분한 공간과 보안검색장비를 확보하여야 하고, 보안검색요원도 충분히 배치하여야 한다.

둘째, 항공사는 당해 공항의 승객흐름과 운항하는 항공기의 크기를 감안하여 체크인 시간을 정하여야 하며, 승객이 미리미리 보안검색을 받을 수 있도록 체크인 과정에서 승객에게 안내하여야 한다.

일반대합실 : Ticketing, 체크인, 수하물 위탁

↓

격리대합실 입구 : 탑승권 및 신분증 확인

↓

문형 탐지기 : 신체 및 휴대품 보안검색

↓

휴대용 탐지기 : 신체의 세부 보안검색

↓

탑승구 : 탑승권 확인

↓

항공기 : 탑승좌석안내

[그림 8-4] 출발승객 보안검색절차도

셋째, 경찰당국은 보안검색으로 인하여 승객의 흐름이 방해되거나 보안검색을 받기 위한 대기승객이 많을 경우에 승객의 질서유지와 대기승객이 많아 혼잡할 경우에 이의 해소를 위한 조치와 함께 보안검색이 신속히 이루어지도록 보안검색요원을 감독하여야 한다.

넷째, 보안검색요원은 승객에 대한 보안검색을 실시함에 있어 보안검색으로 인

하여 출발승객의 흐름에 악영향을 미치지 않도록 최대한 노력하여야 하고, 보안검색절차를 예의바르고 공정하며 전문적으로 실시하여 승객이 보안검색에 대한 거부감을 느끼지 않도록 함으로써 승객이 안정된 분위기에서 보안검색에 응하도록 하여야 한다.

2. 장비별 검색요령

항공기에 탑승하는 승객에 대한 보안검색은 승객의 신체에 대하여는 문형 금속탐지기와 휴대용 금속탐지기로 보안검색을 실시하고, 승객의 휴대물품과 위탁수하물에 대해서는 엑스선 검색장비를 이용하여 보안검색을 실시하며, 폭발물이나 마약을 탐지하기 위하여 탐지견이 이용되기도 한다. 보안검색에 사용되는 검색장비별 성능과 운용방법 및 검색요령은 다음과 같다.

1) 문형 금속탐지기 운영요령

문형 금속탐지기는 승객이 소지한 금속물질을 자기장을 이용하여 탐지하는 장비로서 여객청사의 일반대합실에서 체크인을 마친 승객이 항공기를 탑승하기 위하여 격리된 출발대합실로 진입하기 위하여 맨 먼저 보안검색을 받는 장비이다. 문형 금속탐지기는 탐지기에 미리 설정된 한계보다 큰 금속물질이 통과할 경우에 경보음이 울리면서 금속물질이 통과한 위치에 경보신호등이 켜지도록 설계된 장비이다. 보안검색요원이 문형 금속탐지기를 운영할 때에는 다음과 같은 절차와 주의사항을 준수하여야 한다.

① 탐지기의 성능 및 민감도 점검

보안검색요원은 검색을 실시하기 전에 문형 금속탐지기가 정상적으로 작동되는지를 점검하여야 한다. 장비점검은 제5장에서 이미 설명한 바와 같이 전원을 공급한 후에 탐지기의 상단에 설치된 전원표시등이 정상적으로 켜지는지를 확인한 후에 탐지기성능의 민감도를 점검하여야 한다.

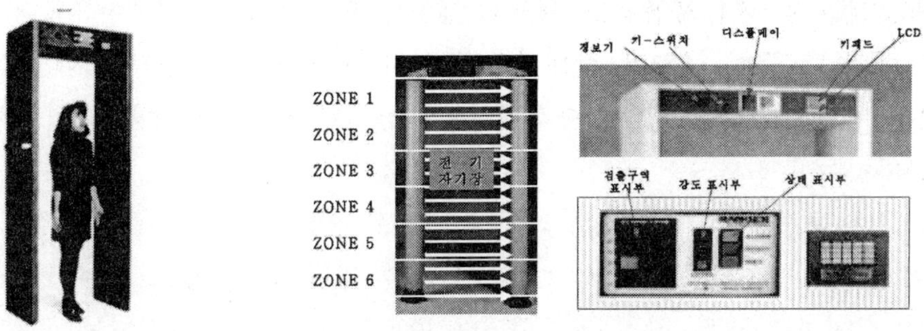

[그림 8-5] 문형 금속탐지기 운영

문형 금속탐지기는 설정된 한계보다 큰 금속물질이 탐지기를 통과할 경우에 경보음이 울리도록 설계된 장비이므로 장비의 민감도를 낮게 하면 탐지기능이 미약하게 되어 설정된 한계를 초과하는 금속물질이 통과하여도 경보음이 울리지 않을 수 있고, 장비의 민감도를 높게 하면 탐지기가 과민반응을 하여 설정된 한계보다 아주 작은 금속물질이 탐지기를 통과하여도 경보음이 울리게 되므로 적정한 감도로 유지되도록 하여야 한다. 보안검색요원은 탐지기를 운용하여 보안검색을 실시하기 전에 반드시 탐지기의 민감도를 측정하여야 하고, 탐지기의 민감도를 조정하여야 할 필요가 있을 때에는 보안감독자와 보안기관의 허가 없이 민감도를 조정하여서는 안 된다.

문형 금속탐지기의 탐지성능은 사람의 발목, 허리, 모자부분 등 탐지기의 모든 지점의 탐지성능이 동일하여야 하기 때문에 각 지점별로 성능이 동일한지 여부를 실험하여야 한다. 성능측정실험은 준비된 금속물질을 휴대한 실험자가 정상적인 속도로 탐지기를 통과하여 경보등이 켜지는 위치를 확인하고, 경보음의 발신상태를 확인하여야 한다. 또한 문형 금속탐지기의 오작동방지를 라디오 등 전파를 발사하는 물건은 탐지기에서 2m 이상 떨어지도록 하여야 한다.

② 승객검색요령

보안검색요원은 보안검색을 대기하는 승객에게 문형 금속탐지기를 통과하기 전에 승객의 가방이나 휴대물품과 승객의 신체에 지니고 있는 열쇠뭉치, 휴대폰, 팔찌, 장신구, 지갑 등의 물건은 준비된 바구니나 투명한 비닐봉지에 담아 엑스선 검색장비를 통과하도록 한 후에 승객이 문형 금속탐지기를 정상적인 걸음걸이로 통과하도록 하여야 한다.

승객이 문형 금속탐지기를 비정상적인 방법으로 통과할 경우에는 탐지기의 탐지성능을 초과하여 탐지기가 정상적으로 작동하지 않을 수 있으므로 보안검색요원은 승객이 탐지기를 너무 빨리 통과하거나 탐지기의 바닥을 뛰어넘는 등의 행동을 하지 않도록 미리 알려주어야 한다. 승객이 문형 금속탐지기를 통과하는데 경보음이 발생한 때에는 휴대형 금속탐지기 및 촉수검색으로 경보음이 발생한 원인을 확인하여 의심되는 물건을 제거한 후에 다시 문형 금속탐지기를 통과하도록 하여야 한다.

2) 휴대형 금속탐지기 운영요령

휴대형 금속탐지기는 문형 금속탐지기보다 정밀검색을 할 수 있는 장비로서 일반적으로 문형 금속탐지기를 통과한 승객에 대하여 신체의 각 부위를 정밀하게 검색하거나 문형 금속탐지기에서 경보음이 발생하였을 경우에 정밀검색을 위하여 사용되는 장비이다. 휴대형 금속탐지기도 자기장을 이용하여 금속물체를 탐지하는 장비로서 금속물질이 탐지되면 경보음을 발신하는 장비이다. 보안검색요원이 휴대형 금속탐지기를 사용하고자 할 때에는 다음과 같은 절차와 주의사항을 준수하여야 한다.

① 탐지기의 민감도 및 성능점검

보안검색요원은 휴대형 금속탐지기를 이용하여 승객에 대한 보안검색을 실시하기 전에 탐지기의 건전지의 삽입여부와 건전지의 충전상태를 확인하고, 탐지기의 전원버튼을 ON상태로 전환시켜 전원표시등이 켜지는지를 확인한 후에 탐지기의 민감도 및 성능이 정상적으로 작동되는가를 확인하여야 한다.

휴대형 금속탐지기는 외부 충격에 약하므로 사용에 주의하여야 하고, 탐지기의 감도는 최적의 상태로 설정되어 있으므로 보안검색감독자 또는 장비보수자의 허락 없이 보안검색요원이 임으로 조정하여서는 안 된다.

② 승객검색요령

휴대형 금속탐지기는 승객의 신체에 인접하여 검색하기 때문에 승객의 자존심이나 인격을 침해할 우려가 있으므로 보안검색요원은 휴대형 금속탐지기로 검색을 실시하기 전에 승객에게 보안검색실시에 대한 사전 양해를 구해야 한다.

휴대형 금속탐지기의 검색방법은 승객에게 팔을 벌리도록 하고 승객의 정면에서 검색하여야 하며, 탐지기를 승객의 신체에서 멀리 떨어진 상태에서 검색을 하면 탐지기가 금속물질을 제대로 탐지할 수 없고, 탐지기가 승객의 신체에 닿게 되면 승객이 불쾌감을 느낄 수 있으니 탐지기가 승객의 신체에 직접 닿지 않도록 5~10㎝ 이격시켜 검색하되, 승객의 겨드랑이, 엉덩이, 허리, 발목 부분의 양쪽 등 8곳을 중점으로 검색하여야 한다.

보안검색요원은 휴대형 금속탐지기가 경보음을 발신할 때에는 경보음 발신지점에 대하여 세밀하게 확인하여 승객으로 하여금 금속물질을 제거하도록 한 후에 그 부위를 다시 검색하여야 하고, 필요한 경우에는 손으로 확인하여 검색하도록 하여야 한다.

[그림 8-6] 신체부위 검색요령

3) 엑스선 검색장비 운영요령

승객의 휴대물품이나 위탁수하물을 검색하는 엑스선 검색장비는 엑스광선을 이용하여 검색물질의 밀도를 탐지하여 금속 및 비금속물체, 폭발성 물질, 전기 및 전자부품, 타이머 등을 탐지할 수 있는 장비로서 탐지된 물체를 영상모니터에 흑백 또는 칼라로 형상과 색깔을 표시해주는 검색장비이다. 엑스선 검색장비는 승객의 휴대물품과 위탁수하물을 검색하는 장비로서 컨베이어벨트, 검색물체 감지센서, 엑스광선 발생장치, 엑스광선 검출기, 디지털 영상처리 부분으로 구성되어 있다. 보안검색요원이 엑스선 검색장비를 사용하고자 할 대에는 다음과 같은 절차와 주의사항을 준수하여야 한다.

① 장비의 작동상태 점검

보안검색요원은 엑스선 검색장비에 의한 보안검색을 실시하기 전에 검색장비가 정상적으로 작동되는지를 점검하여야 한다. 장비점검은 검색장비에 전원을 공급한 후에 검색장비에 설치된 전원표시등이 정상적으로 켜지는지를 확인한 후에 판독용 조작판넬의 전원 key를 OFF상태에서 ON상태로 전환시켜야 한다. 전원이 공급되면 검색장비는 내부에 설치된 점검시스템에 의하여 장비의 고장상태를 체크하고 스스로 자기진단을 하여 장비에 이상이 없으면 모니터에 'system ready' 의 영상이 나타나며, 이 상태가 표시되면 검색이 가능한 정상적인 상태이다.

또한 보안검색요원은 엑스선 검색장비를 사용하는 도중에도 장비의 전원상태, 모니터의 영상표시상태, 해상도 등이 정상적으로 작동되고 있는지를 항상 확인하고 관리하여야 하며, 검색장비에 이상 상태가 발견되면 즉시 보안검색감독자에게 보고하고 검색장비의 사용을 중지하여야 한다.

② 장비의 성능점검

보안검색요원은 엑스선 검색장비가 정상상태로 표시되면 장비를 사용하기 전에 장비에 대한 성능점검을 반드시 실시하여야 한다. 검색장비의 성능점검은 반드시 점검용 시험물품인 테스트 킷을 승객의 휴대물품이 통과하는 것과 동일한 방법과 속도로 통과시켜 모니터에 나타나는 영상이미지에 대한 해상도와 투과력을 확인하여 탐지성능 충족여부를 확인하여 장비점검기록부에 기록하여야 한다. 이와 같은 성능점검은 최소한 1일 1회 이상 실시하여야 한다.

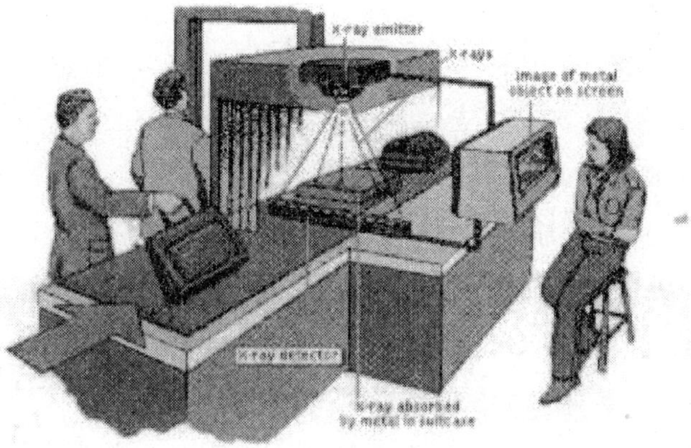

[그림 8-7] 엑스선 검색장비 작동상태

보안검색요원은 검색장비의 성능점검을 실시한 결과 모니터의 영상이미지의 해상도나 투과력 중 어느 하나가 탐지성능을 충족시키지 못한다고 판단되었을 때에는 장비사용을 중지하고 보안검색감독자에게 보고하고, 장비보수를 담당하는 직원에게 연락하여 검색장비를 정비하도록 하여야 한다.

③ 장비사용의 유의사항 준수

보안검색요원은 엑스선 검색장비의 전원스위치를 ON 상태로 전환하여 장비를 가동시켜 검색장비가 정상적으로 작동되기 전까지는 검색장비의 컨베이어벨트 위에 아무것도 올려놓지 말아야 한다. 보안검색요원은 검색장비가 정상적으로 작동 중인 상태에서 검색장비의 터널입구에 부착된 커튼 내부로 사람의 신체일부가 들어가지 않도록 주의하여야 한다. 보안검색요원은 검색을 실시함에 있어 살아있는 동물, 사람의 혈액이나 장기 등 생명체 물품, 유골이나 유해물품, 마이크로필름 등 고감도의 카메라 필름, 다큐멘터리 제작용과 같은 다량의 비디오테이프를 절대 엑스선 검색장비에 통과시켜서는 안 된다.

④ 영상판독 요령

엑스선 검색장비는 탐지한 물체를 물질의 성질에 따라 유기물, 무기물, 혼합물로 구분하여 모니터에 색상으로 표시해주고, 물질의 밀도에 따라 짙고 옅은 명암식별이 가능하도록 표시해주며, 물건의 형체를 알아볼 수 있도록 모양을 표시해준다. 검색장비의 모니터에 나타나는 영상판독요령은 다음과 같다.

첫째, 폭약, 마약, 플라스틱, 의류, 설탕 등 유기물질은 검색장비의 영상모니터에 오렌지색으로 표시되며, 물질의 밀도가 낮을수록 연한 오렌지색으로 나타나고, 반대로 밀도가 높을수록 짙은 오렌지색으로 나타난다.

둘째, 총기 실탄, 도검, 천연소금, 귀금속, 유리 등 무기물질은 검색장비의 영상모니터에 청색으로 표시되며, 물질의 밀도가 낮을수록 연한 청색으로 나타나고, 반대로 밀도가 높을수록 짙은 청색으로 나타난다.

셋째, 유기물과 무기물이 혼합된 가스가 들어있는 가스통 등의 혼합물질은 검색장비의 모니터에 녹색으로 표시되며, 물질의 밀도가 낮을수록 연한 녹색으로 나타나고, 물질의 밀도가 높을수록 짙은 녹색으로 나타난다.

넷째, 주철과 같은 금속물질, 두꺼운 금속, 납, 납 성분이 포함된 물질 등은 밀도가 높아 물질구분이 안 되는 물질인데 이러한 물질은 검색장비의 영상모니터에 검정색으로 나타난다.

엑스선 검색장비를 운용하는 보안검색요원은 검색장비의 영상모니터에 나타난 물체의 형상과 밀도 및 색깔을 구분하여 위험물질이나 항공운송이 금지된 물품 또는 이상한 물건 등 표적물품에 대하여는 이미지 확대기능을 통하여 확대하여 표출하는 한편, 사람 눈의 20배 이상의 밝기변화를 구분할 수 있는 명암식별기능을 통하여 표적물품을 판독하여야 한다.

엑스선 검색장비를 운용하는 보안검색요원이 승객의 휴대물품이나 위탁수하물을 검색하는 과정에서 불법물질을 적발하였을 때에는 즉시 보안검색감독자에게 보고하고, 해당 항공사 등을 통하여 휴대물품의 소지자나 위탁수하물의 주인을 찾아서 소유자의 입회하에 개봉검색을 실시하여야 한다. 개봉검색결과 불법물질임이 확인되었을 때에는 해당 물품과 소유자를 경찰에 인계하여 조치하도록 하여야 한다.

4) 폭약 · 마약 탐지장비 운영요령

폭약과 마약을 탐지하는 장비는 엑스선 검색장비로는 탐지할 수 없는 아주 적은 양의 폭약이나 마약을 탐지하는 장비로서 금속품, 차량, 컨테이너, 사람의 신체 등에 은닉된 폭약이나 마약을 은닉하기 위하여 포장 또는 은닉하는 과정에서 포장지나 포장용기에 미세하게 묻은 것을 검색하여 찾아낼 수 있다.

폭약 및 마약탐지장비는 고정식 장비와 이동용으로 구분되는데, 고정식 장비를 운용하기 위해서는 15분 정도의 예열시간이 필요하고, 이동용 장비는 30분 정도의 예열시간이 필요하며, 폭약이나 마약을 탐지하였을 경우에는 장비에 경고표시 등에 불이 켜지면서 경보음을 울리고 영상모니터에서 물질의 성분을 식별할 수 있도록 하고 있다.

이동용 탐색장비의 사용요령은 탐색장비의 본체에 부착된 노즐부분을 탐색하고자 하는 물건에 가까이 대고 탐색장비의 손잡이 부분에 있는 START 버튼을 누르면, 검색장비가 수초동안 탐색하고자 하는 물건으로부터 공기와 수분을 흡입하게 된다. 탐색하고자 하는 물건에 폭약이나 마약성분이 있을 경우에 탐지장비의 LCD 모니터에 폭약 또는 마약의 성분이 표시되면서 경보음이 울리고, 폭약이나 마약성분이 검출되지 않으면 탐지장비에 아무런 변화가 나타나지 않는다.

3. 특별검색

1) 승객의 신체 및 수하물의 정밀검색

승객의 신체 및 수하물에 대한 정밀검색은 문형 금속탐지기, 휴대용 금속탐지기 및 엑스선 검색장비에 의한 보안검색결과 의심물품으로 판명되었을 때에 실시하는 검색으로서 승객의 신체부위를 정밀검색하거나 승객의 수하물을 개봉하여 검색하는 것으로서 사실상 보안검색의 확인단계이며 최종 단계이다.

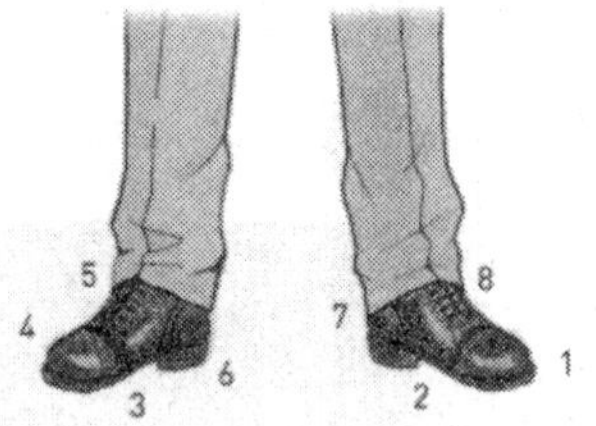

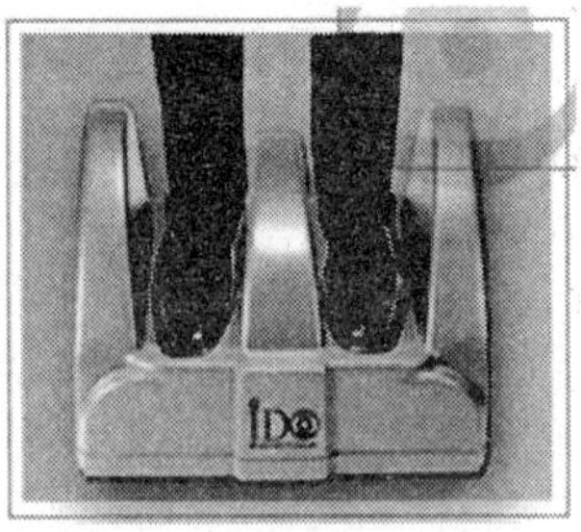

[그림 8-8] 발목부위 정밀검색

승객의 신체부위를 정밀검색하거나 승객의 수하물을 개봉하여 검색하는 것은 승객의 자존심이나 사생활을 침해할 우려가 있으므로 보안검색요원은 사전에 충분한 준비절차를 거친 후에 다음과 같은 방법으로 실시하여야 한다.

첫째, 정밀검색을 실시하기 전에 해당 승객에게 검색장비에 의한 검색결과 불법물질로 의심되는 물품이 탐지되었음을 충분히 설명하고 승객의 동의를 구한 후에 정밀검색 또는 개봉검색을 실시하여야 한다.

둘째, 승객의 신체부위에 대한 정밀검색을 실시할 때에는 승객과 동일한 성별의 검색요원이 검색하도록 하고, 가능한 승객을 마주보고 검색하여야 하며, 손등과 손바닥을 이용하여 신체를 검색하되 승객이 불쾌감을 느끼지 않도록 주의하여야 한다.

셋째, 승객의 신체를 위에서 아래로 검색하되 빠지는 부분이 없도록 검색하고, 승객의 신발, 혁대, 넥타이 등에 의심이 갈 때에는 그 물건을 엑스선 검색장비 등을 이용하여 추가검색을 하여야 한다.

넷째, 승객의 수하물을 개봉하여 검색할 때에는 반드시 소유자를 입회하여 검색하되 승객의 자존심이나 사생활이 침해되지 않도록 주의하여야 한다.

다섯째, 승객의 신체에 대한 정밀검색이나 수하물을 개봉하여 검색한 경우에 그 승객 및 수하물에 대하여는 검색장비에 의한 재검색을 실시하여야 한다.

2) 특별관리 승객검색

귀빈예우를 받는 자는 보안검색을 하지 않으며, 외교행낭은 정상적인 보안검색을 실시하되 특별한 사유가 없는 한 개봉검색을 하여서는 안 된다. 거동이 불편한 장애인, 의료보조 장치를 착용한 장애인, 노약자, 임산부, 유모차를 타고 있는 유아, 종교용품 등을 검색할 때에는 해당 승객에게 보안검색의 필요성을 충분히 설명한 후에 승객의 자존심과 사생활을 침해하지 않는 범위 내에서 예의를 갖추어 검색하여야 한다. 그러나 범법자들은 이러한 점을 역이용할 수 있으므로 의심되는 경우에는 의료보조 장치, 유모차, 휠체어 등에 대한 보안검색을 소홀히 하여서는 안 된다.

엑스선 검색으로 형질이 손상되거나 변질될 우려가 있는 골수, 혈액, 유골, 유해, 이식용 장기 등은 엑스선 검색을 하지 않고 개봉검색을 허거나 입증서류의 확인으로 보안검색을 대신할 수 있다. 특별한 관리가 필요한 승객에 대한 보안검색 요령에 대하여는 제9장의 위해물품 식별 및 보안검색실습에서 자세하게 설명하고자 한다.

3) 탐지견 운용요령

탐지견은 개의 예민한 동물적 후각을 이용하여 항공기 내, 승객의 신체 및 수하물, 화물에 숨겨진 폭발물이나 마약을 탐지할 수 있도록 훈련된 개를 의미한다. 탐지견은 폭발물 또는 마약을 탐지할 수 있도록 훈련된 개와 이를 이용하여 탐지업무를 수행하는 탐지전문가 1인으로 구성되어 운영되고 있다.

탐지견은 폭발물을 전문으로 탐지할 수 있도록 훈련된 탐지견과 마약류를 전문으로 탐지할 수 있는 탐지견으로 구분되며, 일반적으로 11주 과정의 훈련을 통과한 탐지견만 공항에서의 탐지활동에 투입되어지고 있으며, 탐지견의 1회 탐지능력은 탐지견별로 약간의 차이는 있으나 보통 30분에서 1시간 정도이고, 공항에 투입되는 탐지견은 연 1회의 정기적인 테스트를 통과하여야 한다. 공항에서 운용하는 탐지견은 다음과 같은 장점이 있다.

첫째, 잘 훈련된 탐지견은 사람의 후각능력보다 10,000배 이상의 인지능력을 지니고 있기 때문에 숨겨진 폭발물을 탐지하는데 효과적이다.

둘째, 탐지견은 다른 탐지장비에 비하여 이동성이 좋아 폭발물이나 마약을 신속하게 탐지할 수 있으며, 탐지장비의 투입이 곤란한 항공기 내, 구석진 장소, 대합실과 같이 넓은 장소에 방치된 가방이나 보따리 등을 탐지하는데 효과적이다.

넷째, 탐지견은 냄새를 따라가서 위치를 알아내는 능력이 매우 탁월하기 때문에 폭발물이나 마약의 은닉된 출처를 찾아내거나 위치를 추적하는데 매우 효과적이다.

그러나 이와 같은 탐지견을 운용하는 데에는 다음과 같은 한계점과 단점이 있기 때문에 탐지견을 운용할 때에는 이러한 한계점과 단점에 유의하여야 한다.

첫째, 탐지견을 구매하거나 훈련시키는 비용이 과다하게 소요되고, 운용하는 도중에도 주기적인 훈련이 필요하다.

둘째, 탐지견은 쉽게 지치고, 주변의 방해요소에 쉽게 영향을 받기 때문에 탐지할 수 있는 시간이 짧아 탐지의 효율성이 감소된다.

셋째, 탐지견에 대하여 승객들이 두려움을 느끼며, 종교적인 문제나 위생상의 문제가 발생할 수 있다.

넷째, 탐지견이 아플 때에는 탐지가 불가능하고, 탐지견의 컨디션이 좋지 않을 때에는 탐지능력이 현저하게 감소되기 때문에 이 점에 유의하여야 한다.

다섯째, 탐지견은 탐지도중에 다른 냄새에 쉽게 영향을 받기 때문에 탐지능력이 갑자기 떨어질 수 있어 이에 대한 주의가 필요하다.

제 3 절 승객 profiling

1. 개념 및 필요성

1) 개념

프로파일링(profiling)이란 프랑스어의 어떤 인물을 간략하게 소개하는 평을 뜻하는 프로필(profile)이라는 단어에서 유래되었으며, 본래의 명칭인 승객프로파일링 시스템을 줄여서 일반적으로 프로파일링이라고 사용하고 있다. 항공보안에서 사용되고 있는 프로파일링의 의미는 '승객의 프로필을 이용하여 불법행위자로 의심되는 승객을 선별하여 그 승객 및 수하물에 대하여 정밀보안검색을 하기 위한 일련의 과정'을 말한다.

최근에는 프로파일링이라는 용어가 인종차별의 문제를 연상시키는 단어로 오해되고 있어 사전검색 시스템 또는 선별검색 시스템 등으로 바꾸어 사용하고 있다.

2) 프로파일링의 필요성

프로파일링은 항공사에서 승객이 요청하는 여행일정에 대한 항공기좌석예약을 받을 때에 해당 승객에 인적 사항에 의하여 그 승객이 과거에 항공테러집단에 가입한 경력이 있거나 테러집단에 자금을 공급하는 등으로 직접 또는 간접으로 테러와 관련이 있는 인물이거나, 마약을 밀매하였거나 마약을 운반한 사실이 있었던 자에 대한 정보자료와 비교하여 해당 승객에 대하여 보안감시활동과 보안검색을 주의 깊게 하기 위하여 필요하다.

항공사가 테러에 관련되었던 자나 마약의 밀매에 관련되었던 자에 대한 프로필을 파악하는 것은 불가능하기 때문에 이들에 대한 정보자료는 국가정보기관으로부터 제공받아야 한다. 따라서 프로파일링에 의한 보안검색방법은 국가의 정보기관과 항공사와의 긴밀한 협력관계가 이루어져야만 가능한 방법이기 때문에 항공사만의 보안 시스템으로 볼 수 없다. 이와 같은 프로파일링의 필요성을 요약하면 다음과 같다.

① 장비검색의 한계점 보완

항공기에 탑승하는 승객을 상대로 공항에서 금속탐지기나 엑스선 검색장비 등 첨단보안검색장비를 이용하여 총기나 폭발물 및 마약 등을 검색한다고 하여도 이들 위해물품을 100% 완전하게 검색해내기는 사실상 불가능한 일이다. 또한 최근에는 테러리스트들의 테러방법이 상상을 초월할 정도로 기상천외한 방법으로 이루어지고 있으며, 불법물질을 은닉하는 방법도 점점 교묘해지기 때문에 이들 위협

물품을 검색장비로 모두 검색할 수 없는 한계점을 보완하기 위하여 항공테러 또는 마약밀매에 연관된 자의 프로필을 이용함으로써 이들에 대하여는 특별한 보안감시활동과 엄격한 보안검색을 실시함으로써 보안검색의 효율성을 높일 수 있을 것이다.

② 선량한 승객의 피해완화

항공기 탑승객에 대한 보안검색은 특별한 경우를 제외하고 모든 승객에게 동일한 방법의 보안검색이 이루어지고 있으며, 특히 2001년 미국에서 발생한 9.11 테러 이후에는 세계 각국이 공항에서의 보안검색을 한층 강화하고 있다.

강화된 보안검색활동은 승객의 입장에서 보면 항공기의 안전운항과 승객의 안전을 위하여 당연한 것처럼 이해될 수도 있으나, 소수의 불법행위가 예상되는 위험승객을 찾아내기 위하여 나머지 대다수의 선량한 승객에게 강화된 보안검색을 받도록 하는 것은 시간낭비와 불편을 감수하도록 하는 피해를 주게 되므로 항공보안이 의심되는 승객을 프로파일링의 방법으로 미리 파악한다는 것은 보안검색의 효율성을 높이는 한편, 선량한 승객의 보안검색에 따른 불편도 어느 정도 감소시킬 수 있을 것이다.

③ 한정된 자원의 효율적 사용

항공기에 탑승하는 모든 승객을 대상으로 보안검색을 실시하기 위해서는 여러가지 종류의 수많은 검색장비와 검색인력이 필요하다. 수많은 승객에 대하여 일률적으로 동일한 검색방법에 의하여 보안검색을 실시하는 것은 인력과 시간을 낭비할 우려가 있기 때문에 불법행위나 위험물질을 소지할 가능성이 높은 위험승객에 대하여 미리 신상을 파악한다는 것은 보안검색에 소요되는 한정된 인력과 장비를 효과적으로 사용할 수 있고, 위험승객에 대하여 집중적인 보안검색을 실시함으로써 보안검색의 효율성을 높일 수 있을 것이다.

승객에 대한 프로파일링은 선량한 승객의 보안검색시간을 단축시키고, 위험승객으로 의심되는 자에 대한 보안검색을 강화함으로써 검색활동의 효율성을 높이는 한편, 한정된 검색장비와 검색인력을 효율적으로 활용하기 위하여 매우 바람직한 방법으로 인식되어 최근에는 각국의 공항들이 국가기관과 합동으로 이 방법을 공항의 보안검색에 많이 활용하고 있는 실정이다.

3) profiling의 역사

공항에서 보안검색의 한 방법으로 사용되고 있는 프로파일링은 1969년 2월 18일발생한 이스라엘 항공기 공격사건을 계기로 이스라엘에서 최초로 보안검색의 한 방법으로 사용되기 시작하였다. 이 사건은 팔레스타인해방 기구 소속의 테러리스트 4명이 기관총과 수류탄으로 무장하여 스위스의 쥬리히 공항에 불법으로 난입한 후에 주기중인 이스라엘의 엘알 항공사 소속의 항공기에 기관총과 수류탄을 난사하여 항공기를 파괴하고 인명을 살상한 사건이다.

이 사건을 계기로 이스라엘의 보안당국에서는 자국의 엘 알 항공사 소속의 항공기보안대책을 수립하게 되었다. 이 보안대책에는 항공기내에 보안승무원을 탑승하도록 하고, 항공기에 탑승하는 승객에 대한 보안검색의 강화, 항공기의 조종실 출입통제의 강화, 위험승객으로 의심되는 자에 대한 프로파일링의 실시 등이 포함되었는데, 이것이 승객에 대한 최초의 프로파일링시스템을 시행한 것이다.

이후 많은 국가의 공항에서 승객프로파일링 시스템에 의한 보안검색의 효율성을 인정하여 도입하기 시작하였으며, 미국의 경우에는 1974년부터 증가하는 항공기 납치 등 항공보안사고에 대한 종합적인 보안강화대책의 일환으로 승객프로파일링 시스템을 도입하기 시작하였다.

2. Profiling 방법

항공기 탑승객의 보안검색의 한 방법으로 사용되고 있는 승객프로파일링 방법은 크게 수동식 방법과 자동식 방법의 두 가지로 나누어지는데, 수동식 방법을 사용하는 대표적인 나라는 이스라엘이고, 자동식 방법을 사용하는 대표적인 나라는 미국이다.

1) 수동식 Profiling 방법

승객의 프로파일링을 수동식으로 하는 방법은 승객이 항공기를 탑승하기 위하여 항공사의 체크인 카운터에서 탑승수속을 할 때에 승객으로부터 여러 가지의 정보를 얻어 분석하는 방법으로서 이스라엘식이라고도 불린다. 이 방법은 승객이 체크인을 할 때에 프로파일링 기법을 교육받은 전문요원이 승객에게 구두로 질문하여 위험승객을 가려내는 전통적인 방법으로서 위험승객으로 분류된 자에 대하여는 신체에 대한 수색과 함께 수하물을 개봉하여 검색하도록 하고 있다.

① 수동식 Profiling의 장점

승객에 대한 수동식 프로파일링 방법은 자동식 승객프로파일링 방법에 비하여 다음과 같은 장점이 있다.

첫째, 승객을 개인별로 모든 사항에 대하여 질문을 할 수 있기 때문에 조금이라도 수상한 사람을 비교적 정확히 찾아낼 수 있어 보안검색의 효율성을 높일 수 있다.

둘째, 보안검색장비에 의한 검색활동으로는 폭발물이나 마약 등을 100% 검색하지 못하는 경우가 발생할 수 있는데, 승객이 항공기에 탑승하기 전에 승객에 대한 프로파일링을 실시함으로써 위험이 의심되는 승객을 미리 가려낼 수 있기 때문에 보안검색의 효과를 강화할 수 있다.

셋째, 위험승객으로 의심되는 자를 미리 파악하여 정밀검색을 실시함으로써 테러행위를 원천적으로 차단할 수 있고, 테러리스트를 색출하는데 효과적으로 이용되고 있다. 실제로 1970년부터 이스라엘에서는 이 방법을 사용한 결과 이스라엘의 엘알 항공사에 대한 테러리스트를 거의 완벽하게 차단함으로써 현재까지 이스라엘 항공사의 항공기 납치 및 폭파사고가 발생하지 않고 있다.

② 수동식 Profiling의 단점

수동식 프로파일링 방법은 앞에서 설명한 장점이 있음에도 불구하고 이 방법을 사용하는 데는 다음과 같은 단점도 있다.

첫째, 수동식 프로파일링 방법은 전문가가 승객을 일일이 면담하여야 하므로 승객의 입장에서는 자칫 불쾌감과 불편을 초래할 수 있다. 이 방법은 승객 1인당 면담시간이 20~30분이 소요될 수 있어 승객이 거부감을 가질 수 있고, 면담시간을 고려하여 승객이 적어도 항공기 탑승시간 3시간 전에 공항에 도착하여야 하는 등 승객의 불편을 초래할 수 있다.

둘째, 승객이 공항에 항공기 탑승시간보다 최소한 3시간 전에 도착하여야 하므로 공항이 혼잡해지고, 항공사의 체크인 시간이 길어져 항공사의 업무에 지장을 초래할 우려가 있어 대형 공항의 경우에 공항운영에 지장을 초래할 수 있다.

셋째, 수동식 프로파일링 방법은 많은 수의 전문가가 필요하고, 전문가를 양성하기 위해서는 3~6개월 정도의 교육기간이 필요하여 인건비 및 교육비용이 많이 소요된다.

넷째, 외국인을 상대로 면담을 실시할 경우에 언어소통문제가 발생할 수 있다. 실제로 항공여행을 하는 승객의 절반 이상이 영어를 제대로 구사하지 못하기 때문에 언어소통장애에 의하여 잘못된 정보가 수집될 수 있으며, 이로 인하여 정상적인 승객을 위험승객으로 분류하는 오류를 범할 수 있다.

다섯째, 프로파일링전문요원이 판단을 잘못하여 오류를 범할 수 있다. 아무리 전문교육을 받은 요원이라도 실수를 할 수도 있고, 피부색이나 인종 또는 출생지역에 따라 선입견이 작용할 수도 있기 때문이다.

2) 자동식 Profiling 방법

자동식 프로파일링 방법은 승객이 체크인을 할 때에 예약되어 있는 승객의 기존자료를 이용하여 위험승객을 파악하는 방법이다. 이 방법은 승객이 항공권을 예약할 때에 제공되는 국적, 성명, 여권번호, 항공권 구입상태 등을 항공사의 예약시스템인 공동사용단말장치시스템에 입력된 자료를 연결하여 위험승객을 가려내기 때문에 신속하고 간편하다는 장점이 있어 세계 각국의 공항에서 널리 사용되고 있는 방법으로서 미국에서 주로 사용하고 있기 때문에 미국식 방법이라고도 불리고 있다.

① 자동식 Profiling의 장점

승객이 항공예약을 할 때에 제출된 자료를 이용하여 승객이 항공기 탑승을 하기 위하여 체크인을 할 때에 위험승객을 선별하는 자동식 프로파일링방법은 다음과 같은 장점이 있다.

첫째, 승객에 대한 면담시간을 단축할 수 있어 신속한 보안검색활동으로 승객의 편의를 최대한 보장할 수 있다. 수동식 프로파일링의 경우 승객 1명의 질문시간에 20~30분이 소요되지만 자동식 방법은 승객이 체크인을 할 때에 바로 확인할 수 있기 때문에 별도의 시간이 소요되지 않는다.

둘째, 수동식 프로파일링 방법에 비하여 소요비용이 상대적으로 적게 든다. 자동식 프로파일링 방법은 승객의 정보가 입력된 소프트웨어시스템만 설치하면 아주 간편하게 사용할 수 있기 때문에 전문요원의 양성이나 교육훈련 및 소요인력 확보에 비용이 매우 적게 든다.

셋째, 주관적 판단에 의하는 수동식 프로파일링 방법에 비하여 객관성을 확보할 수 있다. 수동식방법은 전문가가 면담을 통하여 얻어진 결과를 토대로 자기의 주관적 판단에 의하여 위험 의심승객을 선별하지만 자동식방법은 입력된 승객의 자료를 바탕으로 객관적으로 판단하기 때문이다.

② 자동식 Profiling의 단점

승객이 체크인을 할 때에 승객에 대한 공동사용단말장치 시스템에 입력된 자료를 이용하여 실시하는 자동식 프로파일링 방법의 단점은 다음과 같다.

첫째, 승객의 항공예약 자료에 의하여 판단하기 때문에 예약된 자료의 신뢰성을 보장하기 어려운 단점이 있다.

둘째, 위험의심승객의 위탁수하물에 대하여는 정밀검색이 가능하나, 신체 및 휴대품에 대하여는 정밀검색에 한계가 있다.

셋째, 인종차별문제가 야기될 수 있으며, 특히 아랍계 국민에 대한 인종차별문제는 지속적으로 제기되고 있다.

3. profiling 적용사례

1) 이스라엘의 적용사례

이스라엘에서 프로파일링에 의한 보안검색의 대표적인 성공사례는 1986년 4월 17일 영국의 런던 히스로공항을 출발하여 이스라엘의 텔아비브로 향하는 이스라엘 엘알 항공사 016편에 탑승하려던 아일랜드 국적의 여자승객 휴대품에서 폭발물이 발견된 Ann Marry Murphy 사건이다. 이 여자승객은 항공기를 탑승하기 전에 실시한 보안요원의 Profiling질문에 논리적으로 답변하지 못하였으며, 이를 수상히 여긴 보안요원이 소지한 휴대품을 정밀 검사한 결과 가방 안에 폭발물이 장치되어 있는 것을 발견하였다. 이 여자승객을 조사한 결과 시리아 정보요원의 여자 친구로 밝혀졌다.

2) 미국의 9·11 사건 때 적용사례

① 보스턴 공항의 적용사례

2001년 9월 11일 보스턴공항의 아메리칸 항공 AA011편 승객에 대한 프로파일링보안검색을 실시할 때 9·11 테러범 5명 중 주모자인 아타를 포함한 3명이 추가검색대상으로 분류되었으나, 이들에 대한 정밀검색을 실시하지 않고 승객과 수하물일치 시스템만을 적용하여 승객이 탑승한 후에 위탁수하물을 탑재하는 보안대책만을 실시하였다.

또한 유나이티드항공의 UA175편에 탑승한 테러범 4명 중에서 2명이 프로파일링보안검색을 실시할 때에 보안요원의 질문을 제대로 이해하지 못하였으나, 언어소통의 문제로 판단하고 상투적인 일반사항에 대한 질문만 하였기 때문에 이들이 일반승객으로 분류되어 항공기에 탑승하였다.

② 델레스 공항의 적용사례

델레스공항에서는 아메리칸 항공 AA077편 승객에 대한 프로파일링보안검색을 실시할 때에 테러범 5명중 3명이 선별검색대상으로 분류되었으나, 이들에 대한 특별검색을 실시하지 않고 승객과 수하물일치시스템만을 적용하여 승객이 탑승한 후에 위탁수하물을 탑재하는 보안조치만 하였다.

③ 뉴와크 공항의 적용사례

뉴와크 공항에서는 유나이티드 항공의 UA093편 승객에 대한 프로파일링보안검색을 실시할 때에 테러범 5명 중 2명이 선별검색대상으로 분류되었으나, 수하물에 이상이 없다는 이유로 항공기에 탑승하게 되었다.

④ 비행학교의 보고에 대한 조치

미국의 비행학교에서는 9·11 테러의 주범이었던 '무사위'의 비행술교육 과정에서 다음과 같은 이상 징후가 보여 보안기관에 보고하였지만, 보안기관의 무관심 또는 주의소홀로 '무사위'를 보안의심자로 분류하지 않았다.

첫째, '무사위'는 프랑스 국적의 여권을 소지하였으나, 레바논 출신으로 밝혀졌으며 비행학교에서는 프랑스 국적의 여권을 소지하였으므로 비행교육에 프랑스어 교관을 배정하여 프랑스어로 강의를 하는 중에 '무사위'가 교관의 말을 이해하지 못하고 실수를 연발함으로 이 사실을 연방수사국에 보고하였으나, 연방수사국에서는 무사위를 면담한 결과 자기 아버지가 프랑스 외교관으로 자기는 어렸을 때부터 아버지를 따라 중동지역에서 자랐기 때문에 프랑스어 구사가 다소 서툴지만 강의를 수강하는데 아무런 어려움이 없다고 말하자 수사관은 대수롭지 않게 생각하였다.

둘째, 비행교육을 받는 동안 '무사위'는 항공기의 이착륙에 대한 비행술보다 순항중의 비행술에 관심을 더 가지고 질문도 많이 하였기 때문에 이를 이상하게 여긴 비행학교에서는 이 사실을 연방수사국에 보고하였으나, 연방수사국 조사관은 무사위를 면담한 후에 의심 없다는 판단을 내렸다.

셋째, '무사위'는 기초비행훈련을 받는 과정에서 점보기 운항기술에 더 관심을 가지고 교관에게 많은 질문을 하였기 때문이 이를 이상하게 여긴 교관이 연방수사국에 보고하였으나, 연방수사국은 직접 조사하지 않고 외국인이라는 이유로 이를 이민국에서 조사하도록 이첩하였다.

제 4 절 위탁수하물 검색

1. 검색필요성 및 방법

위탁수하물이란 승객이 체크인을 할 때에 항공사에게 항공기탑재를 맡긴 수하물을 말하는데, 이들 위탁수하물은 항공기 하부의 화물칸에 탑재된다. 위탁수하물에 대한 보안검색을 실시하여야 하는 이유는 항공범죄를 일으키려는 자가 위탁수하물에 폭발물질과 폭파장치를 은닉하여 기내에 탑재할 수 있기 때문이다.

위탁수하물에 대한 보안검색은 폭발물에 의한 항공기폭파사고가 발생하기 시작하면서 그 필요성이 인정되어 실시하기 시작하였다. 1985년에 발생한 인도의 인디아항공 소속의 항공기 폭파사건과 1988년에 발생한 미국의 팬암항공사 소속의 항공기 폭파사건을 계기로 대부분의 국가에서 승객의 모든 위탁수하물에 대한 보안검색을 실시하고, 승객이 탑승하지 않는 위탁수하물을 항공기에 탑재하지 않는 조치를 취하기 시작하였다.

위탁수하물을 검색하는 방법은 위탁수하물이 컨베이어벨트로 이동하는 과정에서 엑스선 검색장비와 폭발물탐지장비에 의하여 검색하는데, 수하물처리시스템 라인에서 검색하는 On Line 검색방법과 BHS 라인과 별도로 검색하는 Off Line 검색방법 및 On Line과 Off Line 방법을 혼용하는 방법 등이 있다.

2. 검색원칙

승객의 위탁수하물에 대한 보안검색은 항공기의 안전운항을 위하여 다음과 같은 원칙을 준수하여 시행되고 있다.

첫째, 위탁수하물은 정상적인 항공권을 소지한 승객의 위탁수하물만 접수하고, 대리인이 탑승수속을 할 경우에는 항공사가 인정한 대리인에 의해서만 탑승수속을 하여야 한다.

둘째, 항공기에 탑재되는 모든 위탁수하물은 반드시 보안검색을 거쳐야 하고,

보안검색을 마친 수하물은 항공기에 탑재되기 전까지 외부침입이 배제될 있도록 조치되어야 한다.

셋째, 위탁수하물은 소유자가 탑승한 항공기에만 탑재되어야 하고, 탑승이 거부된 승객의 수하물은 반드시 하기되어야 한다.

넷째, 위탁수하물의 처리실수로 해당 승객과 분리된 수하물은 추가보안통제를 하여야 한다.

다섯째, 의심되는 위탁수하물을 개봉검색 할 때에는 반드시 해당 승객을 입회시켜 개봉하여야 한다.

여섯째, 도심공항터미널 등 공항외부 수속시설에서 접수된 수하물은 공항과 동일한 수준의 보안검색을 받아서 항공기에 탑재되어야 한다.

제9장 항공사 보안 시스템

제1절 항공사 보안 프로그램

1. 항공사의 조직구조

항공사(航空社, Airline)는 항공기를 보유하고 국가로부터 항공운송사업면허를 받아 여객이나 화물을 대가를 받고 항공기로 운송하는 서비스를 제공하는 회사를 의미한다. 항공사는 자신이 소유하거나 리스를 통해 확보한 항공기를 이용하여 운송서비스를 제공하며, 상호이익을 위해 공동협력이나 제휴를 맺어 서비스를 제공하기도 한다. 이러한 항공사의 형태는 대형 국적항공사, 낮은 비용과 운임으로 운영하는 저비용항공사, Air taxi로 불리는 소형 항공운송사업, 항공기를 이용하여 유상으로 서비스를 제공하는 항공기사용사업, 출퇴근 목적의 운송서비스를 하는 커뮤터항공사 등이 있다.

항공사의 일반적인 조직구조는 [그림 9-1]에서 보는 바와 같이 최고경영자이며 항공사를 대표하는 대표이사와 최고경영자의 의사결정에 도움을 주는 이사회가 있고, 대표이사 산하에는 라인조직으로 운항업무, 정비업무, 여객영업업무, 화물영업업무를 각각 담당하는 본부조직이 구성되어 있으며, 스텝조직으로는 기획 및 경영전략업무, 재무 및 회계업무, 인사 및 노무업무, 법무업무, 정보서비스업무, 홍보업무, 의료업무를 담당하는 팀 조직이 있다. 최근의 항공사 조직은 전통적인 조직구조에서 벗어나 여객운송, 화물운송과 같은 분야를 독립적으로 경영할 수 있는 분야별 사장제도를 두어 운영하고 있는데, 이러한 조직구조는 분야별 독립채산제로 운영함으로써 경영효율을 높이려는 목적에서 시도되고 있다.

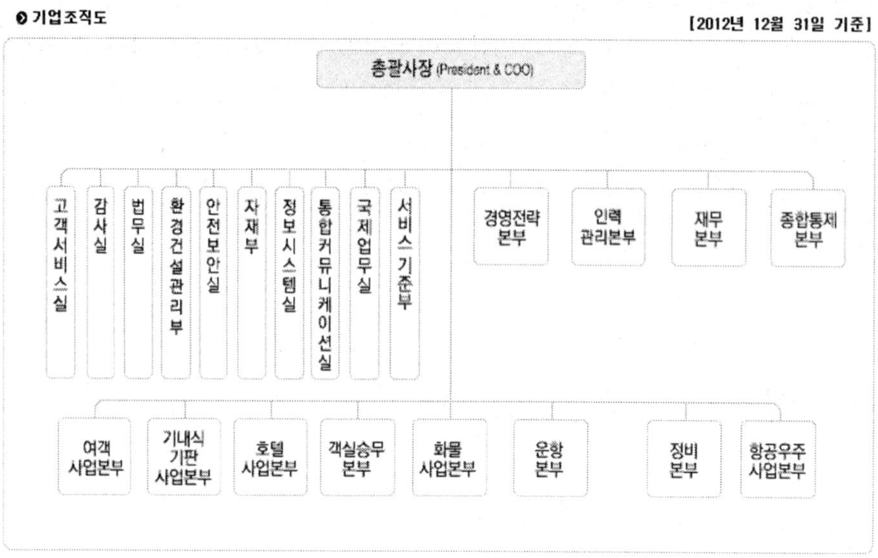

[그림 9-1] 대한항공 조직도

2. 항공사 보안 프로그램

항공사의 보안 프로그램은 국가 및 해당 공항의 항공보안 프로그램에 근거하여 항공사별로 불법행위로부터 항공기의 안전운항을 확보하기 위한 프로그램으로서 예상되는 항공테러 및 범죄에 대응하기 위한 세부적인 대책과 조치계획이 포함되어야 한다. 항공사의 보안 프로그램은 승객에 대한 보안, 항공화물에 대한 보안, 항공기의 기내보안, 기내식 및 기내반입물품에 대한 보안, 항공기 보호로 나누어 설명하고자 한다. 항공사의 보안프로그램을 작성함에 있어 효율적이고 현실적으로 수립하기 위해서는 다음 사항을 고려하여야 한다.

첫째, 항공사의 보안 프로그램을 수립함에 있어 너무 이론에 치우치지 않도록 고려하여야 한다. 공항이나 항공사의 현실적인 상황을 고려하지 않고 이론적인 부분만을 강조하여 수립할 경우에는 실제상황이 발생할 때에 그 보안 프로그램을 적용하기 어려운 상황이 발생할 수 있다. 따라서 너무 이론에만 치우치지 말고, 그 공항의 실제적인 상황을 파악하고 항공사에서 현실적으로 적용이 가능한 프로그램이 수립되도록 하여야 한다.

둘째, 항공사의 보안 프로그램은 취항하고 있는 공항이 비상사태에 처할 경우나 운항중인 항공기에 비상사태가 발생하는 경우에 대응하기 위한 절차와 방법을 미리 예측하여 수립하는 것이기 때문에 평상시의 업무수행에 참고하는 업무핸드북이나 업무매뉴얼과는 다르다. 따라서 비상사태에 대비한 구체적이고 상세한 절차와 방법이 수록되어 프로그램을 접수한 관련 조직의 담당자가 쉽게 이해할 수 있도록 수립되어야 한다.

셋째, 항공사의 보안 프로그램은 시대적 상황변화나 새로운 보안상황에 대응할 수 있도록 수립되어야 한다. 항공보안에 관한 정확한 사전정보가 없거나 새로운 정보가 발생하는 경우에는 이미 수립된 프로그램을 그대로 적용할 수 없는 문제가 발생할 수 있기 때문에 프로그램 담당자는 오래된 정보를 사용하여 프로그램이 수립되지 않았는지를 주기적으로 파악하여 보완하고 발전시키도록 하여야 한다.

넷째, 항공사의 보안 프로그램을 담당하는 직원은 관련기관 및 업체의 업무와 부서별 업무분담내용을 명확히 파악하여야 한다. 특히 최근에는 정부기관이나 기업의 업무조직이 수시로 변화하기 때문에 항상 이들 기관이나 기업의 업무조직변화를 주기적으로 파악하여 프로그램에 반영되도록 하여야 한다.

제 2 절 승객에 대한 보안활동

항공기를 탑승하는 승객에 대한 보안검색은 공항당국에서 책임지고 있으나, 승객을 운송하는 항공사의 입장에서도 자기 항공기와 승객의 보호를 위하여 승객에 대한 보안활동을 시행하고 있다. 항공사에서 승객의 안전을 위하여 시행하고 있는 보안활동으로는 체크인 및 위탁수하물 접수 등 탑승수속과정에서 위험승객으로 의심되는 자에 대한 관찰과 감시활동, 보안검색 및 탑승안내 등 탑승절차의 안내과정에서 위험승객으로 의심되는 자와 그가 소지하고 있는 휴대품 등에 대한 관찰과 감시활동, 탑승구 및 기내에서의 위험승객으로 의심되는 자와 그의 수하물에 대한 관찰 및 감시활동 등이 있다.

1. 탑승수속과정의 보안활동

항공기에 탑승하려는 승객에 대한 체크인과 위탁수하물의 접수과정에서 항공사의 담당직원은 승객의 태도, 요구하는 좌석의 위치, 휴대수하물의 기내반입에 대한 일상적이지 않은 질문, 승객 및 휴대수하물의 보안검색에 대한 구체적이고 자세한 질문, 사용하는 언어와 말투, 승객이 항공권을 예약할 때에 제출한 승객의 Profiling, 위험인물로 통보된 자의 명단 등을 통하여 위험승객으로 의심되는 자를 식별할 수 있으며, 이들 위험승객으로 의심되는 자에 대하여는 지속적인 보안활동을 펼쳐야 한다.

첫째, 체크인과 위탁수하물을 접수하는 과정에서 승객이 불안하거나 초조한 태도를 보이는 경우에는 추가적인 질문을 하여 승객의 답변과 태도를 세밀하게 관찰함으로서 위험승객여부를 판단할 수 있다.

둘째, 승객이 탑승을 원하는 좌석이 일반적으로 선호하지 않는 뒷좌석이나 후미진 좌석을 요구하거나, 특정한 좌석을 지정하여 요구할 때에는 일단 의심승객으로 판단하여 요구하는 이유 등을 조심스럽게 질문하여 그 의도를 파악하도록 하여야 한다.

셋째, 승객이 체크인을 하는 과정에서 항공사 직원에게 기내에 반입할 수 있는 물품에 대하여 휴대할 물품을 말하지 아니하고, 여러 가지의 물품에 대하여 기내 반입이 가능한지에 대한 질문을 구체적으로 할 때에는 일단 위험승객으로 의심할 수 있으며, 이러한 승객에 대하여는 추가적인 질문을 하여 답변하는 내용과 태도를 세밀하게 관찰하여야 한다.

넷째, 승객이 체크인을 하는 과정에서 항공사 직원에게 신체 및 휴대수하물에 대한 공항당국의 보안검색절차와 방법을 일상적인 수준을 넘어 구체적이고 자세하게 질문하는 승객은 의심승객으로 판단하여 그 이유 등을 추가로 질문하여 그 의도를 파악하도록 하여야 한다.

다섯째, 항공사의 체크인 담당직원은 승객이 체크인을 할 때에 사용하는 언어와 말투를 들어보고, 위험승객으로 의심되는 자를 식별할 수 있는 능력을 가지고 있어야 한다.

여섯째, 항공사의 체크인 담당직원은 승객이 항공권을 예약할 때에 제출한 승객의 Profiling을 이용하여 위험승객을 선별할 수 있어야 하고, 국가보안당국으로부터 위험승객으로 분류된 장의 명단을 통보받았을 때에는 그에 상응한 조치를 하여야 한다.

2. 안내과정의 보안활동

항공사의 승객안내를 담당하는 직원은 항공기에 탑승하려는 승객이 체크인을 마치고 격리대합실을 거쳐 탑승구로 이동하는 과정에서 승객에 대하여 관찰 및 감시와 같은 보안활동을 할 수 있다.

첫째, 일반대합실에서 격리대합실로 진입하는 과정에서 격리대합실 입구에서 보안검색을 실시하는 것을 알고 과민하게 불안하거나 초조한 태도를 보이는 승객은 일단 의심승객으로 간주하여 지속적으로 관찰하고 감시하는 보안활동을 펼쳐야 한다.

둘째, 격리대합실의 입구에서 실시하는 승객의 신체 및 휴대품에 대한 보안검색에 대하여 종교, 질병, 신체적 결함 등을 이유로 회피하려는 승객은 위험승객일 가능성이 높기 때문에 그 승객에 대한 관찰과 감시활동을 하여야 한다.

셋째, 체크인을 마친 승객이 불필요하게 이곳저곳을 들락거리거나 여기저기를 배회하는 승객을 발견하였을 때에는 의심승객으로 간주하여 그 자의 행동을 지속적으로 관찰하고 감시하여야 한다.

넷째, 항공사가 구내방송을 통하여 체크인을 마친 승객을 호출하는 경우에 그 승객을 찾아 체크인 장소까지 안내하는 과정에서도 승객의 태도나 말투를 관찰하여 위험승객여부를 판단할 수 있다.

3. 탑승구 및 기내 보안활동

항공사 직원은 승객이 항공기에 탑승하기 위하여 탑승구의 입구를 통과하는 과정이나 항공기 내에서 승객의 행동이나 태도를 주시하여 위험승객으로 의심되는 자를 선별하여 지속적으로 관찰 및 감시활동을 펼쳐야 한다.

첫째, 탑승구 입구에 근무하는 항공사 직원은 공항당국이 실시하는 보안검색을 마친 승객이라 하더라도 항공기에 탑승하는 승객의 최종적인 보안검색담당자라는 생각으로 승객의 행동이나 휴대품을 감시하여야 한다.

둘째, 탑승구입구에 근무하는 항공사 직원은 구내방송을 통하여 호출한 승객이 호출한 장소에 나타나지 않았다는 연락을 받았을 경우에는 항공기에 탑승시켜서는 안 되고, 항공기에 탑승하지 않은 승객의 위탁수하물은 즉시 항공기에서 하기시키도록 조치하여야 한다.

셋째, 기내승무원은 항공기에 탑승한 승객이 자기의 탑승쿠폰에 적힌 지정된 좌석에 앉지 않고 자기 임의대로 빈 좌석에 옮겨 앉거나, 특별한 이유 없이 다른 승객과 좌석을 바꾸어 앉지 않도록 하여야 한다. 이는 테러범들이 의심받지 않으려고 예약과 체크인을 따로 한 후에 기내에서는 합석하려는 행위로 볼 수 있기 때문이다.

넷째, 기내승무원은 승객이 자기의 휴대품을 자기좌석의 선반에 넣지 않고, 특별한 이유 없이 다른 사람의 좌석선반에 넣거나 자기좌석에서 멀리 떨어진 좌석의 선반에 넣지 않도록 하여야 한다. 이러한 승객과 휴대품에 대하여는 기내보안요원에게 통보하여 주의 깊게 살피고 감시하도록 하여야 한다. 이는 테러범들이 좌석지정을 따로 받은 후에 동료테러범의 휴대품과 인접한 장소에 둠으로서 폭발장치의 효과를 높일 수 있는 행위로 볼 수 있기 때문이다.

제 3 절　화물에 대한 보안활동

1. 항공화물의 분류

항공화물이란 항공기에 의하여 운송되는 물품으로서 우편물과 여객이 휴대하는 수하물을 제외한 모든 물품을 말한다. 따라서 여객이 휴대하지 아니하는 비 동반

수하물도 항공화물에 속한다. 항공화물은 화물을 취급하는 방식에 의한 분류와 화물의 특성이나 수요자의 요구에 의한 분류방식으로 나누어 고찰할 수 있는데, 화물을 취급하는 방식에 의한 분류는 예비화물, 정규화물, 긴급화물, 귀금속, 위험화물, 가축 및 금지화물 등으로 나누어진다.

첫째, 예비화물은 항공운송을 의뢰한 화물은 아니고 항공운송이 적합하다고 판단되는 화물로서 항공화물운송의 잠재적수요가 되는 물품으로서 항공운송의 장점인 안전성, 정시성, 신속성이 요구되고 비교적 운송비용이 저렴하고 부가가치가 높은 화물이다.

둘째, 정규화물은 일반적으로 수출입절차에 의하여 운송되는 화물을 말하며 비교적 상품주기가 짧아 신속한 운송이 요구되는 화물로서 항공운송이 불가피한 물품이 이에 해당되며 대상물품으로 신문, 생화, 어패류, 부식성 물품, 야채, 과일 등을 말한다.

셋째, 긴급화물은 상품의 수명이 신속한 운송에 절대적인 영향을 미치는 혈액, 혈청, 혈소판, 이식수술을 위한 장기 등이 긴급항공화물로 분류되고, 기계나 선박의 고장수리를 위한 부품으로서 긴급히 운송하지 않으면 큰 손실을 입게 되는 종류의 상품도 긴급화물로 분류된다.

넷째, 귀금속 물품은 고도의 안전과 주의가 필요한 화물로서 선박운송에 의하여서는 목적달성이 어렵거나, 국제해상강도 등 도난이나 탈취의 가능성이 있는 금괴, 보석, 화폐 등으로서 특별한 보안대책이 필요한 화물이다.

다섯째, 위험화물은 운송하는 과정에서 특별한 용기에 담거나 대단한 주의가 필요하고 충격이 있어서는 안 되는 화물로서, 탄약이나 화학약품과 같이 폭발성이 있는 물질과 석유류와 같이 인화성이 있는 물질 및 압축가스나 방사능 물질이 위험화물로 분류된다.

여섯째, 가축은 살아 있는 동물이므로 특별한 운송장비가 필요할 뿐만 아니라 운송기간 중에 동물들을 위한 먹이와 식수를 제공받아야 하므로 사료와 식수를 먹고 견딜 수 있는 시설이나 장비가 필요한 화물이다.

일곱째, 금지화물은 특별한 보완대책이나 국가의 허가 없이는 일반적으로 항공운송이 금지된 화물로서 무기, 폭약, 마약 등은 허가 없이 항공운송이 금지되어 있는 것이 보통이다.

항공화물은 항공기에 탑재되는 형태 및 운송의뢰자의 구분에 따라 승객의 위탁 수하물, 별송 수하물, 일반화물, 우편물, 외교행낭, 기내저장품 등 여러 형태로 운송될 뿐만 아니라 대형 화물이나 운송되는 모든 화물에 대한 보안검색을 완벽하게 실시하기는 현실적으로 어려운 점이 있기 때문에 테러범들이 이러한 취약점을 이용하여 테러행위를 시도하지 못하도록 화물을 포장하고 운송하는 과정에서부터 보안에 주의하여야 한다.

2. 항공화물 운송체계

1) 항공화물 운송경로

항공화물은 운송을 의뢰한 화주(貨主)로부터 소비자인 화물인수자에게 운송되는 과정에서 통상적으로 화물운송업자를 통하여 운송하게 되는데, 이는 대기업이나 대량화물의 운송을 의뢰하는 화주라 할지라도 항공화물취급업무에는 전문적인 지식과 경험이 필요할 뿐만 아니라 화물운송업무가 대기업이나 대량화주의 전체적인 업무비중에서 차지하는 비율이 미미하기 때문에 전문적인 화물운송업자에게 화물운송을 의뢰하게 되는 것이다.

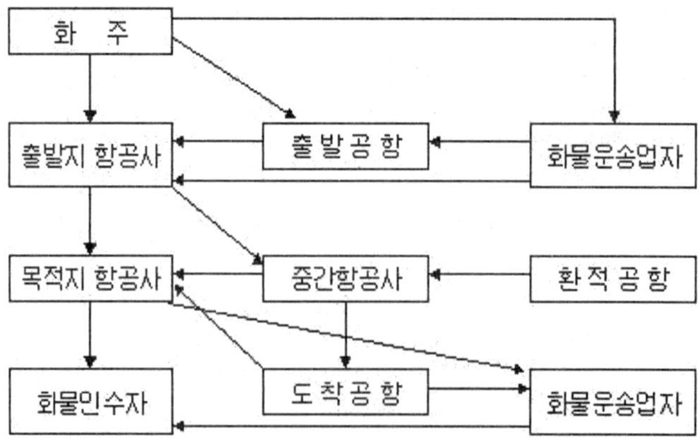

[그림 9-2] 항공화물 운송체계도

항공화물의 운송체계에서 화주, 항공사, 공항, 화물운송업자 및 화물인수자의 관계를 도식화하면 [그림 9-2]에서 보는 바와 같이 화주가 직접 화물을 운송의뢰하는 방법과 화물운송업자를 통하여 화물을 운송하는 방법이 있는데, 일반적으로 화물운송업자를 통하여 운송하는 경우가 대부분이다.

2) 항공화물운송 항공기

항공화물은 화물만을 운송하는 화물전용기와 여객과 화물을 함께 운송할 수 있도록 제작된 화객혼용 항공기 및 여객운송용 항공기의 화물칸을 이용하여 화물을 운송하는 방법이 있다. 또한 항공화물은 출발지에서 도착지까지 동일한 항공기로 직접 수송하는 기종점(起終點)운송을 하는 경우와 중간에 다른 항공기로 화물을 환적(換積)하여 운송하는 경우가 있다.

첫째, 화물전용기는 화물의 용적과 중량을 고려하여 화물수송량이 많은 노선에 투입되기 때문에 주요 항공화물시장이 있는 노선에 운항되고 있으며, 화물전용기로 사용되는 항공기는 대형 항공기인 보잉747F 또는 MD-11F 급의 항공기가 보통이며 화물전용기의 화물적재량은 90~100톤 정도이다.

[그림 9-3] 화물전용 항공기

둘째, 화객(貨客)혼용 항공기는 항공기의 일부는 여객탑승용으로 일부는 화물탑재용으로 사용하는 항공기로서 화물운송량이 비교적 많은 항공노선에 운항되고 있으며, 화객혼용기로 사용되는 항공기는 대형항공기로서 보잉747급 항공기가 보통이며 화객혼용기의 화물적재량은 30~40톤 정도이다.

셋째, 여객기에 의한 화물운송은 일반적인 여객기의 수하물운송을 위한 화물칸에 화물을 같이 운송하는 것으로서 항공화물수송량이 화물전용기나 화객혼용 항공기를 투입할 만큼 많지 않은 항공노선에서 운송하는 형태로서 항공기의 규모와 관계없이 운항되는 여객기의 수하물 칸의 여유 있는 공간을 이용하는 형태로서 항공기의 크기에 따라 다르겠지만 화물적재량은 보통 10톤 정도가 된다.

3) 화물의 Unit Load화

항공화물운송은 벌크화물운송이나 화물을 낱개로 운송하기에는 적합하지 않기 때문에 항공운송을 위해서는 화물을 Unit Load화 하는 작업이 반드시 필요하다. 항공화물의 Unit Load화는 컨테이너·팔레트·카 트랜스포터, Horse Stall, 가멘트 행거 등 특수한 탑재용기에 적재가 가능하도록 화물을 일정한 용기에 담거나 용기단위로 적재하여 운송할 수 있도록 포장하는 것을 말하며, 이러한 업무는 일반적으로 화물운송업자가 담당하는 것이 보통이다. 화물의 Unit Load화는 화물을 항공기에 탑재하거나 하기 하는 하역시간을 단축하여 항공기의 가동율을 높일 수 있는 이점과 항공기 화물칸의 공간이용을 극대화 할 수 있는 이점이 있으며, 또한 화물의 도난이나 손상을 방지할 수 있는 효과도 있다.

[그림 9-4] 특수탑재용기

3. 항공화물의 보안검색

항공기에 탑재하여 운송되는 항공화물에 대하여는 탑승권을 소지한 승객의 위탁수하물을 제외하고 항공운송사업자의 책임으로 보안검색을 실시하여야 한다. 항공운송사업자가 항공화물을 항공기에 탑재할 때에는 여객기와 화물전용기로 구분하여 각각 정해진 규정대로 보안검색을 실시하여야 한다.

1) 여객기에 탑재하는 화물의 보안검색

항공운송사업자가 여객기에 탑재하는 화물에 대한 보안검색을 실시할 때에는 항공기에 탑재하기 전에 엑스선 검색장비를 사용하여 보안검색을 하여야 하며, 다음의 하나에 해당하는 경우에는 화물을 개봉하여 그 내용물을 검색하여야 한다. 이 경우에 폭발물이 있다고 의심되는 화물에 대하여는 폭발물 탐지장비를 사용하여 보안검색을 하여야 한다.

ⓐ 엑스선 검색장비가 설치되어 있지 아니하거나 검색장비가 정상적으로 작동하지 아니한 경우
ⓑ 무기류 또는 위해물품이 은닉되어 있다고 의심되는 경우
ⓒ 엑스선 검색장비에 의한 검색결과 내용물을 판독할 수 없는 경우
ⓓ 항공안전 및 보안에 위협이 증가하는 등 특별한 사유가 발생하는 경우

항공운송사업자는 보안검색이 완료된 화물을 항공기에 탑재하되, 위탁수하물의 경우에는 위탁수하물의 소유자인 승객이 탑승하지 아니한 때에는 그 위탁수하물을 항공기에 탑재하여서는 안 된다. 다만, 항공사가 위탁수하물에 대한 운송처리를 잘못하여 다른 항공기로 운송하여야 할 경우에는 위탁수하물의 소유자인 승객이 탑승하지 않게 되므로 별도의 보안조치를 행한 후에 탑재할 수 있다.

2) 화물기에 탑재하는 화물의 보안검색

항공운송사업자가 화물기에 탑재하는 화물에 대한 보안검색을 할 때에는 항공기에 탑재하기 전에 다음의 하나에 해당하는 방법에 의하여 보안검색을 실시하여야 한다.

ⓐ 포장된 화물의 개봉검색
ⓑ 엑스선 검색장비에 의한 보안검색

ⓒ 폭발물 탐지장비에 의한 보안검색
ⓓ 폭발물 탐지견에 의한 보안검색
ⓔ 압력봉인을 사용한 보안검색

항공운송사업자는 화물기에 탑재하는 화물에 한하여 「항공안전 및 보안에 관한 법률」에 의한 「항공화물보안기준」을 갖춘 상용화주와 보안검색책임 및 절차 등에 관하여 상호협약을 체결한 때에는 그 상용화주의 운송화물에 대하여는 상용화주가 실시한 보안검색을 신뢰하는 경우에는 항공사가 별도의 보안검색을 하지 않을 수 있다.

4. 상용화물의 보안조치

1) 상용화주의 보안조치

상용화주란 「항공화물보안기준」에 의하여 국제물류주선업자 또는 화물을 직접 생산하거나 최초 포장을 하는 화주로부터 항공화물을 공항 외의 지역에서 보안통제를 실시하여 화물을 포장하여 보관 및 운송할 수 있도록 국토교통부장관이 인정한 자를 말한다. 공항 외의 지역에서 상용화주에 의하여 포장된 항공화물은 항공운송사업자에게 접수하기 전까지 보안통제의 책임은 상용화주에게 있다.

국제물류주선업자 또는 화물을 직접 생산하거나 최초로 포장하는 자가 상용화주로 인정을 받기 위해서는 다음의 내용이 포함된 항공화물보안 프로그램을 작성하여 국토교통부장관의 인정을 받아야 한다.

ⓐ 항공보안 업무 및 보안통제 책임자 지정에 관한 사항
ⓑ 보안통제대상 시설의 관리 및 통제방법에 관한 사항
ⓒ 장비관리에 관한 사항
ⓓ 항공보안통제 직원의 선정기준 및 교육훈련에 관한 사항
ⓔ 시설의 출입통제절차에 관한 사항
ⓕ 항공화물관리 및 운송에 대한 보안대책 및 차량운영 절차 등

상용화주가 항공화물의 보안통제를 하기 위하여 갖추어야 할 시설과 보안통제시설에서 인가되지 않은 자로부터 항공화물을 보호하기 위하여 조치할 사항은 다음과 같다.

ⓐ 화물을 포장 또는 보관할 수 있는 시설로서 일반구역과 분리되어 항공화물에 대한 보안통제가 이루어질 수 있는 시설

ⓑ 보안통제가 완료된 항공화물과 보안통제가 완료되지 않은 화물이 섞이지 않도록 분리할 수 있는 시설

ⓒ 경비업의 허가를 받은 경비업체에게 위탁하거나 자사 직원에 의하여 시설 및 항공화물에 대한 경비

ⓓ 경비를 할 수 없는 경우에는 장비에 의한 외부인의 침입을 방지하거나 감시할 수 있는 보안장비 설치 및 출입구에 대한 잠금장치설치 등 보안통제 시스템 유지

항공화물을 운송함에 있어 항공화물보안 프로그램에 의하여 국제물류주선업자 등의 상용화주가 항공사를 대리하여 화물을 분류하고 포장할 수 있는 권한을 이양 받은 경우에는 상용화주는 다음과 같은 보안조치를 이행할 것을 서약하고, 이를 성실히 이행하여야 한다.

첫째, 항공운송을 하려는 모든 화물을 외부와 차단되고, CCTV 등 보안시설과 장비가 설치된 장소 안에서 분류하고 포장하여야 한다.

둘째, 화물을 분류하고 포장하는 작업에 참여하는 직원은 신원조사를 거쳐 신원이 확인되고 신뢰할 수 있는 자가 행하도록 하여야 한다.

셋째, 화물을 분류, 포장, 보관 및 운송하는 도중에 안전을 방해하는 행위로부터 화물을 보호할 수 있는 조치를 강구하여야 한다.

넷째, 상용화주는 자기가 포장한 모든 화물에 대하여 보안상의 이유로 항공사 또는 보안당국이 내용물을 검사하는 것에 동의하여야 하고, 자기가 포장한 화물에 폭발물이나 위험물품이 없음을 서면으로 보증하여야 한다.

2) 항공사의 보안조치

항공화물에 대한 보안유지를 위하여 상용화주가 포장하여 공항으로 운송되는 화물에 대하여 항공운송을 담당하는 항공사는 다음과 같은 보안조치가 이루어져야 한다.

첫째, 항공사는 상용화주로부터 접수되는 화물이 화물목록과 상용화주가 보증하는 직원이 운송해온 내용물과 일치 하는지 기록서류를 확인하여야 한다.

둘째, 항공사는 항공운송을 하는 모든 화물에 대하여 보안통제의 등급을 결정하여 보안통제를 실시하여야 한다.

셋째, 항공사는 자기가 운영하는 공항의 화물청사, 화물작업장, 화물보관창고 등의 시설에 보관되는 모든 화물이 불법행위로부터 보호될 수 있도록 조치하여야 한다.

넷째, 항공사는 화물을 항공기에 탑재하기 전에 모든 화물에 대하여 적절한 보안절차가 이행되었는지 확인하여야 한다.

다섯째, 항공사는 화물을 항공기에 탑재하기 전에 모든 화물이 항공기 적하목록에 기록되었는지 확인하여야 한다.

5. 운송 및 창고의 보안조치

1) 화물운송과정에서의 보안조치

항공화물에 대한 보안대책은 승객 및 수하물에 대한 보안대책이 강화됨에 따라 불법행위를 시도하려는 테러리스트들이 화물을 이용하기 시작하면서 강화되기 시작하였다. 항공화물은 운송하는 과정에서 다음과 같은 보안대책이 마련되어 있어야 화물을 안전하게 운송할 수 있을 것이다.

첫째, 항공화물을 항공기에 탑재하기 위하여 분류하고 포장하는 과정에서 위험물품이 은닉되지 않도록 보안대책이 강구되어야 한다. 이러한 보안대책으로는 화물의 분류 및 포장작업은 지정된 장소에서 이루어져야 하고, 작업에 참여하는 직원에 대한 철저한 신원조사와 작업장에 CCTV카메라를 설치하여 모든 작업과정을 관찰할 수 있는 보안조치가 이루어져야 한다.

둘째, 포장이 완료된 화물을 항공기에 탑재하기 위하여 운송하는 도중에 위해물품이 은닉되지 않도록 컨테이너 또는 밀폐된 포장용기에 포장하여 인가된 보안차량에 의하여 운송되도록 하여야 한다.

셋째, 승객의 위탁수하물 등은 항공기에 탑재되기 전에 엑스선 검색장비나 폭발물탐지장비에 의한 보안검색을 실시하여야 하고, 대형 화물의 경우에는 운송되는 화물 중에서 일정비율을 무작위로 선정하여 화물용 엑스선 검색장비 등에 의한 보안검색을 실시하여야 한다.

넷째, 항공화물보안프로그램에 의하여 화물대리점이나 국제물류주선업체에 위임되어 화물의 분류 및 포장업무가 수행되는 경우에도 항공사에서 시행하는 화물보안 프로그램과 동등한 수준 이상의 보안대책이 이루어지도록 하여야 한다.

보안통제가 완료된 항공화물은 보세운송사업자가 소유한 보세운송차량이나 국토해양부장관의 허가를 받은 화물자동차운송사업자 소속의 차량으로 운송하여야 하고, 운전자는 화물운송종사자 자격증을 취득하고 보안교육을 이수한 자가 운송하여야 한다.

2) 화물보관창고의 보안조치

화물을 항공기로 운송을 의뢰하는 화주 또는 상용화주가 포장한 화물을 항공기에 탑재하기 위하여 공항의 화물터미널에 접수하는 하는 화물에 대하여는 다음과 같은 보안조치가 이루어져야 한다.

첫째, 공항의 화물창고 등 보안장치장에 접수되는 화물은 CCTV 등 보안성이 확보된 장소에서 처리되어야 한다.

둘째, 접수된 화물은 화물의 특성에 따라 독립되어 분리된 보안장소에서 보관할 수 있도록 조치하여야 한다.

셋째, 보안검색이 완료된 화물은 일반인의 접근통제를 할 수 있는 보안장치가 있어야 한다.

넷째, 항공화물은 신원조회를 거쳐 보안교육을 받은 직원이 취급하도록 하고, 보안책임자를 두어야 한다.

제 4 절 기내보안

1. 보안요원 탑승

1) 항공운송사업자 의무

항공운송사업자는 승객이 탑승한 항공기가 운항할 때에는 항공보안요원을 탑승시켜야 한다. 항공운송사업자는 기내탑승보안요원을 사무장이나 객실승무원의 업무를 수행하도록 하여서는 안 된다.

항공기 등록국가와 항공보안에 관한 국제협약을 체결한 국가는 자국의 영토 내에서 운항하는 항공기에 대한 보안조치로서 보안요원의 탑승에 따른 책임과 의무를 가지게 된다. 항공사는 승객이 탑승한 민간 항공기에 기내보안요원을 탑승토록 하는 것은 항공보안대책의 하나로 인식하여야 하고, 시행이 가능한 보안조치들을 통합하여 기내보안 프로그램을 작성하여 시행하여야 한다.

2) 기내 보안요원의 임무

항공기의 기내에 탑승하는 기내 보안요원의 법적 지위와 권한은 각국의 국내법에 포함되어야 한다. 우리나라의 경우에는 「항공안전 및 보안에 관한 법률」에서 기장 및 기내 보안요원이 운항중인 항공기의 안전을 해치고 인명과 재산에 위해를 주며 기내의 질서를 문란하게 하거나 기내의 규율에 위반하는 행위를 하려고 하는 자에 대하여 그 행위를 저지시키기 위한 필요한 조치를 할 수 있도록 정하고 있다. 항공기 내에서 기내 보안요원이 행하여야 할 임무는 다음과 같다.

ⓐ 승객의 탑승 및 승객의 휴대물품과 위탁수하물, 화물을 탑재하기 전에 항공기에 대한 보안검색 및 조사

ⓑ 출발지공항에서 항공기에 탑승하거나 중간 기착지공항에서 다시탑승하는 승객과 수하물에 대한 보안활동

ⓒ 위협을 받고 있거나 위험이 의심되는 항공기에 대한 기내검색

ⓓ 비행 중에 기내의 객실에 대한 보안감독과 기내에서 불법행위와위험인물을 저지함으로써 파괴 또는 불법점거행위 억제

ⓔ 기내에서 폭발의심물체가 발견된 때에는 피해를 최소화 할 수 있 는 폭발물피해 최소화절차의 이행

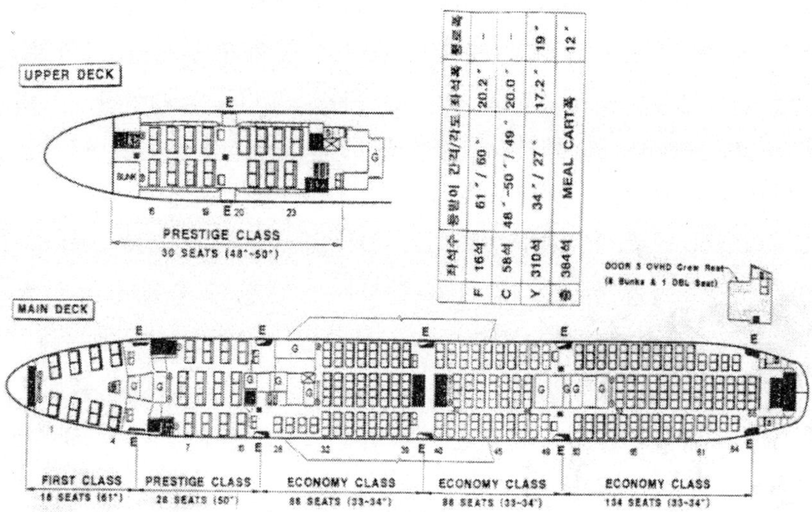

[그림 9-5] 항공기 객실구조

2. 보안요원 선발 및 교육

1) 기내 보안요원의 선발기준

기내 보안요원은 무기의 휴대와 테러범에 대한 대응을 하여야 하기 때문에 이정한 자격과 기준을 요구하게 된다. 기내 보안요원은 운항중인 항공기와 같이 제한

적이고 한정적인 공간에서 국적과 생활풍습이 다른 여러 민족의 예측할 수 없는 순간적인 테러범들의 행동에 대응하는 보안활동을 하여야 하기 때문에 일반경찰이나 다른 보안조직의 보안요원보다 훨씬 높은 선발기준을 두고 있는 것이 보통이다.

기내 보안요원의 선발기준에는 기본적으로 다음과 같은 내용의 지식이나 기술 및 자질을 갖춘 자를 선발할 수 있도록 하여야 한다.

ⓐ 테러범을 관찰, 감시 및 조사할 수 있는 기법

ⓑ 테러범에 대응하여 비무장으로 방어 및 공격을 할 수 있는 육박전 기술

ⓒ 테러범을 체포 및 구금할 수 있는 기술

ⓓ 치명적이지 않는 무기나 무력의 사용방법

ⓔ 제한적이고 한정적인 공간에서의 보안활동기법

기내 보안요원은 상황이 발생할 때에 신속하게 중대한 결정을 하여야 하는 어려움이 있으므로 정신적으로 안정되고 성숙된 자가 선발되어야 한다. 기내 보안요원은 정복을 입고 근무하기도 하지만, 사복을 입고 일반승무원이나 여객을 가장하여 임무를 수행하여야 할 때도 있으므로 기내 보안요원을 선발할 때에는 가능하다면 남성, 여성, 다양한 인종, 다양한 연령대로 인원을 선발하는 것을 고려하여야 한다.

또한 기내 보안요원을 선발할 때에 선발기준에 대한 교육이나 훈련을 받았거나 경찰이나 보안요원으로 근무한 경험이 있는 자를 선발할 경우에는 이들에 대한 교육훈련기간을 상당히 단축할 수 있고, 지니고 있는 기술과 경험을 활용할 수 있는 장점이 있기 때문에 선발에 우선순위를 두는 것도 바람직할 것으로 본다.

2) 기내 보안요원의 교육훈련

기내보안요원에 대한 교육훈련에는 보안요원선발기준에서 언급한 사항 외에 항공기를 탑승하고 외국을 왕래하여야 하기 때문에 다음과 같은 사항이 교육훈련내용에 포함되어야 한다.

ⓐ 외국의 영토 및 공역에서의 권한 행사에 관련된 내용

ⓑ 공항 및 항공사의 조직구조 및 운영에 관한 사항

ⓒ 항공기의 기종별 구조와 성능 및 객실장비에 관한 사항

ⓓ 운항승무원과 객실승무원의 임무와 책임에 관한 사항

ⓔ 승객, 수하물, 화물의 탑승절차와 탑승경로에 관한 사항
ⓕ 여권, 비자, 세관검사, 출입국신고에 관한 사항
ⓖ 비행계획과 비정상운항에 대한 절차 및 대응요령에 관한 사항
ⓗ 위해물품, 금지물품, 사제폭발물의 식별에 관한 내용
ⓘ 심리적 불안정자, 정신질환자 등의 대응요령에 관한 사항

기내 보안요원은 항공기가 운항하는 국가의 정치상황, 문화, 경찰이나 군의 보안당국에 관한 사항, 착륙하는 공항의 구조와 환경 및 운영에 관한 사항, 공항의 위협상황에 관한 교육을 받아야 하고, 항공사 및 공항당국에서 제공되는 테러와 관련된 정보와 그에 대응할 수 있는 교육을 받아야 하며, 항공기 내에 보관된 무기의 보관위치, 보관 및 반출절차, 보안핵심요원의 연락처 등에 대한 교육을 받아야 한다.

제5절 기내식 및 물품보안

1. 보안대책의 필요성

항공기에 탑재되는 기내식 및 저장품에 대한 보안대책의 목적은 승객 및 승무원의 식사제공을 위한 기내식과 승객에게 제공되는 음료수 및 승객에게 판매되는 면세품 등의 저장품은 항공기에 탑재하는 과정에서 항공기안전운항을 저해할 수 있는 불법방해물질 또는 승객이나 승무원의 신체를 위해할 수 있는 위해물질이 은닉되지 못하도록 이들 물품의 기내반입을 방지하기 위해서이다.

기내식이란 항공기가 운항하는 도중에 승객 및 승무원에게 제공되는 식사, 음료수, 술, 조리된 음식물 등으로서 장거리를 운항하는 여객기는 반드시 운항거리에 따라 1∼2회의 식사를 제공할 수 있는 기내식을 탑재하고 있다.

저장품이란 항공기가 운항하는 도중에 승객에게 제공되는 신문, 잡지, 헤드폰, 담요, 베개, 칫솔, 치약 등의 편의용품과 승객에게 판매할 목적으로 탑재하는 화

장품, 담배, 양주, 기념품 등의 면세품으로서 여객기에 필수적으로 탑재되는 물품을 말한다.

여객기에 탑재되는 기내식과 저장품 및 비품 등에는 항공기의 안전운항을 저해하거나 승객을 위협할 수 있는 폭발물이나 위해물질을 은닉하는 장소로 활용될 수 있기 때문에 항공기의 안전운항과 승무원 및 승객의 신변보호를 위해서는 이들 물품을 기내에 탑재하기 전에 철저한 보안 시스템에 의한 보안대책이 이루어져야 한다. 기내식이나 저장품에 위해물품의 은닉을 방지하기 위한 일반원칙은 다음과 같다.

첫째, 기내식은 재료의 준비, 조리, 저장, 배송과정을 거쳐 항공기에 탑재되는 모든 과정에서 외부로부터 위해물질이 반입되지 않도록 철저한 보안대책이 강구되어야 한다.

둘째, 기내 저장품은 구입, 보관, 배송과정에서 외부로부터 위해물질의 침입이 없도록 모든 과정에 대한 보안대책이 강구되어야 한다.

셋째, 기내식 및 저장품은 항공기에 탑재하기 전에 반드시 엑스선 검색장비 등에 의한 보안검색을 거친 후에 항공기에 탑재하여야 한다.

넷째, 항공기에 탑재되는 신문, 잡지, 헤드폰, 비디오테이프, 담요, 베개, 편의용품 등의 설비품과 장비품은 보안검색을 거친 후에 항공기에 탑재되도록 하여야 한다.

2. 기내식 보안

항공기의 기내식은 항공사가 자체적으로 기내식 공장을 운영하여 기내식을 제조하는 방법과 기내식을 전문적으로 생산하는 회사 또는 다른 항공사로부터 기내식을 공급받아 기내에 반입하는 방법의 두 가지 형태가 있다. 어떤 형태의 기내식을 공급받든지 기내식을 제조하는 회사 및 제조공장은 국가의 항공보안 프로그램에 포함된 보안시설과 보안장비를 갖추고 보안교육을 필한 자에 의하여 제조되어야 한다.

1) 조리 · 저장시설 보안

기내식을 제조하기 위하여 재료를 준비하거나 저장 및 조리하는데 사용되는 건물은 보안을 유지하기 위하여 다음과 같은 보안조치가 시행되어야 한다.

첫째, 출입문, 창문 등 건물 내로 들어갈 수 있는 지점에서 인가되지 않은 자 또는 차량의 출입을 통제할 수 있는 보안통제가 이루어져야 한다.

둘째, 기내식을 조리하는 건물이나 시설물 및 기내식 보관창고 등은 보안성을 갖춘 울타리 등으로 차단되어야 하고, 보안경비용 CCTV카메라나 경비요원을 배치하여 시설물을 보호하여야 한다.

셋째, 기내식의 조리지역과 기내식을 저장하여 보관하는 지역은 보안완료지역으로 보호되어야 하고, 출입이 인가된 자 외에는 출입할 수 없도록 하여야 하며 외부의 접근이 차단되도록 하여야 한다.

[그림 9-6] 1등석 및 일반석 기내식

2) 접근통제대책

기내식을 제조하는 장소에 인가되지 않은 자의 접근을 방지하고, 기내식을 제조하는 직원의 식별을 용이하게 하며, 기내식 제조의 보안성을 유지하기 위하여 다음과 같은 접근통제대책이 이루어져야 한다.

첫째, 기내식 제조 또는 보관하는 보호구역에 출입하는 자는 신원조사를 거쳐 인가된 자만 출입할 수 있도록 하고, 출입이 인가된 자는 식별이 용이한 상의를 입고 상의 상단의 잘 보이는 곳에 출입증을 패용하도록 하여야 한다.

둘째, 기내식을 제조하는 직원의 차량 및 방문차량은 기내식을 제조하거나 저장하는 시설과 차단된 울타리 바깥쪽에 주차하도록 하여야 한다.

셋째, 기내식을 제조하거나 저장하는데 참여하는 직원의 개인 소지품이나 휴대품을 보안완료지역에 가지고 들어가는 것을 방지하기 위하여 보안완료지역과 차단된 바깥쪽에 소지품 보관 및 탈의실과 휴게실을 설치하여야 한다.

넷째, 기내식 제조 및 저장시설을 운영하는 자는 업무와 관련된 방문자의 출입을 허용할 경우에는 출입대장에 방문자의 인적사항과 출입일시, 출입목적 등을 기록하여 유지하여야 하며, 방문자에게 출입증을 패용하도록 하고 건물 내에서는 항상 책임자가 인솔하도록 하여야 한다.

3) 원재료 및 장비보안

기내식 제조에 사용되는 장비나 그 부품 및 원재료는 반입되는 과정에서 위해물품이나 기내 반입금지물품이 들어있는지 확인하기 위하여 다음과 같은 보안조치를 하여야 한다.

첫째, 기내식 제조에 사용되는 장비나 그 부품을 반입할 때에는 개봉 또는 분해하여 반입금지물품이 들어있는지 확인하여야 한다.

둘째, 기내식 제조에 사용되는 원재료를 납품받을 경우에는 원재료에 위해물품이 포함되어 있는지 확인하기 위하여 원재료를 잘게 잘라보거나 냉동육과 같이 생산자가 부착한 봉인이 있는 경우에는 봉인이 훼손되거나 외부침입흔적이 없는지 확인하여야 한다.

셋째, 기내식에 제조에 사용되는 원재료에 대하여 위해물품이나 금지물품이 들어있지 않다는 생산자 또는 납품자의 확인서가 있는 경우에는 별도의 보안검색을 생략할 수 있으며, 원재료가 반입된 후에는 사용될 때가지 보안성을 갖춘 장소에 보관되어야 하고, 외부인이 출입할 수 없도록 하여야 한다.

[그림 9-7] 기내 안내 및 서비스

3. 기내 판매품 및 저장품 보안

기내에서 사용되는 기내식 카트나 면세품 카트 및 음식조리용 커피포트나 주방용품을 기내에 반입할 때에는 모두 개봉검색을 한 후에 반입하여야 하고, 기내 저장품을 항공기에 반입하고자 할 때에도 개봉하거나 촉수에 의한 보안검색을 한 후에 반입하도록 하여야 한다. 특히 보안성 인가를 받지 않은 자가 포장 또는 봉인한 다음의 물품에 대하여는 개봉하여 검색하거나 촉수검색의 방법으로 보안검색을 실시한 후에 기내에 반입하여야 한다.

ⓐ 신원이 확실하지 않은 자에 의하여 운송된 핸드폰, 노트북 등 전자제품

ⓑ 일반제조업자에 의하여 포장되었거나 봉인된 여행편의용품 및 상품, 응급처리키트, 담요, 베개, 생수 및 음료수, 주방용품 등

4. 반입물품운송 및 탑재보안

항공기에 반입되는 기내식이나 저장품을 운송하거나 항공기에 탑재하기 위해서는 운송업자 또는 탑재에 종사하는 자는 다음과 같은 보안절차를 이행하는 등의 보안대책을 강구하여야 한다.

첫째, 기내식 제조업자 및 기내 저장품을 항공사에 납품하는 자가 기내식 또는 저장품을 운송할 때에는 기내식 및 저장품의 내용과 수량, 물품의 제공자, 수취인 등을 상세히 기술한 서류를 품목별로 작성하여 제출하여야 한다.

둘째, 기내식 및 저장품운송에 사용되는 차량은 적재함에 대한 보안대책을 갖추도록 하여야 한다. 또한 차량을 사용하지 않을 경우에는 항상 시건장치를 하여야 한다.

셋째, 기내식 및 저장품을 탑재하기 전에 운송차량에 인가되지 않은 물품이 탑재되지 않았는지 확인하기 위하여 차량의 적재함은 보안담당자에 의하여 검사하여야 하며, 화물탑재가 완료될 때까지 보안성이 유지되어야 한다.

넷째, 물품이 탑재된 후에는 적재함을 보안담당자가 봉인하여야 하며, 봉인번호를 물품의 배송인가증에 표시하여야 한다.

다섯째, 봉인에 사용되는 봉인장비는 보안이 유지되는 곳에 보관하고, 차량이 운전자 없이 방치되는 일이 없도록 하여야 하며, 봉인에 이상이 있는 경우에는 즉시 보안담당자에게 통보하여야 한다.

제 6 절 항공기 보호

항공기는 승객들에 의하여 위험물품이나 금지물품이 반입되는 것에도 취약하지만 계류장에 주기중이거나 운항을 준비하기 위하여 지상에 계류하는 동안에 외부 사람들에 의해서도 위험물품이나 금지물품이 반입되는 것에도 취약하기 때문에 출입이 인가되지 않은 자가 항공기에 진입하거나 접근하는 것을 방지하여야만 보안을 유지하고 항공기를 보호할 수 있다. 이와 같은 항공기 보호를 위한 보안대책은 항공기가 주기하고 있을 때와 운항을 하기 전에 점검하는 보안대책으로 구분될 수 있다.

1. 주기중인 항공기 보안

1) 항공기출입 및 접근통제

항공기보호에 대한 책임은 근본적으로 항공기를 소유하고 있는 항공사에 있으며, 항공사가 항공기 보호를 위한 보안 프로그램을 작성할 때에는 해당 공항의 공항보안 프로그램을 고려하여야 하며, 항공기의 출입통제를 위하여 다음과 같은 내용이 포함된 보안 프로그램을 마련하여 항공기를 보호하도록 하여야 한다.

첫째, 공항에 주기중인 항공기에 인가받지 않은 자의 접근을 방지할 수 있도록 항공기 출입문의 쇄정, 탑승교 및 스텝 카를 항공기로부터 이격시키는 등의 통제대책이 있어야 한다.

둘째, 항공기에 무단으로 접근하는 것을 방지하고, 항공기 보호를 위하여 야간에는 경비인력을 배치하는 보안대책이 있어야 한다.

셋째, 운항에 투입되지 않는 항공기의 출입문은 시건장치와 함께 봉인스티커를 부착하여 항공기가 출발하기 전에 개방흔적이 있는지 확인할 수 있는 보안대책이 있어야 한다.

넷째, 항공기의 착륙기어, 엔진은 덮개로 덮어 외부로부터 위험물질이 반입되지 않도록 하는 보안대책이 강구되어야 한다.

다섯째 항공기 주기지역은 항상 적절한 조명시설과 CCTV감시카메라를 설치하여 항공기에 접근하거나 침입하는 자를 감시할 수 있는 보안대책이 강구되어야 한다.

2) 보안순찰 및 상황실 운영

공항에 주기중인 항공기의 보호를 위한 항공사의 보안대책으로는 항공기의 출입 및 접근통제 외에도 계류장에 주기 되어 있는 항공기의 안전을 살피기 위한보안순찰과 종합상황실의 CCTV모니터를 이용하여 항공기를 보호하는 보안대책을 실시하고 있다.

항공기 보호를 위한 보안순찰은 도보순찰과 차량순찰이 있으며, 순찰자는 경비원의 근무상황과 항공기의 안전상태를 점검하며 항공기에 외부침입이 있었다는 흔적이 있을 때에는 항공기 내부에 대한 수색을 실시하도록 하여야 한다.

항공기보호를 감시하기 위한 CCTV카메라는 취약지점을 확인할 수 있도록 각도를 조정하되, 주기장 전체를 관찰할 수 있는 용도와 취약지역을 확대하여 볼 수 있는 장비로 설치되어야 하며 카메라의 관찰각도는 수시로 조정할 수 있어야 한다. CCTV영상을 감시하는 직원은 이상이 발견되면 즉시 항공기 경비원에게 연락하고 점검반을 투입하도록 하여야 한다.

2. 항공기운항 전 보안

항공기가 운항하기 전에 실시하는 항공기의 보호대책으로는 항공기의 외부에 대한 외부침입흔적, 항공기의 바퀴부분에 대한 점검, 항공기의 출입문에 대한 보안점검 등으로 이루어지고, 항공기의 내부에 대한 보안점검으로는 기내의 좌석, 수하물보관 선반, 화장실, 저장품 창고, 주방, 옷 보관 장소 등에 대한 보안점검을 실시하여야 한다.

1) 항공기의 외부 보안점검

항공기의 외부에 대한 운항 전 보안점검은 다음과 같은 요령에 의하여 실시되어야 한다.

첫째, 항공기의 운항을 하기 전에 주기된 항공기에 외부의 침입흔적이 있는지 알아보기 위하여 출입문의 봉인상태와 개방된 흔적이 있는지에 대한 보안점검을 실시하여야 한다.

둘째, 항공기의 랜딩 기어부위와 바퀴의 타이어 및 바퀴 보관대 기어의 상태를 점검하고, 외부의 침입이 있었는지를 확인하여야 한다.

셋째, 지상의 전원이나 공기연결 패널에 대한 점검과 엔진의 공기흡입구 및 배기구 등에 대한 보안점검을 실시하여야 한다.

넷째, 항공기의 날개부분과 보조날개의 가장자리 플랩부분에 대한 보안점검을 실시하여야 한다.

2) 항공기의 내부 보안점검

항공기의 내부에 대한 운항 전 보안점검은 다음과 같은 요령에 의하여 실시되어야 한다.

첫째, 주 객실에 대하여는 천정에 설치된 선반, 외투보관함, 조명시설 부착부분, 비상탈출용 낙하산 보관대, 산소마스크 보관대 등에 대한 보안점검이 실시되어야 한다.

둘째, 객실좌석에 대하여는 좌석상태, 좌석에 부착된 주머니, 쿠션, 구명재킷 보관함 등에 대한 보안점검이 실시되어야 한다.

셋째, 음식을 조리하는 주방, 저장품 보관함, 냉장고, 온장고, 오븐, 음식용기, 선반 등에 대한 보안점검이 실시되어야 한다.

넷째, 화장실에 대하여는 종이타월 보관함, 개수통, 변기, 선반 등에 대한 보안점검이 실시되어야 한다.

제10장 항공보안요원

제1절 항공보안요원의 구분 및 자격

1. 항공보안요원의 구분

공항에서 항공범죄를 예방하고 항공기 및 공항시설의 보호를 위한 항공보안에 종사하는 보안요원에 대한 구분에 대하여 구체적으로 명시한 법률적 규정은 없으나, 국제민간항공협약 부속서 17(항공보안)과 「항공안전 및 보안에 관한 법률」 및 국토교통부 예규인 '항공안전 및 보안에 관한 세부운영지침' '국가민간항공보안 수준관리지침' 및 '국가민간항공보안 교육훈련지침' 등에서 규정하고 있다. 이들 법령에서는 항공안전 및 보안의 적용대상자를 공항 및 항공사 보안책임자 또는 감독자, 보안검색요원 및 항공경비요원과 그 감독자, 항공기 승무원, 폭발물 처리요원 및 위협분석관, 항공교통관제사, 항공사의 탑승수속 담당직원, 공항 및 항공사의 전화접수 및 안내요원, 공항 및 항공사의 일반직원까지를 항공보안요원으로 포함하고 있기 때문에 공항에 근무하는 모든 직원은 항공보안요원이라고 볼 수 있다.

그러나 여기서는 이와 같은 항공보안요원 모두에 대한 설명은 그 실익이 없을 것으로 보아 항공보안검색 업무를 직접적으로 담당하는 보안검색요원과 공항시설의 경비를 담당하는 항공경비요원으로 한정하여 이들 항공보안요원에 대한 설명만을 하고자 한다. 보안검색요원에는 공항공사의 위탁을 받아 승객과 수하물에 대한 보안검색을 실시하는 보안검색요원과 그 감독자, 항공사의 항공화물에 대한 보안검색을 실시하는 보안검색요원과 그 감독자가 있고, 항공경비요원에는 공항내의 공항시설과 항공사의 중요시설 및 항공기 등을 보호하고, 보호구역내에 출입을 통제하는 업무 등을 수행하는 청원경찰과 특수경비원으로 구분된다.

1) 보안검색요원

보안검색요원이란 항공기 또는 공항시설 등에 불법방해 행위를 하는데 사용될 수 있는 무기 또는 폭발물 등 위험성이 있는 물품을 탐지 및 수색하기 위한 보안검색 업무를 수행하는 자를 말한다. 보안검색요원에는 공항당국의 위탁에 의하여 승객과 휴대수하물 및 위탁수하물에 대한 보안검색을 실시하는 보안검색요원과 항공사의 수출항공화물에 대한 보안검색을 실시하는 보안검색요원으로 구분되며, 이들 보안검색요원은 보안검색교육기관으로부터 보안검색운영자 초기교육 및 직무교육을 이수한 후에 보안검색업무를 수행하여야 한다.

2) 항공경비요원

항공경비요원이란 공항내의 공항시설 또는 항공사의 중요시설과 항공기 등을 보호하고, 공항의 보호구역내에 출입을 통제하는 업무와 승객 아닌 자 및 물품 등에 대한 검색 또는 신원확인 업무를 수행하는 자를 말한다. 항공경비요원은 청원경찰과 특수경비원으로 구분되는데 그 구분되는 내용은 다음과 같다.

청원경찰은 「청원경찰법」의 적용을 받아 채용된 자로서 국가기관 또는 공공단체와 그 관리하에 있는 중요시설 또는 사업장, 국내주재 외국기관, 그 외에 선박·항공기 등 수송시설, 금융 또는 보험사업장, 언론·통신·방송·인쇄·의료기관 등의 사업장에서 경비를 담당하게 하기 위하여 배치하는 경찰을 말한다.

특수경비원은 「경비업법」 의 적용을 받아 채용된 자로서 공항, 항공기, 항만, 원자력발전소 등 국가중요시설의 경비 및 도난·화재 그 밖의 위험발생을 방지하는 업무를 수행하는 자를 말한다.

청원경찰이나 특수경비원으로 채용되어 공항시설이나 항공기보호 등을 위하여 공항에 근무하게 되면 이들은 「항공안전 및 보안에 관한 법률」에 의하여 항공안전본부장이 제정한 '항공안전 및 보안에 관한 세부운영지침'의 적용을 받는 항공경비요원이 되기 때문에 공항에서 경비업무를 실시하기 전에 항공경비요원 교육기관으로부터 항공경비요원 초기교육 및 현장직무교육을 이수하여야 한다.

2. 채용 및 결격사유

1) 보안검색요원

보안검색요원의 결격사유에 관하여 법령으로 정해진 사항은 없으나, 채용대상자의 신원 및 범죄 사실 등을 포함한 과거 경력을 확인하기 위하여 신원조사를 실시하고 있다. 따라서 보안검색요원을 채용하고자 하는 자는 지원자로부터 다음의 내용이 포함된 신청서를 제출받아 신원조회를 실시하여야 한다.

ⓐ 지원자의 성명, 주민등록번호, 주소, 전화번호 등 일반사항
ⓑ 지원자의 최근 5년 이내의 경력
ⓒ 지원자가 이수한 보안관련 교육내용
ⓓ 지원자가 과거에 범죄(경범죄, 경미한 교통사고 제외)를 저지른 사 실이 없다는 서약서
ⓔ 지원신청서에 기입된 정보가 완전하고 정확하다는 서약과 지원자 의 서명

또한 보안검색요원을 채용할 때에는 지원자에 대하여 다음의 내용을 확인하기 위한 면담을 실시하고, 신체 및 건강에 대한 요건을 심사하고 있다.

ⓐ 지원자의 성격
ⓑ 신청서 서약의 의미
ⓒ 이전 직장의 퇴직사유
ⓓ 확인되지 않은 직장경력이 있는지 여부
ⓔ 항공보안 당국에서 요구하는 추가 정보의 유무
ⓕ 지원자의 경력 또는 제출한 정보에 대하여 확인이 곤란한 경우에 증빙을 확보할 수 있는 보증인 또는 독립적으로 확인이 가능한 증빙서류

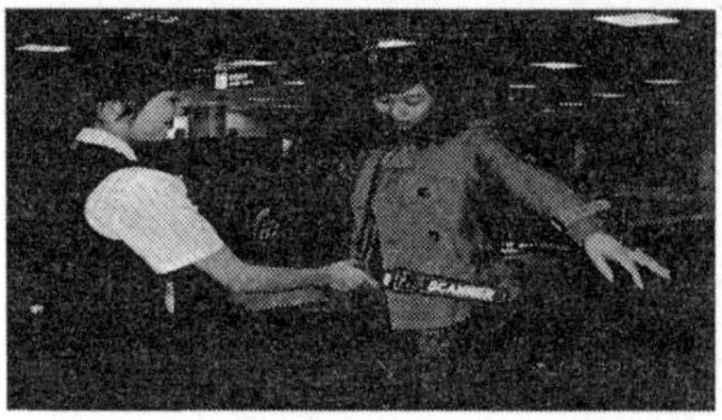 

[그림 10-1] 보안검색요원 및 항공경비요원

2) 항공경비요원

항공경비요원 중에서 「청원경찰법」의 적용을 받는 청원경찰에 대하여는 채용과정에서 신원조회를 거치고 있으며, 청원경찰로 채용되기 위해서는 18세 이상의 자로서 남자의 경우에는 군복무를 필하였거나 면제된 자이어야 하며, 국가공무원의 결격사유에 해당하는 자는 청원경찰로 임용될 수 없다. 또한 청원경찰법에서는 다음의 하나에 해당할 때에는 청원경찰에서 당연 퇴직된다고 규정하고 있다.

ⓐ 임용결격사유에 해당된 때
ⓑ 청원경찰의 배치가 폐지된 때
ⓒ 나이가 60세에 달한 때

항공경비요원 중에서 「경비업법」의 적용을 받는 특수경비원에 대하여는 다음과 같은 결격사유를 법에서 정하고 있기 때문에 다음의 하나에 해당하는 자는 특수경비원이 될 수 없다.

ⓐ 만 18세 미만인 자와 만 60세 이상인 자
ⓑ 피성년후견인, 피한정후견인
ⓒ 파산선고를 받고 복권되지 아니한 자
ⓓ 금고 이상 실형선고를 받고 집행종료 된 날부터 5년이 지나지 아니한 자
ⓔ 금고 이상의 형의 집행유예선고 또는 선고유예를 받고 유예기간 중에 있는 자
ⓕ 특수경비원 신체조건(팔다리 완전, 맨눈시력 0.2 이상, 교정시력 0.8 이상)에 미달되는 자

제 2 절 항공보안요원의 교육

항공보안업무에 종사하는 항공보안요원에 대한 교육훈련과정은 초기교육, 직무교육 및 정기교육으로 구분하여 시행한다. 초기교육은 항공보안관련 신규채용자 또는 최초임용자 등에게 직무를 부여하기 이전에 직무와 관련한 기본적인 지식과 기량을 전수하기 위한 교육이다. 직무교육은 초기교육을 이수한 자를 대상으로 업무시범, 관찰과 실제업무실습을 통하여 배우는 교육이며, 정기교육은 소관업무내용의 변경 또는 추가와 신기술의 도입 등에 따라 필요한 지식과 기량을 전수하기 위하여 정기적으로 실시하는 교육을 말한다.

1. 보안검색요원 교육

공항공사의 위탁을 받아 승객과 휴대수하물 및 승객의 위탁수하물에 대한 보안검색을 실시하는 보안검색요원과 항공사의 화물에 대한 보안검색을 실시하는 보안검색요원이 되기 위해여는 보안검색교육기관이 실시하는 보안검색요원 양성과정인 보안검색요원 초기교육과정과 현장직무교육과정을 이수하여야 하고, 보안검색 업무에 종사하는 동안에는 매년 정기적인 교육을 받아야 한다.

1) 보안검색요원 초기교육

보안검색요원 초기교육과정은 최소 40시간 이상의 교육기간으로 편성된 보안검색요원 교육기관에서 다음의 교육내용이 포함된 교육을 이수하여야 한다.

① 항공보안의 목적
② 보안검색관련 법적근거 및 검색요원의 권한
③ 국가, 공항 및 항공사의 보안조직
④ 공항배치도, 검색대 위치, 보호구역 설정 등 공항보안현황
⑤ 항공보안위협 관련현황
⑥ 보안검색의 이유 및 목적, 검색요원의 임무 및 승객대응방법

⑦ 승객, 휴대물품, 위탁수하물 보안검색 관련규정 및 절차
⑧ 위해물품 식별요령
⑨ 엑스선 검색장비, 폭발물탐지장비운영 및 영상이미지 판독방법
⑩ 문형 금속탐지지, 휴대형 금속탐지기, 신체 및 휴대물의 보안검색 방법
⑪ 특수승객 및 특수물품의 보안검색방법
⑫ 비상사태 때의 경보 및 통보절차
⑬ 검색 업무에 필요한 영어 및 예절교육 등

2) 보안검색요원의 직무교육

보안검색요원의 초기교육과정을 수료한 보안검색업무 수행자는 보안검색현장에서 다음의 내용이 포함된 80시간 이상의 현장직무교육을 이수하여야 한다.

① 검색장비 사용방법
② 위해물질 및 위해물품 식별방법
③ 승객의 신체 및 휴대수하물 보안검색방법
④ 비정상 상황에서의 보안검색
⑤ 위탁수하물, 화물 및 우편물에 대한 보안검색방법
⑥ 상주직원 및 휴대물품 보안검색방법
⑦ 개봉검색 및 촉수검색방법
⑧ 위해물품 적발 때의 행동 및 처리절차 등

3) 보안검색요원의 정기교육

보안검색요원은 직무수행과 관련한 새로운 정보지식, 기술습득 및 검색요원의 자질향상을 위하여 다음의 내용이 포함된 연 1회 8시간 이상의 직무교육을 이수하여야 한다.

① 관련 법규 및 규정의 변경사항
② 항공보안 관련 새로운 위협
③ 위협상황에 대한 정보 및 새로운 위해물품

④ 항공보안 관련사고・사례분석
⑤ 검색절차 및 기법 반복교육
⑥ 미신고 항공위험물 인지 및 승객・승무원에 관한규정 등

2. 항공경비요원 교육

항공경비요원은 청원경찰과 특수경비원으로 구분하여 청원경찰은 「청원경찰법」에서 정한 내용의 교육을 받아야 하고, 특수경비원은 「경비업법」에서 정한 내용의 교육을 받아야 하며, 청원경찰 또는 특수경비원이 공항에서 항공경비요원으로 직무를 수행하기 위해서는 「항공안전 및 보안에 관한 법률」에 의하여 항공안전본부의 예규로 정한 '국가민간항공보안 교육훈련지침'에서 정하고 있는 항공보안과 관련한 항공경비원교육을 받아야 한다. 이들 법 또는 예규에서 정하고 있는 교육내용을 살펴보면 다음과 같다.

1) 청원경찰에 대한 교육

청원경찰법에 의하여 청원경찰로 임용된 자는 신임교육과 직무교육을 받도록 하고 있는데, 신임교육은 청원경찰에 임용된 후 청원경찰업무를 수행하기 전에 경찰교육기관에서 2주 동안 76시간의 교육을 받아야 하며, 교육내용은 정신교육, 형사법, 청원경찰법, 경찰관직무집행법, 방범, 경범죄처벌법, 시설경비, 소방, 대공이론, 불심검문, 사격, 체포술 및 호신술 등이다. 청원경찰의 직무교육은 경비시설 또는 경비지역 내에 배치되어 근무하는 중에 청원경찰의 직무집행에 관하여 필요한 교육을 매월 4시간 이상을 받아야 한다.

2) 특수경비원에 대한 교육

경비업법에 의하여 특수경비원으로 채용된 자는 특수경비업무에 종사하기 전에 특수경비원 교육기관에서 신임교육을 받아야 한다. 특수경비원의 신임교육은 이론

교육 15시간과 실무교육 69시간 등 총 88시간의 교육과정으로 편성된다.

이론교육은 경비업법, 경찰관직무집행법, 청원경찰법, 헌법, 형법 중 인권·경비관련 범죄 및 현행범체포에 관한 규정 및 신고요령을 포함한 범죄예방론 등에 대한 교육을 실시하고, 실무교육은 정신교육, 테러대응 및 폭발물처리요령, 화재대처법, 응급처치법, 분사기 사용법, 출입통제요령, 예절교육, 기계경비실무, 정보보호 및 보안업무, 시설경비요령, 민방공, 총기조작 및 총검술, 사격, 체포 및 호신술, 관찰 및 기록법 등에 대한 교육을 실시한다.

3) 항공경비요원의 초기교육

청원경찰이나 특수경비원이 공항에 근무하게 되면 항공경비요원이 되기 때문에 항공경비요원으로서 항공보안교육기관에서 항공보안과 관련한 교육을 받아야 한다. 항공경비요원교육은 초기교육, 직무교육, 정기교육으로 구분되는데 각 교육과정별 교육내용은 다음과 같다.

항공경비요원은 항공보안교육기관에서 항공보안요원 양성을 위한 교육과정인 다음의 교육내용이 포함된 최소 30시간 이상의 항공경비요원 초기교육과정을 이수하여야 한다.

ⓐ 항공보안의 목적, 항공보안관련 법령 및 항공경비요원의 권한
ⓑ 국가, 공항 및 항공사의 보안조직
ⓒ 공항 및 항공사의 보안시행계획 및 절차 관련 분야
ⓓ 공항배치도, 검색대 위치, 보호구역 설정 등 공항보안현황
ⓔ 항공보안위협 관련 현황, 위법자들이 사용하는 위해무기 및 회피 방법
ⓕ 공항출입통제시스템, 출입증 종류 및 확인방법, 접근통제방법
ⓖ 초소근무 및 순찰방법, 수상한 자 발견요령 및 질문방법, 체포요령
ⓗ 사람, 물품, 차량 수색요령, 건물수색방법
ⓘ 폭발물, 위해물품 및 수상한 물건 발견시의 조치요령
ⓙ 보안장비 사용방법 및 유지보수 요청방법
ⓚ 공항내 정상 및 비상시의 통신방법
ⓛ 항공기 경비 및 출입통제업무

ⓜ 우발계획 대처방법, 군중통제 기법
ⓝ 사고관리 경보절차, 사고보고 기록관리

4) 항공경비요원의 직무교육

항공경비요원 초기교육과정을 수료한 자는 다음의 교육내용이 포함된 최소 24시간 이상의 항공경비요원 현장직무 교육과정을 이수하여야 한다.

ⓐ 보안검색대, 경비초소 배치
ⓑ 보안검색장비 사용방법
ⓒ 신체 및 휴대물품 보안검색방법
ⓓ 위해물품 식별방법 및 적발 때의 행동 및 처리절차
ⓔ 보안강화 때의 보안검색방법
ⓕ 개봉검사 및 수(手) 검색방법
ⓖ 폭발물 적발 때의 해당지역 폐쇄조치 및 주변지역 대피방법
ⓗ 현장순찰요령

5) 항공경비요원의 정기교육

항공경비요원은 직무수행과 관련한 새로운 정보지식, 기술습득 및 경비요원의 자질향상을 위하여 다음의 내용이 포함된 정기교육을 연 1회 최소 8시간 이상의 교육을 받아야 한다.

ⓐ 항공보안 관련 법령내용
ⓑ 항공보안절차 관련 변경사항
ⓒ 항공테러의 유형 및 새로 입수된 위험정보 전파
ⓓ 보안사고 사례분석
ⓔ 보안관련 보고절차
ⓕ 신종 위해물품
ⓖ 변경된 보안통제절차
ⓗ 보안검색절차 및 기법반복교육 등

제 3 절 항공보안요원의 직무

1. 보안검색요원의 직무

보안검색요원은 승객보안검색요원과 항공화물보안검색요원으로 구분되는데, 승객보안검색요원은 공항공사의 위탁을 받아 공항의 출발대합실 입구에서 항공기를 탑승하는 승객의 신체, 휴대수하물 및 위탁수하물에 대한 보안검색을 실시하여야 한다. 승객에 대한 보안검색을 실시하는 검색요원은 문형 금속탐지기, 휴대형 금속탐지기, 엑스선 검색장비, 폭발물 탐지장비 등을 이용하여 승객의 신체, 휴대수하물 및 위탁수하물에 대한 보안검색을 실시하여 의심이 가거나 이상한 점을 발견하였을 때에는 해당 승객 또는 수하물에 대하여 수(手)검색 또는 개봉검색을 실시하여야 한다.

화물보안검색요원은 공항의 화물청사에서 항공사에 운송을 의뢰한 항공화물에 대한 보안검색을 실시하는 직무를 수행한다. 항공화물에 대한 보안검색을 실시하는 검색요원은 엑스선 검색장비와 폭발물탐지장비 등을 이용하여 항공화물에 대한 보안검색을 실시하여 의심이 가거나 이상한 점을 발견하였을 때에는 개봉검색을 실시하여야 한다.

공항공사의 위탁을 받은 승객보안검색요원이나 항공사의 화물보안검색요원은 보안검색업무를 수행하는 중에 국토교통부장관이 인정하는 보안평가기관의 불시 보안평가, 공항공사 또는 항공사 자체에서 실시하는 불시 보안평가에서 불합격한 경우에는 보안검색교육기관으로부터 재교육을 4시간 이상 받은 후에 보안업무를 수행하여야 한다.

2. 항공경비요원의 직무

항공경비요원은 항공경비업무를 수행하는 중에 국토교통부장관이 인정하는 보안평가기관의 불시보안평가, 공항공사 또는 항공사 자체에서 실시하는 불시 보안평가에서 불합격한 경우에 보안검색교육기관으로부터 재교육을 4시간 이상 받은 후에 업무를 수행하여야 한다. 항공경비요원의 직무에 대하여는 청원경찰법의 적용을 받는 청원경찰과 경비업법의 적용을 받는 특수경비원으로 구분하여 설명하면 다음과 같다.

1) 청원경찰의 직무

청원경찰은 직무를 수행함에 있어 경찰관직무집행법에서 정하고 있는 경찰관의 직무에 관한 규정을 준용하도록 되어 있기 때문에 자신의 근무구역 내에서는 일반경찰에 준하는 직무권한이 부여되어 있으므로 다음과 같은 직무를 수행하여야 한다.

① 범죄의 예방과 진압업무

청원경찰이 근무구역 내에서 범죄의 예방 및 진압업무를 수행하는 것은 청원경찰을 배치하는 가장 큰 목적 중의 하나이다. 청원경찰은 자신의 사업장 내에서 범죄행위, 범죄음모 등을 진압할 수 있는 권한이 있으므로 관할 구역 내에서 범죄예방을 위하여 거동수상자를 정지시켜 불심검문이나 범죄의심자의 연행 또는 심문이 가능하다. 다만, 청원경찰에게는 직접적인 사법권이 부여되어 있는 것이 아니고 경찰의 도착시점까지 경찰관직무를 대행하는 것이며 경찰관이 도착하면 경찰에게 범인을 인도하고 조사내용을 이관하여야 한다.

② 위급환자의 호송과 보호

공원이나 놀이시설, 동물원, 박물관, 이벤트 행사장과 같은 많은 대중이 모이는 시설에서 임산부나 심장질환자, 그 밖에 신속한 치료를 원하는 환자가 발생하게 되면 이를 신고하거나 본인이 직접 수송수단을 이용하여 이송해 주는 것이 청원경찰의 역할이다. 따라서 처원경찰은 사전에 응급환자 발생에 대한 응급처치요령과 대응방법, 간단한 치료가 이루어질 수 있도록 교육이 되어져야 한다.

③ 요인경호 및 위험발생 예방

청원경찰의 일반적인 직무는 시설에 대한 경비와 관할구역 내에 있는 요인경호 업무가 포함되므로 주변상황 등을 고려하여 경찰대신 청원경찰이 이들 업무를 담당하게 된다. 또한 청원경찰은 가스시설의 경우에는 가스폭발위험, 공장의 경우에는 안전사고, 금융시설의 경우에는 현금도난 등의 위험을 사전에 발견하여 이를 예방하는 조치를 하여야 한다.

2) 특수경비원의 직무 및 무기사용

특수경비원은 직무를 수행함에 있어 배치된 경비구역 안에서 관할 경찰서장, 공항경찰대장 등 국가중요시설의 경비책임자와 국가중요시설의 시설주의 감독을 받아 다음의 직무를 수행하여야 한다.

첫째, 해당 시설을 경비하고 도난·화재 그 밖의 위험의 발생을 방지하는 업무를 수행하여야 한다.

둘째, 경비업무 수행 중에 국가중요시설의 정상적인 운영을 해치는 장해를 일으켜서는 안 된다.

셋째, 특수경비원은 정당한 사유 없이 무기를 소지하고 배치된 경비구역을 벗어나서는 안 된다.

넷째, 특수경비원은 국가중요시설의 경비를 위하여 무기를 사용하지 아니하고는 다른 수단이 없다고 인정되는 때에는 필요한 한도 안에서 무기를 사용할 수 있다.

제 4 절 보안검색요원의 근무자세 및 예절

1. 보안검색원의 기본자세

보안검색요원은 승객과 항공기의 안전을 지키는 파수병 역할을 한다는 사실을 명심하여 항상 자신의 맡은바 임무를 성실하게 수행하되, 용모와 복장을 단정하게 하여 보안검색요원의 품위를 지키면서 승객에게 친절한 태도로 임무를 수행하여야 하며, 업무처리에 있어서는 공명정대하고 규정을 준수하여 신뢰받는 검색요원이 되도록 하여야 한다.

공항은 국가의 관문역할을 하거나 그 지역의 교통거점지역이기 때문에 사람들의 왕래가 많은 장소이므로 공항에서 보안검색 업무를 수행하는 검색요원은 국가 또는 지역을 대표한다는 긍지를 가지고 친절하고 예의바르게 근무에 임함으로서 국가나 지역의 이미지를 향상시킬 수 있다는 사실을 잊어서는 안 된다. 따라서 검색요원은 항상 승객을 배려하는 자세로 행동하여야 하며, 승객을 대할 때에는 미소를 잃지 않도록 하여야 한다. 또한 검색을 실시함에 있어 승객과의 논쟁을 피하고, 승객에게 절대로 명령조의 말을 하여서는 안 되며, 보안검색을 시작하기 전에는 검색을 시작한다는 인사말을 하여야 하고, 검색이 끝났을 때에는 검색이 종료되었다는 인사말을 하여야 하며, 검색과정에서 승객의 수하물이나 소지품에 손상이 없도록 소중하고 정중하게 다루어야 한다.

보안검색요원은 항공기를 탑승하려는 승객을 상대하는 서비스 맨이기 때문에 에티켓을 갖추고, 매너있는 언어사용과 행동으로 보안검색을 받는 승객이 혐오감이나 거부감을 느끼지 않도록 하고, 복장과 용모를 단정히 하여야 한다.

2. 보안검색원의 근무태도

보안검색요원은 위험물품이나 밀수품을 숨기려는 자, 몰래 빠져나가려는 자를 찾아내고 붙잡는 자로서 이들과는 창과 방패의 관계에 있기 때문에 항상 새로운 창칼이 만들어지는 것에 대비하여 그들을 막을 수 있는 방패를 개발하고 방어할 수 있는 기술을 갖추고 있어야 한다. 따라서 보안검색요원은 승객으로 가장한 테러범이나 밀수꾼들이 교묘한 방법으로 몰래 숨겨둔 총기, 도검, 마약, 밀수품 등을 적발해내기 위해서는 다음과 같은 근무태도로 보안검색에 임하여야 한다.

1) 관찰력

관찰이란 어떤 일이 되어가는 형편이나 동태 등을 주의하여 살펴보는 것으로서 관찰력이란 상대방의 표정이나 행동을 통해서 이상 유무를 판단할 수 있는 능력으로서 보안검색에서는 검색원이 승객 등 피검색자의 표정과 행동을 살펴 위험물질이나 밀수품을 은닉한 자 여부를 판단하는 능력을 말한다. 특히 세관검색에서는 Lobber라고 불리는 감시원이 도착승객을 가장하여 승객과 같이 행동하면서 다른 승객의 표정과 행동을 관찰하여 이상한 표정이나 행동을 하는 자를 검색원에게 연락하여 세밀한 검색을 하는 방법이 유효하게 쓰이고 있다.

2) 임기응변능력

임기응변은 그때그때의 처한 형편에 따라 그 상황에 알맞게 그 자리에서 처리하는 임시변통을 의미하는 것으로서 공항에서는 보안검색원이 보안검색을 거부하는 자나 보안검색을 기피하려는 자에 대해 재치 있게 대응하거나 필요한 경우에 주변의 동료 또는 보안감독자에게 협조를 요청하고 어떠한 상황에서도 자기의 감정에 치우치지 않고 효율적으로 보안검색을 실시하는 능력을 말한다. 보안검색원에게 이러한 임기응변능력이 떨어지면 피검색자와 언쟁이 발생하거나 검색시간이 지연되는 결과를 초래하게 될 것이다.

3) 대담성

대담성은 일에 대하는 태도가 용감하고 담력이 크다는 것으로서 보안검색원이 승객이나 승객의 물품에 대해 의심이 된다고 판단되면, 망설이거나 뒷일을 걱정하여 소심하게 대응하지 않고 필요한 조치를 소신껏 취할 수 있는 능력을 말하는 것으로서 검색원에게 이러한 대담성이 결여되면 승객이 숨긴 위험물질이나 밀수품으로 의심되는 물건이 적발되지 못하고 보안검색을 통과하는 결과를 초래하게 될 것이다.

4) 예민성

예민성은 사람의 눈, 귀, 코, 혀 및 마음 등 오관을 통한 시각, 청각, 후각, 촉각 및 느낌 등을 통하여 사물을 이해하거나 상황을 판단하는 것으로서 보안검색원은 숨긴 것을 찾아내는 자의 입장에 있으므로 자기의 오관을 통하여 위험물질이나 밀수품 등을 숨긴 것을 찾아내야 한다. 따라서 보안검색요원은 이와 같은 오감훈련을 지속적으로 실시하여 범법자들이 숨긴 물건을 찾아낼 수 있도록 끊임없는 노력을 하여야 한다.

5) 외국어 능력

국제선에 근무하는 보안검색원은 피검색자의 절반은 외국인으로 보아야 하기 때문에 검색원이 효율적인 보안검색활동을 하기 위해서는 피검색자와 원활한 의사소통이 이루어져야 한다. 따라서 검색원은 외국인에 대한 서비스향상과 검색에 필요한 의사소통의 원활화를 위하여 외국어 회화능력을 향상시킬 수 있도록 노력하여야 한다.

6) 사명감

보안검색요원은 승객과 항공기 및 공항시설을 보호하기 위해 검색을 실시한다는 생각에서 더 나아가 국가와 세계의 항공안전을 책임지는 최 일선에서 근무한다는 자부심과 투철한 직업의식으로 검색업무를 수행하는 성숙된 직업관을 확립하여야 하고, 자신의 행동이 그 나라를 방문하는 외국인에게 첫 인상이 되거나 그 나라를 방문하고 떠나는 외국인의 마지막 인상으로 남을 수 있기 때문에 항상 친절하고 밝은 모습으로 근무에 임하는 태도를 잃지 않아야 한다.

3. 보안검색원의 용모

1) 남자검색원

① 두발과 위생상태

보안검색원은 서비스 종사자이기 때문에 고객이 혐오감이나 거부감을 느낄 수 있는 복장이나 용모로 근무에 임하는 것은 절대 금물이다. 단정한 용모와 복장은 비즈니스의 기본으로 담당하고 있는 일의 성과를 좌우하고, 맞이하는 고객에게 첫 인상으로 신뢰를 주며, 본인에게는 상쾌한 기분으로 업무에 임하게 함으로써 직장 분위기를 명랑하게 한다.

남자검색원의 두발상태는 앞머리는 단정하고 얼굴을 가리지 않고 흐트러지지 않아야 하고, 옆머리는 귀를 덮지 않을 정도로 짧게 하여야 하며, 뒷머리는 입고 있는 Y 셔츠의 깃에 닿지 않을 정도로 짧게 하되, 항상 빗질이 되어 있는 상태로서 단정한 머릿결을 유지하여야 한다. 또한 근무에 임하기 전에는 빗질이 잘되어 있는가? 혹시 비듬은 없는가? 를 확인하여야 한다. 또한 검색원은 손톱을 짧게 깎고, 손은 항상 청결상태를 유지하여야 한다. 특히 손톱 밑에 이물질이나 때가 끼지 않도록 깨끗하게 씻어야 한다.

[그림 10-2] 남자검색원의 용모와 복장

② 얼굴

업무적으로 사람을 마주 대하고 근무하여야 하는 보안검색원의 얼굴의 상태는 항상 청결하여야 한다. '네 얼굴은 너를 위한 것이 아니야. 주위 사람들을 행복하게 하기 위한 것이야'라는 프랑스의 격언처럼 남을 불쾌하게 하는 얼굴은 서비스 종사원으로서는 절대 금물이다. 검색원은 업무에 임하기 전에 거울을 보고 자기의 얼굴에 대하여 다음과 같은 사항을 반드시 확인하여야 한다.

ⓐ 눈에 눈곱은 끼지 않았는가?
ⓑ 음식물 찌꺼기가 잇몸사이에 남아 있지 않았는가?
ⓒ 입에서 냄새가 나지 않는가?
ⓓ 면도는 깨끗이 되었는가?
ⓔ 코털이 밖으로 삐져나오지는 않았는가?
ⓕ 귓속은 깨끗하고 귓밥이 밖으로 나오지 않는가?

2) 여자검색원

① 머리와 위생상태

여자검색원은 남자와 달리 헤어스타일에 매우 신경을 쓰지만, 서비스 업무에 종사하는 검색원은 너무 튀는 헤어스타일이나 지나친 장신구 사용은 삼가도록 하여야 한다. 여자검색원이 머리관리 및 장신구 착용과 위생관리에 주의할 점은 다음과 같다.

ⓐ 머리는 단정하게 빗질이 되어 있어야 한다.
ⓑ 앞머리는 눈을 가리지 않도록 하되, 되도록 이마를 덮지 않아야 한다.
ⓒ 자주 머리를 감아 윤기 있는 아름다운 머릿결을 유지하도록 하여야 한다.
ⓓ 화려한 리본 등의 머리장식은 피하도록 하여야 한다.
ⓔ 지나친 파머는 피하고, 긴 머리는 묶어서 활동하기 편하도록 하여야 한다.
ⓕ 손톱은 길지 않아야 하고, 손은 깨끗하게 씻어야 하며, 지나치게색깔이 강한 매니큐어는 삼가야 한다.

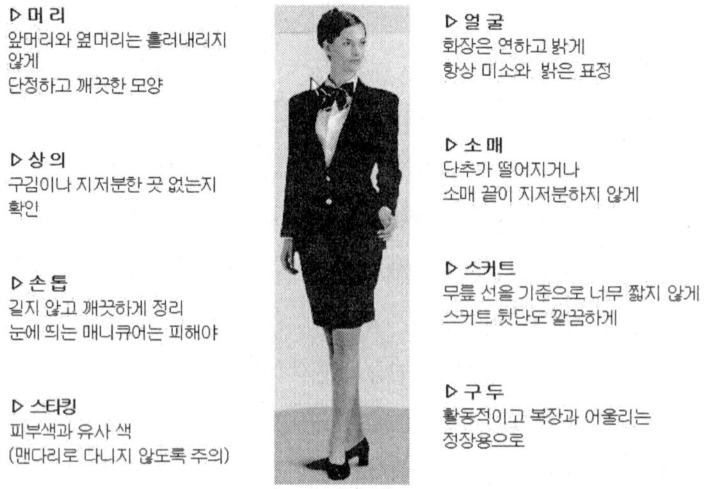

[그림 10-3] 여자검색원의 용모와 복장

② 얼굴

여자검색원은 얼굴색이 밝고 건강하게 보이도록 평소에 관리를 잘하여야 하고, 항상 미소 띤 밝은 얼굴로 근무할 수 있도록 다음 사항에 주의하여 얼굴을 관리하여야 한다.

ⓐ 화장은 연하고 밝게 하되, 눈 화장은 옅은 색으로 하여야 한다.
ⓑ 짙고 저속한 화장을 삼가고, 속눈썹은 붙이지 않아야 한다.
ⓒ 귀걸이는 귀에 붙는 간결한 것이어야 하고, 화려한 목걸이나 반지는 삼가하도록 하여야 한다.

4. 보안검색원의 복장

1) 유니폼

보안검색원의 유니폼은 공항보안검색원으로서의 세련미와 멋을 나타낼 수 있도록 착용하는 것이 매우 중요하다. 국제공항의 경우에 외국인이 많이 왕래할 뿐만 아니라 유니폼의 색깔이나 디자인에 대한 선입견이 불쾌감이나 거부감을 유발하지 않도록 하여야 하기 때문이다. 검색원의 유니폼은 승객의 시선을 끌게 만드는 제2의 검색원 얼굴이며 공항의 얼굴로 작용하므로 세련되고 멋진 디자인의 유니폼은 그 자체로 승객의 호감을 살 수 있기 때문이다.

보안검색원이 유니폼을 착용할 때에는 다음 사항을 점검하여야 한다.

ⓐ 명찰 등의 부착물은 이상이 없는가?
ⓑ 깃과 소매는 깨끗한가?
ⓒ 단추가 떨어진 곳은 없는가?
ⓓ 양복의 단이나 치마의 단이 뜯어진 곳은 없는가?
ⓔ 목덜미나 어깨에 비듬이나 미리카락이 떨어져 있지 않은가?
ⓕ 주머니에 물건을 불룩하게 넣지 않았는가?
ⓖ 상의와 하의의 색깔은 동일한가?

또한 보안검색원은 근무지역 외에서 유니폼을 착용하여서는 안 되고, 유니폼과 사복을 혼합하여 착용하여서도 안 되며, 유니폼을 착용할 때에는 완전한 상태로 단정하고 청결하게 착용하여야 하고, 색안경을 착용하여서도 안 된다.

2) 구두 및 양말

제복을 착용한 보안검색원은 제복에 어울리도록 구두와 양말을 착용하는 것이 기본예절이다. 먼저 구두의 착용에 주의할 사항은 다음과 같다.

ⓐ 구두는 깨끗하게 손질되어 있고 광택이 나도록 잘 닦았는가?
ⓑ 구두의 뒤 굽이 너무 닳아 있지 않는가?
ⓒ 구두가 너무 크거나 작아서 걸음걸이가 이상하지 않은가?
ⓓ 구두의 끈은 단정하게 잘 매어져 있는가?
ⓔ 구두의 뒤축을 꺾어 신어서는 안 된다.

여자검색원의 스타킹과 남자검색원의 양말착용에 있어서 주의할 사항은 다음과 같다.

ⓐ 양말에서 냄새가 나지 않는지 확인하여야 한다.
ⓑ 스타킹이나 양말이 흘러내리지 않았는지 확인하여야 한다.
ⓒ 스타킹의 올이 빠지지 않았는지 확인하여야 한다.
ⓓ 스타킹이나 양말에 구멍이 나지 않았는지 확인하여야 한다.

5. 보안검색원의 근무예절

1) 인사예절

인사(人事)란 한 마디로 말하면 사람이 하는 일이다. 인사는 인간예절의 기틀이고, 인간관계의 출발점이며, 상대방이 느낄 수 있는 첫 번째의 감동이고, 상대방에 대한 존경심과 친절을 나타내는 하나의 형식이다. 검색원이 보안검색을 위하여 피검색자에게 인사하는 요령은 다음과 같다.

→ 먼저 웃음 띤 얼굴로 상대방을 향해 선다.

→ 상체를 약 30도 각도로 적당히 굽힌다.

→ 고개를 잠시 멈춘다.

→ 고개를 천천히 든다.

→ 똑바로 선다.

이때 피검색자가 노인의 경우에는 팔을 부축해 주고, 어린이의 경우에는 귀여워해주는 표정을 지으며, 보행을 도와주고 검색이 끝나면 가고자 하는 동선을 친절하게 안내해 준다.

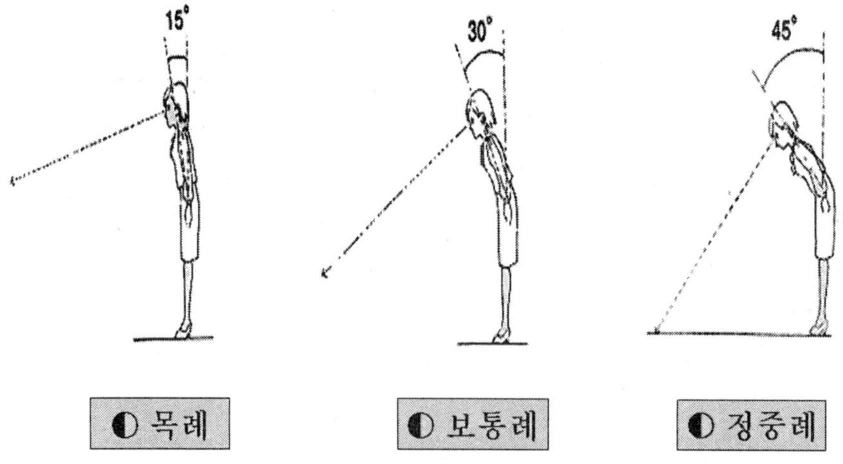

[그림 10-4] 예의바른 인사법

2) 표정 및 태도

보안검색원은 서비스 종사자라는 사실을 잊어서는 안 되며, 서비스 맨은 상대방에게 호감을 줄 수 있도록 미소 짓는 얼굴의 입가에는 항상 'whisky'가 흘러야 하고, 다음 사항에 유의하여 미소를 짓도록 하여야 한다.

ⓐ 눈동자가 빛나는 미소인가?

ⓑ 하얀 이가 살짝 보이게 웃고 있는가?

ⓒ 웃을 때 눈도 같이 웃고 있는가?

ⓓ 웃을 때 손으로 입을 가리지는 않는가?

이와 같은 미소는 기분 좋은 사람, 따뜻한 사람, 솔직한 사람이라는 인

상과 친근감을 주며, 상대방을 편하게 하고, 인간관계를 좋게 하며, 자신의 마음도 즐겁게 한다는 사실을 잊어서는 안 된다. 미소의 사회적 효과에 대한 연구결과를 보면 고객에게 나의 이미지는 불과 7초 안에 결정지어진다고 하며, 그 중 고객에게 보여지는 용모와 복장 · 미소와 인사 · 자세와 표정에서 이미지의 55%가 결정되고, 목소리에 의하여 38%가 결정지어지며, 말의 내용에 의하여 7%가 결정되어진다고 한다.

또한 눈은 '입보다 말을 잘한다.'는 말이 있듯이 보안검색원의 제스처는 항상 자연스럽게 하여 말로써 전달하는 내용이나 감정을 보완할 수 있도록 다음 사항에 유의하여 행동하여야 한다.

첫째, 말로써 전달하는 생각과 감정을 동작으로 보완할 수 있도록 제스처 하여야 하고, 제스처는 자연스럽게 하되 지나친 제스처는 삼가야 한다.

둘째, 피검색자가 검색원이 확인하는 내용을 강력히 부인할 때에 삿대질하거나 거칠게 행동하여서는 안 된다.

셋째, 검색대상자에게 필요 이상으로 머리를 조아리거나 두 손을 비비며 굽실거리는 행동을 하여서는 안 된다.

넷째, 말의 내용과 표정이 일치되도록 노력하여야 한다. 진실된 사람은 자연스럽게 말과 표정이 일치하게 된다.

한편, 보안검색원은 검색을 실시할 때나 근무 중에 잠시 쉴 때에 다음과 같은

태도와 자세를 삼가도록 하여야 한다.

ⓐ 뒷짐을 지거나 팔짱을 낀 자세
ⓑ 주머니에 손을 넣은 채 서있는 자세
ⓒ 등, 어깨가 굽은 채로 힘없이 서있는 자세
ⓓ 한쪽 다리에 몸의 무게중심을 둔 채 서있는 자세
ⓔ 책상이나 벽에 기대어 서있는 자세

3) 말투

우리 속담에 '말 한마디로 천 냥 빚을 갚는다.' '가는 말이 고와야 오는 말이 곱다.' 라는 말이 있듯이 서비스 종사자의 말 한마디가 손님을 기분 좋게 하기도 하고, 기분을 불쾌하게 만들기도 한다.

보안검색원이 피검색자를 대할 때에 사용하는 목소리와 말투는 상대방의 기분을 상하게 하기도 하고, 상대방의 마음을 편안하게 하기도 하기 때문에 검색원은 목소리, 말투, 사용하는 용어 등에 신경을 써서 말해야 한다.

① 목소리

목소리는 개인의 성대특성에 따라 다르게 나타나기는 하지만, 서비스 종사자로서 보안검색원이 피검색자를 대할 때에 속삭이듯 하는 저음으로 말하여서는 안되고, 목소리를 작게 하더라도 상대방이 알아들을 수 있도록 하여야 한다. 또한 큰소리로 말하여야 할 때에는 목소리는 크게 하되 신경질적이거나 화난 목소리가 되지 않도록 주의하여야 한다.

② 어조 및 말투

보안검색원이 상대방에게 말을 할 때에는 자연스러운 어조로 허식을 배제한 진실된 마음으로 상대방을 얕잡아 보지 말고, 개인감정을 앞세우지 말아야 하며, 지나치게 신중을 기하여 말하는 것도 삼가야 한다. 또한 특색 있는 말 한마디가 분위기를 쇄신하기 때문에 품위 있는 유머나 관심표명의 칭찬 한마디가 상대방의 기분을 좋게 하므로 판에 박은 어휘를 사용하는 것보다는 진심이 담긴 말 한마디가 상대방을 감동시킨다.

③ 사용하는 용어

보안검색원은 공적인 업무를 수행하는 자이기 때문에 근무 중에 사용하는 용어는 표준어를 사용하여야 한다. 특정지역에 근무한다고 하여 그 지방의 사투리를 사용하는 것은 결코 애향심도 아니고, 그 지방의 주민을 위하는 것도 아님을 명심하여야 한다. 즉, 우리나라의 표준어인 서울의 중산층이 사용하는 현대말을 사용하여야 하고, 쉬운 우리말로 표현하여야 하고 가급적 외래어사용을 자제하여야 하며 유치원생이나 초등학생들에게 말하는 식의 용어도 삼가야 한다.

또한 사용하는 용어는 말의 뜻을 제대로 알고 사용하여야 한다. 말의 뜻을 잘못 알고 쓴다면 말하지 않는 것만 못하며, 어휘가 풍부하고 사용하는 용어가 품격이 있으면 지식이나 교양정도가 높은 것으로 인식되기 때문이다.

4) 신체검색 예절

보안검색원이 승객이나 상주직원 등을 검색하고자 할 때에는 상냥하게 웃으면서 허리를 굽혀 정중하게 인사하고 '안녕하십니까?' 또는 '어서 오십시오' 라고 말하며 손님을 맞이하고, 검색을 시작하기 전에 '잠시 검색이 있겠습니다.'라고 말한 후에 검색을 시작하여야 하며, 검색 중에는 '불편을 드려 죄송합니다.' '양팔을 좀 올려 주십시오.' 라는 말을 하고, 검색이 끝나면 '검색에 응해 주셔서 감사합니다. 즐거운 여행 되십시오' 라는 인사를 하여야 한다. 이 때 상주직원을 검색한 경우에는 '감사합니다. 수고 하십시오' 라는 인사말이 더 적격일 것이다.

5) 휴대품검색 예절

승객의 휴대품을 검색할 때에는 신속하고 조심스럽게 검색하여야 하며, 휴대품을 개봉하여야 하는 경우에는 '죄송합니다. 가방 좀 열어 주시겠습니까?' 라고 말하여 주인이 가방을 열도록 하여 오해받을 소지가 없도록 하고, 가방을 검색하기 위하여 눈으로 보거나 손으로 뒤적일 때에는 여객이 불쾌하지 않도록 조심하여야 한다. 검색이 끝나면 '검색에 응해 주셔서 감사합니다. 즐거운 여행 되십시오' 라고 인사말을 하여 승객이 불쾌하지 않도록 하여야 한다.

승객이 보안검색을 거부하거나 보안검색을 하는 것에 대하여 화를 내며 불쾌한 언행을 하는 승객이 있는 경우에 같이 화를 내거나 찌푸린 인상을 보여서는 안 되고, 마음을 가라앉히고 웃으면서 상냥한 말씨로 '죄송합니다. 안전한 여행을 위하여 잠시만 검색에 협조하여 주시기 바랍니다.' 라고 설득하여 보안검색을 받도록 하고, 검색을 하는 중에는 '선생님의 불쾌한 마음 이해합니다. 양해해 주셔서 감사합니다.' 라는 말을 건네어 승객의 마음을 가라앉히도록 하여야 한다.

제11장 위해물품식별 및 검색기법

제1절 항공운송위험물 및 기내 반입금지물품

1. 항공위험물

항공위험물이란 폭발성물질, 가스류, 인화성액체, 가연성물질, 산화성물질, 독극물, 방사성물질, 부식성물질 등으로서 항공기에 의하여 운송되는 위험물을 포장·적재·저장·운송 또는 처리하는 위험물취급자는 항공상의 위험방지 및 인명의 안전을 위하여 '항공위험물 운송기술기준' 등에 따른 위험물취급의 절차 및 방법에 따라야 한다. 보안검색원은 항공위험물에 대한 위험성의 본질을 이해하고 보안위험성이 있을 경우에 취해야 할 위험물안전취급 및 비상조치절차 등을 이해하고 있어야 항공안전을 보장할 수 있을 것이다. 이와 같은 항공위험물 분류기준은 다음과 같다.

첫째, 폭발성물질은 화학적 반응에 의하여 주위에 손상을 줄 수 있는 정도의 온도, 압력 및 속도로 가스가 자체 발생할 수 있는 고체 또는 액체물질을 의미하며 화공품은 가스가 발생하지 아니할 경우에도 폭발성물질에 포함한다. 이러한 폭발성물질에는 수류탄, 총류탄, 불꽃놀이 폭약, 사제폭발물 등이 있다.

둘째, 가스류는 섭씨 50도 이상 또는 섭씨 50도 이하에서 반응을 일으킬 수 있는 압축가스, 액화가스 등과 운송을 위하여 압력을 가하여 액체상태의 용매에 용해시킨 용해가스 등을 의미하며 부탄가스, 라이터가스, 프로판가스, 수소가스, 헬륨가스, 독가스 등이 있다.

셋째, 인화성액체는 약 섭씨 60도 이하인 액체로서 자신의 인화점 이하에서 운송되어야 하는 액체이거나, 액체로 운송되는 과정에서 일정온도 이상에서 인화성가스를 방출할 수 있는 물질을 의미하며 가솔린, 캠핑연료, 에탄올, 메탄올, 아세톤, 벤젠 등이 있다.

넷째, 가연성물질은 운송도중 접하게 되는 조건에서 쉽게 연소하거나 마찰에 의하여 발화할 수 있는 고체물질, 물질이 자체적으로 반응하여 자연발화를 할 수 있는 물질, 물과 접촉할 때 인화성가스를 방출하는 물질 등을 의미하며 셀로로이드, 리본마그네슘, 티타늄파우더, 나트륨 등이 있다.

다섯째, 산화성물질은 물질자체가 연소하지는 아니할지라도 산소를 발생하거나 다른 물질의 연소를 유발하거나 돕는 물질로서 폭발적으로 분해하기 쉽거나 급속하게 연소하는 물질, 충격 또는 마찰에 민감한 물질, 다른 물질과 쉽게 위험한 반응을 하는 물질을 의미하며 과산화수소, 질산암모늄비료, 칼슘염소산염, 유기과산화물 등이 있다.

여섯째, 독극물 및 전염성물질은 사람이 삼키거나 흡입 또는 피부접촉에 의하여 사망 또는 중상을 일으키거나 건강에 해를 끼치기 쉬운 비소, 살충제와 같은 독극물과 감염성물질로서 병원체를 함유하고 있어 사람이나 동물에게 질병을 일으킬 수 있는 박테리아, 바이러스, 기생충과 같은 전염성물질을 의미한다.

일곱째, 방사성물질과 부식성물질은 사람이나 동물에 방사능농도 제한치를 초과하는 방사능물질과 화학반응에 의하여 접촉할 경우에 생체조직에 심각한 손상을 줄 수 있는 질산염이나 수은과 같은 부식성물질을 의미한다.

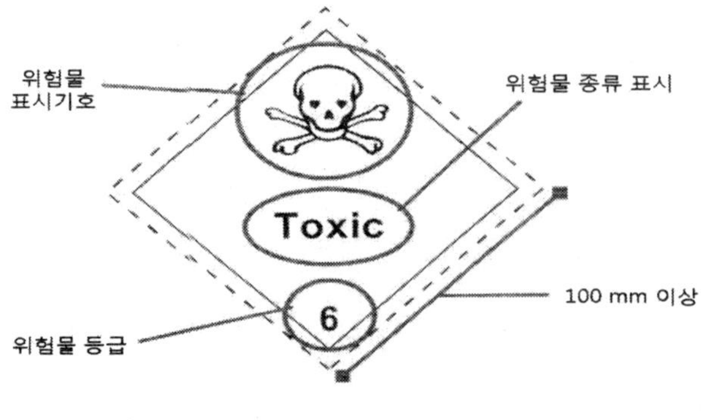

[그림 11-1] 위험물 표지

2. 기내 반입금지물품

기내 반입금지물품은 항공기의 객실 반입금지물품과 위탁수하물운송이 불가능한 물품으로 구분된다.

첫째, 항공기의 객실반입은 금지되나 위탁수하물로는 운송이 가능한 물품으로는 다음과 같은 종류가 있다.

① 도끼, 자귀, 작살, 송곳, 드라이버, 쇠지레, 칼, 가위, 면도칼, 표창, 스키용 폴 등 끝이 뾰족한 무기 및 날카로운 물체

② 야구배트, 당구 큐대, 곤봉, 경찰봉, 야경봉, 골프채, 하키스틱, 스 케이트보드, 소프트볼배트, 볼링공, 아령 등 둔기

③ 총기종류, 소화기종류, 국궁, 양궁, 신호용 화염총, 전자충격장치, 채찍종류, 수갑 등 무기류

둘째, 항공기의 객실반입도 금지되고, 위탁수하물운송도 금지되는 물품으로는 다음과 같은 종류가 있다.

① 수은, 염소, 최루가스, 스프레이, 습식 배터리가 부착된 산성 및 알 칼리성 물질 등 화학물질 및 유독성물질

② 에어로졸, 70도 이상 알코올음료, 탄약, 발파 캡, 뇌관 및 도화선, 폭파장치, 불꽃 제조품, 부탄가스, 프로판가스, 아세틸렌 등 폭발물 및 인화성물질

제 2 절 위해물품 식별기법

공항의 보안검색과정에서 위해물품이란 항공기내에 반입되었을 경우에 살상이 가능한 권총과 소총 등 총기류, 무기로 사용될 수 있는 도검류 등의 물품, 항공기의 안전운항이나 승객의 안전에 심각한 위협을 초래할 수 있는 인화성이나 폭발성 물질 등의 물품을 말한다. 살상이 가능한 무기종류의 물품으로는 권총·소총과 총알·수류탄·도검류·곤봉종류·전자 충격기·송곳·가늘고 긴 가위 등이 있고, 위협을 가할 수 있는 물품으로는 가스분사기·장난감 총·모조 수류탄 등이 있으

며, 화재나 폭발성이 강한 물품으로는 탄약·폭발물·화염액체·뇌관·불꽃놀이 제품·조명탄·라이터 연료·부탄가스·에어 졸 같은 스프레이 등 인화성 물질과 폭발성 물질 등이 있다.

1. 총기류 식별

총기류의 식별방법은 권총이나 소총이 구성된 상태를 알아야 한다. 항공기나 승객에게 위해를 가할 목적으로 총기류를 항공기내에 반입을 시도하는 자들은 총기류가 조립된 상태로 반입하기도 하지만, 총기를 분해하여 분산하여 반입을 시도할 수도 있고, 분해된 부품을 몇 사람이 나누어 항공기내에 반입할 수도 있기 때문에 총기의 구성부품을 알고 있으면 이들의 반입을 막을 수 있기 때문이다.

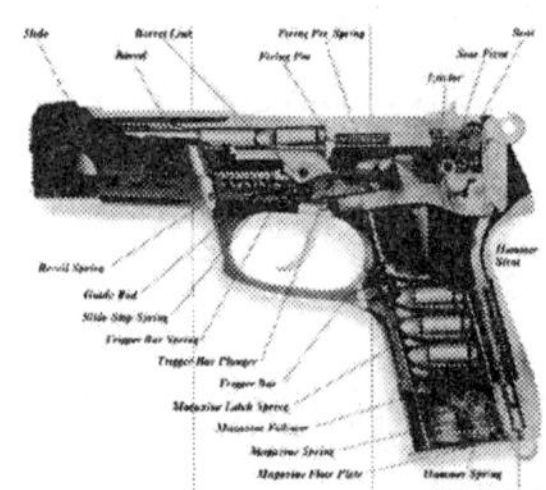

[그림 11-2] 권총의 형태와 부품

1) 권총

항공테러나 살상을 목적으로 항공기내에 반입을 시도하는 총기는 주로 비교적 크기가 작은 권총과 소총이 될 것이다. 권총은 휴대가 간편하고 비교적 크기가 작은 무기로서 항공테러나 살상을 목적으로 제일 많이 항공기내에 반입을 시도하는 총기 중의 하나이다. [그림 11-2]는 권총의 형태와 권총의 실탄 및 권총의 부품을 나타낸 그림이다.

2) 소총

소총은 비교적 크기가 커서 항공기내에 반입하기 쉬운 무기는 아니나, 이를 분해하여 나누어서 항공기내에 반입을 시도할 수 있는 무기이다. 소총은 제작사에 따라 그 형태가 상당히 다를 수 있는데 [그림 11-3]은 소총의 형태와 소총에 사용되는 실탄의 형태를 나타낸 그림이다.

[그림 11-3] 소총의 형태와 실탄

2. 위장무기류 식별

위장무기류는 권총의 형태를 만년필, 열쇠고리, 라이터, 휴대폰 등의 형태로 만들어 외관상 무기가 아닌 것처럼 위장한 권총 등을 말한다. 이러한 위장무기는 일상신변용품으로 가장하여 가방이나 신체에 지니고 항공기를 탑승하려 하기 때문에 이러한 위장무기류를 탐지하기 위해서는 세심한 검색이 필요하다. 위장무기류를 식별하는 방법은 중량확인, 접합부분 및 중심 분리선 확인, 엑스선 검색장비판독에 의한 색상으로 확인하는 방법 등이 있다. 위장무기는 동일한 종류의 신변용품보다 중량이 무겁고, 대부분의 장비가 중심부분에 분리선이 있으며, 엑스선 검색장비에 금속류 또는 플라스틱의 색상으로 나타난다.

1) 만년필형태의 권총

만년필형태의 권총은 동구권이나 필리핀, 파키스탄 등에서 주로 제작되는 위장무기로서 일반적으로 25 구경 일반권총과 비슷한 성능을 지니고 있으며, 25구경의 만년필 권총은 길이는 대략 14cm 정도이고 직경은 대략 1.2cm이며 무게는 약 80g 정도이고 실탄은 일반권총 실탄을 사용할 수 있도록 제작되어 있다. 또한 최근에는 볼펜형태로 제작되는 위장무기도 발견되고 있어 위장무기의 형태가 여러 가지로 다양화되고 있기 때문에 보안검색요원의 세심한 주의가 더욱 강조되고 있는 실정이다. 이와 같은 만년필형 권총의 특징 및 식별요령은 다음과 같다.

첫째, 만년필형태의 권총은 그 형태가 우리가 일상생활에서 사용하는 만년필과 거의 흡사하여 범법자들이 휴대하기도 간편하고 위장이 용이하여 보안요원이 세심한 주의를 기울이지 않으면 적발하기가 쉽지 않은 위장무기이다.

둘째, 재질이 권총과 같은 강도의 크롬강철로 제작되어 계속사용이 가능하기 때문에 일회용 위장무기가 아니고 일반권총과 같이 거의 영구적으로 사용할 수 있는 위장무기이다.

셋째, 만년필형태의 권총은 전방 5m까지 조준사격이 가능하고, 50m 이내에서 인명살상능력을 갖춘 위장무기로서 최근 동남아지역이나 동유럽지역에서 불법유통이 확산되어 범죄에 악용하는 사례가 늘어나고 있다.

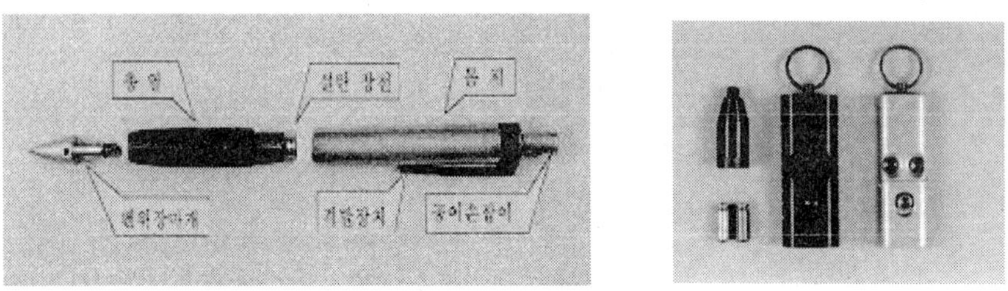

[그림 11-4] 만년필형 권총과 열쇠고리형 권총

2) 열쇠고리형태의 권총

열쇠고리형태의 권총은 우리들이 일반적으로 사용하는 열쇠고리 형태로 제작되어 열쇠를 달아 놓으면 일반열쇠고리와 식별이 쉽지 않아 적발하기가 어렵다. 열쇠고리형태의 권총의 제원은 32구경의 경우에 길이는 약 7.6cm, 너비는 약

2.5cm, 무게는 약 100g이고 재질은 대부분 알루미늄으로 제작되었으며 가격은 대략 미화 30달러 정도이다. 이와 같은 열쇠고리형태 권총의 특징 및 식별요령은 다음과 같다.

첫째, 열쇠고리형태의 권총은 1993년 불가리아인 '빅토르 스타예프'라는 사람이 호신용 가스총으로 발명하여 특허를 받아 판매하던 것을 밀링머신 등 총열을 확장하여 32구경 실탄발사가 가능하도록 개조한 위장무기이다.

둘째, 일상생활에 많이 착용하고 있는 열쇠고리와 흡사하여 휴대가 용이하고 식별이 쉽지 않아 세심한 주의를 기울여야 적발이 가능하다.

셋째, 이 위장무기는 실탄을 사용하면 5m 이내의 조준사격이 가능하고 최대 20m 이내에 있는 사람의 살상이 가능한 위장무기이다.

3) 라이터형태의 권총

라이터형태의 권총은 흡연자들이 일반적으로 사용하는 라이터의 형태로 제작되어 있기 때문에 흡연용 라이터로 오해하기 쉽기 때문에 세밀한 관찰이 필요한 위장무기이다. 라이터형 권총은 길이 약 8cm, 폭 3.8cm, 두께 1.1cm의 소형으로 제작되었으며, 사용하는 실탄은 철탄, 고무탄, 물감탄, 가스탄 등 다양하고 가격은 약 미화 70달러 정도에 거래된다. 이 위장무기의 특징 및 식별요령은 다음과 같다.

첫째, 고무탄을 사용할 경우에 4m 이내에 있는 인명의 제압이 가능하고, 철탄을 사용할 경우에는 8m 이내의 사람을 사살할 수 있는 위력을 지니고 있다.

둘째, 평소에는 가스라이터로 사용할 수 있고, 휴대하기가 편리하고 위장이 용이하여 세심한 주의를 기울이지 않으면 적발하기가 쉽지 않다.

4) 휴대폰형태의 권총

휴대폰형태의 권총은 길이 12cm, 폭 5.8cm 정도의 크기로서 우리가 일상적으로 사용하는 핸드폰의 크기와 거의 비슷하고, 실탄은 22구경 권총실탄을 사용한다. 휴대폰형 권총은 2000년 9월 동구권의 슬로베니아 국경 검문소에서 슬로베니아 경찰이 크로아티아에서 승용차를 이용하여 스위스로 향하던 크로아티아인 1명을 검문하던 중 다른 무기와 함께 휴대폰형 위장권총을 적발한 사례가 있으며, 그 특징 및 식별요령은 다음과 같다.

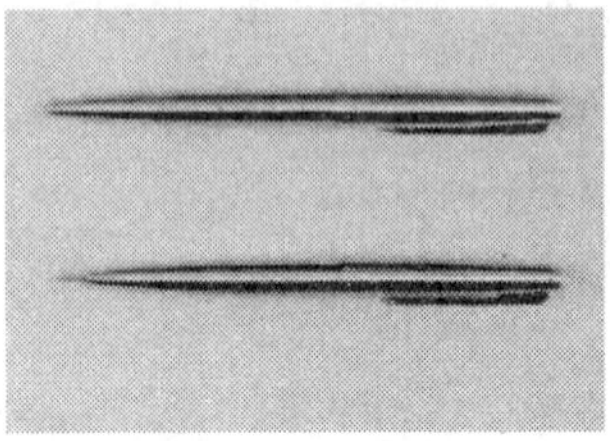

[그림 11-5] 라이터형 권총과 볼펜형 독침

첫째, 외관형태가 일반 휴대폰과 동일하여 식별이 어렵고, 22구경 권총실탄 4발을 장전한 후에 휴대폰의 번호판 숫자를 눌러 연속적으로 사격이 가능하도록 제작된 위장무기이다.

둘째, 외장 및 부속품이 금속으로 되어 있어 일반 휴대폰보다 무거우며, 엑스선 검색장비를 통과할 때에 일반휴대폰보다 색깔이 짙게 나타난다.

셋째, 22구경 권총실탄의 총열로 사용되는 위장형 안테나의 직경이 크며, 휴대폰으로서의 기능이 없기 때문에 전원을 켜보거나 액정화면을 유심히 살펴보면 적발이 가능하다.

5) 볼펜형 독침

볼펜형태의 독침은 길이 14.5cm, 직경 0.6cm의 파카볼펜과 그 형태가 똑같고, 독침의 길이는 8mm정도이고 독침에는 메칠황산 네오스티그민이라는 독극물을 발라두었기 때문에 독침이 사람의 몸속으로 들어가면 치명상을 입게 되기 때문에 주로 간첩들이 요인암살용으로 사용하기 위하여 지니고 있다.

볼펜으로 위장한 독침은 간첩들의 소지장비에 포함되는 필수장비 중의 하나이며, 그 특징 및 식별요령은 다음과 같다.

첫째, 파카볼펜을 이용하여 독침을 제작하였기 때문에 휴대와 위장이 용이하여 이 위장독침을 직접 작동해보지 않고는 식별이 곤란하다.

둘째, 이 독침의 사용방법은 볼펜의 뚜껑을 한두 번 회전 시킨 후에 독침의 끝부분을 인체에 대고 뚜껑을 밀면 독침이 튀어나와 독극물을 피부속으로 투입되도록 한 장비로서 독극물이 들어가면 사람을 즉사시킨다.

6) 기타 위장무기

① 열쇠형태 칼

열쇠형태로 위장된 칼은 대형 열쇠모양으로 제작되어 안쪽에 칼날이 내장되어 있으며, 이를 펼치면 칼과 같은 무기로 사용할 수 있을 뿐만 아니라 손목을 묶을 수 있는 수갑이 내장되어 있다. 열쇠형태의 칼은 재질이 금속으로 제작되었기 때문에 엑스선 검색장비를 통과시키면 적발이 가능하다.

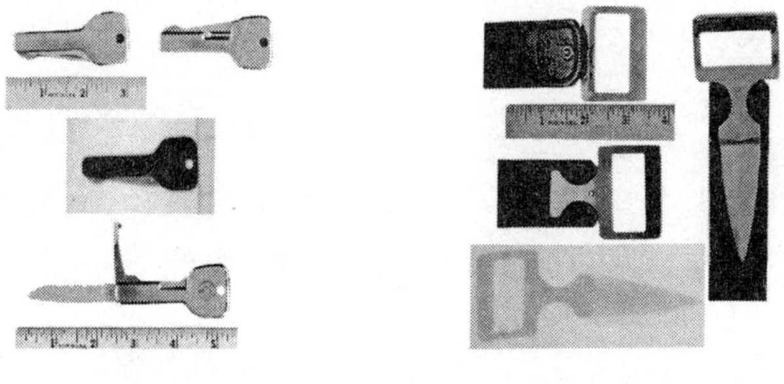

[그림 11-6] 열쇠 및 벨트 위장 칼

② 벨트형태 칼

벨트형태로 위장한 칼은 우리들이 일상생활에서 착용하고 있는 혁대의 안쪽에 숨길 수 있도록 제작된 위장무기로서 혁대의 안쪽에 숨겨져 있어 칼날은 보이지 않고 칼의 손잡이 부분만 보이며, 금속으로 제작되었기 때문에 엑스선 검색장비를 통과시켜 적발이 가능하다.

③ **버클형태 칼**

버클형태로 위장한 칼은 우리가 일상생활에 착용하고 있는 혁대의 버클 안쪽에 칼을 접어서 부착한 형태로서 버클을 혁대에서 분리하여 접혀진 칼을 펼치면 무기로 사용할 수 있는 칼이 되는 위장무기이다. 칼날이 금속으로 제작되어 있기 때문에 금속탐지기 및 엑스선 검색장비를 통과시켜 적발이 가능하다.

[그림 11-7] 버클 및 목걸이 위장 칼

④ **목걸이형태 칼**

목걸이 형태로 위장한 칼은 스테인리스로 제작되었으며 큰 목걸이와 형태가 같아 실제로 목걸이처럼 착용할 수 있으며, 접혀진 칼날을 펼치면 무기로 사용할 수 있는 위장무기이다. 이 위장무기는 엑스선 검색장비를 통과시켜 적발이 가능하다.

⑤ **나뭇잎형태 칼**

나뭇잎형태로 위장한 칼은 플라스틱과 스테인리스 재질로 제작된 것으로서 나뭇잎을 좌우로 벌리면 칼날이 나오도록 된 위장무기로서 목걸이나 열쇠고리로 사용할 수 있도록 되어 있다. 이 위장무기는 엑스선 검색장비를 통과시킴으로써 적발이 가능하다.

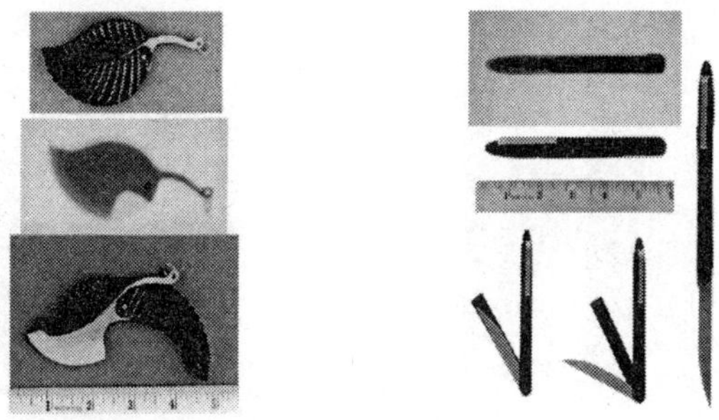

[그림 11-8] 나뭇잎 및 볼펜 위장 칼

⑥ **볼펜형태 칼**

볼펜형태로 위장한 칼은 플라스틱과 금속재질로 제작된 것으로서 일반 볼펜과 모양이 똑같아 육안으로는 식별이 용이하지 않고, 엑스선 검색장비를 통과시켜야 적발이 가능하며, 버튼을 누르면 볼펜형태에 내장된 칼이 나오도록 제작되거나, 칼날을 접어서 볼펜에 내장된 형태가 있다.

⑦ **지팡이형태 무기**

지팡이형태로 위장한 칼은 지팡이의 밑 부분을 누르면 칼날이 나오도록 제작된 금속제의 위장무기로서 길이는 36인치의 비교적 강력한 무기이며, 지팡이를 분리하지 않고는 육안으로 식별이 불가능하고 엑스선 검색장비를 통과시켜야 적발이 가능한 위장무기이다.

⑧ **우산형태 무기**

우산형태로 위장한 칼은 일반적으로 사용하는 우산의 손잡이를 잡고 우산의 끝 부분을 당기면 길고 뾰족한 칼이 나오도록 제작된 금속제의 위장무기로서 평소에는 우산으로 사용하기 때문에 육안으로 식별하기는 용이하지 않고, 엑스선 검색장비를 통과시켜 우산대속에 숨겨진 칼을 적발할 수 있다.

[그림 11-9] 지팡이 및 우산 위장 무기

⑨ **라이터형태 칼**

라이터형태로 위장한 칼은 평상시에는 라이터로 사용할 있으며, 버튼을 누르면 내장된 칼날이 튀어나오도록 제작된 금속제의 소형 위장무기이다. 평소에 라이터로 사용하기 때문에 육안으로 식별이 쉽지 않고, 엑스선 검색장비에 의한 검색에서 세밀한 관찰을 하여야 적발이 가능한 위장무기이며 그 형태는 [그림 11-10]에서 보는 바와 같다.

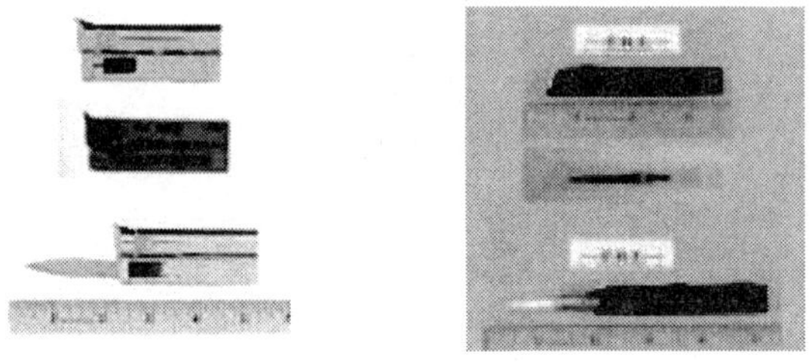

[그림 11-10] 라이터 및 립스틱 위장 칼

⑩ **립스틱형태 칼**

립스틱형태로 위장한 칼은 외형이 여성들이 사용하는 립스틱과 똑같으며 버튼을 누르면 내장된 칼날이 튀어나오도록 제작된 플라스틱과 금속재질의 소형 위장무기로서 육안으로 식별이 용이하지 않으며, 엑스선 검색장비를 통과시켜 립스틱 통속에 내장된 칼날을 적발할 수 있다.

⑪ 머리빗형태 칼

머리빗형태로 위장한 칼은 외형이 여성들이 사용하는 빗과 똑같으며 손잡이를 잡고 빗살부분을 당기면 칼날이 나오도록 제작된 플라스틱과 금속제의 위장무기로서 육안으로는 식별이 거의 불가능하고, 엑스선 검색장비를 통과시켜 빗살부분에 내장된 금속제의 칼날을 적발할 수 있다.

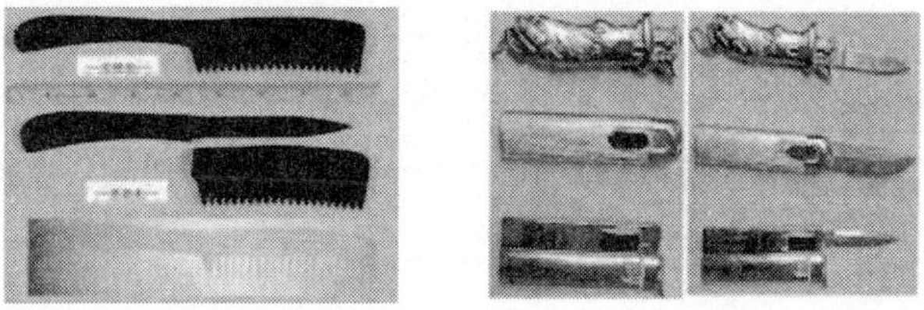

[그림 11-11] 머리빗 위장 칼 및 9.11 테러에 사용한 칼

7) 위해물품 은닉장소

테러범이나 범죄목적으로 권총, 칼, 독침 등의 위해물품을 사람의 신체에 은닉하는 장소는 남자와 여자에 따라 다소 다르나, 대부분 다른 사람의 눈에 쉽게 띄지 않는 신체부위에 은닉한다. 또한 일반적으로 생각하기 어려운 유아용품, 여성용품, 장애인용품 등을 이용하여 위해물품을 은닉하거나 전통공예품이나 기념품 등을 이용하여 그 물품 속에 은닉하는 경우가 있음을 유의하여야 한다.

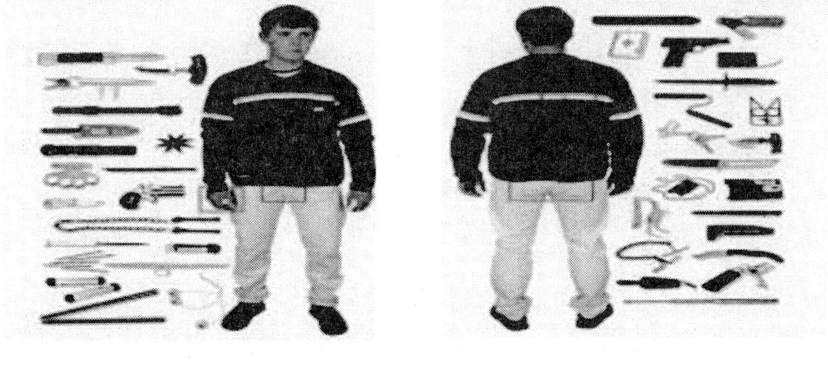

[그림 11-12] 위해물품 은닉장소

3. 폭발물 및 마약류 식별

1) 폭발물의 개념

폭발물이란 열, 충격 또는 기계적인 작용에 의하여 급격한 반응을 일으켜 다량의 가스와 열을 방출하면서 분해되거나 재배열하는 화합물이나 혼합물을 말한다.

폭발물을 성능에 따라 분류하면 저성능 폭발물과 고성능 폭발물로 분류되는데, 저성능 폭발물은 일반적으로 화약이라고 부르는 것으로서 폭발속도가 1초당 400m 정도이고 단계적 연소방식에 의하여 폭발이 일어나고, 고성능 폭발물은 일반적으로 폭약 또는 작약이라고 부르는 것으로서 순간적인 분해에 의하여 폭발이 일어나고 폭발속도는 1초당 1,000~8,000m 정도의 고속폭발을 한다.

일반적으로 저성능 폭발물은 총알이나 폭탄을 쏘아 보내는 추진제로 사용되고, 고성능 폭발물은 파괴용으로 사용되지만 저성능 폭발물도 폭발할 때 발생하는 압력을 일시적으로 보존할 수 있는 철제 파이프나 통에 넣어져 있을 때에는 고성능 폭발물과 비슷한 정도의 폭발성이 있어 피해가 커질 수 있다.

폭탄이 제조공장에서 완제품으로 제조한 것이 아니고 개인이 여러 가지 화공약품을 섞어서 만든 사제폭탄인 경우에는 화학물질의 성질, 조성방법에 따라 저성능 폭발물 또는 고성능 폭발물로 분류된다.

2) 저성능 폭발물

저성능 폭발물은 흑색화약과 무연화약으로 구분되는데, 흑색화약은 그 색깔이 검정색, 회색, 갈색 등이 있으며 미세한 분말형태로 된 것도 있고, 과립형태로 된 것도 있으며 구슬형태로 된 것 등 그 모양이 다양하다. 흑색화약은 물에 젖어있을 때에는 그 반응이 둔감하나 건조된 후에는 충격이나 열 또는 마찰 등에 매우 민감하게 반응하며, 폭발속도는 1초당 400m 정도이다.

무연화약은 그 색깔이 오렌지색, 흑갈색, 흑색, 백색, 적색 등 아주 다양하며, 그 형태도 과립형태, 조각형태, 막대형태, 구슬형태 등으로 다양하고 마찰이나 충격에 민감하게 반응하며 폭발속도는 1초당 약 600m 정도이다.

3) 고성능 폭발물

고성능으로 분류되는 폭발물은은 다이너마이트, TNT, 콤퍼지션 등으로 구분되는데, 다이너마이트는 스트레이트형태, 젤라틴형태, 암모니아 등이 있고 색깔은 황색, 황갈색, 백색, 흑색 등 다양하며 그 형태와 크기도 다양하다. 다이너마이트 폭발물은 열, 충격, 마찰 등에 민감하게 반응하고, 뇌관 없이 50m 거리에서 쏜 총탄의 충격으로도 폭발이 가능하다.

[그림 11-13] C-4 폭파준비 및 폭파장면

TNT는 모든 폭발물의 기본이며 덩어리형태로 제작되는 것이 보통이고 그 색깔은 연황색 또는 연갈색이고 폭발속도는 1초당 6,800m로 매우 강한 폭발력을 지니고 있다.

콤퍼지션 폭발물은 그 종류에 따라 C-3형, C-4형, A형, A-2형, A-3형, B형 등으로 구분되는데, C-3형은 황갈색으로 덩어리형태이며 파괴용으로 사용되는 폭약으로서 손으로 주물러서 필요한 형태로 만들어 쓸 수 있는 가소성 폭약이고 폭발속도는 1초당 7,600m 정도이다.

C-4형은 흰색으로서 손으로 주물러서 어떤 형태로든지 변형이 가능하며, 폭발속도는 1초당 8,000m 정도이다.

A, A-2, A-3 형은 담황색의 덩어리형태이며 흡수성은 없고 벤젠, 아세톤, 데운 페놀 등에 녹으며 폭발속도는 1초당 8,000m 정도이다.

B형의 콤퍼지션은 황갈색으로서 손으로 주물러서 만든 덩어리형태이며 폭발속도는 1초당 약 8,000m 정도이고, 1983년 미얀마의 아웅산사건 때 사용된 폭약으로 전해지고 있다.

4. 부수기재 식별

폭발물의 폭약이 폭발할 수 있도록 사용되는 부수기재에는 뇌관과 도화선 및 도폭선 등이 있다.

1) 뇌관

뇌관은 폭발물을 폭발시키기 위해 사용되는 부수기재로서 뇌관 속에는 매우 민감한 폭발물질이 들어 있어 떨어뜨리거나 비비면 폭발한다. 뇌관은 비전기식과 전기식이 있는데, 비전기식 뇌관은 도화선의 불꽃에 의해서 폭발되므로 전기식 뇌관과 같은 기폭장치가 부착되어 있지 않으며, 뇌관의 외피는 구리 또는 알루미늄 재질로 되어 있다. 전기식 뇌관은 뇌관 속에 들어 있는 필라멘트가 전기를 공급하면 전기저항을 일으키며 내는 불꽃에 의하여 기폭 되도록 장치된 뇌관이다.

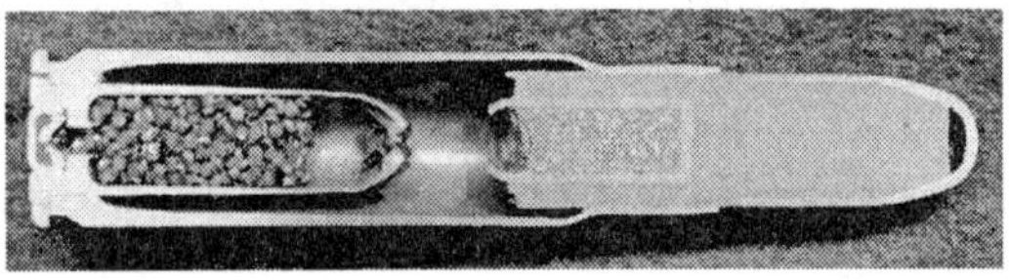

[그림 10-14] 뇌관의 구조

2) 도화선

도화선은 비전기식 폭발물을 폭발시키기 위하여 뇌관을 점화시킬 목적으로 사용되는 화공약품이 내장된 전기줄과 같은 형태의 줄로서 물속에서도 연소가 가능하고, 폭발물에 꽂아서 그 끝에 불을 붙이면 도화선을 타고 들어가 뇌관을 폭발시켜 폭발물이 폭발하도록 사용되는 줄이다.

도화선과 유사한 것으로 도폭선이 있는데, 도폭선은 도화선과 모양은 같으나 도폭선 자체가 고성능 폭발력을 지니고 있는 폭발물이다. 도폭선은 여러 개의 폭파목표물을 동시에 폭파할 때에 사용되는 폭발물이다. 도폭선 안에는 고성능 폭발을 할 수 있는 화공약품이 내장되어 있으며, 그 색깔은 백색, 적색, 분홍색, 국방색 등으로 다양하다.

3) 사제폭발물

사제폭발물은 폭발물을 제조공장에서 완성품에 제조된 것이 아니라 테러단체나 개인이 주위환경과 사용목적에 적합하게 만든 것이기 때문에 그 형태나 폭발성능 및 내장된 폭약이 여러 가지로 다양하고 규격도 일정하지 않게 제조된 폭발물을 말한다. 이와 같은 사제폭발물의 특징으로는 첫째, 일상생활용품에 은닉하기가 쉬워 발견하기가 곤란하고, 일상생활용품과 모양을 똑같이 만들 경우에 식별이 쉽지 않은 특징이 있다.

둘째, 사제폭발물은 우리 일상생활에서 재료를 쉽게 구입할 수 있는 폭약이나 폭약성분의 물질을 적절히 배합하여 만들기 때문에 폭약에 대한 어느 정도의 지식을 가진 자가 쉽게 제작할 수 있는 특징이 있다.

셋째, 사제폭발물은 규격화되어 있지 않아서 기폭장치나 뇌관의 형태를 알 수 없기 때문에 적발된 경우에 그 처리가 상당히 힘들고, 안전한 처리를 위해서는 고도의 폭발물처리기술이 필요한 특징이 있다.

사제폭발물도 일반 폭발물과 같이 C-4 · TNT · 저성능 폭약 · 발화성 화공약품 등으로 폭약을 제조하고, 뇌관은 전기식과 비전기식 모두가 가능하며, 전원은 주로 일반건전지를 사용하고, 스위치는 전자부품을 사용하여 만들며 스위치는 기계식 · 화학식 · 전자식 · 전기식 등으로 다양하다.

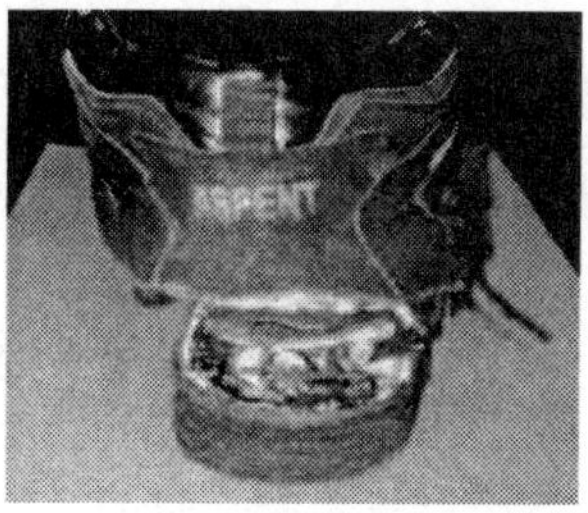
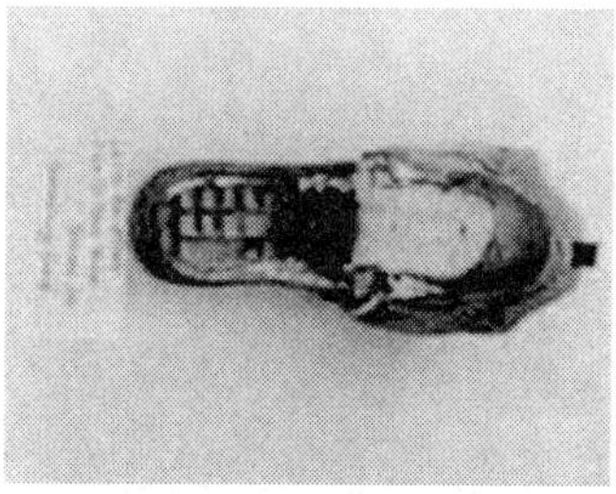

[그림 11-15] 신발폭탄

5) 비디오테이프 위장 폭발물

비디오테이프의 테이프를 제거하고 케이스 안에 폭약을 80∼120g 정도를 장약하고 전기식 뇌관 1개와 1.5V 건전지 1개를 이용하고 압력해제식 스위치를 부착하여 만든 비디오테이프로 위장한 폭발물은 1998년 1월 이스라엘 보안당국이 레바논 국경지대의 '메툴라' 검문소에서 검문소를 통과하려던 사람의 물품을 검색하던 도중에 비디오테이프로 위장한 폭발물이 폭발하여 6명이 부상당하는 사고가 발생하였다. 비디오테이프로 위장한 폭발물의 특징 및 식별요령은 다음과 같다.

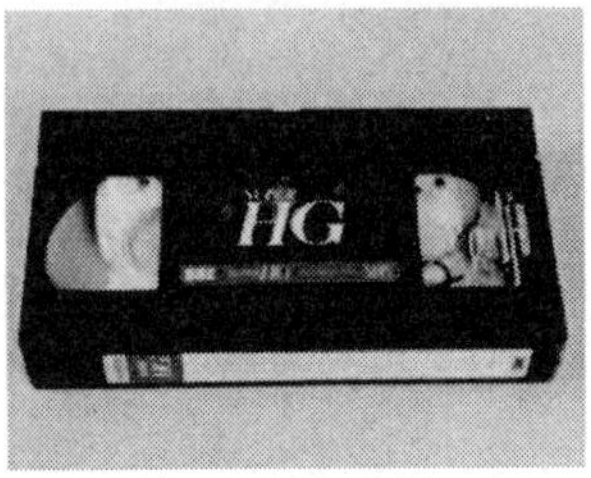

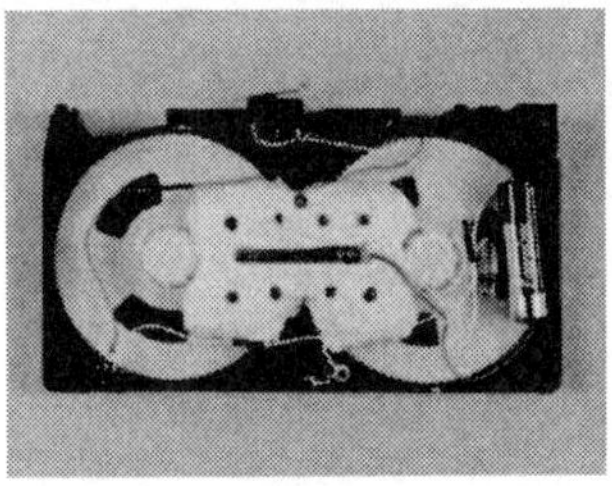

[그림 11-16] 비디오테이프 폭탄

첫째, 비디오테이프로 위장한 폭발물은 테이프 내부의 부품을 제거하고 폭약, 뇌관, 전원 및 스위치를 설치하였기 때문에 일반 비디오테이프보다 무겁기 때문에 손으로 들어보면 감각으로 식별이 가능하다.

둘째, 이 위장폭발물은 케이스를 열면 케이스 안에 부착된 압력식 스위치가 작동하여 뇌관에 전류가 흘러 폭발하도록 제작되었기 때문에 취급에 주의하여야 한다.

셋째, 이 위장폭발물은 육안으로는 식별이 곤란하나 엑스선 투시기를 통하여 폭약, 뇌관, 전원 등을 식별할 수 있기 때문에 의심되는 테이프를 엑스선 투시기를 통과시켜 적발이 가능하다.

제 3 절 보안검색기법

1. 대인검색

공항의 여객터미널에서 일반대합실에 있던 항공기승객 등이 보안지역인 격리대합실로 들어가기 위해서는 반드시 보안검색을 받아야 한다. 승객 등에 대한 대인검색 절차는 일반적으로 격리대합실로 통하는 출입구에서 1차로 문형 금속탐지기를 통과한 후에 휴대형 금속탐지기에 의한 2차 검색을 받아야 한다.

1) 문형 금속탐지기 검색기법

문형 금속탐지기는 사람이 탐지기를 통과할 때에 전기 자장을 이용하여 6~8개의 탐지구역으로 나누어 검색대상자가 휴대한 금속을 탐색하는 1차 보안장비로서 문형 금속탐지기에 의한 검색방법과 요령은 다음과 같다.

첫째, 격리대합실에 들어오는 승객의 개인간격을 적절하게 유지하면서 들어오는 순서대로 보안검색을 실시하여야 한다.

둘째, 승객을 개인별로 보안검색을 실시한 후에 검색결과에 대하여 통과여부를 결정하여 해당 승객에게 사인을 해주어야 한다.

셋째, 보안검색대상자가 소지한 휴대품은 꺼내게 하여 엑스선 검색을 실시하거나, 촉수검사 및 개봉검사 등 별도의 보안검색을 실시하여야 한다.

넷째, 보안검색대상자가 너무 빠른 속도로 탐지기를 통과하거나 탐지기를 건드린 때에는 다시 검색하여야 한다.

다섯째, 보안검색결과 탐지기에 불이 들어오거나 경보음이 울릴 경우에는 검색대상자를 탐지기로부터 떨어진 지역에서 주머니 등에 휴대한 물품을 모두 꺼내게 한 후에 다시 금속탐지기를 통과하도록 하여야 한다.

2) 휴대형 금속탐지기 검색기법

휴대형 금속탐지기는 자기장을 이용하여 금속물체를 탐지하는 장비로서 이동이 가능하기 때문에 검색대상자의 신체부위를 정밀하게 탐지할 수 있고, 작은 물체도 탐지가 가능한 보안검색장비이다. 휴대형 금속탐지기를 사용하여 검색하는 방법과 요령은 다음과 같다.

첫째, 휴대형 금속탐지기를 손으로 가볍게 잡고 검색대상자의 신체 앞부분부터 검색하되, 왼쪽 팔의 위쪽부터 시계방향의 순서로 오른쪽으로 천천히 이동하며 검색한다.

둘째, 신체의 앞부분은 가슴에서 배, 허리, 허벅지의 안쪽 및 다리부분까지 전체에 대하여 보안검색을 실시하여야 한다.

셋째, 신체의 뒷부분에 대한 검색은 뒷목에서 겨드랑이, 허리, 둔부에 이르기까지 전체에 대하여 보안검색을 실시하여야 한다.

3) 검색 착안사항

공항의 여객터미널에서 보안검색요원이 항공기의 탑승객 등을 상대로 신체에 대한 보안검색을 실시할 때에는 다음과 같은 착안사항에 유의하여야 한다.

첫째, 보안검색요원은 검색을 실시하기 전에 승객 등 검색대상자의 표정을 살핀 후에 정중하게 인사하고 검색을 실시하도록 하여야 한다.

둘째, 모자를 쓰고 있거나 코트 또는 점퍼를 입고 있는 검색대상자에게는 모자와 코트 또는 점퍼를 벗도록 한 후에 보안검색을 실시하여야 하고, 검색도중에 경고음이 발생하면 반드시 해당 승객에게 휴대한 물품을 꺼내도록 한 후에 다시 검색대를 통과하도록 하여야 한다.

셋째, 검색대상자의 윗옷의 깃이나 소매 끝과 겨드랑이, 바지의 발목부분은 보안검색의 사각부분이 되기 쉬우므로 이 부분에 유의하여 집중적으로 세밀하게 검색하여야 한다.

넷째, 노인, 어린이, 아기를 안거나 업은 사람, 신체부자유자, 장애자 등은 평소에 보호대상자이기 때문에 보안검색과정에서 경계를 소홀히 하기 쉬운 대상이나,

범법자들은 이러한 점을 이용할 수 있기 때문에 이들에 대하여는 예의를 갖추어 주의 깊게 검색을 실시하여야 한다.

다섯째, 공항에 상주하고 있는 직원에 대한 보안검색은 일반승객과 동일한 방법으로 실시하되, 출입증 패용여부를 확인하고 보안검색대상자가 출입증의 사진과 동일한 인물인지를 확인하여야 한다.

여섯째, 휴대형 금속탐지기를 사용할 때에는 탐지기가 검색대상자의 신체부위에 직접 닿지 않도록 5~10cm의 간격을 유지하여, 검색대상자의 기분을 상하게 하지 않도록 주의하여야 한다.

일곱째, 보안검색요원은 보안검색을 실시하는 중에 검색대상자의 표정을 계속 주시하여 검색대상자의 심리상태의 변화에 의한 표정이나 행동에 변화가 있는지를 살펴야 한다.

2. 휴대품 및 수하물검색

공항에서 항공기를 탑승하려는 모든 승객은 항공기의 탑승대기를 위한 출발대합실로 들어가기 전에 신체에 대한 보안검색은 물론 본인의 휴대품 및 수하물에 대하여 엑스선 검색장비에 의한 보안검색을 받아야 한다.

1) 검색절차 및 안내기법

승객의 휴대물품과 수하물에 대한 보안검색은 엑스선 검색장비를 통하여 실시하여야 하는데 검색절차 및 안내요령은 다음과 같다.

첫째, 보안검색에 대한 안내근무자는 승객이 보안검색을 위하여 내놓은 휴대물품과 수하물을 정돈하여 엑스선 검색장비의 투입벨트 중앙에 적당한 간격을 두어 올려놓도록 안내하여야 한다.

둘째, 승객이 착용하고 있거나 주머니에 있는 소지품을 바구니에 꺼내놓도록 안내한 후에 승객이 꺼내놓은 물품에 보안위해물품이 있는지를 먼저 육안으로 확인하여야 한다.

셋째, 검색대상자는 한 사람씩 문형 금속탐기를 통과하게 한 다음에 문형 금속탐지기의 1차 검색이 완료된 자에 대하여 휴대형 금속타지기로 2차 정밀검색을 실시하여 승객 등이 소지한 금속물질이나 보안위해물품을 검색하도록 하여야 한다.

넷째, 보안검색이 완료된 승객 등에 대해서는 소지품 및 수하물을 챙겨가도록 안내하여야 한다.

다섯째, 휴대품이나 수하물이 엑스선 검색장비를 통과하는 과정에서 조금이라도 의심스러운 부분이 발견되면, 즉시 주인을 찾아서 주인의 입회하에 개봉검색을 실시하여야 한다.

2) 엑스선 검색기 판독기능 및 판독요원의 임무

엑스선 검색장비에 의한 판독업무는 출발승객에 대한 엑스선 보안검색과 도착승객에 대한 세관의 엑스선 검색으로 나누어지는데, 여기서는 보안검색요원과 세관검사요원의 임무와 기능 및 판독기법을 함께 설명하고자 한다.

① 엑스선 판독업무의 기능

엑스선 검색장비에 의한 영상판독업무는 항공테러나 위해물품 또는 밀수품의 반출 또는 반입을 방지하기 위한 가장 중요한 역할을 수행하는 업무로서 엑스선 검색장비를 통한 기계적인 검사로 물품통관의 신속을 기하고, 사람의 육안이나 촉수검사로 판별이 불가능한 물품을 적발할 수 있으며, 수하물을 개봉하지 않고 간접검사로 업무능률을 향상시킬 뿐만 아니라 친절한 보안검색 서비스를 제공할 수 있는 장점이 있다.

② 엑스선 검색기 판독요원의 임무

엑스선 검색장비의 영상판독요원이 수행하는 임무는 승객의 신체, 휴대수하물, 위탁수하물 및 항공화물에 숨겨진 위해물품, 밀수품, 국민보건저해물품, 반입금지물품 등을 적발하기 위한 것이다.

첫째, 총포류, 폭발물류, 도검류 등 위해물품을 적발하여 승객 및 항공기와 공항시설을 보호하고, 나아가 사회의 안전을 유지하기 위한 것이다.

둘째, 금괴, 고가의 전자제품, 국가 사이에 가격차이가 큰 식품류 등에 대한 밀수품을 적발하여 관세탈루를 방지하기 위한 것이다.

셋째, 마약, 비아그라, 시알리스 등 국민보건저해물품을 적발하여 국민의 보건 및 위생을 보호하기 위한 것이다.

넷째, 위조화폐, 위조채권, 문화재 등 반입금지 또는 반출금지 물품을 적발하여 국헌문란행위를 예방하고, 사회의 안전을 유지하기 위한 것이다.

다섯째, 엑스선 검색장비에 의한 보안검색은 과학장비를 이용한 간접검색으로 승객에게 친절하고 신속한 보안검시업무를 효율적으로 수행하기 위한 것이다.

③ 엑스선 검색기 판독기법

엑스선 검색장비 판독요원은 판독기법의 향상을 위하여 다음과 같은 점에 주의하여 판독업무를 수행하여야 한다.

첫째, 엑스선 검색기의 검색기능을 최대한 반복하여 숙달하고, 과거의 적발된 사례를 복습하며, 경력이 오래된 직원들의 경험담을 중시하고 이를 참고하여 검색업무에 임하여야 한다.

둘째, 엑스선 검색장비 영상판독에 대한 자신감과 자부심을 가지고, 무리한 상상력보다는 적정한 상상력을 갖고 판독하여야 하며, 근시안적 판독과 고정관념에서 탈피하여 판독하여야 한다.

셋째, 검색할 항공편에 대한 반입물품 성향 등을 사전에 파악하고, 새로운 상품 등 상품에 대한 많은 지식을 습득하도록 노력하며, 판독을 하기 전에 충분한 휴식을 취하고 잡념을 버리고 판독하여야 한다.

넷째, 화면상에 검게 보이는 것을 중점적으로 판독하되 이미지의 색깔 농도를 구분해가며 판독하고, 금괴로 판단되는 검은 이미지 영상의 경우에는 불빛을 이용하여 판독하며, 이중으로 된 가방 등 공간이 있는 부분을 의심하며 판독한다.

다섯째, 검색물질이 엑스선 검색장비 모니터영상에 표출되는 색상은 오렌지색으로 표출되는 것은 유기물이고, 청색으로 표출되는 것은 무기물이며, 녹색으로 표출되는 것은 혼합된 물질이고, 검은색으로 표출되는 것은 밀도가 아주 높은 물질이다. 또한 검색물질의 밀도가 높을수록 색상의 농도가 짙게 나타남을 이해하여야 한다.

3) 물품별 검색기법

승객의 휴대품 및 수하물에 대한 보안검색은 물품이 제작된 재질, 물품의 형태, 물품의 성질에 따라 보안검색방법이나 검색요령이 달라야 세밀한 보안검색을 할 수 있다. 휴대품 및 수하물의 물품별 보안검색요령은 다음과 같다.

① 가방 및 핸드백

승객 등의 가방이 엑스선 검색장비를 통과하는 과정에서 의심스러운 부분이 있는 경우에는 소유자의 입회하에 가방을 열어 검색하되, 개봉검색을 할 때에는 의류 등의 사이사이에 손을 넣어 촉수의 느낌으로 검색하도록 하고, 옷 사이에 끼어 있는 날카로운 물건에 손이 상하지 않도록 주의하여야 하며, 가방의 밑바닥부분을 세밀하게 검색하여야 한다.

여성들의 핸드백 등은 반드시 소유자의 입회하에 핸드백을 열어 검색하되 가능한 한 내용물을 꺼내지 말고 소유자가 서 있는 방향으로 기울여서 내용물을 검색하고 검색이 끝나면 소유자가 보는 앞에서 핸드백을 닫도록 하여야 한다.

② 전자제품

카메라, 라디오, 헤어드라이, 노트북, 핸드폰 등 전자제품은 폭발장치의 뇌관이나 도화선 또는 폭발물질을 은닉할 수 있는 장비이기 때문에 이를 확인하기 위하여 손으로 들어서 무게를 측정해 보거나, 흔들어서 덜거덕거리는 소리가 나지 않나 살펴보고, 의심나는 경우에는 소유자로 하여금 직접 제품을 작동시켜보도록 하여야 한다. 특히 최근에는 미국에서 이와 같은 이유로 노트북과 핸드폰에 대하여 보안검색이 강화되고 있다.

③ 지팡이 및 우산

지팡이와 우산 등의 물품은 의외로 긴 칼이나 위장무기를 숨길 수 있는 용품이기 때문에 제작된 재질을 감안하여 손으로 무게를 측정해보고, 손잡이와 끝 부분이 분리될 수 있도록 제작되었는지를 확인하여야 하며, 손잡이 부분에 버튼이나 예리한 기구가 숨겨져 있는지를 반드시 검색하여야 한다.

④ 인형 및 목각

봉제인형이나 플라스틱 인형 또는 나무로 만든 목각 등은 위해물품을 숨기기에 적당한 물건들로서 보안상 세밀한 검색이 요구되는 물품이다. 최근에는 인형이나 목각에 전자기기를 부착하여 움직일 수 있는 제품이 많이 판매되고 있기 때문에 의심나는 물건에 대하여는 흔들어 보거나 촉감 등으로 검색하되 인형의 몸통 속에 보안위해물질을 은닉하였는지를 확인하여야 한다.

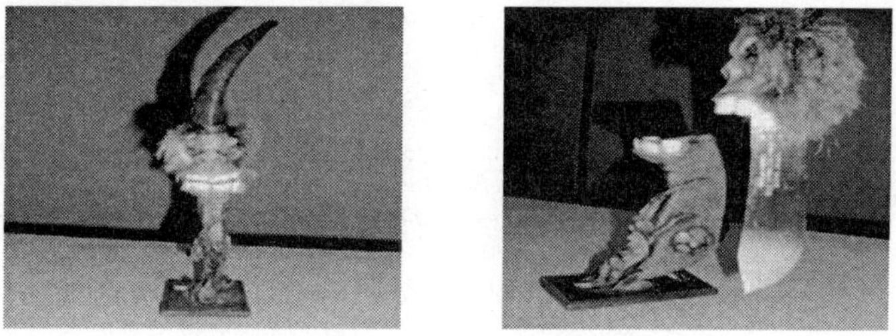

[그림 11-17] 전통공예품에 숨겨진 칼

⑤ 레저스포츠용품

테니스 라켓, 탁구 라켓, 축구공, 배구공, 농구공, 낚싯대, 등산장비 등 레저스포츠용품은 여러 가지 형태의 보안위해물질을 은닉할 수 있는 물건이므로 물품이 제작된 재질을 감안하여 손으로 무게를 측정하여 검색하되, 의심스러운 물건에 대하여는 소유자의 입회하에 제품의 속에 들어 있는 내용물을 확인하여 검색하도록 하여야 한다.

⑥ 약품종류

약품종류는 폭발성 화약 등과 유사하여 약품을 위장하여 폭약 등을 은닉할 수 있기 때문에 냄새를 맡아보거나 액체약품인 경우에는 흔들어서 내부에 다른 물질이 들어있는지를 확인하여야 한다. 범법자들이 환자임을 가장하여 자기의 필수의 약품을 강변하면서 보안위해물질을 은닉할 수 있는 소지가 있기 때문에 세심한 주의가 필요하다.

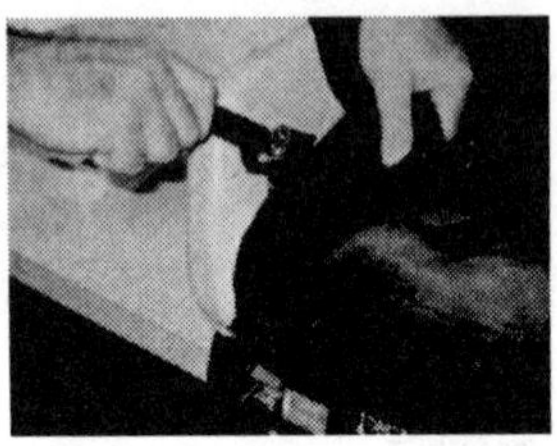
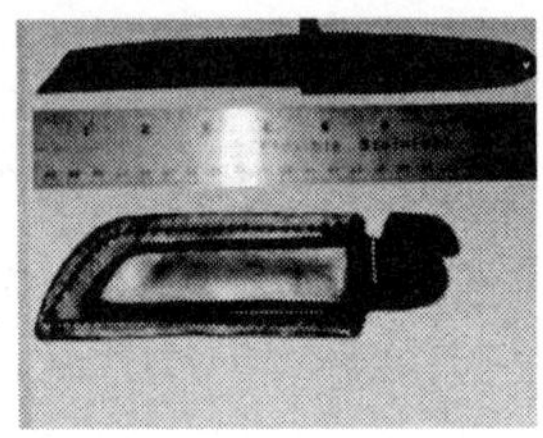

[그림 11-18] 유아용 카시트에 숨겨진 칼

⑦ 유아용품

유아용 기저귀 가방, 젖병, 담요, 유모차 등 유아용품도 의외로 보안위해용품을 은닉하기 쉬운 물건이므로 예외 없이 보안검색을 실시하여야 하며, 유아용품이라는 이유로 보안위해물품을 은닉하지 않을 것이라고 속단하여서는 안 된다. 특히 유모차나 유아용 카시트에 위해물품을 은닉할 가능성을 배제하여서는 안 된다.

⑧ 포장 또는 봉합용품

포장이 잘 되어 있거나 봉합되어 있는 물품은 개봉하였을 경우에 물건의 가치가 떨어지거나 변질된다는 이유로 개봉을 못하게 하여 보안위해물품을 은닉할 수 있는 물품이므로 의심스러운 물건에 대하여는 물건의 소유자로 하여금 개봉하도록 하여 내용물을 검색하여야 한다. 특히 2중 포장된 물건의 경우 포장지와 포장지 사이에 완충재 역할을 하는 부분에 위험물질이나 마약 등을 은닉할 가능성을 염두에 두어야 한다.

⑨ 분무기 등

부탄가스통, 헤어스프레이, 스프레이 향수 등 분무식 용기에 들어있는 물건은 흔들어서 분무한 후에 냄새를 맡아 확인하여야 한다. 분무식 용기를 사용하여 폭발물을 제작하였을 경우에는 폭발성이 강하여 피해가 매우 크게 되므로 이들 용기에 들어있는 내용물을 세심하게 검색하여야 한다.

⑩ 음식물

한국 사람들이 즐겨 먹는 된장, 고추장, 김치와 서양 사람들이 일상적으로 먹는 덩어리 치즈, 햄이나 소시지 등은 그 성질상 폭발물을 은닉하기 쉬운 물품이기 때문에 승객의 휴대품에 이러한 음식물이 있는 경우에는 음식물 속에 이물질이 있는지 흔들거나 육안으로 확인하여야 한다. 의심스러운 음식물에 대하여는 소유자의 입회하에 개봉검사와 촉수검사를 실시하여야 한다.

⑪ 탁상시계

탁상시계는 테러범이나 범법자들이 폭발물이나 폭파장치의 타이머로 사용할 수 있는 물품이기 때문에 승객이 소지한 탁상시계에 대하여는 시계바늘을 돌려보고 시계의 뒷부분을 확인하여 검색하여야 한다.

⑫ 선물 · 보석상자 및 두꺼운 책

선물상자나 보석상자, 두꺼운 책도 보안위해물질을 은닉하기 쉬운 물품이다. 선물상자는 상자의 밑 부분이나 선물의 내부에 보안위해물질을 은닉할 수 있기 때문에 포장된 물건의 무게를 확인하여야 하고 필요한 경우에는 소유자의 동의를 얻어 개봉검색을 실시하여야 한다. 보석상자는 보석을 넣는 서랍의 내부와 서랍의 뒤쪽 공간에 보안위해물질을 은닉할 수 있기 때문에 서랍을 꺼내어 서랍의 내부와 서랍의 뒤쪽 공간을 확인하여야 한다. 두꺼운 책은 책의 가운데 종이부분을 파내고 도화선이나 폭발물질 또는 뇌관을 은닉할 수 있기 때문에 책을 펼쳐 중간부분을 검색하여야 한다.

⑬ 휠체어

장애인들의 필수품인 휠체어는 장애인용품이라 하여 보안검색을 소홀히 할 우려가 있는데, 테러범이나 범법자들은 이점을 이용하여 휠체어에 보안위해물질을 은닉할 수 있기 때문에 오히려 철저한 검색이 요구되는 물품이다. 휠체어 검색은 의자의 밑 부분과 접속부위에 세밀한 관찰과 두들겨서 확인하여야 한다.

⑭ 술병 및 물통

술병이나 물통 등은 술이나 음료수를 가장하여 액체폭발물을 은닉하기 쉬운 용기이므로 뚜껑을 열을 수 있는 용기는 뚜껑을 열어 냄새를 맡아 확인하고, 밀폐된 용기의 경우에는 용기의 밑바닥 부분에 구멍을 뚫은 흔적이 있는지를 확인한 후에 용기를 흔들어서 이물질이 있는지와 용기의 밑바닥에 앙금이 있는지를 확인하여야 한다.

3. 위탁수하물검색

위탁수하물은 승객이 탑승수속을 할 때에 체크인카운터에서 항공사에게 운송을 위탁한 대형 가방 등의 물건으로서 승객이 탑승하는 항공기에 탑재하는 것이 원칙이다. 승객이 자기가 탑승하지 않는 항공편으로 위탁수하물의 운송을 의뢰할 때에는 일단 의심스러운 수하물로 간주하여 철저한 보안검색이 이루어져야 한다. 위탁수하물에 대한 보안검색은 일반적으로 체크인 카운터의 수하물 컨베이어벨트를 이용하여 항공기에 탑재하기 위하여 격리지역으로 이동하는 과정에서 보안검색이 이루어진다.

위탁수하물을 검색하는 과정에서 보안위해물품이 발견되면 검색요원은 컨베이어벨트를 정지시키고 즉시 보안감독자에게 보고하여 승객이 탑승하려는 항공사 직원을 통해서 수하물 소유자를 방송으로 불러 소유자의 입회하에 가방을 개봉하여 검색하도록 하여야 한다. 이 과정에서 보안위해물질을 적발한 보안검색요원은 자기 판단에 의한 자의적인 재량조치를 절대 취하여서는 안 되고, 반드시 보안감독관의 지시에 따라 조치하여야 한다.

4. 폭발물 및 마약검색

폭발물 및 마약에 대한 보안검색은 엑스선 검색장비에 의하여 물질의 성질에 따라 색깔로 표시되는 모니터를 판독하여 검색하지만, 보안검색요원은 엑스선 검색장비에만 의존하여서는 안 되고, 보안검색과정에서 폭발물이나 마약으로 의심되는 물건을 식별할 수 있도록 노력하여야 한다. 의심나는 물건에 대해서는 시계소리와 같은 소리가 난다면 시한폭탄과 같은 장치가 있는지를 확인하고, 물건의 배선상태를 확인하여 도화선이나 전선이 있는지를 확인하여야 한다. 물건의 안테나 등이 폭발물의 인계철선 역할을 하지 않는지 또는 기계장치나 물건의 외부 연결부분을 관찰하여 폭발물이나 위장무기가 은닉되어 있는지를 탐지하여야 한다.

5. CIQ감시 및 특별승객검색

1) 격리대합실 감시

격리대합실지역은 세관업무, 출입국관리 및 검역을 실시하는 지역으로서 일반대합실과 격리된 지역이다. 격리대합실지역은 보안검색이 완료된 자만 들어갈 수 있는 지역이지만, 보안위해물품을 전달하거나 범죄를 계획하고 있는 자와의 접촉이 오히려 쉽게 이루어질 수도 있는 지역이기 때문에 항공보안을 위해서는 다음과 같은 사항에 착안하여 감시활동이 지속적으로 이루어져야 한다.

첫째, 거동이 수상한 자에 대한 동태파악과 보안검색이 완료된 자와 보안검색을 받지 않은 자의 접촉이 이루어지는가를 감시하여야 한다.

둘째, 면세점 · 항공사 · 공항운영기관 등의 직원과 승객사이에 휴대품 · 외국화폐 · 보안위해물품 등을 주고받는지 감시하여야 한다.

셋째, 격리대합실 지역에서 항공기나 공항의 주요시설물을 촬영하는 자를 감시하여야 한다.

넷째, 공항에 상주하는 직원이 격리대합실지역을 불필요하게 출입하는지를 감시하여야 한다.

다섯째, 격리대합실지역에 있는 화장실과 흡연실 및 격리대합실의 외진 곳에 주인 없는 가방이나 이상한 물건이 방치되어 있는가를 순찰하고 감시하여야 한다.

2) 특별승객 검색

① 거동불편 자 및 장애인 검색

노인이나 환자로서 거동이 불편한 자 또는 장애인에 대한 보안검색을 실시할 때에는 다음과 같은 사항에 착안하여 보안검색대상자의 기분을 상하게 하거나 보안검색이 실패하지 않도록 유의하여야 한다.

첫째, 거동이 불편하여 문형 금속탐기로 보안검색이 곤란한 승객에 대해서는 미리 검색대상자의 동의를 얻어 휴대형 금속탐지기와 손을 이용하여 신체에 대한 검색을 하여야 한다.

둘째, 손을 이용한 신체검색을 할 때에는 여자승객은 여자검색원이 검색하고, 남자승객은 남자검색원이 실시하도록 하여야 한다.

셋째, 손을 이용한 신체검색을 하는 검색대상자에게는 친절하면서도 전문적인 자세로 관찰하고 집중해서 검색하여야 한다.

넷째, 검색이 어떻게 이루어지는가를 승객에게 미리 설명을 해주고 검색을 실시하면, 더 효과적인 검색을 실시할 수 있다.

다섯째, 보안지역에 들어갈 자는 반드시 보안검색대를 통과하여 보안검색을 받아야 하고, 보안검색을 거부할 경우에는 보안지역인 격리대합실로 들어갈 수 없도록 하여야 한다.

② VIP 검색

공항에는 항공기를 탑승하기 위하여 각계각층의 많은 사람들이 출입하게 된다. 공항을 출입하는 사람들은 내국인과 외국인, 신분이 높은 사람과 낮은 사람, 부자와 가난한 사람, 배운 사람과 못 배운 사람, 공무원과 기업가, 정치가 등 각계각층의 사람들이 항공기를 탑승하기 위하여 출입하게 되는데, 이 중에서 국가를 대표할만한 업무를 수행하는 사람이나 국제적인 외교절차에서 예우를 해주도록 정해진 사람에 대해서는 일반승객과 다른 출입국절차를 받도록 하고, 공항에 설치된 의전실을 사용할 수 있도록 하고 있다. 이와 같은 제도는 정부요인들에 대한 보호 및 경호와 예우차원에서 시행되고 있다.

항공정책을 담당하고 있는 국토해양부에서 정한「국제공항에서의 귀빈예우에 관한규칙」에 의하면 귀빈 대상자는 다음과 같다.

ⓐ 전・현직 대통령

ⓑ 전・현직 3부요인(국회의장・대법원장・국무총리)

ⓒ 전・현직 헌법재판소장

ⓓ 국회에 원내 교섭단체를 가지는 정당의 대표

ⓔ 외교상 특히 귀빈실 사용이 필요하다고 인정하여 외교부장관이 추 천하는 외국귀빈

이와 같은 VIP에 대해서는 일반대합실이 아닌 공항의 의전실에서 휴식을 취할 수 있으며, 출입국절차수속을 공항의 의전요원이 대신 해주고, 일반승객이 통과하여야 하는 출입국검사장을 통과하지 않고 별도의 출입문과 통로를 통하여 항공기에 탑승하게 된다.

③ 외국인 검색

외국인승객을 검색할 때에는 먼저 한국어를 구사할 수 있는지를 확인하고, 한국어를 구사하지 못할 경우에는 일행 중에 한국어를 구사할 수 있는 자가 있으면 그 자를 먼저 검색하고 한국어 통역을 부탁하여야 한다.

외국인이 한국어로 말은 못해도 글은 읽을 수 있는 경우에는 글로 적어서 검색대상자와 의사소통을 하여야 하고, 말하려는 의도와 관련된 몸동작도 의사소통에 도움을 주므로 이를 이용하여 검색대상자와 의사소통을 하되, 의사소통이 안 될 때에는 항공사 직원 등 해당 외국어를 할 수 있는 자의 도움을 받아서 의사소통을 하도록 노력하여야 한다.

④ 노약자 검색

노약자는 대부분 거동이 불편하거나 시력과 청력이 떨어진 상태에 있기 때문에 노약자의 건강상태나 나이 등을 고려하여 예의를 갖추고 존경하는 자세로 보안검색을 하여 불편함이 없도록 하여야 한다.

노약자를 검색할 때에는 참을성을 갖고 말을 천천히 하면서 가능한 큰소리로 말

하고, 직접적인 표현방법으로 말하여야 한다. 보호자가 대동한 경우에는 보호자에게 보안검색에 대하여 설명해주고, 양해를 구한 후에 검색을 실시하여야 한다.

⑤ 유아 검색

유아를 업고 있거나 유모차를 이용할 경우에 유아에 대한 보안검색은 다음과 같은 방법으로 보안검색을 실시하여야 한다.

ⓐ 유모차에는 보안위해물품을 은닉하기 쉬운 물건이므로 가능한 한 유아를 유모차와 분리하여 유모차는 엑스선 검색장비로 검사하고, 유아는 문형 금속탐지기를 통과시키거나 휴대형 금속탐지기를 이용하여 검색하여야 한다.

ⓑ 아기 바구니를 사용한 경우에는 아기만 문형 금속탐지기를 통과시킨 후 부모에게 맡기고, 바구니는 엑스선 검색장비를 통과시키도록 한다.

ⓒ 보안검색이 유아에게 해를 줄 수 있다고 유아의 보안검색을 염려 하는 부모가 있을 경우에는 1차적으로 해가 없음을 설명하고, 납득하지 않을 때에는 보안감독관에게 보고하여 도움을 요청한다.

⑥ 전동차 승객 검색

몸이 불편하여 전동차를 사용하는 승객에 대한 보안검색은 승객의 양해를 구하여 승객을 전동차에서 내리게 하여 전동차 안의 가방이나 물건은 엑스선 검색장비를 통과시키고, 전동차의 밑 부분, 바닥, 배터리 등을 중점으로 전동차 전체에 대하여 세밀한 검색을 하여야 한다. 이는 범법자들이 몸이 불편한 것처럼 전동차를 이용하면서 보안위해물질을 전동차에 은닉할 수 있기 때문이다.

⑦ 상주직원 및 승무원 검색

공항에 상주하는 직원은 업무상 수시로 보안완료지역인 격리대합실을 드나들 수 있고, 항공기 승무원은 항공기 출발을 위하여 격리대합실을 출입하게 된다. 이들 공항상주직원 및 승무원에 대한 보안검색에 유의할 사항은 다음과 같다.

첫째, 보안검색장소를 통과하는 모든 상주직원과 승무원은 반드시 보안검색을 거치도록 하여야 한다.

둘째, 휴대형 금속탐지기를 사용하는 검색 또는 손을 이용하는 몸수색을 할 경우에는 반드시 같은 성별의 검색요원이 검색을 실시하여야 한다.

셋째, 승무원의 가방 속에는 드라이버, 플래시, 펜치 등이 들어 있을 수 있는데 이러한 물건들은 공구로 간주하여 추가 검색을 하지 않는다.

넷째, 상주직원 및 승무원들은 검색장소를 자주 통과해야 되므로 보안검색에 대한 불만을 표시할 수 있으므로 친절하고 예의바른 행동과 언어를 사용하여 불쾌감을 주지 않도록 하여야 한다.

⑧ 애완동물 검색

최근 동물애호가들이 늘어나면서 애완동물을 데리고 항공기를 탑승하는 승객이 늘어나고 있다. 승객이 항공기를 탑승할 때에 애완동물은 반드시 운반상자에 넣어서 가지고 가야 하기 때문에 애완동물을 소지한 승객에게는 애완동물을 운반상자에서 꺼내도록 하여 애완동물은 승객과 함께 문형 금속탐지기를 통과하도록 하고, 운반상자는 X-Ray검색장비를 통과시켜야 한다.

⑨ 외교행낭 등의 검색

국가적인 외교목적의 서류나 물건을 나르는 외교행낭은 국가의 기밀문서나 안보와 관련된 문서 등 국가기밀사항이 포함되는 문서행낭으로서 보안검색의 대상에서 제외되지는 않지만 서류 등의 내용을 보아서는 안 되는 물건이다. 외교행낭에 대한 보안검색방법과 착안사항은 다음과 같다.

첫째, 외교행낭을 들고 가는 사람은 보안검색요원에게 외교행낭임을 표시하는 문서를 제시하게 되므로 이 사실을 반드시 보안감독자에게 보고하여야 한다.

둘째, 외교행낭은 가방 또는 따로 제작된 통의 형태로 만들어지기도 하는데, 외교행낭 안에는 국가의 비밀서류나 국가원수의 메시지가 담겨 있기 때문에 개봉하여 검색은 하지 않고 엑스선 검색장비를 통과하게 하여 보안검색을 실시하여야 한다.

셋째, 외교행낭을 소지하고 가는 자의 휴대품이나 수하물은 반드시 정상적인 절차에 의하여 보안검색을 실시하여야 한다.

3) 특수물품 검색기법

① 특수물품 검색요령

특수물품이란 가격이 비싼 보석류, 과학실험 등에 사용되는 기구나 도구, 광학장비, 법률 목적상 증거물품, 사람의 유골 등을 말한다. 이와 같은 특수물품에 대한 보안검색방법은 다음과 같다.

첫째, 보석 등 가치 높은 물품은 진위여부를 가리기 위하여 전문적이고 개별적인 검색을 하여야 하며, 과학기구나 문서 또는 견본품 중에서 전문적인 특수물품은 필요한 경우에 전문가를 입회시켜 개별적인 검색을 하여야 한다.

둘째, 특수물품을 국외로 반출 또는 국내로 반입하기 위하여 특수물품을 소지한 자는 그 물품의 내용을 확인하거나 식별할 수 있는 증빙문서를 함께 소지하고 있어야 한다.

셋째, 특수물품을 소지한 자에 대해서는 반드시 정상적인 절차와 방법에 따라 보안검색을 실시하여야 한다.

넷째, 법률적인 증거물품이나 유골 등 내용물을 개봉하였을 경우에 파손이나 변질의 우려가 있을 때에는 개봉검색이나 촉수검색을 면제받을 수 있다. 이러한 물품은 사전에 승무원과 함께 확인하여야 하고, 물품소지자는 이와 관련된 증명서나 신분증명서를 함께 가지고 있어야 한다.

② 종교용품 검색

종교적인 의례용품 및 상징물, 유품, 등의 종교용품은 종교인들이 신성시하기 때문에 엑스선 검색장비를 통과시키는 보안검색에 민감한 반응을 보일 수 있으므로 다음 사항에 유의하여 검색하여야 한다.

첫째, 종교용품에 대하여는 육안검색을 하고, 육안검색에 특별한 이상이 없는 경우에는 엑스선 검색장비에 의한 보안검색을 하지 않는다.

둘째, 종교용품을 소지한 종교인에게는 존경과 예의를 가지고 대하되, 일반승객과 동일한 보안검색절차를 받도록 하여야 한다.

셋째, 종교용품을 소지한 보안검색을 거부할 경우에는 보안감독관에게 보고하여 보안감독관의 지시에 따라 조치하여야 한다.

넷째, 일부 종교인은 종교용품의 개봉을 두려워하거나, 종교용품의 개봉을 신성모독이라 생각하는 경우도 있으므로 이점에 유의하여 보안검색을 실시하여야 한다.

③ 운송금지품목

운송금지품목이란 정부의 허가를 받은 경우가 아니면 항공운송이 금지된 물품을 말하며, 이러한 운송금지물품에는 총기류, 마약류, 거액의 화폐, 폭약물질, 인화성이 강한 물질 등이 해당된다. 보안검색과정에서 운송금지물품이 발견되면, 보안검색원은 보안검색을 중지하고 운송금지물품 발견사실을 즉시 보안감독관에게 보고하여 보안감독관의 지시에 따라 조치하여야 한다.

6. 검색착안 및 위험물의 조치

1) 검색착안사항

보안검색요원은 보안검색을 실시하는 과정에서 다음과 같은 착안사항에 유의하여 검색업무를 수행하여야 한다.

첫째, 보안검색과정에서 승객이 소지한 사소한 물건에도 관심을 가지고 유의하여 관찰하고 확인여야 하며, 보안검색대상자의 사소한 행동이나 표정을 관찰하여 비정상적인 행동이나, 표정이 비정상적인 상태로 변화되는지를 파악하여야 한다.

둘째, 승객이 소지한 물건이 그 승객의 신분에 맞지 않는다고 생각될 때에는 일단 그 승객은 감시대상으로 삼아 지속적인 관찰을 하여야 하고, 승객이 소지한 물건에서 이상한 냄새가 날 때에는 다른 보안위해물질의 냄새를 덮기 위한 것이 아닌가 생각하고 관찰하여야 한다.

셋째, 승객이 소지한 물건에 전선이나 이상한 줄이 부착되어 있는 경우에는 세밀함 검색을 하여야 하고, 승객이 소지한 물건이 처음 보는 것이거나 일반적인 형태가 아닌 것은 의심의 대상으로 삼아야 한다.

넷째, 승객이 들고 있는 물건이 외관상 너무 무겁다고 생각되는 경우에도 감시대상으로 삼아 관찰하여야 하고, 승객이 남의 가방을 들고 있거나, 가방의 주인이 다른 경우에도 의심의 대상으로 삼아 관찰하여야 한다.

2) 위해물 발견 후 조치

① 위해성 생활용품의 적발조치

보안검색요원은 일상생활용품이지만 승객이 휴대하고 항공기내에 들어갈 수 없는 성냥, 라이터, 칼 종류(등산용, 공업용, 문구용 등), 인화성 물질, 폭발성 물질 등을 소지한 승객이 보안검색완료지역(격리대합실)으로 진입하지 못하도록 보안검색을 철저히 하여야 하며, 이러한 물품이 발견되었을 경우에는 즉시 보안감독관에게 보고하여 보안감독관의 지시에 따라 조치하여야 한다.

② 총기종류의 적발조치

보안검색요원이 보안검색과정에서 총기종류의 물건을 적발하였을 때에는 다음 요령에 의하여 조치하여야 한다.

첫째, 보안검색원 총기종류로 의심되는 물체를 적발하였을 때에는 적발내용을 보안감독자에게 즉시 보고하여 감독자의 지시에 따라야 한다.

둘째, 보안감독자는 총기류로 적발된 물품과 물품의 소유자를 찾아 안전한 장소로 이동시킨 후, 총기종류의 발견사실을 안전종합상황실에 보고하고, 보안관계 직원이 도착하면, 물품의 소유자가 입회한 상황에서 실제 사용할 수 있는 총기인지를 확인하여야 한다.

셋째, 총기류로 의심되는 물품이 실제로 사용할 수 있는 총기임이 확인되면 그 총기와 총기소유자를 보안관계 직원에게 인계하고, 총기적발보고서를 작성하여 지휘계통에 보고하여야 한다.

넷째, 보안감독관은 이 과정에서 총기 소유자가 안내에 따르지 않고 인질소동 등을 벌일 수 있음을 인식하여 이에 대비할 수 있는 상황을 유지하여야 하고, 만약 인질사태 등 긴급한 상태가 발생되면 즉시 종합상황실에 보고하는 한편 인근에 있는 경찰관 및 경비요원의 지원을 요청하여야 한다.

③ 폭발물질의 적발조치

보안검색요원은 보안검색과정에서 폭발물로 의심되는 물건을 적발하였을 때에는 다음과 같은 요령에 의하여 조치하여야 한다.

첫째, 엑스선 검색장비로 승객의 수하물을 검색하는 중에 폭발물로 의심되는 물건을 적발하였을 때에는 엑스선 검색장비의 작동을 중지하고, 해당물품을 꺼내거나 이동하지 말고 그대로 현장에 둔 상태에서 보안감독관에게 보고하여야 한다.

둘째, 폭발물로 의심되는 물건을 적발한 보안검색원은 보안감독관과 함께 엑스선 검색장비에 있는 물건을 확인하고, 폭발물이라고 판단되면 즉시 종합상황실에 보고하고 보안관계 직원에게 통보하여야 한다.

셋째, 보안검색원과 보안감독관은 폭발물로 의심되는 물건의 소유자를 조용한 방법으로 찾아 별도의 장소에서 대기하도록 한 후에 보안관계 직원과 폭발물처리 전문요원이 도착하면 적발된 물건을 보여주고 폭발물처리요원이 해당 물건을 처리하도록 하여야 한다.

3) 폭발물처리

폭발물처리요원이 폭발물로 판정한 물건은 폭발물처리요원 또는 폭발물처리 로봇에 의해 안전지역으로 조심스럽게 이동시키는 작업이 이루어진다. 이 때 폭발물처리요원은 의심되는 물건이 폭발할 것에 대비해 방폭복을 입고 의심되는 물건을 이동시키거나 살펴야 한다. 안전지역으로 옮겨진 의심물체는 엑스선 검색장비로 해당 물건에 장치된 폭발물의 뇌관을 정확하게 찾아내는 작업이 이루어지고, 뇌관의 위치가 찾아지면 물대포장비에 의하여 뇌관을 파괴시키는 작업이 이루어진다.

[그림 11-19] 폭발물처리 장비

제12장 비상사태 대비계획

제1절 비상사태와 비상대비계획

1. 비상사태

항공교통업무에서 비상사태(非常事態)란 뜻하지 않은 무력충돌, 불법방해, 자연재해, 질병 등에 의한 항공교통종사자의 집단공백, 항공기사고 등으로 인하여 우리나라의 공역을 이용하는 자에게 정상적인 항공교통업무를 제공할 수 없는 상태의 장애가 발생하는 것을 말한다.

항공기의 안전운항과 공항시설의 안전에 영향을 미치는 비상사태의 종류에는 항공기의 납치 및 테러, 항공기 폭파위협 및 폭발물 설치, 공항시설 폭파위협 및 폭발물 설치, 항공기의 기내에서의 사보타주 및 농성, 공항시설에서의 사보타주 및 농성 등 항공기의 정상적인 운항을 방해하거나 공항시설의 정상적인 운영을 방해하는 범죄행위 등에 의한 비상사태가 있고, 태풍이나 지진 폭설 또는 해일 등 자연재해로 공항을 정상적으로 운영할 수 없는 비상사태가 있으며, 사스·구제역·조류인플루엔자와 같은 전염병 등으로 항공교통종사자의 집단공백, 공항구역 안에서 항공기사고 등으로 인하여 공항을 정상적으로 운영할 수 없는 비상사태 등이 있을 것이다. 공항운영자가 대비하여야 할 비상사태의 유형을 다음과 같이 정하고 있다.

ⓐ 공항 내 또는 공항 밖에서의 항공기 사고

ⓑ 비행중인 항공기의 고장 등에 의한 비상사태

ⓒ 건물·시설물 화재와 항공기·공항시설에 대한 폭파위협 등 불법 적 행위

ⓓ 자연재해 및 위험물관련 사고

ⓔ 국제항공운송에 의한 전염병 확산 등 공중보건비상

또한 항공기에 비정상 상황이 발생되어 항공기가 정상적인 운항이 어려운 상황을 말하는 비상사태와 우리나라의 영공 및 인접영해를 운항중인 항공기를 관제하는 중에 관제소와 항공기와의 교신을 방해하는 환경에 처하여 통신이 불가능한 사태도 항공안전의 비상사태에 포함되고 있다. 비상사태 중 항공테러에 의한 비상사태상황을 열거해보면 다음과 같은 테러행위들이 있을 것이다.

첫째, 운항중인 항공기를 불법으로 납치한 사건은 1961년 5월 1일 미국 플로리다공항을 이륙하여 마이애미를 향하던 내셔널항공사 소속 항공기가 권총과 칼로 무장한 테러범에 납치되어 쿠바의 하바나공항에 착륙한 최초의 미국 항공기납치사건이 있었다. 납치범은 쿠바 군에 의해 체포되었고, 승객과 승무원은 억류상태에서 무사히 구출되었다.

둘째, 지상에 주기중인 항공기를 불법으로 점유한 사건은 1974년 2월 22일 소총으로 무장한 테러범이 델타항공 523편의 탑승수속보안검색대로 접근하여 검색업무를 수행하던 경찰을 사살하고 항공기에 난입하여 부조종사를 사살하고 항공기를 백악관에 추락시키려던 계획이 실패하자 기내에서 자살하였다.

셋째, 기내에서의 인질극을 벌인 행위로는 1995년 11월 9일 승객과 승무원 119명이 탑승한 올림픽 에어웨이 소속 보잉747항공기가 그리스 아테네공항에서 에티오피아 테러범에 의해 지상에서 납치되었다. 테러범은 여승무원 목에 칼을 대고 경찰과 대치하면서 UN대표자 및 언론과의 면담을 요구하여 경찰이 협상을 시도하였으나 실패하자 경찰특공대를 투입하여 납치범을 체포하였다.

넷째, 테러목적으로 기내에 무기를 반입한 사건은 1991년 1월 13일 승객 63명을 탑승시키고 호놀룰루에서 마우이로 향하던 알로하항공소속 보잉737 항공기가 이륙직후 승무원이 기내에서 여행용 시계와 배터리가 부착된 폭발물로 추정되는 수상한 물체를 발견하였으며, 착륙한 후에 곧바로 폭발물처리요원에 의해 제거되어 항공기폭파를 면했다.

2. 비상대비계획

1) 비상대비계획의 개념

비상대비계획은 비상사태에 대비한 계획으로서 공항 또는 비행정보구역 안에서 항공기를 이동, 이착륙 또는 비행하고자 하는 자와 공항의 항공기 이동지역에서 차량의 운행, 공항시설의 유지보수 등의 업무를 수행하는 자는 항공교통의 안전을 위하여 국토교통부장관이 지시하는 이동·이륙·착륙의 순서 및 시기와 비행방법에 따라야 한다. 국토교통부장관은 비행정보구역 안에서 비행하는 항공기의 안전하고 효율적인 운항을 위하여 공항 및 항행안전시설의 운영상태 등 항공기의 운항과 관련된 조언 및 정보를 조종사 또는 관련기관에 제공하여야 한다. 따라서 국토교통부장관은 항공기의 안전운항을 위하여 비상사태로 인한 항공교통업무 및 관련 지원업무의 예상할 수 없는 중단에 대비하기 위한 비상대비계획을 수립하여야 하고, 공항운영자 및 항공사 등도 국토교통부장관이 정한 기준에 따라 민간항공의 안전 및 보안에 위협을 주는 불법행위에 대응하기 위하여 행동요령·통신체계구축·교육훈련 등을 포함한 비상대비계획을 수립하여 시행하여야 한다.

비상대비계획은 우연하게 발생할 수 있을 것으로 예상되는 항공범죄사태의 상황을 가정하거나 자연재해 및 질병이 발생할 경우에 일상적인 업무에서 신속하게 항공범죄행위 또는 자연재해에 대응할 수 있는 비상사태로 전환하여 항공범죄행위 또는 자연재해로 인하여 발생할 수 있는 인명과 재산의 피해를 최소화하고, 범죄행위 도는 자연재해를 신속하게 종결시킬 수 있도록 대응절차와 각 기관의 임무 등을 미리 정해놓은 계획을 말한다.

자연재해나 질병은 우연히 발생할 수 있으나, 항공범죄는 여기서 말하는 것처럼 우연히 발생하는 것은 아니고 대부분 사전에 치밀한 계획에 의하여 발생하는 것이 대부분이기 때문에 공항의 비상대비계획은 창과 방패의 입장에서 공격하는 창의 방향과 공격수법을 미리 예측하여 이를 막을 수 있도록 방패를 미리 준비해두는 것과 같은 것으로서 급변하는 항공범죄의 형태에 완벽하게 대응한다는 것은 사실상 불가능하다고 보아야 한다. 비상대비계획은 예상되는 범죄행위로 인한 피해를 최소화하기 위한 대응계획으로서 항공범죄나 자연재해 등의 우발사태로 인한 피해를 최소화하고 항공교통업무를 신속하게 정상적인 상태로 전환하기 위하여 가상의 우발사태에 대비하는 계획으로 이해하여야 할 것이다.

2) 비상대비계획 수립목적

공항운영에는 정부기관, 공항운영자, 항공사, 지상조업을 담당하는 사업자, 상업시설 운영자 등 다양한 기관 및 업체가 다양한 임무와 목적을 가지고 근무할 뿐만 아니라 평상시에는 이들 기관 및 업체들 사이에 각자 자기들의 임무수행과 추구하는 목표에 따라 활동하기 때문에 유기적인 업무협조가 신속하게 이루어지지 않을 수 있다. 그러나 항공기의 납치나 테러 또는 항공기에 폭발물의 설치 및 공항시설의 안전을 저해하는 항공범죄 또는 자영재해 등이 발생하였을 경우에는 공항에 상주하는 기관 및 단체와 업체들 사이에 유기적이고 협조적인 관계가 유지되지 않으면, 항공범죄 또는 자연재해로 인한 피해는 커질 것이며 항공범죄행위 또는 자연재해에 의한 사태를 조속히 종결시키지 않으면 항공기운항이나 공항운영에 막대한 지장을 초래하게 될 것이다.

공항에서 항공안전을 위하여 항공범죄에 대한 비상대비계획을 수립하거나 자연재해에 대비하는 비상대비계획을 수립하는 목적은 예상되는 항공범죄 또는 자연재해에 대비하여 항공범죄 또는 자연재해의 피해를 최소화하기 위한 것이기 때문에 이를 위하여 공항의 인적, 물적 자원의 활용을 극대화하고 항공범죄 또는 자연재해가 발생하였을 때에 공항에 상주하는 기관 및 업체의 책임과 의무를 명확히 하는 한편, 사고현장의 통제를 용이하게 하여 명령체제를 구축하고 관련기관과의 협조체제를 강화할 수 있는 통신체제를 구축하여 항공범죄 및 자연재해에 의한 피해를 최소화하기 위한 것이다.

3) 비상대비계획의 수립원칙

항공범죄 또는 자연재해에 효과적으로 대비하기 위하여 수립되는 공항의 비상대비계획은 현장통제원칙, 명확한 지휘체제의 구축, 원활한 통신체제의 구축과 같은 원칙에 입각하여 수립되어야 한다.

첫째, 현장통제원칙은 비상대비계획을 수립함에 있어 비상대비계획과 관련된 담당자들에게 상세하게 임무를 부여하지 말고, 현장상황에 맞게 적용할 여지를남겨 두어야 한다. 왜냐하면, 비상대비계획은 어디까지나 가정적인 상황에 대비한 계획이기 때문에 세부적인 사항은 실제상황에 맞지 않을 수 있기 때문이다.

둘째, 명확한 지휘체제의 구축은 항공범죄 또는 자연재해를 신속하고 효과적으로 종결시키기 위한 것이다. 비상대비계획과 관련된 담당자들이 평소 자기의 소속에 관계없이 비상대비계획책임자가 내리는 의사결정과 지휘명령에 따라 주어야 비상사태를 신속하고 효과적으로 종결할 수 있기 때문이다.

셋째, 원활한 통신체제의 구축은 평상시에는 공항에 상주하는 기관 및 업체가 자기 소속 위주로 통신체제가 구축되어 있다. 이와 같은 통신체계로는 비상사태를 효과적으로 수습할 수 없기 때문에 비상체제에서는 소속에 관계없이 일관된 통신체계가 구축되어야 한다.

또한 공항의 비상대비계획을 수립함에 있어서는 다음과 같은 요소가 고려되어야 항공범죄 또는 자연재해로부터 피해를 최소화하고 인명을 중시하는 계획이 될 것이다.

첫째, 비상사태에 대응할 수 있는 비상대비계획을 수립하는 근본적인 목적이 범죄자의 체포나 재산을 보호하는 것도 중요하지만, 그것보다 더 중요한 것은 인명피해의 최소화에 있음을 잊어서는 안 된다.

둘째, 항공범죄자의 불법행위 또는 자연재해에 대하여 조직적이고 효과적으로 대응할 수 있는 지휘체계를 갖출 수 있는 비상대비계획을 수립하도록 하여야 한다.

셋째, 항공범죄로 인한 비상사태라고 하더라도 무력사용은 범죄자와의 협상이 완전히 불가능한 상태이거나 협상노력이 한계에 도달하여 불가피하다고 판단될 때에만 논의되도록 비상대비계획을 수립하여야 한다.

넷째, 항공범죄자와의 협상에 의사결정을 내릴 수 있는 책임자는 범죄자와의 직접적인 협상교섭을 피하도록 하고, 협상자와 지휘책임자 간에는 보안성을 갖춘 적절한 통신수단을 갖추도록 비상대비계획을 수립하여야 한다.

다섯째, 항공범죄자들에 의하여 억류된 항공기는 가능한 독립된 격리계류장으로 유도하여 항공기 폭파 및 화재 등으로 인한 피해 및 공항시설의 피해를 최소화하도록 비상대비계획을 수립하여야 한다.

4) 공항비상대비계획의 내용

공항비상대비계획이란 공항 또는 공항주변지역 8km 범위 내에서 발생하는 비상사태에 신속하게 대처하고 공항기능장애를 최소화 할 수 있도록 공항운영자가 수립하는 비상대비계획을 말한다. 공항비상대비계획은 실제 적용이 가능한 문서로 유지되고 정기적으로 개정 및 검증이 이루어져야 하며, 모든 관계요원이 언제든지 사용할 수 있어야 한다.

공항운영자는 공항비상대비계획을 작성함에 있어 그 내용이 쉽게 이해할 수 있도록 작성하여야 하며, 관계자가 계획내용을 충분히 숙지하고 각자의 임무를 절차대로 수행할 수 있는 능력을 갖도록 하여야 한다. 공항비상대비계획은 비상상황에 참여하는 기관 및 업체들이 신속하게 최적의 대응을 할 수 있도록 다음의 인적요소를 고려하여야 한다.

ⓐ 비상사태 전의 사전계획에는 비상사태 관련 조직의 권한과 책임, 점검의 규정화 및 계획의 실행에 관한 사항이 포함되어야 한다.

ⓑ 비상사태 기간 중 운영사항에는 각 단계별로 수행하여야 할 사항과비상사태가 진전됨에 따른 책임구조에 대한 구체적인 내용이 포함되어야 한다.

ⓒ 비상사태 후의 조치에는 공항의 지휘 및 운영을 정상적인 상태로 환원시키는 이관절차에 대한 내용이 포함되어야 한다.

비상대비계획은 공항 내 및 공항 외에서의 사고를 관장하여야 하고, 통상적으로 공항 당국은 공항 내의 사고에 대하여 지휘권을 행사하며, 공항과 지역사회를 관할하는 기관 간의 쌍무적인 비상대비협정은 공항 외에서 사고가 발생한 경우의 지휘권과 책임을 규정화 하고 있으며, 공항비상대비계획의 목적은 다음 사항을 확실하게 함에 있다.

ⓐ 공항운영조직을 정상적인 운영상태에서 신속하고 정연하며 효율적으로 비정상적인 상태로 전환하기 위함이다.

ⓑ 공항비상사태에 행할 수 있는 권한을 이양하기 위함이다.

ⓒ 공항비상책임의 지정을 명확히 하여 책임한계의 명확화를 위한 것이다.

ⓓ 공항비상대비계획에 포함된 핵심인력에 대한 권한을 부여해 주기 위함이다.

ⓔ 공항비상사태에 대처하는 수단의 조정을 원활화를 위한 것이다.

ⓕ 공항이 안전한 항공기운영 상태로 가능한 조속히 복귀하도록 하고 정상적인 공항운영을 하기 위함이다.

공항 내에서 발생한 항공기사고라 할지라도 사고의 규모가 너무 커서 공항의 지원조직 및 인력만으로는 대처할 수 없는 경우가 있으므로 공항당국은 공항비상사태가 발생할 것에 대비하여 지역사회를 관할하는 기관과 각 기관의 책임과 임무를 명확히 하는 쌍무적인 지원협정을 체결하는 것이 필요하며 협정내용에는 다음 사항이 포함되어야 한다.

ⓐ 공항비상사태에 참여하는 기관별로 권한과 책임을 명확히 하여야 한다.

ⓑ 비상사태수습을 위한 지휘체계는 애매모호 하지 않게 설정하여야 한다.

ⓒ 사고현장에서의 통신 우선순위를 지정하여야 한다.

ⓓ 비상수송 조정관을 지정하고 비상수송시설의 조직적 구조를 표시해야 한다.

ⓔ 협조·지원되는 모든 비상인력의 권한과 책임을 사전에 결정하여야 한다.

ⓕ 동원가능한 모든 구조장비를 사용을 할 수 있도록 사전에 조치하여야 한다.

국제민간항공기구에서 권고하고 있는 공항비상대비계획에 포함되어야 하는 공항구역내의 기관으로는 항공교통관제기관, 공항당국의 구조 및 화재진압부서, 정부기관, 항공기 운영자, 공항내의 의료지원부서와 입주업체가 있고, 공항지역주변기관으로는 소방서·경찰서·공항당국·병원·통신기관·수송기관·민방위기관·해안경비대 등이 있다.

5) 비상상황에 대한 대응

국가는 민간항공에 위협상황이 발생하였거나, 위협이 증가될 경우에 항공보안의 위협등급을 정하여 대응태세를 발령한다. 민간항공의 위협사항이 특정 공항 또는 지역에 한정될 경우에는 해당 공항 또는 항공노선에 한하여 항공보안등급을 발령한다. 우리나라의 항공보안등급은 항공보안상황을 감안하여 평시·관심·주의·경계·심각단계로 구분하고 있으며 위협상태의 내용은 〈표 12-1〉에서 보는 바와 같다.

〈표 12-1〉 항공보안등급

단계	위 협 상 태
평시(Green)	불법행위 우협이 낮은 단계
관심(Blue)	테러징후가 있으나 그 활동수준이 낮으며, 가까운 기간 내에 테러로 발전할 가능성도 비교적 낮은 상태
주의(Yellow)	테러징후가 비교적 활발하고, 테러로 발전할 수 있는 일정 수준의 경향성이 나타나는 상태
경계(Orange)	테러와 유사한 활동이 매우 활발하고 전개속도와 경향성이 현저한 수준으로서 테러로 발전할 가능성이 농후한 상태
심각(Red)	테러와 유사한 활동이 매우 활발하고 전개속도와 경향성이 심각한 수준으로서 테러발생이 확실시되는 상태

공항에 근무하는 국가기관·공항운영자·항공사 등의 조직은 보안등급발령사항을 접수한 후에 발령등급에 따라 미리 정해진 우발계획의 절차를 수행하여야 한다. 항공보안등급에 따른 절차는 사전에 수립된 항공보안우발계획에 따라 보안등급이 상향되면 그 등급에 맞도록 공항운영자는 승객·휴대수하물·위탁수하물에 대한 수검색(手檢索) 비율을 상향조정하고, 경비요원의 증원배치 및 순찰시간을 조정하는 등 보안활동을 강화하여야 한다.

항공운송사업자는 기내보안점검 강화, 항공기 탑승구 앞에서의 재검색을 실시하는 등의 보안활동을 강화하여 불법방해 행위를 사전에 예방하도록 노력하여야 한다. 또한 보안등급을 발령한 국가기관은 상황진전에 따라 사건이 경미하여지거나 발령원인이 소멸되었을 경우에는 관계기관과 협의하여 보안등급을 하양조정하거나 해제하여야 한다.

3. 비상대비계획 참여기관별 임무

공항에 상주하는 기관 및 업체의 평상시의 보안책임에 대하여는 제2장에서 이미 설명하였으나, 여기서는 항공범죄가 발생하여 공항이 비상사태에 처해 있을 때의 각 기관 및 업체의 비상대비계획과 관련된 임무를 간추려서 설명하고자 한다.

1) 국가기관

항공보안을 위하여 비상대비계획에 참여하는 정부기관의 임무는 보안정보업무, 항공기운항업무, 공항경비와 사고현장 통제업무, 출입국관리업무, 공항 및 사건현장의 외곽경비업무 등으로 구분될 수 있다.

첫째, 항공보안에 관한 정보업무는 국가정보원에서 총괄하며, 그 내용은 우발사태에 대한 정보의 수집·분석·전파와 범법자와의 협상을 주도하는 임무를 수행한다.

둘째, 비상사태가 발생하여 납치 또는 사고항공기의 운항관련 문제, 외국 정부와의 협조문제, 사고항공기의 처리문제 등의 업무는 국토교통부의지방항공청에서 담당한다.

셋째, 비상사태가 발생한 공항 또는 사고지역의 경비업무와 출입통제업무 및 사고지역의 질서를 유지하고 현장상황에 적절하게 대응하기 위한 통제업무는 관할 경찰이 담당한다.

넷째, 비상사태가 발생한 경우에 사고항공기의 승객과 사고수습 및 유가족의 현장방문 등에 따른 출입국관리업무는 사고발생장소를 관할하는 법무부의 출입국관리사무소에서 담당한다.

다섯째, 군부대는 비상사태가 발생한 사고현장의 외곽경계와 항공기 납치사고가 발생하여 납치범들이 인질극을 벌일 경우에 인질에 대한 협상이 결렬되고, 사태진압을 위하여 인질범을 제압하기 위한 특공대 투입업무를 담당한다.

2) 공항운영자

비상사태가 발생할 경우에 공항운영책임을 맡고 있는 공항운영자는 비상사태수습을 담당하고 있는 국토교통부 및 지방항공청의 지휘아래에서 비상사태 발생지역에 대한 출입통제, 비상사태 수습을 위한 시설 및 장비 지원, 사상자 구조 및 화재진압, 사상자의 후송을 위한 의료기관 협력문제, 사고현장주변 경계 및 질서 유지 등의 임무를 담당한다.

첫째, 공항구역 안에서 비상사태가 발생할 경우에 공항운영책임을 맡고 있는 공항운영자는 비상사태가 발생한 지역에 대하여 우선적으로 소속된 청원경찰과 특수경비원을 동원하여 사태수습과 관련이 없는 자의 출입을 통제할 책임이 있다.

둘째, 공항구역 내 또는 공항인근지역에서 비상사태가 발생한 경우에 공항운영자는 보유하고 있는 차량, 장비 및 도구 등을 동원하여 비상사태가 조기에 수습될 수 있도록 지원하여야 한다.

셋째, 공항운영자는 공항 내 또는 공항인근지역에서 항공기의 추락 또는 화재가 발생한 경우에 공항당국이 보유하고 있는 소방장비와 인명구조대를 출동시켜 사상자 구조와 화재진압을 하여야 하며, 응원소방협정이 체결된 외부소방구조기관에 지원을 요청하여야 한다.

넷째, 비상사태로 인하여 사상자가 발생한 경우에 공항운영자는 사상자의 후송을 위하여 보유하고 있는 인력과 장비를 지원하여야 하며, 의료협정이 체결된 외부 의료기관에 지원요청을 하여야 한다.

다섯째, 공항운영자는 비상사태가 발생한 지역에 대하여 경찰조직과 협조하여 사고현장 주변을 경비하는 한편, 사고가 수습될 때까지 사고현장이 질서가 유지되도록 하여야 한다.

여섯째, 공항운영자는 비상사태가 수습된 후에 공항이 항공기의 안전운항이 가능한 상태로 조속히 복귀되도록 하여 정상적인 공항운영을 도모하여야 한다.

3) 항공사 등

항공기납치나 항공기사고 등의 항공기와 관련된 비상사태가 발생한 경우에 해당 항공사 및 지상조업체는 사고수습을 위하여 인력과 차량 및 장비 등을 지원하여야 한다.

첫째, 항공기의 납치 또는 항공기사고가 발생한 경우에 해당 항공사는 가능한 범위 안에서 사고 항공기와 사고대책본부와의 통신이 가능하도록 하여야 한다. 사고 항공기와의 통신망 구성은 항공기납치의 경우에 기내의 상황을 파악하여 사고 수습을 조기에 해결할 수 있는 중요한 요소이다.

둘째, 해당 항공사는 사고항공기의 기종, 항공기의 비상구 등이 표시된 동체구조, 항공기의 객실 내의 구조, 추정되는 사고항공기의 잔여 연료량, 사고항공기에 탑승한 승객과 승무원 등 탑승객 수 등 사고항공기의 제원과 탑승자에 대한 자료를 사고대책본부에 제공하여야 한다.

셋째, 해당 항공사 및 지상조업체는 사고대책본부에서 사고항공기에 대한 접근이나 진입을 시도할 경우에 이를 용이하게 할 수 있는 차량이나 장비 또는 도구 등을 지원하여야 한다.

넷째, 사고항공기가 공항운영에 지장을 초래하는 지역에서 기동할 수 없게 되는 경우에 기동불능 항공기를 신속하게 제거할 수 있도록 하여야 한다. 기동불능 항공기의 제거책임은 원칙적으로 해당 항공사에 있으며, 기동불능 항공기를 제거함에 있어 대형 항공기의 경우에는 복잡하고 위험요소가 잠재하고 있으며, 특수한 제거장비를 필요로 하는 경우가 있기 때문에 항공사에서는 제거대책을 위한 장비 확보가 평상시에 이루어져야 한다.

제 2 절 비상사태별 대응계획

1. 항공기납치 및 폭파위협

1) 위협의 형태

항공기의 납치 및 폭파위협을 가하는 자들은 조직적이고 전문적인 테러조직에 의한 항공기의 납치 및 폭파에서 항공기에 폭발물을 설치하겠다는 사전경고, 항공기를 납치 또는 폭파하겠다고 협박하여 돈을 요구하는 자, 항공기 운항시간에 늦게 도착한 승객이 항공기의 지연운항을 유도하기 위하여 전화로 위협하는 자, 개인적 또는 사회적 불만으로 화난 승객이나 정신 이상자 등이 항공기에 폭발물을 설치하겠다고 위협을 하는 자 등 우리가 일상적으로 상상할 수 있는 이와 같은 방법 외에도 여러 가지 형태의 위협이 있을 수 있을 것이다.

항공기의 납치 및 폭파위협의 방법으로는 위협사실을 해당 항공사, 공항당국, 지방항공청 등 정부기관, 언론사 등에게 전화, 팩시밀리, 이메일, 우편, 직접전달, 문자메시지 등의 방법으로 전달하고 있다. 그러나 이와 같은 위협내용을 그동안 분석한 결과에 의하면 위협건수의 98%가 허위였음이 밝혀졌다. 그러나 최근의 조직적인 테러리스트들은 사전에 위협을 통보하지 않고 항공기를 납치하거나 폭파하는 행태로 변화되고 있을 뿐만 아니라 아무리 허위일 것으로 예측되는 위협이라 하더라도 수많은 인명과 막대한 재산손실이 예상되는 항공기폭파위협에 대하여 항공안전을 책임지고 있는 입장에서는 간과할 수 없는 문제이기 때문에 관계기관에서는 울며 겨자 먹기 형태로 항공기위협에 대응하여야 한다.

2) 대응절차 및 방법

항공기의 납치나 폭파위협에 대하여 정부기관, 공항운영자, 항공사 등이 취하여야 할 대응절차 및 대응방법을 설명하면 다음과 같다.

첫째, 항공기의 납치나 폭파위협에 대한 정보를 입수한 자는 흥분하지 말고, 전화로 위협하는 경우에 가능한 한 위협하는 자와 통화를 길게 하여야 하며, 가능한 상세하고 육하원칙에 의하여 위협자에게 질문하여 답변을 유도하고, 통화가 끝나면 정보를 접수한 자는 이를 즉시 상급책임자에게 보고하여야 한다.

둘째, 위협상황의 보고를 받은 책임자는 입수한 정보를 가능한 육하원칙에 의하여 신속하게 소속 기관장에게 보고하고 상급기관과 항공보안당국에 통보하여야 한다.

셋째, 위협정보를 접수한 항공보안당국은 접수된 위협정보를 분석하여 허위로 제공된 위협, 구체적이지 못한 위협, 실제위협 등으로 평가하고 구분하여 위협상황에 대비할 수 있는 조치내용 및 방법을 결정하여 즉각적인 비상사태에 대한 조치절차를 취해야 한다.

넷째, 위협상황에 대한 대응은 떠들썩하게 해서는 안 되고 조용한 가운데에서 위협상황과 관련된 기관에 신속히 통보하여야 하며, 접수한 내용은 상세하게 기록하고 유지하여야 한다.

3) 주기중인 항공기에 대한 조치

항공기에 대한 납치 또는 폭파위협정보가 공항에 주기중인 항공기를 대상으로 접수되었을 때의 항공기 및 탑승객에 대한 대응조치는 다음과 같은 절차와 방법으로 이루어지게 된다.

첫째, 항공기에 대한 납치나 폭파위협의 정보가 입수된 항공기는 가능한 한 공항의 여객청사에서 멀리 떨어진 격리주기장 등으로 이동시켜 혹시라도 있을지 모르는 항공기의 폭파에 대한 피해를 최소화 되도록 하여야 한다.

둘째, 위협상황의 정보가 입수된 항공기에 승객이 탑승하였을 경우에는 탑승한 승객 및 승무원을 모두 하기시킨 후에 정밀보안검색을 다시 실시하고, 항공기에 탑재된 승객의 휴대수하물과 위탁수하물 및 화물을 모두 하기시켜 보안검색을 실시하여야 한다.

셋째, 위협상황의 정보가 입수된 항공기에 대하여는 기내의 선반·의자·화장실 등 기내시설 및 기내식·기내판매품 등 기내용품에 대한 정밀수색을 보안전문가들이 실시하도록 하여야 한다.

4) 운항중인 항공기에 대한 조치

항공기가 운항 중에 있는 상황에서 지상근무자에게 항공기의 납치 또는 폭파위협정보가 전달된 경우에 해당 항공기에 대한 대응조치는 다음과 같은 절차와 방법으로 이루어지게 된다.

첫째, 운항중인 항공기에 대한 위협상황을 접수한 지상근무자는 이 사실을 즉시 상급 책임자에게 보고하여야 하고, 상급 책임자는 이 사실을 소속 기관장 및 항공보안기관에 지체 없이 통보하여야 한다.

둘째, 운항중인 항공기에 대한 위협상황을 통보받은 항공보안담당기관은 이 사실을 즉시 해당 항공사에 통보하여야 하며, 해당 항공사는 위협상황에 대한 사실을 운항중인 해당 항공기의 기장에게 통보하여야 한다.

셋째, 위협상황을 통보받은 해당 항공기의 기장은 탑승중인 보안승무원 또는 객실승무원에게 위협내용을 알려 탑승한 승무원이 비공개로 기내를 수색하도록 하고, 폭발물 탑재 흔적이 없다고 하여도 항공교통관제소에 통보한 후에 가능한 한 가장 가까운 공항으로 회항하여야 한다. 이때에 기내 수색결과 폭발물로 의심되는 물건이 발견될 경우에는 탑승객 중에서 폭발물전문가가 있는지 확인하여 그의 도움을 요청하고, 항공교통관제소에 보고한 후에 가장 가까운 공항으로 회항하여야 한다.

넷째, 기내수색결과 폭발물로 의심되는 물품에 대하여는 절대로 개봉하여서는 안 되고, 전문가의 도움을 받아 이동가능한지의 여부를 확인한 후에 폭발피해를최소화할 수 있는 위치로 이동하여 폭발영향감소 물품으로 포장해 두는 방법을 강구하여야 한다.

2. 공항시설 폭파위협

1) 위협의 형태

공항시설에 대한 테러리스트들의 위협형태는 공항시설에 대한 무장공격, 공항시설에 폭발물 설치, 공항시설을 미사일로 공격하는 형태가 있다.

첫째, 공항시설에 대하여 자동화기 등으로 무장한 테러리스트가 공격하는 형태는 공항의 항행안전 핵심시설을 공격하는 수법으로 항공기의 안전운항을 방해하려는 목적과 사람들이 운집한 여객청사 등에 대한 무차별 공격으로 인명피해와 함께 이목을 집중시키려는 목적 등이 있다.

둘째, 공항의 여객청사 등 사람들이 많이 운집하는 장소에 시한폭탄이나 원격조정이 가능한 폭발물을 설치하여 인명살상과 함께 세계의 이목을 집중시키려는 목적으로 위협하는 사례가 있다.

셋째, 공항 밖에서 여객청사나 항행안전시설을 미사일로 공격하여 인명을 살상하거나 공항의 기능을 마비시킴으로써 세계의 이목을 집중시키려는 목적의 위협 형태가 있다.

2) 위협의 특징 및 대응

테러리스트들이 공항시설에 대한 공격을 가하는 이유는 국제공항은 세계 각국의 국민이 이용하는 장소로서 항공여객, 환영객, 환송객 및 공항에 상주하는 직원 등 다양한 국적과 계층의 사람들이 대규모로 운집하는 장소로서 공항시설을 공격할 경우에 대규모의 인명피해를 노릴 수 있을 뿐만 아니라 테러상황을 전 세계에 쉽게 전파할 수 있기 때문이다.

공항시설에 대한 위협상황은 대규모 살상용 자동화기나 강력한 폭발장치를 사용한다는 특징과 위협상황이 여객청사의 보안검색이 없는 일반대합실이나 체크인카운터 등 일반지역에서 주로 발생하며, 사람이 많이 모이는 장소를 공격한다는 특징이 있다. 이러한 공항시설에 대한 위협상황에 대응하기 위해서는 테러리스트들이 범행 전에 반드시 공항시설에 대한 현장답사를 한다는 점에 유의하여 사전에 테러리스트들에 대한 정보수집과 공항시설에 대한 점검 및 감시활동을 강화하여야 할 것이다.

3. 항공기 비상사태

공항에서 발생하는 비상사태는 앞에서 설명한 테러리스트들에 의한 항공기나 공항시설에 대한 위협상황만 있는 것은 아니고, 항공기의 기체결함이나 기상악화 또는 조종사의 실수 등에 의하여 항공기가 정상적으로 운항하지 못하여 발생하는 비상사태가 발생할 수 있다.

첫째, 공항에서 발생하는 비상사태에는 항공기의 기체결함으로 항공기가 착륙할 공항에 근접하여 착륙바퀴가 나오지 않아 불가피하게 동체착륙을 하여야 하는 비상사태가 있을 수 있다. 이러한 경우에는 공항의 소방조직에서 사고항공기가 착륙할 활주로에 단백질 폼을 방사하여 사고 항공기가 동체착륙을 할 때에 마찰력을 줄이어 화재발생을 방지하려는 것이다. 만약의 화재발생에 대비하여 사고항공기가 착륙할 것으로 예상되는 지점에 소방차를 대기시켜 화재발생으로 인한 피해를 최소화하도록 한다.

둘째, 겨울철에 폭설이나 기온급강하 등으로 활주로에 눈이 쌓이거나 활주로가 얼어 있는 경우에는 항공기의 이착륙에 어려움이 있거나, 이착륙에 따른 사고발생 가능성이 높아 공항당국과 운항당국이 비상사태에 돌입하게 된다. 폭설이 쌓인 경우에는 제설차를 동원하여 쌓인 눈을 치운 후에 항공안전담당관의 판정에 따라 항공기운항을 재개할 수 있으며, 활주로가 얼어 있는 경우에는 얼음을 제거하거나 요소비료를 뿌려 얼음을 녹게 하는 방법을 사용한다. 공항의 활주로에는 항공기의 부식방지를 위하여 일반도로에서 사용하는 성능이 좋은 염화칼슘을 사용할 수 없다.

셋째, 공항에서 비상사태가 발생할 수 있는 상황은 조종사의 실수 등으로 항공기가 활주로에 정상적으로 착륙하지 못하여 발생하는 비상사태가 있을 수 있다.

제 3 절 비상사태 사례

1. 공항시설 무장공격

민간항공에 대한 보안사고 중에서 공항시설에 대한 테러범들의 공격은 항공기의 납치나 테러행위가 민간항공이 시작한 1930년대부터 시작된데 비하여 비교적 늦은 1970년대 중반부터 지속적으로 증가하기 시작하였다. 이는 항공기납치에 대응하기 위하여 보안당국이 보안검색장비를 개발하고 보안검색을 강화함에 따라 비교적 테러공격이 용이한 공항시설을 공격하기 시작한데서 비롯되었다고 볼 수 있다. 이와 같은 공항시설에 대한 테러범들의 무장공격사건 중에서 항공보안차원에서 눈여겨 볼만한 사건은 다음과 같다.

1) 텔아비브 로드공항 무장공격사건

이스라엘의 텔아비브에 위치한 로드공항에 대한 무장공격사건은 1972년 5월 30일 프랑스의 드골공항에서 이탈리아의 로마공항을 거쳐 로드공항에 도착한 일본인 승객 3명이 로드공항 여객청사의 도착대합실에서 자기들의 위탁수하물을 수취한 후에 자신들의 위탁수하물에 은닉하였던 수류탄과 기관총을 꺼내어 이스라엘에 입국하기 위하여 입국수속절차를 밟고 있던 승객들에게 무차별 공격을 가하여 28명이 사망하고 70여명이 부상당하는 사건이었다.

이 사건은 그 당시 팔레스타인 테러리스트들의 신분이 세계 각국의 정보기관에 노출되어 그들이 직접 테러활동에 가담하기 어렵게 되자 일본의 적군파에게 테러를 의뢰하여 일본의 적군파가 팔레스타인 테러리스트들을 대리하여 테러행위를 한 사건이었다. 이 사건으로 국제테러조직의 연결고리가 밝혀지게 되었으며, 국제테러조직 사이의 대리 테러리즘의 전형적인 사례로 기록되고 있다.

2) 아테네공항 무장공격사건

그리스의 수도 아테네공항에서 있었던 총격사건은 1973년 8월 5일 리비아를 근거지로 하는 '검은 구월단' 소속의 테러리스트 2명이 아테네공항에서 미국 뉴욕의 J. F. Kennedy 공항으로 출발하는 미국 TWA항공사 소속의 항공기를 탑승하기 위하여 승객들이 스텝카를 오르려는 순간에 승객들을 향해 자동소총으로 무차별 사격을 가하여 승객 3명이 사망하고 55명이 부상당하는 사건이었다.

이 사건은 공항의 계류장에서 항공기를 탑승하기 전에 발생한 테러사건으로 일반인의 출입이 제한되었던 계류장지역을 자동소총으로 무장한 테러리스트들이 격리보안지역을 침투하여 공항보안의 취약성을 들어내는 사건으로서 이 사건 이후에 계류장에 대한 출입통제와 보안활동이 강화되었다.

3) 로마공항 무장공격사건

이탈리아의 수도 로마의 레오나르도 다빈치공항에서 1973년 12월 17일 발생한 테러리스트들의 무장공격사건은 다빈치공항에 공항에 도착한 승객의 수하물을 검사하는 도중에 한 아랍인 승객의 가방 속에서 총기를 발견한 직후에 다른 4명의 '아랍 민족주의 청년기구' 소속의 테러리스트들이 가방에서 자동소총을 꺼내어 주변에 있던 승객들에게 무차별 총격을 가한 사건이었다.

이 사건은 테러리스트들이 당초에는 이스라엘 엘 알 항공사 소속의 항공기를 납치할 계획이었으나, 총기가 사전에 발견되고 로마공항의 경찰이 응사하기 시작하자 주변에 있던 6명의 승객을 인질로 잡은 후에 로마공항에서 레바논의 베이루트공항으로 출발하기 위해 승객을 탑승시키고 있던 팬암항공사 소속의 항공기로 접근하여 항공기의 앞쪽 객실 문에 수류탄을 투척하여 화재가 발생하였고 승객 29명이 사망하고 18명이 부상당하는 사건이었다.

테러리스트들은 다시 인질을 끌고 계류장 쪽으로 가서 독일 뮨헨공항으로 향하려던 독일 루프트한자 항공사 소속의 여객기를 납치하여 레바논의 베이루트공항에 착륙하려 했으나, 레바논정부의 착륙거부로 그리스 아테네공항에 착륙하여 1973년 8월 5일 아테네공항 총기난사사건으로 체포되었던 2명의 테러리스트 석방을 요구하였다. 테러리스트들은 협상이 결렬되자 급유와 음식을 제공받은 후에 안전출국을 보장 받고 인질을 석방시킨 후에 이집트 카이로로 탈출하였다.

이 사건은 그 후에 조사결과 테러리스트들이 제네바 중동평화회의에 참가하기 위해 중동지역과 카이로를 방문하는 미국의 국무장관 헨리 키신저를 암살할 계획이었던 것으로 밝혀졌고, 이 테러사건의 배후에는 리비아정부가 관여된 것으로 드러났다.

4) 비엔나공항 무장공격사건

오스트리아 비엔나공항의 무장공격사건은 1985년 12월 27일 리비아인이 배후에서 조종하는 아부니달 소속의 테러리스트 3명이 AK-47 소총과 수류탄으로 무장하여 비엔나공항에서 이스라엘 엘 알 항공사 소속의 항공기에 탑승하기 위하여 탑승수속을 하고 있던 승객들을 향해 무차별 공격을 가하여 2명이 사망하고 45명이 부상당하는 사건이었다. 테러리스트들은 무차별 공격을 한 후에 공항여객청사의 건물 밖으로 빠져나가 자동차로 도주를 시도했으나 비엔나 경찰이 추격하여 2명은 사살되고 1명은 체포되었다.

이 사건은 같은 시간에 같은 아부니달 소속의 테러리스트들이 이탈리아 로마공항에서도 이스라엘의 엘 알 항공기를 동시에 납치하기 위하여 테러행위를 한 최초의 동시다발형태의 공항에 대한 무장공격사건이었다. 비엔나공항을 공격한 테러리스트들은 여객청사에 있던 승객을 인질로 하여 이스라엘의 엘 알 항공사 소속의 항공기를 납치하여 이스라엘의 텔아비브공항으로 가고, 로마공항에서도 테러리스트들이 납치한 항공기를 텔아비브공항에 착륙시켜 2대의 항공기를 텔아비브공항에서 폭파하려고 했던 것으로 밝혀졌다.

2. 공항시설 폭파

1) 라과디아공항 폭파사건

미국의 뉴욕에 소재한 라과디아공항 폭발물사건은 1975년 12월 29일 여객청사의 도착대합실 내에 있는 수하물 수취지역 바로 옆에 있는 물품보관 라커에서 강력한 폭발물이 폭발하였고, 이 폭발물의 파편으로 공항직원과 수하물수취를 위하여 대기 중이던 승객 등 11명이 사망하고 74명이 부상당하는 사건이었다. 이 폭발물사건이 일어난 직후에 다시 2번의 폭파위협전화가 걸려와 공항을 즉시 폐쇄하고 폭발원인과 범죄자 색출에 나섰으나, 범인은 잡지 못하였고, 범인들이 사용한 폭발물은 일반인들이 쉽게 구할 수 있는 자명종시계와 랜턴 배터리를 이용하였음이 밝혀졌다.

이 사건은 공항시설을 폭파한 최초의 폭발물사건으로 기록되었고, 이 폭발물사건 이후에 미국의 모든 공항에 있는 물품보관함을 공항직원의 감시가 가능한 지역으로 이동시키게 되었다.

2) 쿠웨이트공항 폭파사건

1983년 12월 12일 발생한 쿠웨이트공항 폭파사건은 같은 날 거의 동시에 쿠웨이트 주재 미국 대사관과 프랑스 대사관 및 쿠웨이트 전기통제센터 등 6곳의 시설에서 강력한 폭발물이 폭발하여 6명이 사망하고 80여 명이 부상당하는 사건이었다.

이 사건은 공항 등 쿠웨이트의 주요 시설물에 대한 동시다발적인 폭발물공격사건으로서 조사결과 헤즈볼라 테러조직이 자행한 것으로 밝혀졌으며, 체포된 폭파범 21명을 조사한 결과 이들은 친 이란 테러조직으로 밝혀져 그 당시 이란이 배후에서 조종한 것으로 추정되고 있다.

3) 마드리드공항 폭파사건

스페인의 마드리드공항에서 1986년 6월 16일 발생한 폭발물사건은 마드리드공항에 상주하는 이스라엘 엘 알 항공사의 체크인 카운터에서 가방이 폭발하여 11명이 부상당하는 사건이었다. 이 사건은 엘 알 항공사 소속의 보안요원이 승객의 가방을 열어서 검사하는 순간에 연기가 발생하면서 가방이 폭발하는 사건이었다.

이 사건은 테러리스트와 동행한 승객의 가방 속에 시한폭탄으로 만든 폭발물을 설치하였던 것으로서 가방을 운반하였던 승객과 동행한 테러리스트가 현장에서 체포되었는데, 조사결과 가방을 운반한 스페인 국적의 승객은 가방 속에 불법마약이 들어 있는 것으로 알고 운송하였다고 한다.

4) 김포공항 폭발사건

우리나라의 김포공항에서 1986년 9월 14일 발생한 폭발물사고는 오후 3시경 공항이 제일 붐비는 시간대에 국제선 여객청사 1층 입국장 출입문의 바깥쪽에 설치되어 있던 스텐리스 재질의 쓰레기통에서 청사를 뒤흔드는 굉음과 함께 C-4로 추정되는 폭탄이 폭발하여 주위에 있던 5명이 사망하고 32명이 중상을 당하는 사건이었다.

이 사건은 우리나라에서 발생한 최초의 공항시설 폭파사건으로서 '86 아시안게임이 개최되기 며칠 전에 발생한 점으로 보아 '86아시안게임을 방해할 목적으로 외국인의 왕래가 빈번한 국제공항에서 불특정 다수인을 살상함으로써 한국의 치안상태가 불안하다는 인상을 주어 '86아시안게임 개최를 저지하고, 나아가 '88서울올림픽개최를 방해할 목적으로 그 당시 북한의 사주에 의하여 자행된 폭탄테러로 추정하고 있다.

[그림 12-3] 김포공항 폭탄테러 현장

3. 항공기 사고

1) 소련 무르만스크 불시착사고

서울-파리를 정기편으로 운항하는 대한항공 소속 보잉707 항공기가 1978년 4월 21일 승객 97명과 승무원 13명 등 110명의 탑승객을 싣고 파리 오를리공항을 출발하여 앵커리지공항에 기술착륙을 하기 위하여 북극항로를 따라 운항하던 중 방향계기고장으로 항로를 이탈하여 소련영공을 비행하게 되었는데, 소련 전투기 1대가 나타나자 조난사실을 알리기 위하여 비상통신을 시도하였으나 통신두절상태가 되었고, 전투기의 총격으로 기내에 있던 승객 2명이 사망하고 10명이 부상당하는 사고가 발생하였다.

이 총격에 의하여 기체에 구멍이 뚫려 기내 감압현상에 의하여 항공기가 공중폭발 직전에 기장의 기민하고 노련한 응급조치로 35,000피트 상공에서 5,000피트 상공으로 급강하하여 공중폭발의 위기를 모면하였다. 그 후 기장은 소련 영토의 무르만스크지역의 얼음과 눈으로 덮인 이만드라 호수의 빙판 위에 비상착륙하여 위기를 극복함으로써 피해를 최소화하는 기적적인 조치를 취하였다. 이와 같은 기장의 냉철한 판단과 최상의 조치에 대하여 미국의 항공단체가 그 해의 가장 훌륭한 항공인에게 주는 상을 기장에게 수여하였다.

[그림 12-4] 무르만스크 불시착 항공기

2) 김포공항 불시착사고

대한항공 소속 보잉747 항공기가 1980년 11월 19일 승객 206명과 승무원 20명 등 226명의 탑승객을 싣고 미국 로스앤젤레스공항을 출발하여 김포공항에 착륙하던 중에 조종사의 순간적인 판단착오로 사전 착지하여 항공기의 뒷바퀴가 활주로 말단의 언덕에 충돌하여 항공기가 튕겨 오르면서 중심을 잃고 활주로 주변의 잔디밭에 불시착하면서 항공기에 화재가 발생하여 승무원 6명과 승객 10명 등 16명이 사망하고 30여명이 중경상을 입었으며 항공기가 전소되는 사고가 발생하였다.

이 항공기사고를 수습하는 과정에서 김포공항 소방대의 기민하고 냉철한 판단에 의한 구조와 소방활동으로 항공기가 전소되었는데도 불구하고 항공기에 남아있던 항공유에 의한 폭발을 방지하여 피해를 최소화 하였다. 또한 사고 직후에 조종실에 있던 운항승무원이 탈출할 수 있었음에도 불구하고 기장, 부기장, 항공기관사 등 운항승무원 3명이 모두 사고에 대한 책임감과 죄책감으로 탈출을 포기하고 기내에서 사망하였다.

3) 아시아나항공기 추락사고

아시아나항공소속 보잉737 여객기가 1993년 7월 26일 김포공항을 출발하여 목포공항에 착륙을 시도하였으나, 기상악화로 3번의 착륙을 실패한 후에 목포공항 레이더에서 사라지고 관제탑과의 교신도 두절된 상태가 되었다. 이 항공기는 목포공항에서 10여 킬로미터 떨어진 전남 해남군 화원면 마산리 뒷산에 추락하였으며, 항공기에 타고 있던 승객 2명이 구사일생으로 탈출하여 산 아래 마을의 화원파출소에 신고함으로써 사고사실이 밝혀지고 구조가 시작되었다.

4) 제주공항 활주로 과주사고

대한항공소속 에어버스 300-600 항공기가 1994년 8월 10일 승객 152명과 승무원 8명 등 160명을 탑승시키고 김포공항을 출발하여 제주공항에 착륙을 시도하였으나, 태풍 더그가 몰고 온 강풍과 짙은 구름으로 1차 착륙은 실패하고, 20분 후에 2차 착륙을 성공시켰으나, 착륙하는 순간 갑자기 초속 29미터의 강풍이 기체 뒤에서 몰아쳐 기체가 중심을 잃고 속도제어가 안되어 활주로 말단의 철제 펜스를 들이받고 배수로에 처박혀 항공기에 화재가 발생하여 기체는 전소되었다. 항공기가 불시착하고 화재가 발생한 상황에서도 승객들은 질서를 외치며 차례대로 탈출하여 인명피해는 업었던 사고였다.

5) KAL 여객기 괌 사고

대한항공소속 보잉747 항공기가 1997년 8월 6일 승객 237명과 승무원17명을 탑승시킨 후 김포공항을 출발하여 괌 아가냐 공항에 착륙을 시도하던 중에 심한 폭우와 공항의 활공각지시장비 고장으로 항공기의 하강고도를 너무 낮게 잡아 공항인근 야산언덕에 추락하였다. 이 사고로 탑승자 254명 중 228명이 사망하고 26명이 생존하였으며, 항공기는 전소되었다.

6) 중국국제항공기 추락사고

중국 국제항공소속 보잉767 항공기가 승객 155명과 승무원 12명을 탑승시키고

2002년 4월 15일 중국 북경공항을 출발하여 김해공항의 남쪽에서 접근하였으나, 그 당시 김해공항에 불고 있던 풍향관계로 관제탑의 지시에 따라 북쪽활주로 쪽에서 착륙하기 위해 서클링 접근을 시도하였으나, 선회지점을 지나쳐 공항 인근 김해시 돗대산에 추락하였다. 이 사고로 항공기는 전소되었고 탑승객 167명 중 128명이 사망·실종되었다. 이 사고는 안개가 짙게 낀 상태에서 조종사의 판단착오로 선회지점을 지나치게 되어 공항인근 야산에 추락하게 된 것으로 사고조사가 발표되었다.

제 4 절 항공기 사고수습

1. 사고수습 지휘

1) 지휘체제

공항 내에서 항공기사고가 발생하는 경우에 운항 중이거나 추락 직후인 항공기의 지휘는 기장이 담당하나, 공항의 소방차가 도착하고 비행승무원이 여객을 대피시킴에 따라 지휘체제는 변화한다. 미국에서는 최고위 소방관이 재난현장의 지휘를 담당하고, 항공기사고조사는 국립교통안전위원회에서 수행하는데, 일부국가에서는 최고위경찰관이 항공기사고의 수습을 위한 지휘를 담당하기도 한다.

이러한 상황은 모든 화재가 진정되고 모든 사상자가 처리되어 병원으로 후송될 때까지 계속되며, 그 후 사고현장은 사고조사팀이 도착할 때까지 공항운영자의 통제하에 보존되고 유지되어야 한다.

항공기사고수습을 위한 부상자조치 등을 하는 경우에 의료책임자가 도착할 때까지 준 의료 활동종사자는 사상자를 치료 및 후송의 우선순위가 책정되는 선별장소로 옮기는 것을 관장하여야 한다. 이상적으로는 비상계획에 의거 지정된 의료조정관은 정신적인 충격에 대하여 수련한 의사가 되는 것이 바람직하다.

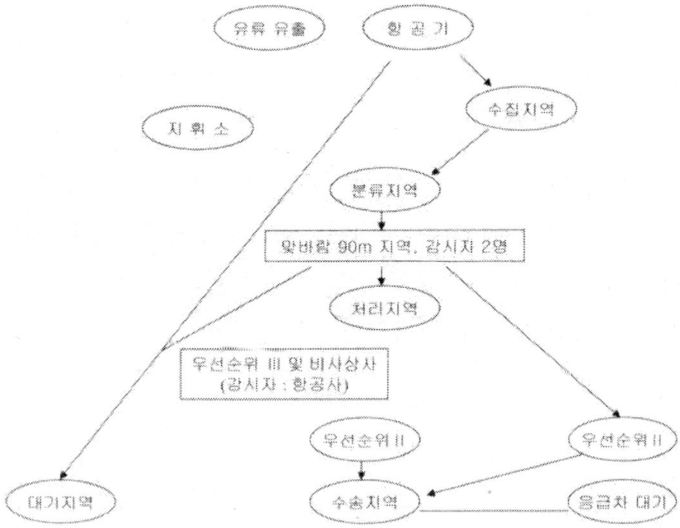

[그림 12-5] 사고현장배치도

사고항공기의 여객은 처음에는 치료 및 후송 우선순위를 책정하는 지역으로 옮겨지는데, 이 지역은 사고현장에서 바람이 불어오는 쪽으로 최소한 100미터 이상 떨어져 있어야 하며, 항공기사고수습을 위한 현장의 배치는 [그림 12-5]에서 보는 바와 같이 지휘소·수집지역·분류지역·처리지역·대기지역·수송지역 등으로 구분되어야 한다.

2) 지휘통신체제

공항의 항공기사고 현장에서의 통신은 사고현장에 위치한 사고수습지휘통제소를 통하여 이루어지는데, 장비가 잘 갖추어진 공항의 지휘통제소는 특히 라디오, 무선전화, 확성기, 높낮이의 조정이 가능한 연단, 조명용 등화시설이 구비된 야전용 트레일러가 될 수 있다. 소방 및 경찰관서와 공항당국 사이의 통신에는 별다른 문제가 없으나, 통신에 있어서 주된 어려움은 사고수습지휘통제소와 의료협조 부서, 병원, 그리고 구급차간에 존재하는 것이 보통이다.

3) 관계기관 협조체제

공항에 비상사태가 발생할 때 또는 항공기사고가 발생할 때에 참여하는 많은 기관과 개인 사이의 협조는 계획수립, 인내심, 그리고 팀워크를 요구한다. 공항 내외를 막론하고 참여하는 개개인은 비상사태가 선포되었을 때 자신의 책임이 무엇인지를 숙지하는 것이 매우 중요하다. 많은 모의재난훈련이 수행되고 있는 샌프란시스코 국제공항은 재난빌딩용으로 지정된 별도의 건물을 갖고 있다. 개조된 항공기 화물용 트레일러는 재난용 공급물자를 수송하는데 사용되며, 이동용 지휘통제소와 통신용 트레일러의 기능에 맞게끔 되어 있다.

2. 화재진압과 구조

구조 및 화재진압 업무의 주요목적은 항공기사고발생시 인명을 구하는데 있다. 항공기 사고에는 대단히 많은 양의 인화물질이 있기 때문에 화재의 가능성은 매우 높으며, 항공기 화재의 특성은 그것이 발화로부터 대단히 짧은 시간 내에 치명적인 수준에 도달한다는 점을 명심하여야 한다. 사고항공기의 탑승자는 항공기가 고속으로 운항하는데 따른 충격을 받기 때문에 생존자가 있는 항공기추락사고로부터 효과적인 인명구조는 다음과 같은 경우에 한해서만 가능하다는 점을 의미한다.

ⓐ 화재진압 및 구조팀은 잘 훈련되어 있고, 모든 대원이 구조장비의 사용절차에 익숙해져 있다.

ⓑ 구조장비는 구조목적수행에 효과적이어야 한다.

ⓒ 항공기사고현장에 정해진 시간 내에 출동하여야 한다.

사고항공기의 화재진압에 대한 상세한 내용은 복잡하여 설명할 수 없으나, 인명구조의 기술에 대해서 기본적으로 이해하여야 할 사항은 다음과 같다.

첫째, 인명구조는 항공기로부터 탈출통로를 확보하는 것이 우선이며 이는 사고항공기내의 생존자에 대한 구조행위가 수행될 수 있는 조건을 조성하는 것을 뜻한다. 또한, 긴급출동차량을 사고현장에 즉각적으로 투입하는 것이 희생자구조를 위한 가장 필요한 조치이다.

사고항공기가 4분 동안 화재에 노출되면 항공기의 유리는 녹기 시작하고 1분 이상 더 지속되면 객실기온이 상승하여 생존자가 남아있지 않게 된다. 그러므로 구조에 앞서 화재진압에 우선적으로 초점을 맞출 필요가 있으며, 화재를 진압하거나 누출연료에 대하여 차단막을 조치하는데 실패하는 경우에는 많은 생명이 위험에 처하게 된다.

둘째, 인명구조요원의 도움 없이 사고항공기를 탈출할 수 없는 탑승자의 구조는 시간이 소요되므로 이들을 구출하기 위해서는 추가적인 화재에 대한 안전대책이 필요하고 가능하다면 동체 안으로 환기용 공기를 주입해 주어야 한다.

긴급출동차량은 화재진압과 함께 중요한 지역, 특히 기름으로 젖어있는 지역에 예방차원의 보호막을 조치하는데 사용되고 추가적으로 긴급출동 하는 차량은 항공기출입구와 창문이 개방되었을 때 화재가 동체 안으로 들어가는 것을 차단하여야한다. 추가 장비들이 도착하게 되면 충분한 화재진압 능력이 확보되어 긴급출동차량의 운용요원은 다음과 같은 기능을 수행하게 된다.

ⓐ 인명구조팀을 구성하여 사고 항공기내로 진입해서 탈출에 도움이 필요한 탑승자를 지원하여야 한다.

ⓑ 사고항공기내의 화재를 진압할 장비를 제공하여야 한다.

ⓒ 사고항공기동체내의 조명과 환기를 할 수 있도록 지원한다.

항공기재난사고의 피해를 최소화하는 것은 구조 및 화재진압을 담당하는 요원이 얼마나 빨리 대응했느냐에 따라 좌우되므로 평소에 항공기사고발생시 구조 및 화재진압에 대한 적절한 훈련과 적합한 계획수립이 중요하며 필요인력은 사고의 실체에 갑자기 부딪치게 될 때에 사고가 재난으로 급속히 전개되는 매우 빠른 상황변화에 대처할 능력을 구비하여야 한다.

1976년 4월 27일 아메리칸 항공사 소속의 B-727 항공기가 Virgin 군도의 St. Thomas공항에 착륙실패로 이륙하던 중 추락하였는데, 화재진압과 구조 인력이 즉각적으로 투입되었으나, 모든 이용 가능한 장비를 준비하지 못하였고, 구조 및 화재진압 팀의 지휘자는 항만공단의 당직책임자이었기 때문에 전반적인 구조 및 화재진압업무를 장악할 인원이 없었던 셈이었다. 그 후에 판명된 사실은 공항에서 외부의 비상지원기관과 연락하는 직접적인 회선은 미국 연방항공청도 모르는 사이에 제거되었고, 단지 하나의 상업적 회선만이 남아있었던 것이다.

토마스 공항의 사고수습은 1978년 3월 1일 로스앤젤레스 국제공항에서 승객 183명과 14명의 승무원이 탑승한 콘티넨탈항공사의 DC-10 항공기가 이륙실패 후 추락하였을 때, 잘 훈련되고 조직된 인력에 의해 제2차 재난을 회피할 수 있었던 사고와 비교해보면 매우 대조적이다.

로스앤젤레스 공항의 항공기사고는 날개에 있는 연료탱크가 찢어지면서 발생한 화재를 항공기가 추락한 후 단지 90초 이내에 소방대의 분소에서 출동한 소방인력에 의해 진화되었고, 현장에서 약 4km 떨어진 공항의 주 소방대에서 출동한 장비는 4분만에 도착하였으며, 여섯 개의 항공기출구는 개방되었고, 탑승객의 탈출에 5분이 소요되었다. 첫 번째 폼 탑재 소방차가 도착하였을 때에는 100명 이상의 인원이 아직도 기내에 있었고, 43명이 부상을 당했지만 단지 2명만이 사망하였는데, 사망자 2명은 객실승무원의 권고를 무시하고 왼쪽날개 쪽의 출구를 이용하여 화재발생지역으로 뛰어내렸던 것이다. 공항의 구조 및 화재진압업무 담당요원의 신속한 개입은 많은 생명뿐만 아니라 1,000만 달러 이상의 가치가 있는 항공기내부의 장비와 비품을 구했다.

3. 활주로 표면 폼 방사

단백질 폼은 항공기착륙이 안전한 방법으로 수행될 수 있다는 희망 하에 수많은 비상착륙이 시행되는 활주로에 사용되어 왔는데 단백질 폼은 보통 동체착륙이나 앞바퀴가 작동하지 않는 항공기의 착륙에 사용된다. 이론상으로 몇 가지 검사결과에 따르면 폼 사용에 따라 다음의 네 가지 이점이 있다.

첫째, 항공기 손상 정도의 감소는 폼이 형성된 활주로 상에 사고항공기가 착륙할 경우 폼을 형성하지 않은 경우에 비해 항공기손상이 최소화된다는 분명한 증거는 없으나, 폼이 형성된 활주로에 비상착륙은 항공기손상정도를 최소한으로 한다고 보아야 한다.

둘째, 화재발생의 감소는 폼을 형성하지 않고 동체착륙의 경우에 활주로마찰에 의한 사고항공기의 제동력이 높아지는 장점이 될 수 있으나, 활주로와 항공기의 마찰에 의한 화재발생가능성은 훨씬 높아지게 되며, 활주로표면이 젖어 있는 경우에는 폼을 형성하지 않아도 제동력은 떨어지게 된다.

셋째, 불꽃이 튀는 위험의 감소는 사고항공기가 비상착륙의 조건하에서 알루미늄 합금은 항공기 연료를 발화시킬 수 있는 불꽃을 발생시킬 수 있다고 판명되지 않았으나, 마그네슘 합금, 스테인리스, 그리고 기타 항공기에 사용되는 강철은 그러한 불꽃을 유발시킬 수 있으며, 특히 티타늄이 마찰될 때의 불꽃은 효과적으로 억제할 수 없다는 것이 실험결과 나타났으며, 많은 실험결과 적절한 폼의 형성막은 불꽃발생을 억제할 수 있다고 입증되었다.

넷째, 연료가 누출되는 위험의 감소는 폼형성막 위의 증기상태는 외부충격에 의해 영향을 받지 않으며 폼의 형성막 위로 누출된 연료는 폼 형성막을 통과하여 밑으로 스며들기 때문에 화재지역을 감소시키는 효과가 있으나, 다음과 같은 요소는 활주로에 폼을 방사하는 결정을 하기 전에 충분히 고려되어야 한다.

ⓐ 폼 막을 형성할 수 있는 충분한 시간의 존재 유무(30분 정도 소요)
ⓑ 사용되는 착륙기술의 신뢰성 : 바람, 시정, 조종사 숙련도, 시각 및 무선 지원시설, 항공기 상태
ⓒ 폼 형성 장비의 정확성
ⓓ 운영 재개시의 청소상의 문제
ⓔ 강우, 바람, 혹은 강설과 같은 환경조건
ⓕ 활주로 상태 및 경사도

또한, 활주로에 폼 방사를 하기로 결정하는 경우에는 다음과 같은 기준이 충족되어야 한다.

ⓐ 조종사는 폼 운영이 어떻게 수행되는지 그리고 어떠한 대비태세가 지원되는지에 대하여 완전하게 정보를 제공받아야 한다.
ⓑ 폼을 제공하는 차량은 요구되는 공항의 최소 대비수준을 감소시켜서 는 아니 된다.
ⓒ 사용되는 폼은 최소 수준에 필요한 양을 더한 양이어야 한다.
ⓓ 폼 형성막이 설치되는 위치를 결정할 때에는 동체착륙 항공기의 접지지점은 통상적인 지점보다 활주로 말단에서 멀어진다는 점을 인식하여야 한다.
ⓔ 감소된 시정 하에서 조종사는 폼 형성막의 시작치를 가리키는 참조 지점에 대하여 통보를 받아야 한다.
ⓕ 불필요한 인력은 당해 지역에서 철수되어야 한다.

ⓖ 사용하기 전에 폼은 10분 정도 숙성을 시켜 배수와 표면을 적실 수 있도록 하여야 한다.

ⓗ 폼 형성 막은 약 5cm의 두께로 계속 유지되어야 한다.

ⓘ 폼 형성 막을 깐 후에 인력과 장비는 비상대기 지점으로 철수하여야 한다.

4. 기동불능 항공기 제거

국제민간항공협약 부속서 14에 의하면, 국제민간항공협약가맹국은 공항의 이동지역 내에 또는 공항의 인접지역에 기동불능항공기가 있는 경우에 이를 제거하는 계획을 수립할 것을 요구하고, 그러한 계획을 실행할 조정자를 지정할 것을 권고하고 있다. 우리나라에서는 '기동불능항공기 처리업무 매뉴얼'을 국토해양부 예규로 정하여 운용하고 있다. 이 예규에서 기동불능항공기란 항공기의 운항에 따른 파손·활주로 또는 유도로 이탈 등으로 항공기가 파손된 사고로 항공기가 스스로 움직일 수 없는 상태의 항공기를 말한다. 항공사는 기동불능항공기가 발생 할 때 신속하게 처리할 수 있는 계획을 수립하고, 공항운영자는 기동불능항공기 처리지원계획을 수립하여 시행하여야 한다. 기동불능항공기의 처리절차는 현장통제-사고조사-임시도로개설-항공기중량 감소작업(연료배출, 엔진분리작업 등)-항공기견인- 항공기 이동-공항 이착륙시설 점검 순으로 이루어진다.

기동불능항공기의 제거를 통제하는 책임은 근본적으로 항공기 운영자에게 있으나 소형의 항공기인 경우에는 항공기 운영자와의 협정을 통하여 공항당국이 제거작업을 수행하는 것이 통상적으로 가능하다. 그러나 기동불능항공기가 대형항공기인 경우에는 제거작업에 따른 2차적인 손상이 발생하지 않도록 제거작업을 신속하고도 안전하게 수행하는데 필요한 전문가 또는 경험을 가진 자를 공항당국은 보유하지 못하고 있기 때문에 대개 항공기운영자가 제거작업을 수행하게 된다.

기동불능항공기의 제거계획의 주된 목적은 항공기사고가 발생한 현장에서 적절한 제거장비와 전문가를 신속하게 동원할 수 있게 하는 것으로서, 제거계획은 통상적으로 공항에 취항이 예상되는 항공기 형태에 따른 특성에 기초를 두어야 한다.

기동불능항공기를 제거하기 위해서는 대형의 부양장비와 일반적인 제거장비에 추가하여 압축공기를 이용한 부양 백 및 잭과 같은 특별한 부양장비를 보유하고 있는 회사나 조직과의 사전협약을 통하여 항공기 사고가 발생할 경우에 지원될 수 있도록 하는 사전조치가 필요하며, 이동불능항공기의 처리방법은 〈표 12-2〉에서 보는 바와 같다.

〈표 12-2〉 기동불능 항공기 처리방법

상태	처 리 방 법
노스기어 및 메인기이 파손	잭, 공기부양 백, 크레인을 이용하여 부양
메인기어 일부 비포장지역 위치	권양기, 공기부양 백, 크레인을 이용하여 견인
노스기어와 메인기어 한쪽 불능	잭, 공기부양 백, 크레인 이용
타이어 또는 바퀴 손상	잭, 부분교체

자료 : 국제민간항공기구

항공사들의 국제기구인 국제항공운송협회에서는 국제항공사간의 기술 공동협약을 통하여 세계적인 차원에서 기동불능항공기의 처리를 위한 장비를 활용할 수 있게 조치하는 것이 필요하다는 점을 알게 되었다. 세계적으로 11군데에 위치한 부양키트와 압축공기를 이용한 에어 백, 대형 유압잭, 견인장비 등으로 구성되는 이러한 키트는 팔레트에 보관되어 있고, 숙련된 인원과 함께 즉각적으로 어떠한 사고지점에도 수송되어진다.

[그림 12-6] 파손된 타이어 및 공기부양 장비

참고문헌

공항운영론, 유광의・유문기, 대왕사, 2015
공항경영론, 유광의・유문기, 대왕사, 2012
항공산업론, 유광의・이강석・유문기, 대왕사, 2011
항공운송론, 유문기, 새로미 출판사, 2008
항공보안실무, 유문기 외, 새로미출판사, 2009
항공운송산업론, 허희영, 명경사, 2003
공항운영과 항공보안, 유광의, 백산출판사, 2006
항공보안론, 고광남・소대섭, 백산출판사, 2006
항공안전보안개론, 김철환, 대왕사, 2004
항공보안실무론, 이주형, 한국항공대학교 산업대학원, 2006
항공보안검색 교재, 한국공항공사, 항공보안교육센터, 2008
항공보안경비 교재, 한국공항공사, 항공보안교육센터, 2008
한국공항공사 25년사, 한국공항공사, 2005
항공연감 2010, 한국항공진흥협회, 2008
항공용어사전, 한국항공진흥협회, 2004
교통발전의 발자취, 한국교통연구원, 2006
대한항공 20년사, 대한항공, 1991

저자소개

유문기

- 한국공항공사 기획본부장
- 국토교통부(항공정책실, 육상교통국, 관광국)

현재)- 아세아항공전문학교 항공보안학부 외래교수

저서 : 공항운영론(2015, 대왕사, 공저)
공항경영론(2012, 대왕사, 공저)
항공산업론(2011, 대왕사, 공저)
항공보안실무(2009, 새로미, 공저)
항공운송론(2008, 새로미 출판사)
공항운영 및 관리(2004, 백산출판사, 공저)
최신 관광법규해설(2010, 새로미 출판사)
관광법총론(1988, 관광산업연구원, 출판부)

김정석

- 용인대학교 졸업
- 용인대학교 대학원 졸업(교육학 석사)
- 명지대학교 대학원 졸업(이학박사)

- 아세아항공전문학교 항공보안학부 학부장
- 대통령 경호실
- 한국경호경비학회 서울상임이사
- 경비지도사시험 출제위원
- 한국치안행정학회 위원
- 한국민간경비학회 이사
- 한국시큐리티지원연구원 이사
- 경찰대학 무도연구위원
- 한국청소년육성회 운영위원
- 용인대, 명지대, 선문대, 가천의과대학 강사